空天科学技术系列教材

飞行动力学设计与仿真

许 志 张 源 张 迁
张 皓 张子祯 编著

西北工业大学出版社

西 安

【内容简介】 本书介绍了飞行动力学设计与仿真的基本概念和仿真的理论基础，主要内容包括运载火箭制导控制、大长细比飞行器弹性控制、高超声速飞行器再入末制导、全捷联飞行器制导控制仿真等，力求知识的系统性和完整性，理论联系实际，密切结合工程，与此同时，将飞行器仿真领域的最新软件与技术作了介绍。

本书可作为高等学校航天相关专业本科生的教材，也可供本专业领域的研究生和科研人员阅读、参考。

图书在版编目(CIP)数据

飞行动力学设计与仿真 / 许志等编著. — 西安 ：西北工业大学出版社，2021.12

ISBN 978 - 7 - 5612 - 8083 - 6

Ⅰ. ①飞… Ⅱ. ①许… Ⅲ. ①飞行力学-系统设计-高等学校-教材 ②飞行力学-系统仿真-高等学校-教材 Ⅳ. ①V212

中国版本图书馆 CIP 数据核字(2021)第 254541 号

FEIXING DONGLIXUE SHEJI YU FANGZHEN

飞 行 动 力 学 设 计 与 仿 真

许志 张源 张迁 张皓 张子祯 编著

责任编辑：蒋民昌 **策划编辑：**蒋民昌
责任校对：胡莉巾 **装帧设计：**董晓伟
出版发行：西北工业大学出版社
通信地址：西安市友谊西路 127 号 邮编：710072
电　　话：(029)88491757，88493844
网　　址：www.nwpup.com
印 刷 者：兴平市博闻印务有限公司
开　　本：787 mm×1 092 mm 1/16
印　　张：16.125
字　　数：423 千字
版　　次：2021 年 12 月第 1 版 2021 年 12 月第 1 次印刷
书　　号：ISBN 978 - 7 - 5612 - 8083 - 6
定　　价：65.00 元

前　　言

当前，飞行动力学仿真已经成为飞行器制导控制系统分析、设计及验证的重要手段，飞行动力学仿真贯穿飞行器研制的全过程。国内外关于飞行力学、制导控制系统设计以及飞行仿真方面的教材较多，但是没有通过复杂的算例让三者有机结合起来的教材，以实现学生对本专业知识的深度理解和掌握。

为了让飞行器设计专业学生对目前主流飞行器(运载火箭、滑翔飞行器、防空导弹和空空导弹等)有一个全面、深入的理解，并对其本科阶段所学的专业课程知识融会贯通，笔者结合多年在该领域的科研成果，特编写了本书。本书注重理论和工程相结合，给出了飞行器制导控制系统完整的理论设计和仿真验证流程，其中包括工程上通常考虑的各种偏差和不确定性，例如寻的制导飞行器考虑的测量误差和干扰，火箭主动段制导考虑导航偏差、大气偏差以及风干扰，等等。

本书作为飞行器设计专业飞行力学综合设计课程的教材，并不是一味罗列理论知识，而是强调设计过程，并最大程度地覆盖本专业所学的知识点。笔者通过多年的教学经验发现，对于与工程实际结合紧密的课程，算例对学生提高理解和把握知识点的能力帮助最大，因此，每章后不只是简单给一些思考和计算题，而是通过给出不同的算例供学生课后计算并分析，以提升学生对知识点的理解和把握能力。本书的算例覆盖知识面较广且难度较大，适合飞行器设计及导航制导与控制专业本科生和研究生使用。

本书编写分工为：西北工业大学航天学院许志编写第 1 章和第 5～7 章，张源编写第 2 章和第 3 章，张迁编写第 4 章，张皓、张子祯编写第 6 章和第 8～10 章，全书由许志统稿和审校。

在本书的编写过程中，笔者主要参考了团队已毕业研究生的相关成果和国内外学者的相关文献，参与本书资料收集和整理工作的还有马宗占、刘家宁、杨垣鑫、刘大禹等，在此一并表示感谢！

由于飞行动力学的理论和应用还在不断发展过程中，加之笔者水平有限，书中难免存在不妥之处，恳请广大读者批评指正。

编著者

2021 年 10 月

目　　录

第1章 绪 论

飞行器系统非常复杂,其全系统的性能原则上应由接近于实际作战使用条件的靶场飞行试验确定,但飞行器的飞行试验又是一次性的,代价很大。因此,飞行器系统的研制理所当然地成为仿真技术的主要应用领域,仿真试验成为飞行器系统研制中最经济、有效的手段之一。仿真技术成为导弹设计、分析和性能鉴定的重要工具,是任何复杂导弹武器系统研制计划的重要组成部分。

1.1 飞行动力学设计与仿真的关系

对于飞行器动力学系统,过去采用的是经典的设计理论和方法。飞行器制导控制系统设计从最简化的假设条件开始,随着设计工作的进展,系统设计从一个阶段发展到另一个阶段,系统仿真工作也随之由简入繁,逐步深化,但到系统设计进入一定阶段,系统已非常复杂,继续应用经典的理论和方法已相当困难,这时主要靠仿真来调整,最终完成系统设计任务。

从可行性论证直到制导控制系统设计定型,无论哪个研制阶段都离不开仿真。当然,应当根据实际条件,在不同的研制阶段采用不同的仿真方法。如在可行性论证和方案论证阶段,一般采用数学仿真。进入工程设计阶段后,系统的硬件和软件相继研制出来,就可以采用半实物仿真,或者为了分析的需要,在某一阶段或对某一设计问题,同时采用数学的和半实物的两种仿真方法,这样可使研制的全过程都有较高的效率并获得较理想的结果。

当然,系统中各部分数学模型的建立贯穿于飞行器研制的整个过程,不是一次建模工作所能完成的,而是随着设计工作的不断深入逐渐达到完善的,并且随着实物样机的生产和反复测试数学模型才准确建立的。特别是系统中的发动机部分、导引头部分,以及与空气动力学相关的数学模型,是通过飞行试验最后得到验证的。对数学模型不需要也不可能一开始就要求建立得非常准确。一般来说,设计工作的初级阶段应主要考虑数学模型的简化性,先从线性系统入手,并根据线性控制理论主导零极点的思想,首先确定出对整个系统动态性能有决定性影响的模型的主要结构与参数。随着设计工作的深入就要考虑数学模型的准确性,此时就要考虑线性系统模型的非主导零极点的影响,以及主要非线性因素的影响,进而得到非线性系统的数学模型。虽然计算机可以帮助人们解算复杂的数学模型,但制导控制系统的数学模型建立还应根据设计的不同阶段和仿真研究的内容遵循从简单到复杂的原则,在模型的简化与准确性方面做出合理的折中,以便对系统的本质有清楚的认识。

1.2 飞行动力学的数学模型

与一般的系统仿真一样,飞行器系统仿真也包括建立系统数学模型、建立系统仿真模型、进行系统仿真试验等三项基本活动。通过理论分析、地面试验和有关的飞行试验,验证系统数学模型，验证和确认系统仿真模型的有效性；在试验室条件下，以较低的代价、较高的置信度进行系统仿真试验，获得系统在各种条件下完整的性能数据，实现系统性能设计、批量生产质量、作战运用、性能价格比等方面的优化。

数学仿真结果能否真实地反映实际系统的性能，首先取决于数学模型是否准确，因此制导控制系统数学仿真的关键是数学模型的建立。数学模型对已经学过微分方程的人来说并不是新概念，只不过是个新名词而已，因为微分方程就是一种数学模型。同一个微分方程可以代表物理本质不同的许多动态系统，这表明它们的数学模型是相同的。在制导控制系统分析与设计以及仿真试验中，经常使用的数学模型有微分方程、传递函数和状态方程 3 种表达形式，这是对连续系统而言；对离散系统则上述 3 种表达形式相应变为差分方程、脉冲传递函数以及离散状态方程。同一个实际系统将采用哪一种表达形式的数学模型来描述，这就要看研究的是什么问题了。

1. 微分方程

一个连续系统可用下式表示：

$$\frac{\mathrm{d}^n Y}{\mathrm{d}t^n}+a_1\frac{\mathrm{d}^{n-1}Y}{\mathrm{d}t^{n-1}}+\cdots+a_{n-1}\frac{\mathrm{d}Y}{\mathrm{d}t}=c_0\frac{\mathrm{d}^{n-1}u}{\mathrm{d}t^{n-1}}+c_1\frac{\mathrm{d}^{n-2}u}{\mathrm{d}t^{n-2}}+\cdots+c_{n-1}u \tag{1-1}$$

式中，Y 是系统输出，u 是输入。

系统的结构越复杂，微分方程的阶次 n 就越高。式(1-1) 称为线性(Y 及各阶导数均不含二次方以上或正余弦函数等非线性项) 常系数($a_1,a_2,\cdots,a_n;c_1,c_2,\cdots,c_n$ 均为常数) 常微分方程(Y 仅仅是一个自变量 t 的函数)。线性常系数常微分方程描述的是线性、常参数、集中参数的系统，若系统是分布参数的则为偏微分方程。在初步设计阶段，人们总是经过一系列合理简化，首先得到式(1-1) 形式的微分方程，即线性常系数常微分方程。

当然，实际系统中不存在纯线性系统，总有非线性因素，比如机械装置的间隙、放大器的饱和、磁性元件的磁滞曲线等。

对导弹制导控制系统来说，随着导弹的飞行，发动机的燃料不断消耗，导弹的飞行速度和高度也在不断变化，因此描述导弹运动的微分方程的系数就是时变的。但在初步设计阶段有时也将时变系统简化为定常系统。

如果导弹的长细比比较大，那么在制导控制系统研制中应当把弹体看作弹性弹体，这时弹体的运动就不是常微分方程，而是偏微分方程，属于分布参数系统，因为弹体结构的弯曲变形在弹体各部位是不同的。不过控制工程师感兴趣的是陀螺和加速度计这两个能够敏感弹体结构弯曲变形的元件，关注它们在导弹安装位置处弹体的变形如何，因而也可以把弹体结构弯曲的偏微分方程简化为常微分方程来研究。

2. 传递函数

对式(1-1) 等号两边取拉普拉斯变换，并假设 Y 和 u 的各阶导数(包括零阶) 的初值均为零，则有

$$s^nY(s)+a_1s^{n-1}Y(s)+\cdots\cdots+a_{n-1}sY(s)+a_nY(s)=c_0s^{n-1}U(s)+c_1s^{n-2}U(s)+\cdots\cdots+c_{n-1}U(s) \tag{1-2}$$

式中，$Y(s)$，$U(s)$ 分别为输出量 $Y(t)$ 及输入量 $U(t)$ 的拉普拉斯变换。将式(1-2) 写成分式形式为

$$G(s)=\frac{Y(s)}{U(s)}=\frac{c_0s^{n-1}+c_1s^{n-2}+\cdots+c_{n-2}s+c_{n-1}}{s^n+a_1s^{n-1}+\cdots+a_{n-1}s+a_n} \tag{1-3}$$

式中,$G(s)$ 称为系统的传递函数,也就是在初始条件为零的情况下,系统的输出与输入的拉氏变换之比。由控制理论和控制工程师的实践可知,传递函数是进行系统分析与设计的有力工具。

3. 状态方程

假如某系统可用下述微分方程描述:

$$\frac{\mathrm{d}^n Y}{\mathrm{d}t^n}+a_1\frac{\mathrm{d}^{n-1}Y}{\mathrm{d}t^{n-1}}+\cdots+a_{n-1}\frac{\mathrm{d}Y}{\mathrm{d}t}+a_nY=u(t) \tag{1-4}$$

这个 n 阶微分方程可以变换成 n 个一阶微分方程组,即引入以下 n 个状态变量:

$$\left.\begin{aligned} x_1&=Y\\ x_2&=\dot{x}_1\\ x_3&=\dot{x}_2\\ &\cdots\cdots\\ x_n&=\dot{x}_{n-1}=\frac{\mathrm{d}^{n-1}Y}{\mathrm{d}t^{n-1}} \end{aligned}\right\} \tag{1-5}$$

则有

$$\begin{aligned}\dot{x}_n=\frac{\mathrm{d}^n Y}{\mathrm{d}t^n}&=-a_1\frac{\mathrm{d}^{n-1}Y}{\mathrm{d}t^{n-1}}-a_2\frac{\mathrm{d}^{n-2}Y}{\mathrm{d}t^{n-2}}-\cdots-a_{n-1}\frac{\mathrm{d}Y}{\mathrm{d}t}-a_nY+u(t)=\\ &-a_1x_n-a_2x_{n-1}-\cdots-a_{n-1}x_2-a_nx_1+u(t)\end{aligned} \tag{1-6}$$

将上述 n 个一阶微分方程组写成矩阵形式,可得

$$\dot{\boldsymbol{X}}=\begin{bmatrix}\dot{x}_1\\ \dot{x}_2\\ \vdots\\ \dot{x}_n\end{bmatrix}=\begin{bmatrix}0&1&0&\cdots&0\\ 0&0&1&\cdots&0\\ \vdots&\vdots&\vdots&&\vdots\\ 0&0&0&\cdots&1\\ -a_n&-a_{n-1}&-a_{n-2}&\cdots&-a_1\end{bmatrix}\begin{bmatrix}x_1\\ x_2\\ \vdots\\ x_n\end{bmatrix}+\begin{bmatrix}0\\ 0\\ \vdots\\ 1\end{bmatrix}u \tag{1-7}$$

$$\boldsymbol{Y}=\begin{bmatrix}1&0&\cdots&0\end{bmatrix}\begin{bmatrix}x_1\\ x_2\\ \vdots\\ x_n\end{bmatrix} \tag{1-8}$$

1.3 飞行器仿真程序设计

1.3.1 数字仿真方法选择

飞行器动力学及制导控制系统的数学模型是包含近百个微分方程的微分方程组,因而数字仿真方法的研究就集中在微分方程的数值解法上。数字仿真方法可以分成两大类:数值积分法和离散相似法。数值积分法是对一阶微分方程找到求解的近似积分公式。离散相似法则是将时间连续的系统加入采样开关和保持器变成一个时间离散的系统。两种方法的最后结果都是把微分方程组差分化,变为适合数字计算机计算的差分方程组。

1. 求解精度

采用数字积分法进行数字仿真的精度主要受两类误差的影响:截断误差和舍入误差。截

断误差与积分方法的阶次有关,舍入误差与计算机字长有关。在积分总时间固定的情况下,这两类误差引起的累积误差与步长有关。步长越大,舍入误差引起的累积误差越小,截断误差引起的累积误差越大,反之相反。飞行器动力学及制导控制系统数学模型的最重要特点之一就是:它是一个刚度很大的系统,在制导回路中有高达数秒以上的时间常数,而在稳定回路中却往往具有几百微秒以下的时间常数,其刚度(即最大时间常数与最小时间常数之比)可达10^4以上。在这种情况下不管选用什么样的积分方法,对整个模型都很难选择一个合适的积分步长。如果考虑系统的最小时间常数,则积分步长必须取得很小,对于具有大时间常数的飞行器动力学及制导回路来说,由于计算次数的增多,每次计算的舍入误差将积累成一个大的误差值,而恰恰在仿真中制导回路有最高精度要求。同时,这样选取步长还极大地增加了计算机时间开销。如果按照制导回路所具有的时间常数来选择积分步长,必须取得较大,这样不但将造成截断误差增大,还往往很可能对一个稳定的系统得到不稳定的计算结果。大刚度问题的一个解决办法是:大小不同时间常数的子模型分别选用不同的步长,在每一帧内在不同时间常数子模型间采用插值的方法实现子模型间的数据交换。一些在大步长下也能得到稳定结果的算法也适于解决大刚度问题。

2. 计算速度

由于飞行器动力学及制导控制系统数学模型规模十分庞大,完成一次仿真所需时间较长,因而提高计算速度十分重要。计算速度与积分步长和每一积分步所需的时间有关,每一积分步所需的时间与积分方法有关。为了加快仿真速度,在满足精度和其他要求的条件下尽量选用每步耗时较少的方法,同时还可以根据信号变化的快慢改变积分步长,即在信号变化平缓的区间采用大步长。

3. 稳定性

微分方程组选用不同的仿真方法将变换为不同的差分方程组,因而一个系统仿真结果是否稳定取决于差分方程的特征根是否满足稳定要求,在大计算步长的情况下容易产生不稳定的现象)。在偶有发散的情况发生时,需用其他数字仿真方法加以比较。

1.3.2 数字仿真程序设计

由于仿真程序中有很多完成某一功能的典型子程序经常重复出现,例如积分、多变量函数生成、各种典型的非线性等等,因而仿真软件工作者就设计了各种仿真语言,使仿真工程人员不需要对计算机有专门的知识就能运用这些语言顺利地编程,同时也极大地节省了编程时间。根据飞行器动力学及制导控制系统数学模型的特点,对仿真语言有下述要求:

(1)制导控制系统数学模型包含总数达数百个的微分方程、代数方程、超越函数方程和差分方程,按仿真方法来说,这是一个大型的连续系统模型,因而必须使用具有上述各种方程算法的连续系统仿真语言。仿真语言必须带有各种常微分方程算法的程序库,并且具有有效的刚度问题的算法,有些仿真语言包含刚度的自动检测,这对于制导控制系统数字仿真特别有利。

(2)制导控制系统数学模型中有大量的多变量气动系数,这些气动系数的自变量数多达四五个,因此要求能够生成相应数量自变量的函数仿真语言。

(3)制导控制系统中的噪声和干扰需要仿真语言中提供各种伪随机数的产生、统计数据生成及方差估计等。

(4)制导控制系统的数学仿真不同于一般的科学计算,它要求体现出“在模型上进行试验”这个含义,也就是在仿真试验时工程人员就像在真实系统上进行试验那样能方便地观察系统的动态过程,并能方便地改变系统的初始条件和参数甚至模型结构,因而要求仿真语言具有良好的人机交互能力。

(5)虽然全数学仿真不要求数字程序实时运行,但若能做到实时仿真,则在进行半实物仿真时,实物及与之相对应的数学子模型可以相互换用,这对于校准数学模型和获得更满意的仿真结果显然是有利的。因此,在计算机运算速度足以达到实时的情况下,最好使用面向实时仿真的语言。

不同的仿真语言在使用上有一定的区别,仿真工作者只要了解仿真语言每一语句的含义就能顺利地编写仿真程序。数字仿真程序至少应包含以下几个程序段:

(1)初始化程序段:它对整个仿真程序中所使用的数组定维,使工作单元置位。

(2)输入程序段:输入仿真系统参数、初始条件,规定输出打印间隔、打印点数和绘图比例尺。

(3)运算程序段:根据选定的数字仿真算法求解制导控制系统的动态响应过程。在编写运算程序段时,为便于仿真模型的调试和验证,常常把它按实物分成几个模块,即根据弹体、自动驾驶仪、制导系统三大部分分段编写运算程序段。

(4)输出程序段:按规定要求输出仿真结果的数据及曲线。为了得到更加直观的效果,还可以安排动画图形。

(5)控制程序段:在一次仿真结束后,控制程序段根据仿真工作者的要求确定是否停止仿真。若需修改参数反复仿真,则此段规定参数的修改策略。

1.4 系统的性能及精度仿真分析

在系统性能基本满足要求的基础上,便可在仿真系统中加入各种随机干扰和环境条件,进行制导精度的仿真研究。

(1)灵敏度的研究:分别研究各个随机干扰对制导系统性能及脱靶距离产生的影响,从而检验总体对各分系统提出的误差分配要求是否合适,并对各类误差对脱靶距离的影响大小有定量的概念。

(2)靶试点的预测及杀伤区内精度分析:进行与实际飞行条件一致的仿真试验,这里所说的与飞行试验的条件一致,是指目标类型、环境因素、初始条件等要与飞行试验的情况一致。此时还要求加入全部随机干扰误差,并做到实时仿真。预测飞行试验靶试点的飞行结果,并且可以对全空域进行精度分析,给出各个点的脱靶量的统计值和落入概率。

下面举实例说明。

导弹的制导控制系统都是在随机变化的环境中和随机干扰的作用下工作的,如测量系统的噪声、敏感元件的测量误差、初始条件等都是随机的,而且还存在许多非线性,这些非线性有些是为了控制系统的需要而人为设置的。对于这样一个具有随机输入的非线性时变系统进行分析,需要选择合适的统计方法。最基本的传统方法是蒙特卡洛(Monte Carlo)法。蒙特卡洛法是根据给定的统计特性,选择不同的随机初始条件和随机输入函数,对仿真系统进行大量的统计计算，并得出系统变量的统计特性。应用蒙特卡洛方法统计应包括以下内容：

(1)建立精确的导弹制导控制系统数学模型；

(2)确定各种随机干扰和误差的分布规律；

(3)根据随机干扰和误差的分布规律，随机抽取各误差量；

(4)对获得的 n 次试验结果进行数理统计，并给出精度评定。

在进行蒙特卡洛统计时首先应当满足假设条件，即随机输入的各元素为具有非零的确定性分量的相关随机过程，状态变量均为正态分布。在上述假设条件下得到用状态矢量微分方程形式给出的系统模型为

$$\dot{\boldsymbol{x}} = \boldsymbol{f}(x,t) + \boldsymbol{G}(t)\boldsymbol{\omega}(t) \tag{1-9}$$

式中，$\boldsymbol{\omega}$ 为白噪声过程与确定性矢量的矢量和，$\boldsymbol{x}$ 为系统的状态矢量，$\boldsymbol{f}$ 为系统的非线性时变函数。给出的初始均值和协方差矩阵为

$$\left.\begin{aligned} &E[\boldsymbol{x}(0)] = \boldsymbol{m}_0 \\ &E\{[\boldsymbol{x}(0) - \boldsymbol{m}_0][\boldsymbol{x}(0) - \boldsymbol{m}_0]^{\mathrm{T}}\} = \boldsymbol{P}_0 \end{aligned}\right\} \tag{1-10}$$

并且

$$\left.\begin{aligned} &E[\boldsymbol{\omega}(t)] = \boldsymbol{m}_0 \\ &E\{[\boldsymbol{\omega}(t) - \boldsymbol{b}(t)][\boldsymbol{\omega}(t) - \boldsymbol{b}(\tau)]^{\mathrm{T}}\} = \boldsymbol{Q}(t)\delta(t-\tau) \end{aligned}\right\} \tag{1-11}$$

给出上述模型后，蒙特卡洛分析就要进行大量的重复试验，对得到的一组状态轨迹进行统计，即得到状态矢量的估计均值 $\widehat{\boldsymbol{m}}(t)$ 和估计协方差 $\widehat{\boldsymbol{P}}(t)$ 为

$$\left.\begin{aligned} &\widehat{\boldsymbol{m}}(t) = \frac{1}{n}\sum_{i=1}^{n} x_i(t) \\ &\widehat{\boldsymbol{P}}(t) = \frac{1}{n-1}\sum_{i=1}^{n}[x_i(t) - \widehat{\boldsymbol{m}}(t)(x_i(t) - \widehat{\boldsymbol{m}}(t)]^{\mathrm{T}} \end{aligned}\right] \tag{1-12}$$

数学仿真中为了得到精确的统计结果，采用蒙特卡洛法就要进行数百次的统计计算，花费机时较多，因此这种方法更适合用于对系统性能进行少量的分析或对少数靶试点进行预测和靶试后的故障分析。如果要进行灵敏度分析，选择控制系统参数或对全空域进行精度研究，这种方法就不适宜了。20 世纪 70 年代以来发展起来的协方差分析描述函数技术(简称 CADET 方法)，以及统计线性化伴随方法——SLAM 方法等，在国外已用于导弹制导控制系统数学仿真结果的统计分析。采用 CADET 方法和 SLAM 方法，仅在一次计算中就可以得到导弹制导控制系统统计分析的脱靶距离均方根值。SLAM 方法不仅提供总的脱靶距离均方根值，而且还指出每一扰动项是如何影响总的脱靶距离均方根值的。但是随着系统的状态变量数目的增加，特别是考虑到系统中实际存在的大量非线性因素时，不仅建立数学模型比较复杂，而且计算的工作量也随之增加。

1.5 数学仿真置信度分析

数学仿真结果的可信程度是人们最关心的问题。数学仿真结果的置信度实际上包含两方面的含义：①数学模型相对于真实系统的准确度；②仿真中所采用的统计分析方法的置信度。

前者已经在系统数学模型的建立与验证中解决，而这里讨论的系统数学仿真试验结果的置信度及置信度区间是指后者。应用蒙特卡洛方法进行统计时，首先要对仿真的边界条件和随机输入函数进行判断和处理。

1. 遭遇时间的判定和脱靶距离的计算

对同一靶试点，每一次发射至遭遇的时间 t 是不同的。遭遇时间的判定：导弹与目标相对距离 $\Delta R=0$ 所对应的时刻为遭遇时间。实际上用 $\Delta R<\varepsilon$ 来判断遭遇时间。当 $\Delta R<\varepsilon$ 不恰好在采样点上时，应当进行三点插值求出脱靶距离的计算公式。

2. 随机变量和随机输入函数的处理

作用在制导控制系统的随机误差分为两类：一类是随机的但变化缓慢的误差，例如仪器的零位、斜率误差，发动机的推力偏差，导弹射入段偏差等，这些误差在一次发射计算中只取一个随机数，加在系统相应的位置上；另一类误差是随机过程，例如雷达测量系统的测角和测距噪声。进行蒙特卡洛统计时，可将实测的起伏噪声直接输入仿真系统，也可根据其频谱，将白噪声通过成形滤波器后加入仿真系统。

3. 仿真结果的统计方法和精度评定

根据数理统计原理，由 n 次试验得到的近似统计值 —— 估计均值 $\hat{m}(t)$ 和估计均方差值 $\hat{\sigma}(t)$ 的计算公式为

$$\left.\begin{aligned}\hat{m}(t)&=\frac{1}{n}\sum_{i=1}^{n}x_i(t)\\ \hat{\sigma}(t)&=\left[\frac{1}{n-1}\sum_{i=1}^{n}(x_i(t)-m(t))^2\right]^{1/2}\end{aligned}\right\}\tag{1-13}$$

该估计值也是数学期望和均方差的无偏估计，也是随机变量，是由许多相互独立的随机因素综合作用的结果。而其中单个因素在总的影响中所起的作用都是微小的，根据中心极限定理，这种随机变量近似服从正态分布。而且统计次数 n 越大，估计值 $\hat{m}(t)$ 和 $\hat{\sigma}(t)$ 也就越接近真实值 $m(t)$ 和 $\sigma(t)$。当给定置信度时，就可以求出相应的置信区间的上、下限。

参考文献

[1] 杨涤. 飞行器系统仿真与 CAD[M]. 哈尔滨：哈尔滨工业大学出版社，2006.

[2] 闫晓东，许志. 飞行器系统仿真实训教程[M]. 西安：西北工业大学出版社，2013.

[3] 史蒂文斯，刘易斯，约翰逊. 飞行器控制与仿真[M]. 北京：国防工业出版社，2020.

[4] 宋海涛，张涛，张国良. 飞行器制导控制一体化技术[M]. 北京：国防工业出版社，2017.

[5] 姚红，程文华，张雅声. 飞行器动力学与控制 Simulink 仿真[M]. 北京：国防工业出版社，2018.

[6] 汲万峰，李冬，戚学文. 作战飞行器航路规划[M]. 北京：兵器工业出版社，2018.

[7] 闻新. 空间飞行器总体设计[M]. 哈尔滨：哈尔滨工业大学出版社，2019.

[8] 昂海松. 飞行器先进设计技术[M]. 北京：国防工业出版社，2012.

[9] 文帕. 刚性及柔性飞行器飞行动力学建模仿真与控制[M]. 北京：中国宇航出版社，2019.

[10] 柯芳,聂吾希宾.飞行器智能控制系统中的算法[M].成都:四川大学出版社,2011.

[11] 李林.飞行模拟器[M].北京:北京理工大学出版社,2012.

[12] 常晓飞.MATLAB 在飞行器制导控制系统研制中的应用[M].北京:电子工业出版社,2020.

[13] 李学锋,李超兵,王青.轨道转移飞行器导航与制导[M].北京:国防工业出版社,2017.

[14] 范绪箕.高速飞行器热结构分析与应用[M].北京:国防工业出版社,2009.

[15] 昂海松,余雄庆.飞行器先进设计技术[M].2 版.北京:国防工业出版社,2014.

第 2 章　飞行器系统仿真理论基础

本章介绍飞行器系统仿真需要用到的基础理论模型，包括地球形状、标准大气、风场、引力和重力等飞行器环境模型，阐述飞行器各物理量的坐标系及各坐标系之间的转换矩阵，飞行器质心运动方程以及考虑飞行器转动的六自由度动力学微分方程组。在求解动力学微分方程组时，对需要用到的常用数值算法也做了相应的介绍。

2.1　飞行器系统仿真的环境模型

飞行器相对于地球的运动状态、飞行轨迹是研究飞行器的关键参数，这些参数与地球的运动规律及形状密切相关，必须对其有一定的认识。地球作为围绕太阳运动的行星，既有绕太阳的转动(公转)，也有绕自身轴的转动(自转)。地球绕太阳公转的周期为 365.256 36 个平太阳日，地球自转角速度为 $\omega_e = 7.292\ 115 \times 10^{-5}\ \mathrm{rad/s}$。

2.1.1　地球形状

地球是一个形状复杂的物体。由于地球自转，其形成一个两极间距离小于赤道直径的扁球体。可用旋转椭球体(参考椭球体)来对其进行描述，其表面称为参考椭球面。在地心赤道坐标系内，参考椭球面方程表示为

$$\frac{x_E^2}{a_E^2} + \frac{y_E^2}{a_E^2} + \frac{z_E^2}{b_E^2} = 1 \tag{2-1}$$

其椭圆满足的方程为

$$\frac{x_E^2}{a_E^2} + \frac{y_E^2}{a_E^2} = 1 \tag{2-2}$$

式中，a_E 称为地球的长半轴，$a_E = 6\ 378\ 137$ m；b_E 称为地球的短半轴，$b_E = 6\ 356\ 752.3$ m，并记

$$e^2 = \frac{a_E^2 - b_E^2}{a_E^2}, \quad e'^2 = \frac{a_E^2 - b_E^2}{b_E^2} \tag{2-3}$$

式中，e^2 称为参考椭球体的第一偏心率，e'^2 称为参考椭球体的第二偏心率。

过地轴的任一平面与旋转椭球面的截线称为地球子午椭圆，子午椭圆的方程如式(2-3)所示。地球表面任一点的地心纬度 ϕ 可由下式确定：

$$\phi = \arctan \frac{x_E}{y_E} \tag{2-4}$$

过椭球上任一点的参考椭球面的法线与赤道平面的夹角称为该点的地理纬度，记为 B。北半球地理纬度为正，南半球地理纬度为负。根据椭圆几何理论知识，则有

$$\tan B = \frac{a_E^2}{b_E^2} \cdot \frac{x_E}{y_E} = \frac{a_E^2}{b_E^2} \tan\phi$$

亦可写为

$$\tan B=\frac{1}{1-e^2}\tan\phi \tag{2-5}$$

在火箭质点弹道的计算中，通常采用 CGCS2000 坐标系下的静止标准圆球地球模型和旋转椭球体地球模型，地球模型中主要参数见表 2-1。而与之相关的坐标系有发射坐标系、发射惯性坐标系、地心坐标系、弹体坐标系和速度坐标系。

表 2-1 CGCS2000 地球模型主要参数

主要参数	静止圆球	旋转椭球
长半轴 a_E/m	6 371 000.790 0	6 378 137.0
引力常数 $\mu/(10^8\,m^3/s^2)$	3 986 004.418	3 986 004.418
二阶带谐系数 $J_2/10^{-8}$	0.0	108 262.983 225 8
四阶带谐系数 $J_4/10^{-8}$	0.0	−237.091 125 614 1
自转角速度 $\Omega/(10^{-5}\,rad/s)$	0.0	7.292 115
第一偏心率 e^2	0.0	0.006 694 380 022 90
第二偏心率 e'^2	0.0	0.006 739 496 775 48
等体积球半径 R_m/m	6 371 000.790 0	6 371 000.790 0

2.1.2 标准大气

标准大气表是以实际大气为特征的统计平均值为基础并结合一定的近似数值计算所形成的，它反映了大气状态参数的年平均状况。1976 年美国国家海洋和大气局、美国国家航空航天局、美国空军部联合制定了新的美国国家标准大气，它依据大量的探空火箭探测资料和人造地球卫星对一个以上完整的太阳活动周期的探测结果，把高度扩展到 1 000 km。1980 年我国国家标准总局根据航空航天部门的工作需要，发布了以 1976 年美国国家标准大气为基础的标准，将 30 km 以下的数据定作中华人民共和国国家标准大气，30 km 以上的数据作为选用值。显然，利用标准大气表所算得的运载火箭运动轨迹，所反映的只是火箭“平均”运动规律。对火箭设计而言，只关心该型号火箭在“平均”大气状态下的运动规律，因此，运用标准大气表就可以了。对火箭飞行试验而言，也可以标准大气下的运动规律作为依据，然后再考虑实际大气条件与该标准大气的偏差对试验结果的影响，来对火箭的运动进行分析。

在进行弹道分析计算中，若将标准大气表的上万个数据输入到计算机中，工作量及存储量均是很大的。如能使用公式计算大气温度、密度、压强、声速等诸参数，既能节省许多内存容量，而且不必作大量的插值运算，可节省大量机时。在杨炳尉发表的《标准大气参数的公式表示》(NOAA, et al. U. S. Standard Atmosphere, 1976, U. S. Govenment Printing office 1976.)一文中给出了以标准大气表为依据，采用拟合法得出的从海平面到 91 km 范围内的标准大气参数计算公式。运用该公式计算的参数值与原表之值的相对误差小于万分之三。可以认为利用这套公式进行弹道分析计算是足够精确的，可代替原标准大气表。具体计算公式为

$$
\left.\begin{aligned}
&H_w = H/(1+H/6\ 356\ 766)\\
&T = T_b + L(H_w - H_{wb})\\
&p = \begin{cases} p_b\left[1+L(H_w-H_{wb})\right]^{-g_s/(LR)}, & L\neq 0\\ p_b \cdot e^{\left[-g_s(H_w-H_{wb})/(RT_b)\right]}, & L=0\end{cases}\\
&v_H = \sqrt{\kappa RT} = 20.046\ 8\sqrt{T}
\end{aligned}\right\} \tag{2-6}
$$

式中，R 为标准气体参数，取值 287.052 87 J/kg；g_s 为标准海平面重力加速度，取值为 9.806 65 m/s^2；v_H 为飞行高度对应的声速；H_w 为重力位势高度；H 为海拔高度；T 为热力学温度(K)；κ 为等熵指数，$\kappa=1.4$；p 为飞行高度对应的压强。此外，H_{wb}，T_b，L，p_b 分别为位势高、下界温度、温度梯度、大气压力，并按表 2-2 取值。

表 2-2　CGCS2000 地球模型主要参数

H_{wb}/m	T_b^0/K	L^0/(K·m^{-1})	p_b/Pa
0	288.15		101 325
11 000	216.65	−0.006 5	22 632.040 1
20 000	216.65	0	5 474.877 425
32 000	228.65	0.001	868.015 778 8
47 000	270.65	0.002 8	110.905 773 2
51 000	270.65	0	66.938 528
71 000	214.65	−0.002 8	3.956 392 15
84 890	186.87	−0.002	0.370 795 9
>90 000	186.87	0	0

2.1.3　风场模型

地球大气的全部质量大约仅为地球质量的百万分之一，可是大气对火箭的动力飞行弹道、近地卫星运行轨道和各种再入飞行器运动弹道均有较大的影响。固体运载火箭的初始阶段位于稠密的大气层内，飞行过程中受到空气动力的强烈作用，而气动力的解算依赖于大气模型及气动力相关系数。大气参数(密度、压强、温度、马赫数等)不仅随高度变化，同时随经纬度、季节变化明显，此外还受大气环流影响，所以准确描述大气模型具有相当大的难度。大气的最底层是对流层，顶部所在高度在赤道地区约为 18 km，在两极地区只有 8 km 左右。在对流层中约集中了整个大气层质量的 75%及水汽的 95%。该层是大气变化最复杂的层次，一些大气现象，如风、云、雾、雷暴、积冰等均出现在这一层中。太阳辐射能有 5%被地面吸收，19%被大气和云吸收，30%被大气层反射、散射回宇宙空间，故地球表面温度比大气高，地球就像一个大火炉，使下面的大气受热上升，上面冷空气下降。在对流层中发生了空气的对流，大气沿垂直方向上、下对流。平流层范围高度在 11～50 km 上下，整个平流层中随着高度的升高，大气的密度和压力一直是下降的，如在 50 km 处的值，只有地球表面处相应值的 0.08%。中间层高度约在 50～90 km 范围，而电离层大约从 50 km 高度起，延伸到地球上空数百千米处。

火箭在穿越大气层的过程中，风的干扰是影响飞行轨迹非常重要的一部分。大气成分及组成环境的不同对风场的描述，带来了很大的困难。风场的一般变化规律主要是通过平稳风、切变风以及风向等进行描述，其中切变风对火箭的姿态运动会带来较大的冲击而平稳风会持续地干扰火箭质心运动。典型风场模型如图 2-1 所示。

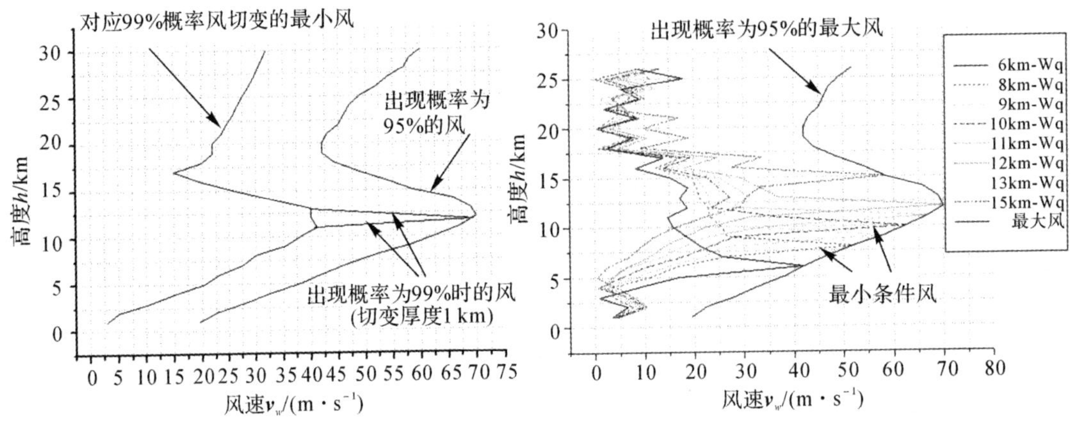

图 2-1　大气层内风场模型

弹体相对于来流的速度在弹体坐标系 $X_bO_bZ_b$ 平面的投影与 X_b 轴的夹角（顺时针旋转为正）为侧滑角 β，相对于静止大气的速度在弹体坐标系 $X_bO_bY_b$ 平面的投影与相对速度的夹角（顺时针旋转为正）为攻角 α。在进行气动力的计算时风的作用使来流相对地球运动而非静止的。地面发射坐标系内，由风场模型得到风速 $\boldsymbol{v}_w$，火箭相对速度矢量为 $\boldsymbol{v}$，相对来流的速度为

$$\boldsymbol{v}_g^w = \boldsymbol{v} - \boldsymbol{v}_w \tag{2-7}$$

火箭考虑风场影响的攻角和侧滑角表达式为

$$\left.\begin{aligned} \beta &= -\arctan(v_{gz}^w / v_{gx}^w) \\ \alpha &= \arcsin\left(v_{gy}^w / \sqrt{(v_{gx}^w)^2 + (v_{gz}^w)^2}\right) \end{aligned}\right\} \tag{2-8}$$

于是，包含风影响的箭体轴向力、法向力以及侧向力为

$$\left.\begin{aligned} R_x &= \frac{1}{2}\rho(v_{gx}^w)^2 S_{\text{ref}}[C_X(Ma,\alpha,h) + C_{X_O}(Ma,h)] \\ R_y &= \frac{1}{2}\rho(v_{gx}^w)^2 S_{\text{ref}} C_Y(Ma,\alpha,h) \\ R_z &= \frac{1}{2}\rho(v_{gx}^w)^2 S_{\text{ref}} C_Z(Ma,\beta,h) \end{aligned}\right\} \tag{2-9}$$

式中，$C_{X_O}(Ma,h)$ 为底阻力系数，$C_X(Ma,\alpha,h)$、$C_Y(Ma,\alpha,h)$ 和 $C_Z(Ma,\alpha,h)$ 分别为轴向力系数、法向力系数以及侧向力系数，它们由相应的气动力系数表插值得到；ρ 为飞行高度对应的大气密度；S_{ref} 为气动参考面积。

2.1.4　引力和重力

假设地球外一质量为 m 的质点相对于地球是静止的，该质点受到地球的引力为 $m\boldsymbol{g}$，另由于地球自身在以 $\boldsymbol{\omega}_e$ 角速度旋转，故该质点还受到随同地球旋转而引起的离心惯性力，将该质点所受的引力和离心惯性力之和称为该质点所受的重力，记为 $m\boldsymbol{g}'$ 并满足

$$mg' = mg + ma'_{\mathrm{e}} \tag{2-10}$$

式中，$\boldsymbol{a}'_{\mathrm{e}} = -\boldsymbol{\omega}_{\mathrm{e}} \times (\boldsymbol{\omega}_{\mathrm{e}} \times \boldsymbol{r})$ 称为离心加速度；r 为地心矢径。空间一点的离心惯性加速度 $\boldsymbol{a}'_{\mathrm{e}}$，是在该点与地轴组成的子午面内并与地轴垂直指向球外。将其分解到 $\boldsymbol{r}^0$ 及 $\boldsymbol{\phi}^0$ 方向，其大小分别记为 $a'_{\mathrm{e}r}$，$a'_{\mathrm{e}\phi}$，可得

$$\left.\begin{aligned} a'_{\mathrm{e}r} &= r\omega_{\mathrm{e}}^2 \cos^2\phi \\ a'_{\mathrm{e}\phi} &= -r\omega_{\mathrm{e}}^2 \sin\phi\cos\phi \end{aligned}\right\} \tag{2-11}$$

对于一个保守力场，场外一单位质点所受到该力场的作用力称为场强，记作 $\boldsymbol{F}$，它是矢量场。场强 $\boldsymbol{F}$ 与该质点在此力场中所具有的势函数 U，有如下关系：

$$\boldsymbol{F} = \mathrm{grad}U \tag{2-12}$$

式中，势函数 U 为一标量函数，又称引力位。地球对球外质点的引力场为一保守力场，若设地球为一均质圆球，可把地球质量 M 看作集中于地球中心，则地球对球外距地心为 r 的一单位质点的势函数为

$$U = \frac{fM}{r} \tag{2-13}$$

式中，f 为万有引力常数，记 $\mu = fM$ 称为地球引力系数。

由式(2-12)可得地球对距球心 r 处一单位质点的场强为

$$\boldsymbol{g} = -\frac{\mu}{r^2}\boldsymbol{r}^0 \tag{2-14}$$

场强 $\boldsymbol{g}$ 又称为单位质点在地球引力场中所具有的引力加速度矢量。实际地球为一形状复杂的非均质的物体，要求其对地球外一点的势函数，则需对整个地球进行积分，即

$$U = f\int_M \frac{\mathrm{d}m}{\rho} \tag{2-15}$$

式中，$\mathrm{d}m$ 为地球单元体积的质量；ρ 为 $\mathrm{d}m$ 至空间所研究的一点的距离。为了精确地求出势函数，则必须已知地球表面的形状和地球内部的密度分布，才能计算该积分值，目前还是很难做到的。可以通过球函数展开式得到地球引力位的标准表达式为

$$U = \frac{\mu}{r} - \frac{\mu}{r}\sum_{n=2}^{\infty}\left[\left(\frac{a_{\mathrm{e}}}{r}\right)^n J_n P_n(\sin\phi)\right] + \frac{\mu}{r}\sum_{n=2}^{\infty}\sum_{m=1}^{n}\left[\left(\frac{a_{\mathrm{e}}}{r}\right)^n (C_{nm}\cos m\lambda + S_{nm}\sin m\lambda)P_{nm}(\sin\phi)\right] \tag{2-16}$$

式中，a_{e} 为地球赤道平均半径；ϕ、λ 分别为地心纬度和经度；J_n 为带谐系数，且 $J_n = -C_{n0}$，当 $n \neq m$ 时，C_{nm}，S_{nm} 分别为田谐系数；当 $n=m$ 时，C_{nm}，S_{nm} 分别为扇谐系数；$P_n(\sin\phi)$ 为勒让德函数；$P_{nm}(\sin\phi)$ 为缔合勒让德函数。在弹道设计和计算中，为了方便还可近似取式(2-16)中 J_2 为止的势函数，即

$$U = \frac{\mu}{r}\left[1 + \frac{J_2}{2}\left(\frac{a_{\mathrm{e}}}{r}\right)^2(1 - 3\sin^2\phi)\right] \tag{2-17}$$

有了势函数后即可根据式(2-12)求取单位质量质点受地球引力作用的引力加速度矢量 $\boldsymbol{g}$，由式(2-17)可见正常引力位仅与观测点的距离 r 及地心纬度 ϕ 有关。因此，引力加速度 $\boldsymbol{g}$ 总是在地球地轴与所考察的空间点构成的平面内，该平面与包含 r 在内的子午面重合。对于位于 P 点的单位质量质点而言，为计算该点的引力加速度矢量，作过 P 点的子午面且 r 的单位矢量为 $\boldsymbol{r}^0$，并在此子午面内垂直 $O_{\mathrm{E}}P$ 且指向 ϕ 增加方向的单位矢量为 $\boldsymbol{\phi}^0$，则引力加速度 $\boldsymbol{g}$ 在 $\boldsymbol{r}^0$ 及 $\boldsymbol{\phi}^0$ 方向的投影分别为

$$\left.\begin{aligned} g_r &= -\frac{\mu}{r^2}\left[1 + J\left(\frac{a_e}{r}\right)^2 (1 - 3\sin^2\phi)\right] \\ g_\phi &= -\frac{\mu}{r^2} J \left(\frac{a_e}{r}\right)^2 \sin 2\phi \end{aligned} \quad J = 3J_2/2 \right\} \tag{2-18}$$

2.2 坐标系变换方法

原点相同的两个直角坐标系的空间姿态可以用不同的方法来描述，目前常用的方法有欧拉角法、四元数方法、方向余弦矩阵法等方法。这些方法可以互相转换，可根据其用途选择合适的描述方法。

2.2.1 方向余弦矩阵的定义

由两个具有公共原点的坐标系 b($\boldsymbol{e}_{X_b}$, $\boldsymbol{e}_{Y_b}$, $\boldsymbol{e}_{Z_b}$) 和 I($\boldsymbol{e}_{X_I}$, $\boldsymbol{e}_{Y_I}$, $\boldsymbol{e}_{Z_I}$)。令 I 的坐标轴在空间固定，b 各轴可以绕原点任意转动。坐标系 b 和坐标系 I 各轴的余弦依次组成的矩阵称为方向余弦矩阵，则由坐标系 b 到坐标系 I 的方向余弦矩阵 $\boldsymbol{C}_b^I$ 定义为

$$\boldsymbol{C}_b^I = \begin{bmatrix} \boldsymbol{e}_{X_I}\cdot\boldsymbol{e}_{X_b} & \boldsymbol{e}_{X_I}\cdot\boldsymbol{e}_{Y_b} & \boldsymbol{e}_{X_I}\cdot\boldsymbol{e}_{Z_b} \\ \boldsymbol{e}_{Y_I}\cdot\boldsymbol{e}_{X_b} & \boldsymbol{e}_{Y_I}\cdot\boldsymbol{e}_{Y_b} & \boldsymbol{e}_{Y_I}\cdot\boldsymbol{e}_{Z_b} \\ \boldsymbol{e}_{Z_I}\cdot\boldsymbol{e}_{X_b} & \boldsymbol{e}_{Z_I}\cdot\boldsymbol{e}_{Y_b} & \boldsymbol{e}_{Z_I}\cdot\boldsymbol{e}_{Z_b} \end{bmatrix} = \begin{bmatrix} l_1 & l_2 & l_3 \\ m_1 & m_2 & m_3 \\ n_1 & n_2 & n_3 \end{bmatrix} \tag{2-19}$$

且可得矢量的坐标变换为

$$\begin{bmatrix} x_I \\ y_I \\ z_I \end{bmatrix} = \boldsymbol{C}_b^I \begin{bmatrix} x_b \\ y_b \\ z_b \end{bmatrix} \quad \text{或} \quad \begin{bmatrix} x_b \\ y_b \\ z_b \end{bmatrix} = (\boldsymbol{C}_b^I)^T \begin{bmatrix} x_I \\ y_I \\ z_I \end{bmatrix}$$

由此可以看出，方向余弦矩阵 $\boldsymbol{C}_b^I$ 是正交矩阵，并具有以下性质：

(1) 方向余弦矩阵的行列式等于 1，即 $\| \boldsymbol{C}_b^I \| = 1$；

(2) 方向余弦矩阵的逆等于其转置，即 $(\boldsymbol{C}_b^I)^{-1} = (\boldsymbol{C}_b^I)^T$；

(3) 方向余弦矩阵元素具有正交性，即

$$\sum_{i=1}^{3} c_{ij} c_{ik} = \sum_{i=1}^{3} c_{ji} c_{ki} = \delta_{jk} = \begin{cases} 1 & (j = k) \\ 0 & (j \neq k) \end{cases}$$

(4) 方向余弦矩阵的每一个元素等于其代数余子式，即

$$c_{ij} = \begin{vmatrix} c_{(i+1)(j+1)} & c_{(i+1)(j+2)} \\ c_{(i+2)(j+1)} & c_{(i+2)(j+2)} \end{vmatrix}$$

矢量经过方向余弦矩阵的正交变换后其模保持不变。

2.2.2 方向余弦矩阵微分方程

假定坐标系 I 中有一个常矢量 $\boldsymbol{r}_I$，该矢量在坐标系 b 中表示为 $\boldsymbol{r}_b$，坐标系 b 以角速度 $\boldsymbol{\omega}$ 绕坐标系 I 旋转，则有

$$\boldsymbol{r}_I = \boldsymbol{C}_b^I \boldsymbol{r}_b \tag{2-20}$$

将式(2-20)对时间 t 求导数，可得

$$\dot{\boldsymbol{r}}_{\mathrm{I}}=\dot{\boldsymbol{C}}_{\mathrm{b}}^{\mathrm{I}}\boldsymbol{r}_{\mathrm{b}}+\boldsymbol{C}_{\mathrm{b}}^{\mathrm{I}}\dot{\boldsymbol{r}}_{\mathrm{b}} \tag{2-21}$$

因为坐标系 b 以角速度 $\boldsymbol{\omega}$ 旋转，所以矢量 $\boldsymbol{r}_{\mathrm{b}}$ 以角速度“$-\boldsymbol{\omega}$”相对于坐标系 b 作旋转，故满足矢量关系：

$$\dot{\boldsymbol{r}}_{\mathrm{b}}=-\boldsymbol{\omega}_{\mathrm{b}}\times\boldsymbol{r}_{\mathrm{b}} \tag{2-22}$$

可以证明上述矢量关系式与下面的矩阵关系式相对应，即

$$\dot{\boldsymbol{r}}_{\mathrm{b}}=-[\boldsymbol{\omega}_{\mathrm{b}}\times]\boldsymbol{r}_{\mathrm{b}} \tag{2-23}$$

式中，$\boldsymbol{\omega}_{\mathrm{b}}=\omega_{X\mathrm{b}}\boldsymbol{e}_{X\mathrm{b}}+\omega_{Y\mathrm{b}}\boldsymbol{e}_{Y\mathrm{b}}+\omega_{Z\mathrm{b}}\boldsymbol{e}_{Z\mathrm{b}}$，并定义矩阵运算为

$$[\boldsymbol{\omega}_{\mathrm{b}}\times]=\begin{bmatrix}0 & -\omega_{Z\mathrm{b}} & \omega_{Y\mathrm{b}}\\ \omega_{Z\mathrm{b}} & 0 & -\omega_{X\mathrm{b}}\\ -\omega_{Y\mathrm{b}} & \omega_{X\mathrm{b}} & 0\end{bmatrix} \tag{2-24}$$

因为 $\dot{\boldsymbol{r}}_{\mathrm{I}}=\boldsymbol{0}$，得到方向余弦矩阵所满足的微分方程为

$$\dot{\boldsymbol{C}}_{\mathrm{b}}^{\mathrm{I}}=\boldsymbol{C}_{\mathrm{b}}^{\mathrm{I}}[\boldsymbol{\omega}_{\mathrm{b}}\times] \tag{2-25}$$

其转置对应的方程为

$$\dot{\boldsymbol{C}}_{\mathrm{I}}^{\mathrm{b}}=-[\boldsymbol{\omega}_{\mathrm{b}}\times]\boldsymbol{C}_{\mathrm{I}}^{\mathrm{b}} \tag{2-26}$$

实质上，是描述了一个坐标系相对于另一个坐标系转动，且转动的相对角速度在动坐标系内为已知时，两个坐标系间方向余弦矩阵所满足的微分方程。

2.2.3　欧拉角的定义及其求解

欧拉角主要用于建立两个坐标系统的联系，这里为了描述方便，将坐标系的 X 轴、Y 轴和 Z 轴分别定义为 1 轴、2 轴、3 轴，并定义两个具有公共原点的坐标系 $\mathrm{b}(\boldsymbol{e}_{X_{\mathrm{b}}},\boldsymbol{e}_{Y_{\mathrm{b}}},\boldsymbol{e}_{Z_{\mathrm{b}}})$ 和 $\mathrm{I}(\boldsymbol{e}_{X_{\mathrm{I}}},\boldsymbol{e}_{Y_{\mathrm{I}}},\boldsymbol{e}_{Z_{\mathrm{I}}})$。

(1) 按照“2—3—1”转序定义欧拉角，其定义如下：使坐标系 b 和 I 各轴重合后，先绕坐标系 I 的 $\boldsymbol{e}_{Y_{\mathrm{I}}}$ 轴旋转 ψ，再绕 $\boldsymbol{e}'_{Z_{\mathrm{b}}}$ 轴旋转 φ，最后绕 $\boldsymbol{e}_{X\mathrm{b}}$ 轴旋转 γ，如图 2-2 所示。

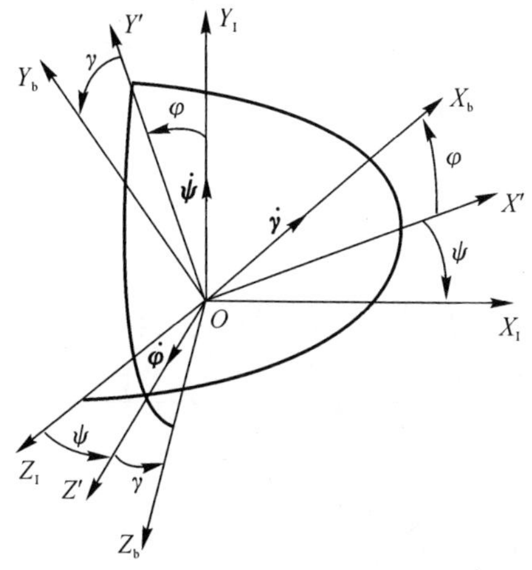

图 2-2　按照“2—3—1”转序定义的欧拉角

已知坐标系 b 相对于坐标系 I 按 2—3—1 转序的欧拉角，则可写出由欧拉角描述的坐标变换方向余弦阵为

$$C_{\mathrm{I}}^{\mathrm{b}} = \boldsymbol{R}_X(\gamma)\boldsymbol{R}_Z(\varphi)\boldsymbol{R}_Y(\psi)$$

式中，$\boldsymbol{R}_X(\gamma)$，$\boldsymbol{R}_Y(\theta)$ 和 $\boldsymbol{R}_Z(\theta)$ 为初等旋转矩阵，可由式(2-19)推导具体形式，即

$$\boldsymbol{R}_X(\gamma)=\begin{bmatrix}1 & 0 & 0\\ 0 & \cos\gamma & \sin\gamma\\ 0 & -\sin\gamma & \cos\gamma\end{bmatrix};\quad \boldsymbol{R}_Y(\psi)=\begin{bmatrix}\cos\psi & 0 & -\sin\psi\\ 0 & 1 & 0\\ \sin\psi & 0 & \cos\psi\end{bmatrix};\quad \boldsymbol{R}_Z(\varphi)=\begin{bmatrix}\cos\varphi & \sin\varphi & 0\\ -\sin\varphi & \cos\varphi & 0\\ 0 & 0 & 1\end{bmatrix}$$

由图 2-2 可看出，角速度矢量 $\dot{\boldsymbol{\varphi}}$、$\dot{\boldsymbol{\psi}}$、$\dot{\boldsymbol{\gamma}}$ 分别在 $\boldsymbol{e}'_{Z_\mathrm{b}}$ 轴、$\boldsymbol{e}_{Y_\mathrm{I}}$ 轴和 $\boldsymbol{e}_{X_\mathrm{b}}$ 轴方向上，它们也是非正交的。同样定义坐标系 b 旋转角速度矢量在坐标系 b 分量为：ω_{X_b}、ω_{Y_b}、ω_{Z_b}，其旋转矢量应满足

$$\dot{\boldsymbol{\varphi}}+\dot{\boldsymbol{\psi}}+\dot{\boldsymbol{\gamma}}=\omega_{X_\mathrm{b}}+\omega_{Y_\mathrm{b}}+\omega_{Z_\mathrm{b}} \tag{2-27}$$

存在角速度矢量关系

$$\left.\begin{aligned}\dot{\boldsymbol{\gamma}}&=\dot{\gamma}\boldsymbol{e}_{X_\mathrm{b}}\\ \dot{\boldsymbol{\varphi}}&=\dot{\varphi}\sin\gamma\boldsymbol{e}_{Y_\mathrm{b}}+\dot{\varphi}\cos\gamma\boldsymbol{e}_{Z_\mathrm{b}}\\ \dot{\boldsymbol{\psi}}&=\dot{\psi}\cos\varphi\boldsymbol{y}'+\dot{\psi}\sin\varphi\boldsymbol{e}_{X_\mathrm{b}}\\ \boldsymbol{y}'&=\cos\gamma\boldsymbol{e}_{Y_\mathrm{b}}-\sin\gamma\boldsymbol{e}_{Z_\mathrm{b}}\end{aligned}\right\} \tag{2-28}$$

根据式(2-27)和式(2-28)，化简后可得

$$\dot{\boldsymbol{\psi}}=\dot{\psi}\sin\varphi\boldsymbol{e}_{X_\mathrm{b}}+\dot{\psi}\cos\varphi\cos\gamma\boldsymbol{e}_{Y_\mathrm{b}}-\dot{\psi}\cos\varphi\sin\gamma\boldsymbol{e}_{Z_\mathrm{b}} \tag{2-29}$$

考虑到 $\boldsymbol{\omega}_{X\mathrm{b}}=\omega_{X\mathrm{b}}\boldsymbol{e}_{X\mathrm{b}}$，$\boldsymbol{\omega}_{Y\mathrm{b}}=\omega_{Y\mathrm{b}}\boldsymbol{e}_{Y\mathrm{b}}$；$\boldsymbol{\omega}_{Z\mathrm{b}}=\omega_{Z\mathrm{b}}\boldsymbol{e}_{Z\mathrm{b}}$，则存在

$$\begin{bmatrix}\omega_{X\mathrm{b}}\\ \omega_{Y\mathrm{b}}\\ \omega_{Z\mathrm{b}}\end{bmatrix}=\begin{bmatrix}0 & \sin\varphi & 1\\ \sin\gamma & \cos\varphi\cos\gamma & 0\\ \cos\gamma & -\cos\varphi\sin\gamma & 0\end{bmatrix}\begin{bmatrix}\dot{\varphi}\\ \dot{\psi}\\ \dot{\gamma}\end{bmatrix} \tag{2-30}$$

(2) 按照“3—2—1”转序定义欧拉角，图 2-3 所示为按照“3—2—1”转序的欧拉角定义的箭体坐标系与惯性坐标系间的几何关系。首先使箭体坐标系与惯性坐标系重合，然后，箭体绕 Z_b 轴旋转俯仰角 φ，再绕 Y_b 轴旋转角 γ，最后绕 X_b 轴旋转角 ψ。于是，按照“3—2—1”转序定义的欧拉角(φ、ψ、γ)唯一确定了火箭相对于惯性坐标系的姿态。

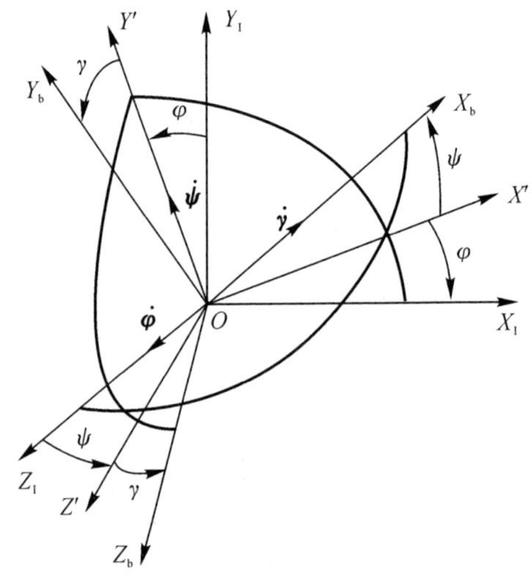

图 2-3　按照“3—2—1”转序定义的欧拉角

由图 2-3 可看出，角速度矢量 $\dot{\boldsymbol{\varphi}}$，$\dot{\boldsymbol{\gamma}}$，$\dot{\boldsymbol{\psi}}$ 分别在 OZ_1 轴、Y' 轴和 OX_b 轴方向上，显见，它们是非正交的。若定义箭体旋转角速度在箭体系分量为 ω_{Xb}，ω_{Yb}，ω_{Zb}，根据投影关系，则有

$$\begin{bmatrix}\omega_{Xb}\\ \omega_{Yb}\\ \omega_{Zb}\end{bmatrix}=\begin{bmatrix}-\sin\psi & 0 & 1\\ \cos\psi\sin\gamma & \cos\gamma & 0\\ \cos\psi\cos\gamma & -\sin\gamma & 0\end{bmatrix}\begin{bmatrix}\dot{\varphi}\\ \dot{\psi}\\ \dot{\gamma}\end{bmatrix} \tag{2-31}$$

或

$$\begin{bmatrix}\dot{\varphi}\\ \dot{\psi}\\ \dot{\gamma}\end{bmatrix}=\begin{bmatrix}0 & \sin\gamma/\cos\psi & \cos\gamma/\cos\psi\\ 0 & \cos\gamma & -\sin\gamma\\ 1 & \tan\psi\sin\gamma & \tan\psi\cos\gamma\end{bmatrix}\begin{bmatrix}\omega_{Xb}\\ \omega_{Yb}\\ \omega_{Zb}\end{bmatrix} \tag{2-32}$$

(3) 由方向余弦矩阵确定欧拉角，已知两个坐标系间的方向余弦矩阵亦可求出对应的欧拉角。已知发射惯性坐标系到箭体坐标系的方向余弦矩阵的各个元素，即 $\boldsymbol{C}_{\mathrm{I}}^{\mathrm{b}}=[c_{ij}]_{i,j=1,2,3}$ 为已知。若采用 $\varphi\to\psi\to\gamma$ 转序定义的欧拉角，则有

$$\boldsymbol{C}_{\mathrm{I}}^{\mathrm{b}}=\begin{bmatrix}\cos\varphi\cos\psi & \sin\varphi\cos\psi & -\sin\psi\\ \cos\varphi\sin\psi\sin\gamma-\sin\varphi\cos\gamma & \sin\varphi\sin\psi\sin\gamma+\cos\varphi\cos\gamma & \cos\psi\sin\gamma\\ \cos\varphi\sin\psi\cos\gamma+\sin\varphi\sin\gamma & \sin\varphi\sin\psi\cos\gamma-\cos\varphi\sin\gamma & \cos\psi\cos\gamma\end{bmatrix} \tag{2-33}$$

对应的欧拉角可按下式计算，即

$$\varphi=\begin{cases}\arctan\left(\dfrac{c_{12}}{c_{11}}\right), & c_{11}>0\\ \pi\cdot\mathrm{sgn}(c_{12})+\arctan\left(\dfrac{c_{12}}{c_{11}}\right), & c_{11}<0\\ \dfrac{\pi}{2}\mathrm{sgn}(c_{12}), & c_{11}=0\end{cases}$$

$$\gamma=\begin{cases}\arctan\left(\dfrac{c_{23}}{c_{33}}\right), & c_{33}>0\\ \pi\cdot\mathrm{sgn}(c_{23})+\arctan\left(\dfrac{c_{23}}{c_{33}}\right), & c_{33}<0\\ \dfrac{\pi}{2}\mathrm{sgn}(c_{33}), & c_{33}=0\end{cases}$$

式中，$\psi=-\arcsin(c_{13})$。若采用按 $\psi\to\varphi\to\gamma$ 转序定义的欧拉角，则有

$$\boldsymbol{C}_{\mathrm{I}}^{\mathrm{b}}=\begin{bmatrix}\cos\varphi\cos\psi & \sin\varphi & -\cos\varphi\sin\psi\\ -\sin\varphi\cos\psi\cos\gamma+\sin\psi\sin\gamma & \cos\varphi\cos\gamma & \sin\varphi\sin\psi\cos\gamma+\cos\psi\sin\gamma\\ \sin\varphi\cos\psi\sin\gamma+\sin\psi\cos\gamma & -\cos\varphi\sin\gamma & -\sin\varphi\sin\psi\sin\gamma+\cos\psi\cos\gamma\end{bmatrix} \tag{2-34}$$

则对应的欧拉角可按下式计算，即

$$\psi=\begin{cases}\arctan\left(\dfrac{-c_{13}}{c_{11}}\right), & c_{11}>0\\ \pi\cdot\mathrm{sgn}(-c_{13})+\arctan\left(\dfrac{-c_{13}}{c_{11}}\right), & c_{11}<0\\ \dfrac{\pi}{2}\mathrm{sgn}(c_{13}), & c_{11}=0\end{cases}$$

$$\gamma=\begin{cases}\arctan\left(\dfrac{-c_{32}}{c_{11}}\right), & c_{33}>0\\ \pi\cdot\operatorname{sgn}(-c_{32})+\arctan\left(\dfrac{-c_{32}}{c_{11}}\right), & c_{33}<0\\ \dfrac{\pi}{2}\operatorname{sgn}(-c_{32}), & c_{33}=0\end{cases}$$

$$\varphi=\arcsin(c_{12})$$

2.3 四元数法

早在 19 世纪，哈米尔顿(Hamilton W. R.)首先在数学中引入四元数的概念，并建立了四元数理论，后来克莱茵(Kleint.)等作了进一步研究，但该理论一直未得到实际应用。自 20 世纪 70 年代开始，随着航空航天领域中飞行器姿态控制系统工作迅速发展，发现用欧拉角描述飞行器姿态有奇异点，例如式(2-32)中，当 $\psi=\pi/2$ 时，$\cos\psi=0$，此时方程有奇异点。上节讨论的方向余弦矩阵不存在奇异点，但至少需要计算 6 个独立变量，计算比较复杂。于是，广泛采用了变量为 4 个的四元数法。

2.3.1 四元数的定义及运算规则

定义四元数 $\boldsymbol{q}$ 为一个超复数：

$$\boldsymbol{q}=q_0+q_1\boldsymbol{i}+q_2\boldsymbol{j}+q_3\boldsymbol{k} \tag{2-35}$$

式中，q_0 为四元数的标量部分，后三项为矢量部分，记为 $\bar{\boldsymbol{q}}$，因此式(2-35) 亦可写成

$$\boldsymbol{q}=q_0+\bar{\boldsymbol{q}} \tag{2-36}$$

规定四元数的模等于 1，记

$$N[\boldsymbol{q}]=(q_0^2+q_1^2+q_2^2+q_3^2)^{\frac{1}{2}}=1 \tag{2-37}$$

定义 $q_0=1, q_1=q_2=q_3=0$ 的四元数为单位四元数，用 $\boldsymbol{I}$ 表示单位四元数，即

$$\boldsymbol{I}=1+0\boldsymbol{i}+0\boldsymbol{j}+0\boldsymbol{k}$$

并规定四元数乘法(以符号“∘”表示四元数相乘) 运算规则为

$$\begin{cases}\boldsymbol{i}\circ\boldsymbol{i}=\boldsymbol{j}\circ\boldsymbol{j}=\boldsymbol{k}\circ\boldsymbol{k}=-1\\ \boldsymbol{i}\circ\boldsymbol{j}=-\boldsymbol{j}\circ\boldsymbol{i}=\boldsymbol{k}\\ \boldsymbol{j}\circ\boldsymbol{k}=-\boldsymbol{k}\circ\boldsymbol{j}=\boldsymbol{i}\\ \boldsymbol{k}\circ\boldsymbol{i}=-\boldsymbol{i}\circ\boldsymbol{k}=\boldsymbol{j}\end{cases} \tag{2-38}$$

定义四元数 $\boldsymbol{q}$ 的共轭四元数为

$$\boldsymbol{q}^*=q_0-\bar{\boldsymbol{q}} \tag{2-39}$$

四元数的运算法则满足以下规律：

(1) 加减法运算满足交换率、结合率；

(2) 四元数乘法运算为

$$\boldsymbol{q}\circ\boldsymbol{p}=(q_0+\bar{\boldsymbol{q}})\circ(p_0+\bar{\boldsymbol{p}})=q_0p_0+p_0\bar{\boldsymbol{q}}+q_0\bar{\boldsymbol{p}}+\bar{\boldsymbol{q}}\circ\bar{\boldsymbol{p}} \tag{2-40}$$

及

$$\bar{\boldsymbol{q}}\circ\bar{\boldsymbol{p}}=\bar{\boldsymbol{q}}\times\bar{\boldsymbol{p}}-\bar{\boldsymbol{q}}\cdot\bar{\boldsymbol{p}} \tag{2-41}$$

式(2-41)表明，两个四元数矢量乘法等于两个矢量的叉乘减去它们的点乘，故 $\boldsymbol{q}\circ\boldsymbol{p}\neq\boldsymbol{p}\circ\boldsymbol{q}$，所以四元数乘法不服从交换律，有右乘和左乘之分。根据乘法规则，有

$$\boldsymbol{q}\circ\boldsymbol{q}^{*}=\boldsymbol{q}^{*}\circ\boldsymbol{q}=N[\boldsymbol{q}]=1 \tag{2-42}$$

(3) 四元数除法计算，先定义四元数的倒数为四元数的逆，则有

$$\boldsymbol{p}^{-1}=\frac{1}{\boldsymbol{p}}=\frac{1}{p_0+\overline{\boldsymbol{p}}}=\frac{p_0-\overline{\boldsymbol{p}}}{N[\boldsymbol{p}]}=\boldsymbol{p}^{*} \tag{2-43}$$

该式表明，四元数的逆等于其共轭四元数，故存在

$$\boldsymbol{q}\circ\boldsymbol{q}^{-1}=\boldsymbol{q}^{-1}\circ\boldsymbol{q}=N[\boldsymbol{q}]=1 \tag{2-44}$$

根据四元数的逆的定义，使用四元数的逆表示四元数除法，且由于四元数乘法是不可交换的，则四元数除法也有左除、右除之分。左除是由 $\boldsymbol{a}\circ\boldsymbol{x}=\boldsymbol{b}$ 得 $\boldsymbol{x}=\boldsymbol{a}^{-1}\circ\boldsymbol{b}$，而右除是由 $\boldsymbol{x}\circ\boldsymbol{a}=\boldsymbol{b}$ 得 $\boldsymbol{x}=\boldsymbol{b}\circ\boldsymbol{a}^{-1}$。那么，四元数积的逆为

$$(\boldsymbol{p}\circ\boldsymbol{q})^{-1}=(\boldsymbol{p}\circ\boldsymbol{q})^{*}=q_0p_0-p_0\overline{\boldsymbol{q}}-q_0\overline{\boldsymbol{p}}-\overline{\boldsymbol{q}}\circ\overline{\boldsymbol{p}}=\boldsymbol{q}^{-1}\circ\boldsymbol{p}^{-1} \tag{2-45}$$

显然

$$(\boldsymbol{p}\circ\boldsymbol{q})^{*}=\boldsymbol{q}^{*}\circ\boldsymbol{p}^{*} \tag{2-46}$$

式(2-45)和式(2-46)表明，两个四元数之积的逆等于每个四元数的逆以原乘积相反的顺序作积。多个四元数之积的共轭四元数或求逆可以类推。

2.3.2　用四元数描述矢量绕固定轴旋转

假定有一矢量 $\boldsymbol{r}$ 绕单位矢量 $\boldsymbol{e}_q$ 旋转二面角 ϑ 后，转到新的位置为矢量 $\boldsymbol{r}'$，求 $\boldsymbol{r}$ 与 $\boldsymbol{r}'$ 间的矢量关系，如图 2-4 所示。

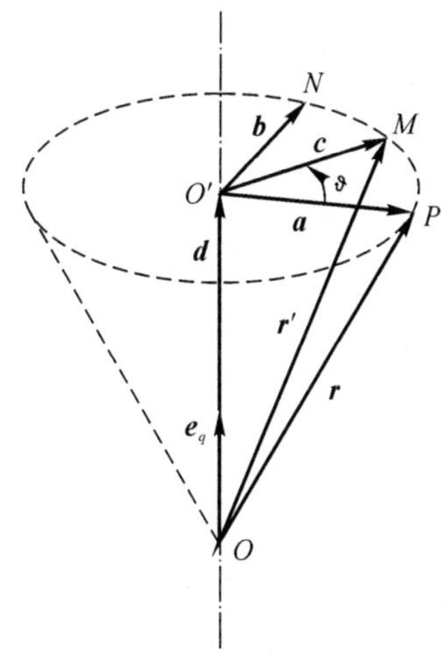

图 2-4　矢量绕定轴旋转关系示意图

矢量 $\boldsymbol{r}$ 是由自 O 点至 P 点的矢径构成的，矢量 $\boldsymbol{r}$ 绕 OO' 轴(即绕单位矢量 $\boldsymbol{e}_q$)旋转二面角 ϑ 后转至 $\boldsymbol{r}'$，其端点为 M，图中 M,P,O' 各点均在与 OO' 轴向垂直的平面内。再作如下辅助矢量：由 O 点至 O' 点作矢量 $\boldsymbol{d}$；由 O' 点至 P、M 点并分别作矢量 $\boldsymbol{a}$ 和 $\boldsymbol{c}$；由 O' 点作矢量 $\boldsymbol{b}$ 使其垂直矢量 $\boldsymbol{d}$ 和 $\boldsymbol{a}$，且其端点 N 在过 P、M 点并与 OO' 垂直的大圆上。存在

$$
\left.\begin{aligned}
&\boldsymbol{r}'=\boldsymbol{d}+\boldsymbol{c}\\
&\boldsymbol{c}=\sin\vartheta\boldsymbol{b}+\cos\vartheta\boldsymbol{a}\\
&\boldsymbol{b}=\boldsymbol{e}_q\times\boldsymbol{r}\\
&\boldsymbol{d}=(\boldsymbol{r}\cdot\boldsymbol{e}_q)\boldsymbol{e}_q\\
&\boldsymbol{a}=\boldsymbol{r}-\boldsymbol{d}
\end{aligned}\right\}\tag{2-47}
$$

根据式(2－47)得到关于$\boldsymbol{r}'$的等式关系为

$$
\boldsymbol{r}'=\cos\vartheta\boldsymbol{r}+(1-\cos\vartheta)(\boldsymbol{r}\cdot\boldsymbol{e}_q)\boldsymbol{e}_q+\sin\vartheta\boldsymbol{e}_q\times\boldsymbol{r}\tag{2-48}
$$

将四元数$\boldsymbol{q}$写为如下形式：

$$
\boldsymbol{q}=\cos\alpha+\sin\alpha\boldsymbol{e}_q\tag{2-49}
$$

将式(2－49)代入$\boldsymbol{q}\circ\boldsymbol{r}\circ\boldsymbol{q}^*$，可得

$$
\begin{aligned}
\boldsymbol{q}\circ\boldsymbol{r}\circ\boldsymbol{q}^*=&(\cos\alpha+\sin\alpha\boldsymbol{e}_q)\circ\boldsymbol{r}\circ(\cos\alpha-\sin\alpha\boldsymbol{e}_q)=\\
&\cos^2\alpha\boldsymbol{r}+\sin2\alpha\boldsymbol{e}_q\times\boldsymbol{r}-\sin^2\alpha\boldsymbol{e}_q\circ\boldsymbol{r}\circ\boldsymbol{e}_q
\end{aligned}\tag{2-50}
$$

及

$$
(\boldsymbol{e}_q\circ\boldsymbol{r})\circ\boldsymbol{e}_q=-2(\boldsymbol{e}_q\cdot\boldsymbol{r})\boldsymbol{e}_q+\boldsymbol{r}\tag{2-51}
$$

故有

$$
\boldsymbol{q}\circ\boldsymbol{r}\circ\boldsymbol{q}^*=\cos2\alpha\boldsymbol{r}+(1-2\cos\alpha)(\boldsymbol{e}_q\cdot\boldsymbol{r})\boldsymbol{e}_q+\sin2\alpha\boldsymbol{e}_q\times\boldsymbol{r}\tag{2-52}
$$

比较式(2－48)、式(2－52)，若令$\alpha=\dfrac{\vartheta}{2}$，则有

$$
\boldsymbol{r}'=\boldsymbol{q}\circ\boldsymbol{r}\circ\boldsymbol{q}^*\tag{2-53}
$$

这说明若取四元数

$$
\boldsymbol{q}=\cos\left(\frac{\vartheta}{2}\right)+\sin\left(\frac{\vartheta}{2}\right)\boldsymbol{e}_q\tag{2-54}
$$

则矢量$\boldsymbol{r}$经四元数变换$\boldsymbol{q}\circ\boldsymbol{r}\circ\boldsymbol{q}^*$后变为矢量$\boldsymbol{r}'$。上述推导表明，一个矢量$\boldsymbol{r}$绕定轴旋转二面角$\vartheta$转到$\boldsymbol{r}'$，则$\boldsymbol{r}$和$\boldsymbol{r}'$之间的关系可用$\boldsymbol{e}_q$和$\vartheta$相对应的四元数$\boldsymbol{q}=\cos\left(\dfrac{\vartheta}{2}\right)+\sin\left(\dfrac{\vartheta}{2}\right)\boldsymbol{e}_q$来描述，即$\boldsymbol{r}'=\boldsymbol{q}\circ\boldsymbol{r}\circ\boldsymbol{q}^*$。显然，反变换$\boldsymbol{r}=\boldsymbol{q}^*\circ\boldsymbol{r}'\circ\boldsymbol{q}$亦成立。

2.3.3 用四元数描述坐标系旋转

假定坐标系 b 在旋转之前与坐标系 I 重合，而后绕旋转轴$\boldsymbol{e}_q$转过二面角ϑ，对应的四元数为$\boldsymbol{q}$。此时，在坐标系 b 中固定矢量$\boldsymbol{r}_{\mathrm{b}}$也随坐标系 b 转过二面角$\vartheta$。而$\boldsymbol{r}_{\mathrm{b}}$矢量在惯性坐标系 I 中用$\boldsymbol{r}_{\mathrm{I}}$表示，显然，坐标系 b 旋转之前$\boldsymbol{r}_{\mathrm{b}}$与$\boldsymbol{r}_{\mathrm{I}}$重合，而在坐标系 I 中看，坐标系 b 旋转了$\vartheta$角，相当于由矢量$\boldsymbol{r}_{\mathrm{b}}$旋转到$\boldsymbol{r}_{\mathrm{I}}$。因此根据 2.3.2 节中矢量旋转的结果，可得

$$
\boldsymbol{r}_{\mathrm{I}}=\boldsymbol{q}\circ\boldsymbol{r}_{\mathrm{b}}\circ\boldsymbol{q}^*\tag{2-55}
$$

将四元数方程(2－55)改写成矩阵方程。首先将$\boldsymbol{q}=q_0+\bar{\boldsymbol{q}}$，$\boldsymbol{q}^*=q_0-\bar{\boldsymbol{q}}$代入式(2－55)，整理得

$$
\boldsymbol{r}_{\mathrm{I}}=(q_0^2-\bar{\boldsymbol{q}}\cdot\bar{\boldsymbol{q}})+2q_0(\bar{\boldsymbol{q}}\times\boldsymbol{r}_{\mathrm{b}})+2(\bar{\boldsymbol{q}}\cdot\boldsymbol{r}_{\mathrm{b}})\bar{\boldsymbol{q}}\tag{2-56}
$$

若记矩阵：

$$
\begin{cases}
\boldsymbol{Q}_v=[q_1\quad q_2\quad q_3]^{\mathrm{T}}\\
\boldsymbol{r}_{\mathrm{I}}=[r_{X\mathrm{I}}\quad r_{Y\mathrm{I}}\quad r_{Z\mathrm{I}}]^{\mathrm{T}}\\
\boldsymbol{r}_{\mathrm{b}}=[r_{X\mathrm{b}}\quad r_{Y\mathrm{b}}\quad r_{Z\mathrm{b}}]^{\mathrm{T}}
\end{cases}
$$

则式(2-56)可改写成如下矩阵形式：

$$\boldsymbol{r}_{\mathrm{I}}=[(q_0^2-\boldsymbol{Q}_v^{\mathrm{T}}\boldsymbol{Q}_v)\boldsymbol{I}+2q_0[\boldsymbol{Q}_v\times]+2\boldsymbol{Q}_v\boldsymbol{Q}_v^{\mathrm{T}}]\boldsymbol{r}_{\mathrm{b}} \tag{2-57}$$

式(2-57)中推导用到如下关系：若矢量方程为$\boldsymbol{a}=(\boldsymbol{b}\cdot\boldsymbol{c})\boldsymbol{c}$，则对应的矩阵方程为$\boldsymbol{a}=\boldsymbol{c}\boldsymbol{c}^{\mathrm{T}}\boldsymbol{b}$，显然

$$\boldsymbol{C}_{\mathrm{b}}^{\mathrm{I}}=(q_0^2-\boldsymbol{Q}_v^{\mathrm{T}}\boldsymbol{Q}_v)\boldsymbol{I}+2q_0[\boldsymbol{Q}_v\times]+2\boldsymbol{Q}_v\boldsymbol{Q}_v^{\mathrm{T}} \tag{2-58}$$

式(2-58)表明，旋转前后两个坐标系间的方向余弦矩阵可以用四元数来表示，四元数可以描述坐标系旋转。若采用(2-54)的形式，则$\boldsymbol{e}_q$表示欧拉转轴方向，ϑ表示欧拉转角。根据$\boldsymbol{Q}_v^{\mathrm{T}}\boldsymbol{Q}_v=q_1^2+q_2^2+q_3^2$，以及等式关系：

$$\boldsymbol{Q}_v\boldsymbol{Q}_v^{\mathrm{T}}=\begin{bmatrix}q_1^2 & q_1q_2 & q_1q_3\\ q_1q_2 & q_2^2 & q_2q_3\\ q_1q_3 & q_2q_3 & q_3^2\end{bmatrix};\quad [\boldsymbol{Q}_v\times]=\begin{bmatrix}0 & -q_3 & q_2\\ q_3 & 0 & -q_1\\ -q_2 & q_1 & 0\end{bmatrix} \tag{2-59}$$

则式(2-58)可以表示成

$$\boldsymbol{C}_{\mathrm{b}}^{\mathrm{I}}=\begin{bmatrix}q_0^2+q_1^2-q_2^2-q_3^2 & 2(q_1q_2-q_0q_3) & 2(q_1q_3+q_0q_2)\\ 2(q_1q_2+q_0q_3) & q_0^2-q_1^2+q_2^2-q_3^2 & 2(q_2q_3-q_0q_1)\\ 2(q_1q_3-q_0q_2) & 2(q_2q_3+q_0q_1) & q_0^2-q_1^2-q_2^2+q_3^2\end{bmatrix} \tag{2-60}$$

2.3.4　用四元数表示坐标系连续旋转

下述讨论坐标系两次连续旋转的情况，假定由坐标系A转到坐标系B对应的四元数为$\boldsymbol{q}$，由坐标系B转到坐标系C对应的四元数为$\boldsymbol{q}'$，由坐标系A转到坐标系C对应的四元数为$\boldsymbol{q}''$，现在求$\boldsymbol{q}''$与$\boldsymbol{q}$、$\boldsymbol{q}'$之间的关系。由式(2-55)可得

$$\left.\begin{aligned}\boldsymbol{r}_{\mathrm{A}}&=\boldsymbol{q}\circ\boldsymbol{r}_{\mathrm{B}}\circ\boldsymbol{q}^*\\ \boldsymbol{r}_{\mathrm{B}}&=\boldsymbol{q}'\circ\boldsymbol{r}_{\mathrm{C}}\circ\boldsymbol{q}'^*\\ \boldsymbol{r}_{\mathrm{A}}&=\boldsymbol{q}''\circ\boldsymbol{r}_{\mathrm{C}}\circ\boldsymbol{q}''^*\end{aligned}\right\} \tag{2-61}$$

将式(2-61)第二式代入式(2-61)第一式，得$\boldsymbol{r}_{\mathrm{A}}=\boldsymbol{q}\circ\boldsymbol{q}'\circ\boldsymbol{r}_{\mathrm{C}}\circ\boldsymbol{q}'^*\circ\boldsymbol{q}^*$，并将其与式(2-61)第三式比较，考虑到$(\boldsymbol{q}\circ\boldsymbol{q}')^*=\boldsymbol{q}'^*\circ\boldsymbol{q}^*$，则有

$$\boldsymbol{q}''=\boldsymbol{q}\circ\boldsymbol{q}' \tag{2-62}$$

式(2-62)表明，坐标系经过两次旋转后，从原坐标系到最后坐标系的四元数等于依旋转顺序将每次旋转的四元数自左至右作四元数的积。显然，当坐标系多次旋转时，其四元数关系以此类推。根据式(2-62)可得

$$\boldsymbol{q}''=\boldsymbol{q}\circ\boldsymbol{q}'=(q_0q'_0-\bar{\boldsymbol{q}}\cdot\bar{\boldsymbol{q}}')+q_0\bar{\boldsymbol{q}}'+q'_0\bar{\boldsymbol{q}}+\bar{\boldsymbol{q}}\times\bar{\boldsymbol{q}}' \tag{2-63}$$

定义$\boldsymbol{Q}''_v=[q''_1\quad q''_2\quad q''_3]^{\mathrm{T}}$，$\boldsymbol{Q}'_v=[q'_1\quad q'_2\quad q'_3]^{\mathrm{T}}$，$\boldsymbol{Q}_v=[q_1\quad q_2\quad q_3]^{\mathrm{T}}$，根据式(2-63)，存在

$$q''_0=q_0q'_0-\boldsymbol{Q}_v^{\mathrm{T}}\boldsymbol{Q}'_v;\quad \boldsymbol{Q}''_v=(q_0\boldsymbol{I}+[\boldsymbol{Q}_v\times])\boldsymbol{Q}'_v+q'_0\boldsymbol{Q}_v \tag{2-64}$$

定义矩阵关系$\mathbf{V}(\boldsymbol{q})=q_0\boldsymbol{I}+[\boldsymbol{Q}_v\times]$，则关于$\boldsymbol{Q}''_v$的等式可以表示成以下矩阵形式：

$$\begin{bmatrix}\boldsymbol{q}''_0\\ \boldsymbol{Q}''_v\end{bmatrix}=\begin{bmatrix}q_0 & -\boldsymbol{Q}_v^{\mathrm{T}}\\ \boldsymbol{Q}_v & \mathbf{V}(\boldsymbol{q})\end{bmatrix}\begin{bmatrix}q'_0\\ \boldsymbol{Q}'_v\end{bmatrix} \tag{2-65}$$

四元数矩阵

$$\boldsymbol{Q}''=[q''_0\quad q''_1\quad q''_2\quad q''_3]^{\mathrm{T}},\quad \boldsymbol{Q}'=[q'_0\quad q'_1\quad q'_2\quad q'_3]^{\mathrm{T}},\quad \boldsymbol{Q}=[q_0\quad q_1\quad q_2\quad q_3]^{\mathrm{T}}$$

并根据等式(2-65),可得

$$\boldsymbol{M}(\boldsymbol{q})=\begin{bmatrix} q_0 & -\boldsymbol{Q}_v^{\mathrm{T}} \\ \boldsymbol{Q}_v & \boldsymbol{V}(\boldsymbol{q}) \end{bmatrix} \tag{2-66}$$

得到四元数的矩阵关系为

$$\boldsymbol{Q}''=\boldsymbol{M}(\boldsymbol{q})\boldsymbol{Q}'; \quad \boldsymbol{Q}''=\boldsymbol{M}_{\mathrm{v}}^{+}(\boldsymbol{q}')\boldsymbol{Q} \tag{2-67}$$

式中,符号 $\boldsymbol{M}_v^{+}$ 表示对 $\boldsymbol{M}$ 矩阵中的子矩阵 $\boldsymbol{V}$ 作转置。从式(2-67) 可看出,虽然对于四元数乘法来说其顺序是不能交换的,而它们的矩阵乘法却可以交换,不过交换顺序时应将矩阵 $\boldsymbol{M}$ 换成 $\boldsymbol{M}_v^{+}$。对于 3 个四元数相乘的情况,若 $\boldsymbol{p}=\boldsymbol{q}\circ\boldsymbol{q}'\circ\boldsymbol{q}''$,则其对应的矩阵乘法为

$$\boldsymbol{P}=\boldsymbol{M}(\boldsymbol{q})\boldsymbol{M}(\boldsymbol{q}')\boldsymbol{Q}'' \tag{2-68}$$

或

$$\boldsymbol{P}=\boldsymbol{M}(\boldsymbol{q})\boldsymbol{M}_{\mathrm{v}}^{+}(\boldsymbol{q}'')\boldsymbol{Q}' \tag{2-69}$$

式中,$\boldsymbol{P}=[p_0 \quad p_1 \quad p_2 \quad p_3]^{\mathrm{T}}$,仍可证明得到

$$\boldsymbol{M}(\boldsymbol{q})\boldsymbol{M}_{\mathrm{v}}^{+}(\boldsymbol{q}'')=\boldsymbol{M}_{\mathrm{v}}^{+}(\boldsymbol{q}'')\boldsymbol{M}(\boldsymbol{q}) \tag{2-70}$$

所以式(2-69) 亦可写成如下形式:

$$\boldsymbol{P}=\boldsymbol{M}_{\mathrm{v}}^{+}(\boldsymbol{q}'')\boldsymbol{M}(\boldsymbol{q})\boldsymbol{Q}'$$

上述结果表明,四元数矩阵乘法具有可以调换顺序的性质。

2.3.5 四元数满足的微分方程

假定在坐标系 b 中有一个常矢量 $\boldsymbol{r}_{\mathrm{b}}$,坐标系 b 以角速度 $\boldsymbol{\omega}$ 相对惯性坐标系 I 旋转,已知由坐标系 b 到坐标系 I 的四元数为 $\boldsymbol{q}$。于是有

$$\boldsymbol{r}_{\mathrm{I}}=\boldsymbol{q}\circ\boldsymbol{r}_{\mathrm{b}}\circ\boldsymbol{q}^{*}$$

将上面方程对时间 t 求导数,可得

$$\frac{\mathrm{d}\boldsymbol{r}_{\mathrm{I}}}{\mathrm{d}t}=\frac{\mathrm{d}\boldsymbol{q}}{\mathrm{d}t}\circ\boldsymbol{r}_{\mathrm{b}}\circ\boldsymbol{q}''+\boldsymbol{q}\circ\frac{\mathrm{d}\boldsymbol{r}_{\mathrm{b}}}{\mathrm{d}t}\circ\boldsymbol{q}''+\boldsymbol{q}\circ\boldsymbol{r}_{\mathrm{b}}\circ\frac{\mathrm{d}\boldsymbol{q}''}{\mathrm{d}t} \tag{2-71}$$

因为 $\boldsymbol{r}_{\mathrm{b}}$ 是坐标系 b 中的常矢量,故 $\frac{\mathrm{d}\boldsymbol{r}_{\mathrm{b}}}{\mathrm{d}t}=0$,$\boldsymbol{r}_{\mathrm{I}}$ 是其模不变的常矢量,它的旋转角速度与坐标系 b 的角速度相同,均为 $\boldsymbol{\omega}$,$\boldsymbol{\omega}$ 在坐标系 I 中以 $\boldsymbol{\omega}_{\mathrm{I}}$ 描述,在坐标系 b 中以 $\boldsymbol{\omega}_{\mathrm{b}}$ 描述。显然,作为矢量,$\boldsymbol{\omega}_{\mathrm{I}}$ 与 $\boldsymbol{\omega}_{\mathrm{b}}$ 应满足以下四元数关系:

$$\boldsymbol{\omega}_{\mathrm{I}}=\boldsymbol{q}\circ\boldsymbol{\omega}_{\mathrm{b}}\circ\boldsymbol{q}^{*} \tag{2-72}$$

另外

$$\frac{\mathrm{d}\boldsymbol{r}_{\mathrm{I}}}{\mathrm{d}t}=\boldsymbol{\omega}_{\mathrm{I}}\times\boldsymbol{r}_{\mathrm{I}} \tag{2-73}$$

将 $\boldsymbol{r}_{\mathrm{b}}=\boldsymbol{q}^{*}\circ\boldsymbol{r}_{\mathrm{I}}\circ\boldsymbol{q}$ 代入式(2-71),并利用方程

$$\frac{\mathrm{d}\boldsymbol{q}}{\mathrm{d}t}\circ\boldsymbol{q}^{*}+\boldsymbol{q}\circ\frac{\mathrm{d}\boldsymbol{q}^{*}}{\mathrm{d}t}=0 \tag{2-74}$$

可得

$$\frac{\mathrm{d}\boldsymbol{r}_{\mathrm{I}}}{\mathrm{d}t}=\frac{\mathrm{d}\boldsymbol{q}}{\mathrm{d}t}\circ\boldsymbol{q}^{*}\circ\boldsymbol{r}_{\mathrm{I}}-\boldsymbol{r}_{\mathrm{I}}\circ\frac{\mathrm{d}\boldsymbol{q}}{\mathrm{d}t}\circ\boldsymbol{q}^{*} \tag{2-75}$$

若记 $\bar{\boldsymbol{p}}=(\mathrm{d}\boldsymbol{q}/\mathrm{d}t)\circ\boldsymbol{q}^{*}$,则式(2-75) 可改写为

$$\frac{\mathrm{d}\boldsymbol{r}_{\mathrm{I}}}{\mathrm{d}t}=\bar{\boldsymbol{p}}\circ\boldsymbol{r}_{\mathrm{I}}-\boldsymbol{r}_{\mathrm{I}}\circ\bar{\boldsymbol{p}}=2\bar{\boldsymbol{p}}\times\boldsymbol{r}_{\mathrm{I}} \tag{2-76}$$

比较式(2-73)和式(2-76)，得

$$\bar{\boldsymbol{p}}=\frac{1}{2}\boldsymbol{\omega}_{\mathrm{I}}$$

可得关于四元数 $\boldsymbol{q}$ 的微分方程为

$$\frac{\mathrm{d}\boldsymbol{q}}{\mathrm{d}t}=\frac{1}{2}\boldsymbol{\omega}_{\mathrm{I}}\circ\boldsymbol{q} \tag{2-77}$$

再利用式(2-72)，便得到以 $\boldsymbol{\omega}_{\mathrm{b}}$ 描述的微分方程为

$$\frac{\mathrm{d}\boldsymbol{q}}{\mathrm{d}t}=\boldsymbol{q}\circ\frac{\boldsymbol{\omega}_{\mathrm{b}}}{2} \tag{2-78}$$

方程式(2-77)和方程式(2-78)便是要推导的两个四元数微分方程，将其改写为矩阵方程为

$$\begin{bmatrix}\dot{q}_0\\\dot{q}_1\\\dot{q}_2\\\dot{q}_3\end{bmatrix}=\frac{1}{2}\begin{bmatrix}0&-\omega_x&-\omega_y&-\omega_z\\\omega_x&0&\omega_z&-\omega_y\\\omega_y&-\omega_z&0&\omega_x\\\omega_z&\omega_y&-\omega_x&0\end{bmatrix}\begin{bmatrix}q_0\\q_1\\q_2\\q_3\end{bmatrix} \tag{2-79}$$

2.3.6　由四元数确定方向余弦矩阵

已知由坐标系 A 到坐标系 B 的四元数$(q_0\quad q_1\quad q_2\quad q_3)$，则可给出 $\boldsymbol{C}_{\mathrm{A}}^{\mathrm{B}}$ 的计算公式为

$$\boldsymbol{C}_{\mathrm{A}}^{\mathrm{B}}=\begin{bmatrix}q_0^2+q_1^2-q_2^2-q_3^2&2(q_1q_2-q_0q_3)&2(q_1q_3+q_0q_2)\\2(q_1q_2+q_0q_3)&q_0^2-q_1^2+q_2^2-q_3^2&2(q_2q_3-q_0q_1)\\2(q_1q_3-q_0q_2)&2(q_2q_3+q_0q_1)&q_0^2-q_1^2-q_2^2+q_3^2\end{bmatrix}$$

记欧拉角 φ 对应的四元数为 $\boldsymbol{q}_{\varphi}$，欧拉角 ψ 对应的四元数为 $\boldsymbol{q}_{\psi}$，欧拉角 γ 对应的四元数为 $\boldsymbol{q}_{\gamma}$，则有

$$\left.\begin{aligned}\boldsymbol{q}_{\varphi}&=\left(\cos\frac{\varphi}{2}\quad 0\quad 0\quad \sin\frac{\varphi}{2}\right)\\\boldsymbol{q}_{\psi}&=\left(\cos\frac{\psi}{2}\quad 0\quad \sin\frac{\psi}{2}\quad 0\right)\\\boldsymbol{q}_{\gamma}&=\left(\cos\frac{\gamma}{2}\quad \cos\frac{\gamma}{2}\quad 0\quad 0\right)\end{aligned}\right\} \tag{2-80}$$

(1) 按“3—2—1”转序的欧拉角对应的四元数。根据式(2-68)，可写出按照3—2—1转序定义的欧拉角对应的四元数为：

$$\boldsymbol{P}=\boldsymbol{M}(\boldsymbol{q}_{\varphi})\boldsymbol{M}(\boldsymbol{q}_{\psi})\boldsymbol{q}_{\gamma}=\begin{bmatrix}\cos\frac{\varphi}{2}\cos\frac{\psi}{2}\cos\frac{\gamma}{2}+\sin\frac{\varphi}{2}\sin\frac{\psi}{2}\sin\frac{\gamma}{2}\\\cos\frac{\varphi}{2}\cos\frac{\psi}{2}\sin\frac{\gamma}{2}-\sin\frac{\varphi}{2}\sin\frac{\psi}{2}\cos\frac{\gamma}{2}\\\sin\frac{\varphi}{2}\cos\frac{\psi}{2}\sin\frac{\gamma}{2}+\cos\frac{\varphi}{2}\sin\frac{\psi}{2}\cos\frac{\gamma}{2}\\\sin\frac{\varphi}{2}\cos\frac{\psi}{2}\cos\frac{\gamma}{2}-\cos\frac{\varphi}{2}\sin\frac{\psi}{2}\sin\frac{\gamma}{2}\end{bmatrix} \tag{2-81}$$

(2) 按照"2—3—1"转序的欧拉角对应的四元数。根据式(2-68),按照"2—3—1"转序定义的欧拉角对应的四元数为

$$\boldsymbol{P}=\boldsymbol{M}(\boldsymbol{q}_{\psi})\boldsymbol{M}(\boldsymbol{q}_{\varphi})\boldsymbol{q}_{\gamma}=\begin{bmatrix}\cos\frac{\varphi}{2}\cos\frac{\psi}{2}\cos\frac{\gamma}{2}-\sin\frac{\varphi}{2}\sin\frac{\psi}{2}\sin\frac{\gamma}{2}\\ \cos\frac{\varphi}{2}\cos\frac{\psi}{2}\sin\frac{\gamma}{2}+\sin\frac{\varphi}{2}\sin\frac{\psi}{2}\cos\frac{\gamma}{2}\\ \cos\frac{\varphi}{2}\sin\frac{\psi}{2}\cos\frac{\gamma}{2}+\sin\frac{\varphi}{2}\cos\frac{\psi}{2}\sin\frac{\gamma}{2}\\ \sin\frac{\varphi}{2}\cos\frac{\psi}{2}\cos\frac{\gamma}{2}-\cos\frac{\varphi}{2}\sin\frac{\psi}{2}\sin\frac{\gamma}{2}\end{bmatrix}\tag{2-82}$$

2.3.7 方向余弦矩阵所对应的四元数

根据理论力学刚体定点转动的欧拉定理,刚体的任何旋转运动都可以由绕某一定轴转过有限角度来实现。既然方向余弦矩阵描述了两个坐标系间的相互关系,也就给定了绕定点转动刚体的起始和终止位置间的相互关系,因此必定存在一个欧拉转轴和欧拉转角。现在来确定欧拉转轴和欧拉转角。

假定已知方向余弦矩阵 $\boldsymbol{C}_{\mathrm{b}}^{\mathrm{d}}$,其欧拉转轴方向的单位矢量为 $\boldsymbol{R}$。显然 $\boldsymbol{R}$ 在坐标系 b 和坐标系 d 中各轴分量应该相等,即满足如下矩阵方程 $\boldsymbol{C}_{\mathrm{b}}^{\mathrm{d}}\boldsymbol{R}=\boldsymbol{R}$,该方程的解便是特征方程,即

$$(\boldsymbol{C}_{\mathrm{b}}^{\mathrm{d}}-\lambda\boldsymbol{I})\boldsymbol{R}=0\tag{2-83}$$

其特征值 $\lambda=1$ 时的特征矢量。为求特征矢量 $\boldsymbol{R}$,选定一个坐标系 f,该坐标系的 $\boldsymbol{X}_{\mathrm{f}}$ 轴与特征矢量 $\boldsymbol{R}$ 重合,再假定矩阵 $\boldsymbol{A}$ 为由坐标系 b 到坐标系 f 的正交变换,若把 $\boldsymbol{C}_{\mathrm{b}}^{\mathrm{d}}$ 看成坐标系 b 中的一种变换,且记 $\boldsymbol{C}_{\mathrm{b}}^{\mathrm{d}}$ 在坐标系 f 中的相似变换为 $\overline{\boldsymbol{C}}_{\mathrm{b}}^{\mathrm{d}}$,则根据相似变换原理得

$$\overline{\boldsymbol{C}}_{\mathrm{b}}^{\mathrm{d}}=\boldsymbol{A}\boldsymbol{C}_{\mathrm{b}}^{\mathrm{d}}\boldsymbol{A}^{\mathrm{T}}\tag{2-84}$$

由于 X_{f} 轴与矢量 $\boldsymbol{R}$ 重合,并假定坐标系 b 绕 X_{f} 轴转角 ϑ 后与坐标系 d 重合,即

$$\overline{\boldsymbol{C}}_{\mathrm{b}}^{\mathrm{d}}=\begin{bmatrix}1 & 0 & 0\\ 0 & \cos\vartheta & \sin\vartheta\\ 0 & -\sin\vartheta & \cos\vartheta\end{bmatrix}\tag{2-85}$$

由于欧拉转轴 $\boldsymbol{R}$ 可表示为 $\boldsymbol{R}=(a_{11}\quad a_{12}\quad a_{13})^{\mathrm{T}}$,也可由四元数的定义得到方向余弦矩阵所对应的四元数为

$$\left.\begin{aligned}q_0&=\cos\frac{\vartheta}{2}=\sqrt{1+\cos\vartheta}=\frac{1}{2}\sqrt{(1+b_{11}+b_{22}+b_{33})}\\ q_1&=a_{11}\sin\frac{\vartheta}{2}\\ q_2&=a_{12}\sin\frac{\vartheta}{2}\\ q_3&=a_{13}\sin\frac{\vartheta}{2}\end{aligned}\right\}\tag{2-86}$$

从一个坐标系到另一个坐标系的方向余弦矩阵,不仅可以求出使两个坐标系重合的欧拉转轴和欧拉转角,也可求出对应的四元数。根据矩阵相等则其迹相等的原理可得

$$q_0=\frac{1}{2}\sqrt{b_{11}+b_{22}+b_{33}+1}\tag{2-87}$$

由于 $b_{23}-b_{32}=4q_0q_1$，并根据式(2-86)，则有

$$q_1=\frac{b_{23}-b_{32}}{4q_0};\quad q_2=\frac{b_{31}-b_{13}}{4q_0};\quad q_3=\frac{b_{12}-b_{21}}{4q_0} \tag{2-88}$$

可得，四元数中的对应参数为

$$q_0=\cos\frac{\vartheta}{2};\quad q_1=\frac{b_{23}-b_{32}}{2\sin\vartheta}\sin\frac{\vartheta}{2};\quad q_2=\frac{b_{31}-b_{13}}{2\sin\vartheta}\sin\frac{\vartheta}{2};\quad q_3=\frac{b_{12}-b_{21}}{2\sin\vartheta}\sin\frac{\vartheta}{2} \tag{2-89}$$

式中，$\vartheta=\arccos[(b_{11}+b_{22}+b_{33}-1)/2]$，故得到四元数与方向余弦矩阵的等式关系为

$$\begin{bmatrix} b_{11} & b_{12} & b_{13} \\ b_{21} & b_{22} & b_{23} \\ b_{31} & b_{32} & b_{33} \end{bmatrix}=\begin{bmatrix} q_0^2+q_1^2-q_2^2-q_3^2 & 2(q_1q_2-q_0q_3) & 2(q_1q_3+q_0q_2) \\ 2(q_1q_2+q_0q_3) & q_0^2-q_1^2+q_2^2-q_3^2 & 2(q_2q_3-q_0q_1) \\ 2(q_1q_3-q_0q_2) & 2(q_2q_3+q_0q_1) & q_0^2-q_1^2-q_2^2+q_3^2 \end{bmatrix} \tag{2-90}$$

2.4　飞行器系统仿真的动力学模型

2.4.1　飞行器系统仿真常用坐标系

在飞行器运动方程中，为了描述火箭的速度、位置等状态，以及所受的推力、气动力、控制力等的影响，需要用到多种坐标系。由于在不同的坐标系下，不同参数表示的复杂程度也会不同，因此要合理地选取坐标系，以获得最简便的表示形式。当所有的量都得到恰当的描述后，再转换到同一坐标系内，形成统一的动力学方程，此时就需要各个坐标系之间的转换关系，如图 2-5 所示。以下定义的各坐标系均为右手直角坐标系。

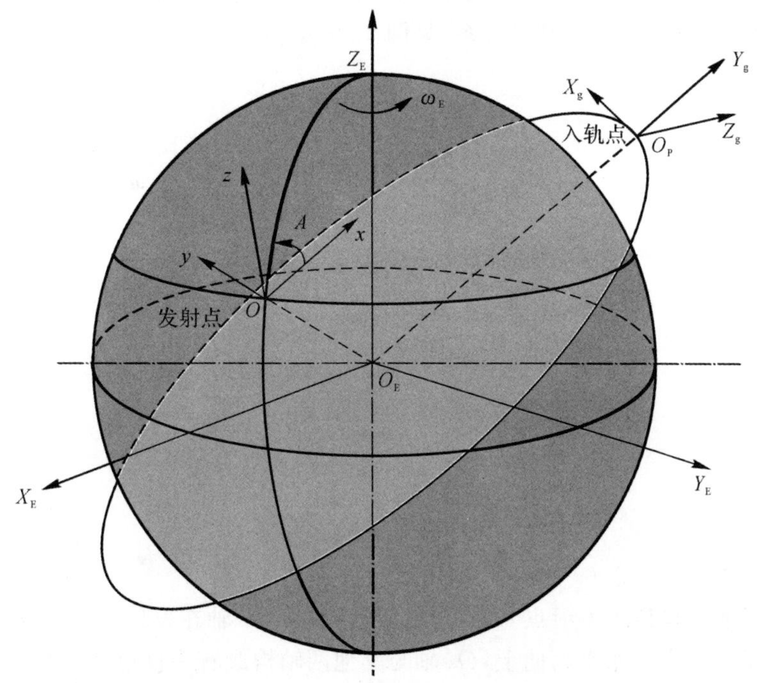

图 2-5　常用坐标系在地球上的展示

1. 地心惯性坐标系 $O_E-X_IY_IZ_I$

地心惯性坐标系的原点位于地心 O_E 处，O_EX_I 轴位于赤道面内，指向平春分点，O_EZ_I 轴和地球自转轴重合，指向北方，同时它也垂直于赤道面，O_EY_I 轴和其他两轴构成右手直角坐标系（见图 2-6）。

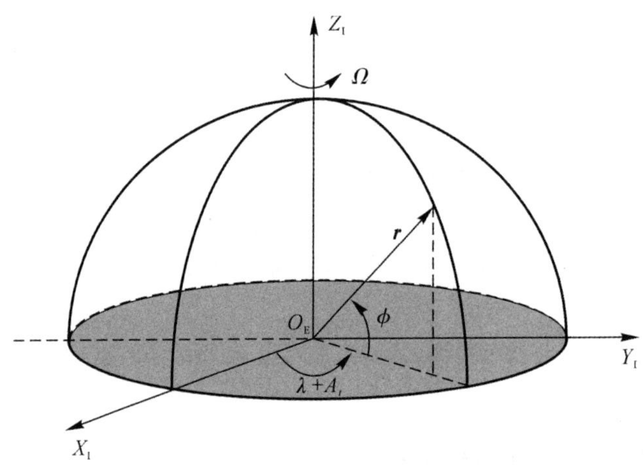

图 2-6　地心惯性坐标系

2. 地心坐标系 $O_E-X_EY_EZ_E$

地心坐标系的原点位于地心 O_E 处，O_EX_E 轴位于赤道面内，指向该时刻的本初子午面与赤道面的交点，O_EZ_E 轴和地球自转轴重合，指向北方，同时它也垂直于赤道面，O_EY_E 轴和其他两轴构成右手直角坐标系。由于随着地球的自转，本初子午面的方位不断变化，则 O_EX_E 轴的方位也不断变化，因此这是一个动坐标系（见图 2-7）。

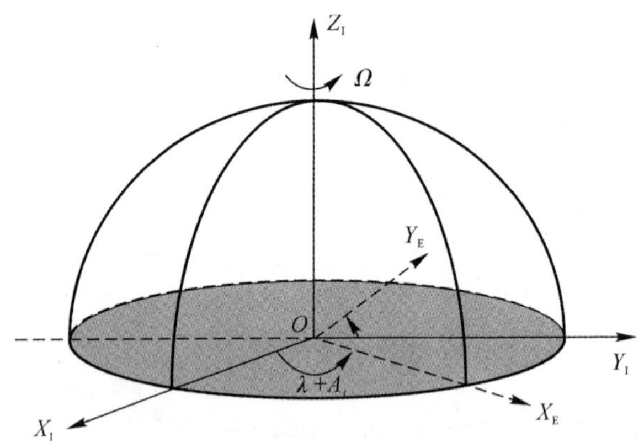

图 2-7　地心坐标系

3. 发射坐标系 $O-xyz$

发射坐标系的原点位于发射点 O，并与发射点固连，Ox 轴在发射点当地水平面内指向发射方向，Oy 轴垂直于当地水平面向上，Oz 轴与其他两轴构成右手直角坐标系。发射坐标系的坐标轴方向随着地球的自转不断发生变化，这是一个动坐标系。

4. 北天东地理坐标系 $O\text{-}x_n y_n z_n$

北天东坐标系 $O\text{-}x_n y_n z_n$ 的定义：坐标原点 O_n 可根据需要选在任意 y_n 轴与过地心矢径 $\boldsymbol{r}$ 的方向一致，x_n 轴与 y_n 轴向垂直且指向北极，z_n 轴指向东方且与 x_n，y_n 轴成右手正交坐标系。

5. 发射惯性坐标系 $O_I - x_I y_I z_I$

发射惯性坐标系(见图 2-8) 与发射坐标系的定义类似，在发射瞬间，O_I 点和 O 点重合，各轴也和发射坐标系对应轴重合。不同的是，此后 O_I 点和各轴的方向在惯性空间内保持不变。

6. 箭体坐标系 $o_1 - x_1 y_1 z_1$

箭体坐标系(见图 2-8) 的原点位于火箭的质心 o_1，$o_1 x_1$ 轴沿箭体纵轴指向箭体头部，$o_1 y_1$ 轴在箭体主对称面内垂直于 $o_1 x_1$ 轴，$o_1 z_1$ 轴和其他两轴组成右手直角坐标系。

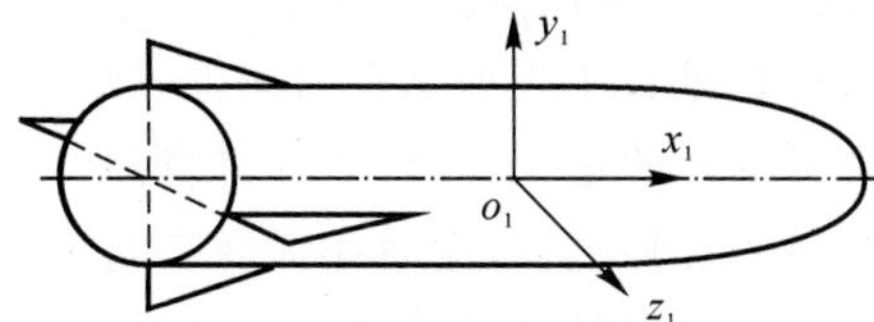

图 2-8　箭体坐标系与弹体关系图

7. 速度坐标系 $o_1 - x_v y_v z_v$

速度坐标系的原点位于火箭的质心 o_1，$o_1 x_v$ 轴指向火箭飞行的速度方向，$o_1 y_v$ 轴在火箭纵向主对称面内垂直于 $o_1 x_v$ 轴，$o_1 z_v$ 轴和其他两轴组成右手直角坐标系。

8. 当地轨道坐标系 $o_1 - x_o y_o z_o$

坐标系原点 o_1 为箭体质心，$o_1 y_o$ 轴沿当地地心矢量方向向上，$o_1 x_o$ 轴与 $o_1 y_o$ 轴垂直，指向绝对速度方向，$o_1 z_o$ 轴与其他两轴组成直角坐标系。绝对速度矢量与 $o_1 x_o$ 轴的夹角是速度倾角 ϑ，速度矢量指向 $x_o o_1 z_o$ 面上方时，角度值为正。

固体运载火箭所受的各个力通常根据其物理意义在不同的坐标系内进行描述。为了得到发射系内描绘火箭质心运动的动力学方程，需要将火箭在运动过程中所受到的力投影到相应的坐标系中。将一个坐标系 B 各轴的单位矢量在另一个坐标系 A 各轴上的余弦依次组成的矩阵称为方向余弦矩阵，通过方向余弦矩阵将在坐标系 B 中描述的矢量转换为在坐标系 A 中分量：

$$\begin{bmatrix} x_A \\ y_A \\ z_A \end{bmatrix} = \boldsymbol{C}_B^A \begin{bmatrix} x_B \\ y_B \\ z_B \end{bmatrix} \tag{2-91}$$

为了得到方向余弦矩阵的一般性表示，定义坐标系 B 绕坐标轴旋转某个弧度后得到新的坐标系 A 的基元变换用函数 $R[\cdot]$ 表示，于是分别绕 x，y 和 z 的基元变换矩阵为

$$R_x[\cdot] = \begin{bmatrix} 1 & 0 & 0 \\ 0 & \cos(\cdot) & \sin(\cdot) \\ 0 & -\sin(\cdot) & \cos(\cdot) \end{bmatrix};\quad R_y[\cdot] = \begin{bmatrix} \cos(\cdot) & 0 & -\sin(\cdot) \\ 0 & 1 & 0 \\ \sin(\cdot) & 0 & \cos(\cdot) \end{bmatrix}$$

$$R_z[\cdot] = \begin{bmatrix} \cos(\cdot) & \sin(\cdot) & 0 \\ -\sin(\cdot) & \cos(\cdot) & 0 \\ 0 & 0 & 1 \end{bmatrix}$$

因此，根据实际坐标系的定义，通过上述基元转换矩阵即可得到所需的方向余弦矩阵。固体运载火箭无论是地面定基座发射，还是在运载器（舰船、飞机等）上动基座发射，该坐标系均与地球表面固连，并取为质心运动方程的基准坐标系。在发射坐标系内获得火箭相对于地球的相对参数，如气动角、风场和来流等，而发射惯性坐标系由于与惯性测量器件的平台坐标系重合，成为能够描述火箭的姿态等信息的基准坐标系。因此，其他坐标系的变换主要是以这两个坐标系为基础。

2.4.2 常用坐标系间转换关系

1. 发射坐标系 $O-xyz$ 与发射惯性坐标系 $o_I-x_Iy_Iz_I$

发射坐标系的定义是：发射坐标系的原点位于发射点 O，并与发射点固连，Ox 轴在发射点当地水平面内指向发射方向，Oy 轴垂直于当地水平面向上，Oz 轴与其他两轴构成右手直角坐标系。发射惯性坐标系与发射坐标系的定义类似，在发射瞬间（制导系统开始工作瞬间），o_I 点和 O 点重合且与发射坐标系对应的各轴重合，而后在惯性空间定位、定向。随着火箭飞行累计时间达到 t (s) 后，发射坐标系已绕地轴转动的角度 $\omega_e t$，忽略二阶以上小量后得到

$$\boldsymbol{G}_A = I - [\omega_E^0 \times]\sin(\omega_e t) + [\omega_E^0 \times]^2(1-\cos(\omega_e t)) =$$

$$\begin{bmatrix} 1-(\omega_e^2-\omega_{ex}^2)t^2/2 & \omega_{ez}t+\omega_{ex}\omega_{ey}t^2/2 & -\omega_{ex}t+\omega_{ey}\omega_{ez}t^2/2 \\ -\omega_{ez}t+\omega_{ex}\omega_{ey}t^2/2 & 1-(\omega_e^2-\omega_{ey}^2)t^2/2 & \omega_{ex}t+\omega_{ey}\omega_{ez}t^2/2 \\ \omega_{ey}t+\omega_{ex}\omega_{ez}t^2/2 & -\omega_{ex}t+\omega_{ey}\omega_{ez}t^2/2 & 1-(\omega_e^2-\omega_{ez}^2)t^2/2 \end{bmatrix} \tag{2-92}$$

火箭的发射方向（即由发射方位角所确定的方向）是火箭发射前计算得到的诸元，根据火箭的飞行任务对发射点、目标点位置的函数进行解算获得的，发射方位角计算的精度直接影响了火箭侧向机动的程度。对于卫星载荷任务火箭的发射方位角，需要根据入轨点绝对位置进行迭代计算来获得较高精度，确保火箭能够处于轨道面内飞行并提高运载能力。

2. 速度坐标系 $o_1-x_vy_vz_v$ 与箭体坐标系 $o_1-x_1y_1z_1$

箭体坐标系的原点位于火箭的质心 o_1，o_1x_1 轴沿箭体纵轴指向箭体头部，o_1y_1 轴在箭体主对称面内垂直于 o_1x_1 轴，o_1z_1 轴和其他两轴组成右手直角坐标系。一般而言，固体火箭垂直发射后仅在射击平面内运动，其横向机动很小，故通常采用 $\varphi\rightarrow\psi\rightarrow\gamma$ 顺序旋转的欧拉角。然而，随着固体火箭技术的不断增强以及飞行任务要求的不断提高，存在中段机动变轨导致弹体 x_b 轴与发射惯性坐标系 z_I 接近，此时采用 $\varphi\rightarrow\psi\rightarrow\gamma$ 顺序会出现奇异，需要采用 $\psi\rightarrow\varphi\rightarrow\gamma$ 转序定义欧拉角。采用 $\varphi\rightarrow\psi\rightarrow\gamma$ 顺序旋转的欧拉角定义分别是：

俯仰角 φ：火箭纵轴 o_1x_1 在面 xOy 上的投影与 Ox 轴的夹角，投影向量在 Ox 轴上方时俯仰角为正；

偏航角 ψ：o_1x_1 轴与射击平面 xOy 的夹角，o_1x_1 轴在射击面左侧时偏航角为正；

滚转角 γ：火箭绕箭体纵轴 o_1x_1 旋转的角度，当旋转角速度矢量指向 o_1x_1 轴正向时，滚转角取正值。

两个坐标系之间的转换矩阵为

$$\boldsymbol{B}_G = R_x[\gamma]R_y[\psi]R_z[\varphi] =$$

$$\begin{bmatrix} \cos\varphi\cos\psi & \sin\varphi\cos\psi & -\sin\psi \\ \cos\varphi\sin\psi\sin\gamma-\sin\varphi\cos\gamma & \sin\varphi\sin\psi\sin\gamma+\cos\varphi\cos\gamma & \cos\psi\sin\gamma \\ \cos\varphi\sin\psi\cos\gamma+\sin\varphi\sin\gamma & \sin\varphi\sin\psi\cos\gamma-\cos\varphi\sin\gamma & \cos\psi\cos\gamma \end{bmatrix} \tag{2-93}$$

速度坐标系的原点位于火箭的质心 o_1，o_1x_v 轴指向火箭飞行的速度方向，o_1y_v 轴在火箭纵向主对称面内垂直于 o_1x_v 轴，o_1z_v 轴和其他两轴组成右手直角坐标系。发射坐标系与速度坐标系之间存在 3 个欧拉角，其定义分别是：

航迹倾角 θ：速度矢量 o_1x_v 在射击平面 xOy 上的投影与 Ox 轴的夹角，投影向量在 Ox 轴上方时航迹倾角为正；

航迹偏航角 σ：速度矢量 o_1x_v 与射击平面 xOy 的夹角，o_1x_v 轴在射击面左侧时航迹偏航角为正；

倾侧角 ν：火箭绕速度矢量 o_1x_v 旋转的角度，当旋转角速度矢量指向 o_1x_v 轴正向时，倾侧角取正值。

两个坐标系之间转换矩阵为

$$\boldsymbol{V}_G=R_x[\nu]\cdot R_y[\sigma]\cdot R_z[\theta]=\begin{bmatrix}\cos\theta\cos\sigma & \sin\theta\cos\psi & -\sin\sigma\\ \cos\theta\sin\sigma\sin\nu-\sin\theta\cos\nu & \sin\theta\sin\sigma\sin\nu+\cos\theta\cos\nu & \cos\sigma\sin\nu\\ \cos\theta\sin\sigma\cos\nu+\sin\theta\sin\nu & \sin\theta\sin\sigma\cos\nu-\cos\theta\sin\nu & \cos\sigma\cos\nu\end{bmatrix} \tag{2-94}$$

3. 地心惯性坐标系 $O_E-X_IY_IZ_I$ 与入轨点轨道坐标系 $O_P-x_gy_gz_g$

地心惯性坐标系的原点位于地心 O_E 处，O_EX_I 轴位于赤道面内，指向平春分点，O_EZ_I 轴和地球自转轴重合，指向北方，因此它也垂直于赤道面，O_EY_I 轴和其他两轴构成右手直角坐标系。考虑地球为标准椭球体，发射惯性坐标系 Oy_I 轴与赤道平面的夹角为地理纬度 B_0，发射坐标系 Ox 轴与当地子午面切线正北方向的夹角为射击方位角 A_0，发射点所在的子午面与本初子午面的二面角均为经度 λ_0，发射点诸元 A_0、B_0 和 λ_0 通常通过大地测量信息得到，则地心惯性坐标系与发射惯性坐标系之间的转换矩阵为

$$\boldsymbol{G}_E=R_y[-(90^\circ+A_0)]R_x[B_0]R_z[-(90^\circ-\lambda_0)]=$$

$$\begin{bmatrix}-\sin A_0\sin\lambda_0-\cos A_0\sin B_0\cos\lambda_0 & \sin A_0\cos\lambda_0-\cos A_0\sin B_0\sin\lambda_0 & \cos A_0\cos B_0\\ \cos B_0\cos\lambda_0 & \cos B_0\sin\lambda_0 & \sin B_0\\ -\cos A_0\sin\lambda_0-\sin A_0\sin B_0\cos\lambda_0 & \cos A_0\cos\lambda_0-\sin A_0\sin B_0\sin\lambda_0 & -\sin A_0\cos B_0\end{bmatrix} \tag{2-95}$$

入轨点轨道坐标系的原点在轨道入轨点 P 处，y_g 轴沿着地心矢量方向 O_P 向上，z_g 轴与轨道法向重合，x_g 轴指向轨道运行方向且与 y_g、z_g 轴构成右手法则。入轨点坐标系通常用在制导方法的设计中，如闭路制导方法在计算速度矢量关系和迭代制导计算入轨点状态修正量，有利于简化状态分量的表示。根据入轨点 P 处的轨道方位角 A_0，以及箭下点经度 λ_p 和纬度 φ_p，地心惯性坐标系与入轨点轨道坐标系之间的转换矩阵为

$$\boldsymbol{E}_p=R_y[3\pi/2-A_p]R_x[\phi_p]R_z[\lambda_p-\pi/2]=$$

$$\begin{bmatrix}-\sin A_p\sin\lambda_p-\cos A_p\sin\phi_p\cos\lambda_p & \sin A_p\cos\lambda_p-\cos A_p\sin\phi_p\sin\lambda_p & \cos A_p\cos\phi_p\\ \cos\phi_p\cos\lambda_p & \cos\phi_p\sin\lambda_p & \sin\phi_p\\ -\cos A_p\sin\lambda_p+\sin A_p\sin\phi_p\cos\lambda_p & \cos A_p\cos\lambda_p+\sin A_p\sin\phi_p\sin\lambda_p & -\sin A_p\cos\phi_p\end{bmatrix} \tag{2-96}$$

4. 地心惯性坐标系与地心坐标系之间的转换矩阵

地心惯性坐标系的 O_EX_I 轴指向春分点，而地心坐标系的 O_EX_E 轴指向本初子午面，这两个轴之间的夹角可以通过天文年历表获得，记夹角为 Ω_G。将地心惯性坐标系绕 O_EZ_I 轴顺时

针旋转 Ω_G 可得地心坐标系，则有

$$\boldsymbol{E}_{\mathrm{I}}=\boldsymbol{L}_z[\Omega_G]=\begin{bmatrix}\cos\Omega_G & \sin\Omega_G & 0\\ -\sin\Omega_G & \cos\Omega_G & 0\\ 0 & 0 & 1\end{bmatrix} \tag{2-97}$$

5. 地心坐标系与发射坐标系之间的转换矩阵

若考虑地球为圆球体，则发射坐标系 Oy 轴与赤道平面的夹角是地心纬度 ϕ_0，发射坐标系 Ox 轴与当地子午面切线正北方向的夹角是地心方位角 α_0，若考虑地球为标准椭球体，则两个欧拉角变为地理纬度 B_0 和射击方位角 A_0。在两种情况下，发射点所在的子午面与本初子午面的二面角均为经度 λ_0。从而可得圆球体假设下的坐标转换矩阵为

$$\boldsymbol{G}_{\mathrm{E}}=\boldsymbol{L}_y[-(90°+\alpha_0)]\boldsymbol{L}_x[\phi_0]\boldsymbol{L}_z[-(90°-\lambda_0)]=$$

$$\begin{bmatrix}-\sin\alpha_0\sin\lambda_0-\cos\alpha_0\sin\phi_0\cos\lambda_0 & \sin\alpha_0\cos\lambda_0-\cos\alpha_0\sin\phi_0\sin\lambda_0 & \cos\alpha_0\cos\phi_0\\ \cos\phi_0\cos\lambda_0 & \cos\phi_0\sin\lambda_0 & \sin\phi_0\\ -\cos\alpha_0\sin\lambda_0+\sin\alpha_0\sin\phi_0\cos\lambda_0 & \cos\alpha_0\cos\lambda_0+\sin\alpha_0\sin\phi_0\sin\lambda_0 & -\sin\alpha_0\cos\phi_0\end{bmatrix} \tag{2-98}$$

而标准椭球体假设下的转换矩阵只需将式(2-98)中的欧拉角 φ_0、α_0 替换为 B_0，A_0 即可。

6. 地心惯性坐标系与发射惯性坐标系之间的转换矩阵

春分点所在的子午面和发射点所在的子午面的二面角是 $\Omega_G+\lambda_0$，若不考虑发射时间，可认为春分点在本初子午面内，那么二面角为 λ_0，则坐标变换矩阵为

$$\boldsymbol{A}_{\mathrm{I}}=\boldsymbol{G}_{\mathrm{E}} \tag{2-99}$$

7. 发射坐标系与速度坐标系之间的转换矩阵

发射坐标系与速度坐标系之间存在 3 个欧拉角，其定义分别是：

航迹倾角 θ：速度矢量 o_1x_{v} 在射击平面 xOy 上的投影与 Ox 轴的夹角，投影向量在 Ox 轴上方时航迹倾角为正；

航迹偏航角 σ：速度矢量 o_1x_{v} 与射击平面 xOy 的夹角，o_1x_{v} 轴在射击面左侧时航迹偏航角为正；

倾侧角 ν：火箭绕速度矢量 o_1x_{v} 旋转的角度，当旋转角速度矢量指向 o_1x_{v} 轴正向时，倾侧角取正值。

两个坐标系之间转换矩阵为

$$\boldsymbol{V}_G=\boldsymbol{L}_x[\nu]\boldsymbol{L}_y[\sigma]\boldsymbol{L}_z[\theta]=$$

$$\begin{bmatrix}\cos\theta\cos\sigma & \sin\theta\cos\sigma & -\sin\sigma\\ -\sin\theta\cos\nu+\cos\theta\sin\sigma\sin\nu & \cos\theta\cos\nu+\sin\theta\sin\sigma\sin\nu & \cos\sigma\sin\nu\\ \sin\theta\sin\nu+\cos\theta\sin\sigma s\cos\nu & -\cos\theta\sin\nu+\sin\theta\sin\sigma\cos\nu & \cos\sigma\cos\nu\end{bmatrix} \tag{2-100}$$

2.4.3 飞行器动力学方程

飞行器的动力学模型表征了飞行器的运动与其所受力及力矩之间的关系，通常可以划分为质心运动动力学模型和姿态运动动力学模型。在对飞行器的制导方法进行研究时，着重关注质心运动轨迹的变化，故弱化了对飞行器姿态变化过程及其稳定性的研究。考虑到实际的火箭存在着可用过载和结构强度等诸多限制，应对姿态角速率加以限制。对于一个惯性坐标

系及一个相对于该惯性坐标系以角速度 ω 旋转的动坐标系，由矢量导数法，则有

$$m\frac{\mathrm{d}^2\boldsymbol{r}}{\mathrm{d}t^2}=m\frac{\delta^2\boldsymbol{r}}{\delta t^2}+2m\boldsymbol{\omega}_{\mathrm{e}}\times\frac{\delta\boldsymbol{r}}{\delta t}+m\boldsymbol{\omega}_{\mathrm{e}}\times(\omega_{\mathrm{e}}\times\boldsymbol{r}) \tag{2-101}$$

式中，$\mathrm{d}\boldsymbol{r}$ 为惯性系内绝对矢量，$\delta\boldsymbol{r}$ 为动坐标系内的相对矢量，则发射坐标系下质点动力学模型为

$$m\frac{\delta^2\boldsymbol{r}}{\delta t^2}=m\cdot\dot{\boldsymbol{W}}+m\boldsymbol{g}-2m\boldsymbol{\omega}_{\mathrm{e}}\times\frac{\delta\boldsymbol{r}}{\delta t}-m\boldsymbol{\omega}_{\mathrm{e}}\times(\boldsymbol{\omega}_{\mathrm{e}}\times\boldsymbol{r}) \tag{2-102}$$

式中，$\dot{\boldsymbol{W}}$ 为视加速度，其物理意义为，飞行器除地球引力以外的全部合外力引起的加速度。因此，发射系内火箭质心动力学方程为

$$\left.\begin{aligned}\dot{x}&=v_x\\ \dot{y}&=v_y\\ \dot{z}&=v_z\\ \dot{v}_x&=\dot{W}_x+g_x+a_{\mathrm{e}x}+a_{\mathrm{k}x}\\ \dot{v}_y&=\dot{W}_y+g_y+a_{\mathrm{e}y}+a_{\mathrm{k}y}\\ \dot{v}_z&=\dot{W}_z+g_z+a_{\mathrm{e}z}+a_{\mathrm{k}z}\end{aligned}\right\} \tag{2-103}$$

式中，离心惯性力项 $m\boldsymbol{a}_{\mathrm{e}}=-\boldsymbol{\omega}_{\mathrm{e}}\times(\boldsymbol{\omega}_{\mathrm{e}}\times\boldsymbol{r})$ 及哥氏惯性力项 $m\boldsymbol{a}_k=-2\boldsymbol{\omega}_{\mathrm{e}}\times\delta\boldsymbol{r}/\delta t$ 使用发射系内的分量表示。考虑到固体火箭所受具体合外力主要是发动机推力及空气动力，故视加速度的表达式为

$$m\cdot\dot{\boldsymbol{W}}=\boldsymbol{P}+\boldsymbol{R} \tag{2-104}$$

(1) 相对加速度项为

$$\frac{\delta^2\boldsymbol{r}}{\delta t^2}=\begin{bmatrix}\frac{\mathrm{d}v_x}{\mathrm{d}t} & \frac{\mathrm{d}v_y}{\mathrm{d}t} & \frac{\mathrm{d}v_z}{\mathrm{d}t}\end{bmatrix}^{\mathrm{T}} \tag{2-105}$$

(2) 推力 $\boldsymbol{P}$ 项。推力 $\boldsymbol{P}$ 在箭体坐标系内的分量形式为

$$\boldsymbol{P}=[P\quad 0\quad 0]^{\mathrm{T}}=[-\dot{m}u_{\mathrm{e}}+S_{\mathrm{e}}(p_{\mathrm{e}}-p_H)\quad 0\quad 0]^{\mathrm{T}} \tag{2-106}$$

可得推力 $\boldsymbol{P}$ 在发射坐标系内的分量为

$$[P_x\quad P_y\quad P_z]^{\mathrm{T}}=\boldsymbol{G}_{\mathrm{B}}[P\quad 0\quad 0]^{\mathrm{T}} \tag{2-107}$$

(3) 空气动力 $\boldsymbol{R}$ 项。已知空气动力在速度坐标系内的分量为

$$\boldsymbol{R}=[-X\quad Y\quad Z]^{\mathrm{T}} \tag{2-108}$$

式中，X,Y,Z 依次表示阻力、升力和侧力，那么气动力在发射坐标系内分量为

$$\begin{bmatrix}R_x\\ R_y\\ R_z\end{bmatrix}=\boldsymbol{G}_{\mathrm{V}}\begin{bmatrix}-X\\ Y\\ Z\end{bmatrix}=\boldsymbol{G}_{\mathrm{V}}\begin{bmatrix}-C_xqS_M\\ C_y^{\alpha}qS_M\alpha\\ -C_y^{\beta}qS_M\beta\end{bmatrix} \tag{2-109}$$

若已知轴向力系数和法向力系数，可通过以下关系求得升力系数和阻力系数，即

$$\left.\begin{aligned}C_y&=C_{yt}\cos\alpha-C_{xt}\sin\alpha\\ C_x&=C_{yt}\sin\alpha+C_{xt}\cos\alpha\end{aligned}\right\} \tag{2-110}$$

(4) 控制力 $\boldsymbol{F}_{\mathrm{c}}$ 项。无论执行机构是燃气舵或者是摇摆发动机，控制力均可在箭体坐标系内表示为

$$\boldsymbol{F}_{\mathrm{c}}=[-X_{1\mathrm{c}}\quad Y_{1\mathrm{c}}\quad Z_{1\mathrm{c}}]^{\mathrm{T}} \tag{2-111}$$

具体的计算公式则需要根据情况选取，控制力在发射坐标系内的分量为

$$[F_{cx}\quad F_{cy}\quad F_{cz}]^{\mathrm{T}}=\boldsymbol{G}_{\mathrm{B}}[-X_{1c}\quad Y_{1c}\quad Z_{1c}]^{\mathrm{T}} \tag{2-112}$$

(5) 引力 $m\boldsymbol{g}$ 项。在标准椭球体假设下，引力的表达式为

$$m\boldsymbol{g}=mg'_r\frac{\boldsymbol{r}}{r}+mg_{\omega_e}\frac{\boldsymbol{\omega}_e}{\omega_e} \tag{2-113}$$

式中

$$g'_r=-\frac{fM}{r^2}\left[1+J\left(\frac{a_e}{r}\right)^2(1-5\sin^2\phi)\right]$$

$$g_{\omega_e}=-2\frac{fM}{r^2}J\left(\frac{a_e}{r}\right)^2\sin\phi$$

式中，a_e 表示标准椭球体地球的赤道半径，ϕ 表示飞行器所处位置的地心纬度。式(2-113)中，$\boldsymbol{r}$ 表示飞行器的地心矢径，它在发射坐标系内的分量表达式为

$$\boldsymbol{r}=\begin{bmatrix}x+R_{0x}\\y+R_{0y}\\z+R_{0z}\end{bmatrix}=\begin{bmatrix}x-R_0\sin\mu_0\cos A_0\\y+R_0\cos\mu_0\\z+R_0\sin\mu_0\sin A_0\end{bmatrix} \tag{2-114}$$

式中，R_0 是发射点地心矢径的模，μ_0 是发射点地理纬度与地心纬度之差。$\boldsymbol{\omega}_e$ 是地球自转角速度矢量，它在发射坐标系中的分量表达式为

$$\begin{bmatrix}\omega_{ex}\\\omega_{ey}\\\omega_{ez}\end{bmatrix}=\omega_e\begin{bmatrix}\cos B_0\cos A_0\\\sin B_0\\-\cos B_0\sin A_0\end{bmatrix} \tag{2-115}$$

可得，引力在发射坐标系内的分量为

$$m\begin{bmatrix}g_x\\g_y\\g_z\end{bmatrix}=m\frac{g'_r}{r}\begin{bmatrix}x+R_{ox}\\y+R_{oy}\\z+R_{oz}\end{bmatrix}+m\frac{g_{\omega_e}}{\omega_e}\begin{bmatrix}\omega_{ex}\\\omega_{ey}\\\omega_{ez}\end{bmatrix} \tag{2-116}$$

(6) 附加哥氏力 $\boldsymbol{F}'_k$ 项。附加哥氏力表达式为

$$\boldsymbol{F}'_k=-2\dot{m}\boldsymbol{\omega}_T\times\boldsymbol{\rho}_e \tag{2-117}$$

式中，$\boldsymbol{\omega}_T$ 为箭体相对于惯性坐标系的转动角速度，它在箭体坐标系内的分量可写为

$$\boldsymbol{\omega}_T=[\omega_{Tx1}\quad\omega_{Ty1}\quad\omega_{Tz1}]^{\mathrm{T}}$$

$\boldsymbol{\rho}_e$ 为质心到喷管出口中心点距离，即

$$\boldsymbol{\rho}_e=-x_{1e}\boldsymbol{x}_1^0$$

从而可得附加哥氏力在箭体坐标系内的分量为

$$[F'_{kx1}\quad F'_{ky1}\quad F'_{kz1}]^{\mathrm{T}}=2\dot{m}x_{1e}[0\quad\omega_{Tz1}\quad-\omega_{Ty1}]^{\mathrm{T}} \tag{2-118}$$

附加哥氏力在发射坐标系的分量为

$$[F'_{kx}\quad F'_{ky}\quad F'_{kz}]^{\mathrm{T}}=\boldsymbol{G}_{\mathrm{B}}[F'_{kx1}\quad F'_{ky1}\quad F'_{kz1}]^{\mathrm{T}} \tag{2-119}$$

(7) 离心惯性力 $-m\boldsymbol{\omega}_e\times(\boldsymbol{\omega}_e\times\boldsymbol{r})$ 项。记

$$\boldsymbol{a}_e=\boldsymbol{\omega}_e\times(\boldsymbol{\omega}_e\times\boldsymbol{r}) \tag{2-120}$$

式中，$\boldsymbol{a}_e$ 为牵连加速度。当将地球看作标准椭球体时，$\boldsymbol{\omega}_e$ 在发射坐标系内的分量表达式同式(2-115)，$\boldsymbol{r}$ 在发射坐标系内的分量表达式同式(2-114)；当将地球看作圆球体时，$\boldsymbol{\omega}_e$ 在发射坐标系内的分量表达式同式(2-115)，令式(2-114)中的 μ_0 为零就可得到 $\boldsymbol{r}$ 在发射坐标系内的分量表达式。那么牵连加速度在发射坐标系内分量形式为

$$\begin{bmatrix} a_{ex} \\ a_{ey} \\ a_{ez} \end{bmatrix} = \begin{bmatrix} a_{11} & a_{12} & a_{13} \\ a_{21} & a_{22} & a_{23} \\ a_{31} & a_{32} & a_{33} \end{bmatrix} \begin{bmatrix} x + R_{0x} \\ y + R_{0y} \\ z + R_{0z} \end{bmatrix} = \begin{bmatrix} \omega_{ex}^2 - \omega_e^2 & \omega_{ex}\omega_{ey} & \omega_{ey}\omega_{ez} \\ \omega_{ex}\omega_{ey} & \omega_{ey}^2 - \omega_e^2 & \omega_{ez}\omega_{ex} \\ \omega_{ey}\omega_{ez} & \omega_{ez}\omega_{ex} & \omega_{ez}^2 - \omega_e^2 \end{bmatrix} \begin{bmatrix} x + R_{0x} \\ y + R_{0y} \\ z + R_{0z} \end{bmatrix} \tag{2-121}$$

则离心惯性力 $\boldsymbol{F}_e$ 在发射坐标系上的分量为

$$[F_{ex} \quad F_{ey} \quad F_{ez}]^T = -m\,[a_{ex} \quad a_{ey} \quad a_{ez}]^T \tag{2-122}$$

(8) 哥氏惯性力 $-2m\boldsymbol{\omega}_e \times \delta\boldsymbol{r}/\delta t$ 项。记

$$\boldsymbol{a}_k = 2\boldsymbol{\omega}_e \times \frac{\delta \boldsymbol{r}}{\delta t} \tag{2-123}$$

式中，$\delta\boldsymbol{r}/\delta t$ 为火箭相对于发射坐标系的速度，则有

$$\frac{\delta \boldsymbol{r}}{\delta t} = [\dot{x} \quad \dot{y} \quad \dot{z}]^T \tag{2-124}$$

考虑地球自转角速度在发射坐标系内的分量，式(2-123)可写为

$$\begin{bmatrix} a_{kx} \\ a_{ky} \\ a_{kz} \end{bmatrix} = \begin{bmatrix} b_{11} & b_{12} & b_{13} \\ b_{21} & b_{22} & b_{23} \\ b_{31} & b_{32} & b_{33} \end{bmatrix} \begin{bmatrix} \dot{x} \\ \dot{y} \\ \dot{z} \end{bmatrix} = \begin{bmatrix} 0 & -2\omega_{ex} & -2\omega_{ey} \\ -2\omega_{ex} & 0 & -2\omega_{ez} \\ -2\omega_{ey} & -2\omega_{ez} & 0 \end{bmatrix} \begin{bmatrix} \dot{x} \\ \dot{y} \\ \dot{z} \end{bmatrix} \tag{2-125}$$

可得哥氏惯性力 $\boldsymbol{F}_k$ 在发射坐标系内的分量形式为

$$[F_{kx} \quad F_{ky} \quad F_{kz}]^T = -m\,[a_{kx} \quad a_{ky} \quad a_{kz}]^T \tag{2-126}$$

2.5 飞行器系统仿真的数值算法

2.5.1 数值积分法

1. 几种常见的数值积分方法

数值积分法就是对常微分方程组建立离散形式的数学模型——差分方程，并求出其数值解。例如已知某系统的一阶向量微分方程为

$$\dot{y} = f(y,t), \quad y(t_0) = y_0 \tag{2-127}$$

所谓数值解法，就是寻求式(2-127)中 y 在一系列离散点 $t_1, t_2, \cdots, t_n$ 的近似解 $y_1, y_2, \cdots, y_n$，相邻两个点之间 $h = t_n - t_{n-1}$，称为计算步长或步距。根据已知的初始条件 y_0，采用不同的递推算法可逐步递推计算出各时刻的数值 y_i。常用的方法有欧拉法、梯形法、四阶龙格-库塔法、亚当姆斯法等。对式(2-127)，数值积分可写成统一公式：

$$y_{n+1} = \sum_{i=0}^{m} a_i y_{n-i} + h \sum_{i=-1}^{m} \beta_i f_{n-i} \tag{2-128}$$

(1) 欧拉法。欧拉法是最简单的一种数值积分法。虽然它的计算精度较低，实际中很少采用，但其推导简单，能说明构造数值解法一般计算公式的基本思想。

对式(2-127)两端由 t_0 到 t_1 进行积分，可得

$$y(t_1) = y_0 + \int_{t_0}^{t_1} f(y,t)\,dt \tag{2-129}$$

式(2-129)中的积分项是曲线 f 及 $t = t_0$，和 $t = t_1$ 包围的面积(见图 2-9)，当步长 $h = t_n$

$-t_{n-1}$ 足够小时，可以用矩形面积来近似，即

$$y(t_1) \approx y(t_0) + f(y_0, t_0)(t_1 - t_0) \tag{2-130}$$

令 $y(t_1)$ 的近似值为 y_1，则有

$$y_1 = y_0 + hf(y_0, t_0) \tag{2-131}$$

把 t_1 当作积分初始点，y_1 作为初始值重复上述做法，可进一步得到 $y(t_2)$ 的近似公式，继续重复可得到递推公式，则有

$$y_{n+1} = y_n + hf(y_n, t_n) \tag{2-132}$$

式(2-132)称为欧拉公式，也称为矩形法。由式(2-132)可以看出，任何一个新的数值解 y_{n+1} 都是基于前一个数值解 y_n 以及它的导数 $f(y_n, t_n)$ 求得的。若已知初值 y_0，利用式(2-132)进行迭代计算，既可以求得式(2-127)在 $t=t_1, t_2, \cdots, t_n$ 处的近似解 $y(t_1), y(t_2), \cdots, y(t_n)$。

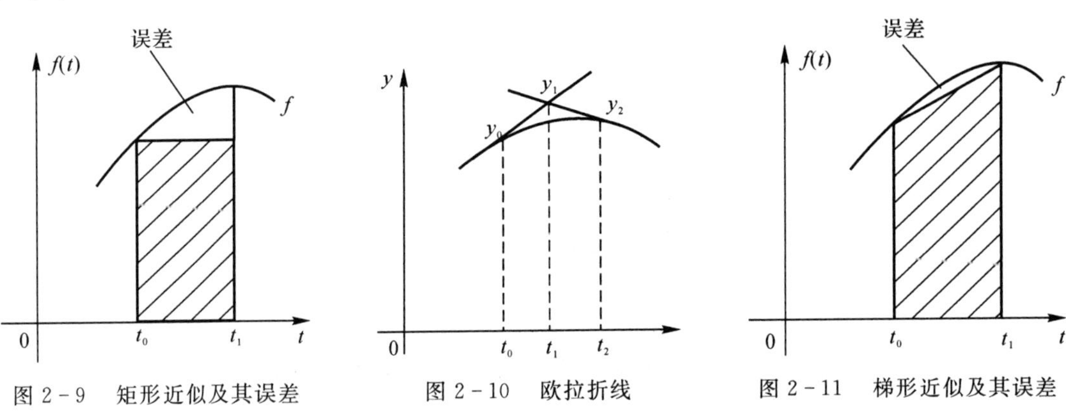

图 2-9　矩形近似及其误差　　图 2-10　欧拉折线　　图 2-11　梯形近似及其误差

欧拉法的几何意义十分清楚。图 2-10 通过(t_0, y_0)点作积分曲线的切线，其斜率为 $f(y_0, t_0)$，此切线与 t_1 处平行于 y 轴直线的交点即为 y_1，再过(t_1, y_1)点作积分曲线的切线，它与过 t_2 平行于 y 轴直线的交点即为 y_2。这样过(t_0, y_0)，(t_1, y_1)，$(t_2, y_2)\cdots$，得到一条折线，称为欧拉折线。

(2)梯形法。在上面推导中，若用图 2-11 所示的梯形面积来近似(2-129)中的积分项，则可得梯形公式为

$$y_{n+1} = y_n + \frac{h}{2}[f(y_n, t_n) + f(y_{n+1}, t_{n+1})] \tag{2-133}$$

由式(2-133)可见，它是隐函数形式。公式右端隐含有待求量 y_{n+1}，故梯形法不能自启动。通常可用欧拉法启动求出初值，算出 $y(t_{n+1})$ 的近似值 y_{n+1}^p，然后将其代入原微分方程，计算 f_{n+1} 的近似值 $f_{n+1}^p = f(y_{n+1}^p, t_{n+1})$，最后利用梯形公式求出修正后的 y_{n+1}。为了提高计算精度，可用梯形公式反复迭代。通常在工程问题中，为简化计算，只迭代一次。这样可得改进的欧拉公式为

$$\left.\begin{aligned} y_{n+1}^p &= y_n + h \cdot f(y_n, t_n) \\ y_{n+1} &= y_n + \frac{h}{2}[f(y_n, t_n) + f^p(y_{n+1}^p, t_{n+1})] \end{aligned}\right\} \tag{2-134}$$

式(2-134)中第一式称为预估公式，第二式称为校正公式。通常称这类方法为预估-校正方法，也称为改进的欧拉法。欧拉法每计算一步只要对导数 f 调用一次，改进的欧拉法由于加

了校正过程，计算量增加了一倍，付出这种代价的目的是为了提高精度。其算法框图如图 2-12 所示。

(3) 龙格-库塔法。将式(2-127)在 t_n 点展成泰勒级数

$$y(t_n+h)=y(t_n)+h\dot{y}(t_n)+\frac{h^2}{2}\ddot{y}(t_n)+o(h^3) \tag{2-135}$$

取泰勒展开式的前两项可以得到欧拉公式，其误差较大，如果要得到精度更高的近似解，必须计算式中的高阶导数，这项工作往往相当困难。德国数学家 C. Runge 和 M. W. Kutta 两人先后提出了间接利用泰勒展开式的方法，即用几个点上的函数 f 值的线性组合来确定其中的系数。基于这一思想，得到龙格-库塔(RK)法的一般形式为

$$y_{n+1}=y_n+h\sum_{i=1}^{r}w_ik_i \tag{2-136}$$

式中
$$k_1=f(y_n,t_n)$$
$$k_i=f(y_n+h\sum_{j=1}^{i-1}\beta_{ij}k_j,t_n+\alpha_ih)\quad(i=2,3,\cdots,r)$$
$$\alpha_i=\sum_{j=1}^{i-1}\beta_{ij}$$

式中，α_i，β_{ij}，w_i 为待定系数。r 为使用 k 值得个数(即阶数)。在给定 r 值后，通过把式(2-136)展开成 h 的幂级数，然后和泰勒展开式的系统进行对比，以确定 β_{ij}，w_i 的值。当 $r=1$ 时，得到的数值解即为欧拉公式

$$y_{n+1}=y_n+hf(y_n,t_n)$$

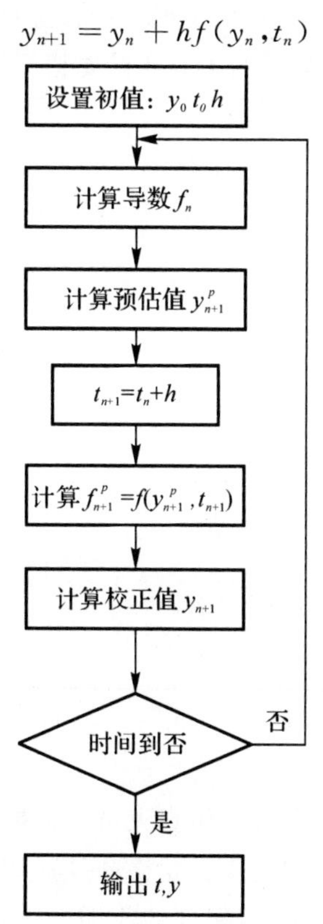

图 2-12　预估-校正法程序框图

当 $r=2$ 时，取 $\beta_{21}=1$，则 $w_1=w_2=0.5$，继而可得

$$\begin{cases} y_{n+1}=y_n+\dfrac{1}{2}h(k_1+k_2) \\ k_1=f(y_n,t_n) \\ k_2=f(y_n+k_1h,t_n+h) \end{cases}$$

与式(2-134)相比，二者完全相同，所以预估-校正公式实际上是二阶 R-K 公式。当阶次大于 4 阶后，龙格-库塔公式右端函数的计算次数要大于阶数，积分工作量大大增加，所以通常只使用 4 阶或 4 阶以下的方法。表 2-3 给出了常用的 1～4 阶龙格-库塔方法的系统。4 阶龙格-库塔法是使用较多的一种方法，其计算公式为

$$\left.\begin{aligned} &y_{n+1}=y_n+\frac{h}{6}(k_1+2k_2+2k_3+k_4) \\ &k_1=f(y_n,t_n) \\ &k_2=f(y_n+\frac{h}{2}k_1,t_n+\frac{h}{2}) \\ &k_3=f(y_n+\frac{h}{2}k_2,t_n+\frac{h}{2}) \\ &k_4=f(y_n+hk_3,t_n+h) \end{aligned}\right\} \tag{2-137}$$

龙格-库塔法属于单步法，只有给定方程的初值 y_0 就可以一步步求出 $y_1,y_2,\cdots,y_n$ 的值。故单步法有以下优点：① 需要存储的数据量少，占用的存储空间少；② 只需要知道初值，既可启动递推公式进行计算，可自启动；③ 容易实现变步长运算。

表 2-3　常用的 1～4 阶龙格库塔法的系数

方法名称	阶　次	β_{ij}	w_i
欧拉法	1		$w_1=1$
折线法	2	$\beta_{21}=1$	$w_1=0,w_2=1$
2 阶 R-K 法	2	$\beta_{21}=1$	$w_1=w_2=\frac{1}{2}$
3 阶 R-K 法	3	$\beta_{21}=\frac{1}{2}$ $\beta_{31}=-1,\beta_{32}=2$	$w_1=w_3=\frac{1}{2},w_2=\frac{2}{3}$
4 阶 R-K 法	4	$\beta_{21}=\frac{1}{2}$ $\beta_{31}=0,\beta_{32}=\frac{1}{2}$ $\beta_{43}=1$	$w_1=w_4=\frac{1}{6}$ $w_2=w_3=\frac{1}{3}$

2. 变步长法

在实际使用时，对前述数值积分方法，仿真人员可根据实际情况在仿真的不同阶段选取不同的步长，也就是变步长积分法，例如变步长龙格-库塔-默森（Runge-Kutta-Merson）法。选取的原则是，在保证仿真过程满足一定精度的前提下，为使计算量尽可能小，尽量选取适用的较大的步长，这样仿真步长需不断改变。变步长应根据一定的条件，其前提是要有一个好的

局部误差根据公式,根据局部误差的大小来改变步长。对于龙格-库塔算法的误差估计,通常是设法找到另一个低阶(一般是低一阶)的龙格-库塔公式,要求这两个公式中的 k_i 相同,则两个公式计算结果之差可以看作是误差。

假设微分方程为

$$\begin{cases} \dot{y}(t) = f(y,t) \\ y(t_0) = y_0 \end{cases}$$

计算公式为

$$y_{n+1} = y_n + \frac{h}{6}(k_1 + 4k_4 + k_5) \tag{2-138}$$

式中

$$\begin{cases} k_1 = f(y_n, t_n) \\ k_2 = f(y_n + \frac{h}{3}k_1, t_n + \frac{h}{3}) \\ k_3 = f(y_n + \frac{h}{6}(k_1 + k_2), t_n + \frac{h}{3}) \\ k_4 = f(y_n + \frac{h}{8}(k_1 + 3k_3), t_n + \frac{h}{2}) \\ k_5 = f(y_n + \frac{h}{2}(k_1 - 3k_3 + 4k_4), t_n + h) \end{cases}$$

此为 4 阶五级公式,还可推导出一个 3 阶四级公式,有

$$\widehat{y}_{n+1} = y_n + \frac{h}{6}(3k_1 - 9k_3 + 12k_4) \tag{2-139}$$

令误差

$$E_n = \widehat{y}_{n+1} - y_{n+1}$$

可得

$$E_n = \frac{h}{6}(2k_1 - 9k_3 + 8k_4 - k_5) \tag{2-140}$$

式(2-138)～式(2-140)简称为 RKM3-4 法。根据该步的绝对误差 E_n,既可按步长的控制策略进行步长的控制。通常用对分策略。

设定一个最小误差限 $\varepsilon_{\min}$,一个最大误差限 $\varepsilon_{\max}$,每一步的局部误差取为

$$e_n = E_n/(|y_n| + 1) \tag{2-141}$$

式中,E_n 为变步长各式计算出的误差估计。由式(2-141)可知,当 $|y_n|$ 较大时,e_n 是相对误差,而当 y_n 的绝对值很小时,e_n 就成了绝对误差,这样可避免当 y 值很小时,e_n 变得过大。

其控制策略是:当 e_n 大于 $\varepsilon_{\max}$ 时,将步长对分减半,并重新计算该步;当 e_n 在 $\varepsilon_{\max}$ 与 $\varepsilon_{\min}$ 之间时,步长不变;当 e_n 小于 $\varepsilon_{\min}$ 时,将步长加倍。即

若 $e_n > e_{\max}$,则 $h_n = \frac{1}{2}h_n$,重算此步;

若 $e_{\min} < e_n < e_{\max}$,则 $h_{n+1} = h_n$,继续计算;

若 $e_n < e_{\min}$,则 $h_{n+1} = 2h_n$,继续计算。

这种对分策略简便易行,每步附加计算量小,但不能达到每步最优。还有一种最优步长控制策略,其基本思想是在保证精度的前提下,每个积分步取得最大步长(或称最优步长),这样可以减少计算量。具体做法是根据本步误差估计,近似确定下一步可能的最大步长。其策略如下。

给定相对误差限 ε_0，设本步步长为 h_n，本步相对误差估计值为

$$e_n = \frac{E_n}{|y_n| + 1}$$

对于 k 阶积分算法，认为

$$E_n = \varphi(\xi) h_n^k \tag{2-142}$$

式中，$\varphi(\xi)$ 是 $f(y,t)$ 在积分区间（$t_n \sim t_n + h$）内一些偏导数的组合，通常可取 $\xi = t_n$，则

$$e_n = \frac{\varphi(t_n) h_n^k}{|y_n| + 1} \tag{2-143}$$

据此作判断：

(1) 若 $e_n \leqslant \varepsilon_0$，则本步积分成功，先确定下一步的最大步长 h_{n+1}。

假定 h_{n+1} 足够小，则 $\varphi(t_n + h_{n+1}) \approx \varphi(t_n)$，下一步误差为

$$e_{n+1} = \frac{\varphi(t_n) h_{n+1}^k}{|y_{n+1}| + 1} \approx \frac{\varphi(t_n) h_{n+1}^k}{|y_n| + 1}$$

为使 $e_{n+1} \leqslant \varepsilon_0$，即

$$\frac{\varphi(t_n) h_{n+1}^k}{|y_n| + 1} \leqslant \varepsilon_0$$

则有

$$h_{n+1} \approx \left(\frac{\varepsilon_0 (|y_{n+1}| + 1)}{\varphi(t_n)} \right)^{1/k}$$

将式(2-142)代入上式，得

$$h_{n+1} \approx (\varepsilon_0 h_n^k / e_n)^{1/k} = (\varepsilon_0 / e_n)^{1/k} h_n \tag{2-144}$$

(2) 若 $e_n > \varepsilon_0$，则本步失败，按式(2-144)求出一个积分步长，它表示重新积分的本步步长，再算一遍，即

$$h_n \leftarrow (\varepsilon_0 / e_n)^{1/k} h_n \tag{2-145}$$

由于假定了 h_{n+1} 足够小，因此 $\varphi(t_n)$ 基本不变，故必须限制步长的缩小与放大，一般限制 h 的最大放缩系数为 10，即要求

$$0.1 h_n < h_{n+1} < 10 h_n \tag{2-146}$$

有关最优步长控制，除次方法以外，还有吉尔法等，采用最优步长控制后，计算量有明显减少，但上诉两种控制方法对于 f 函数中含有间断特性的情况不合适。因为在间断点附近会出现步长频繁放大、缩小的振荡现象，由于最优步长控制法是以本步误差为依据推算下一步步长，因此振荡现象更为严重。

3. 算法误差和稳定性

算法误差主要包括两种误差：截断误差和舍入误差。

(1) 截断误差。基于泰勒展开公式的数值计算方法都存在截断误差，假定前一步得到的结果 y_n 是准确的，则用泰勒级数求得 t_{n+1} 处的精确解为

$$y(t_n + h) = y(t_n) + h\dot{y}(t_n) + \frac{1}{2} h^2 \ddot{y}(t_n) + \cdots + \frac{1}{r!} h^r y^{(r)}(t_n) + o(h^{r+1})$$

若只从以上精确解中取前两项之和来近似计算 y_{n+1}，由这种方法单独一步引进的附加误差通常称作局部截断误差，它是由该方法给出的值与微分方程的解之间的差，故又称为局部离散误差。不同的数值解法，其局部截断误差也不同。一般若差分公式局部截断误差为 $o(h^{r+1})$，则称它有 r 阶精度，即方法是 r 阶的，所以方法的阶数可以作为衡量算法精确度的一个

重要标志。

截断误差的阶次越高，其求解的精度越高。上述介绍的积分方法的截断误差为

欧拉法：$\varepsilon_t = o(h^2)$；

梯形法：$\varepsilon_t = o(h^3)$；

4 阶龙格-库塔法：$\varepsilon_t = o(h^5)$；

亚当姆斯法：$\varepsilon_t = o(h^6)$。

(2) 舍入误差。由于积分算法是由有限精度（字长）的计算机算术运算来实现的，所以必定要引入舍入误差。舍入误差会积累，它随着积分时间的增加和积分法阶次的增高而增加。而且它还随着积分步长的减小而变得愈加严重。这是因为对于给定的积分时间，使用更小的步长就意味着更多的积分步数。

(3) 稳定性问题。稳定性是数值积分法中非常重要的概念。所谓稳定性问题是指误差的积累是否受到控制的问题。如果在每步计算过程中，前面积累的舍入误差对实际误差 ε_r（$\varepsilon_r =$ 计算值 − 实际值）的影响是减弱的，则计算方法是稳定的；反之，则可能由于 ε_r 的恶性增长而变得不稳定。如果计算过程发生不稳定的情况，计算结果将失去意义，而且可能导致人们做出错误的判断。

通常，把数值积分法用于试验方程：

$$\begin{cases} \dfrac{\mathrm{d}y}{\mathrm{d}t} = \lambda y \\ \lambda = \alpha + \mathrm{j}\beta, \quad \mathrm{Re}\lambda = \alpha < 0 \end{cases} \tag{2-147}$$

来判断积分算法的稳定性。若数值积分公式为

$$y_{n+1} = p(h\lambda)y_n \tag{2-148}$$

则当差分方程满足稳定条件 $|p(h\lambda)| < 1$ 时，算法才稳定。下面对欧拉法进行稳定性分析。

把欧拉公式 $y_{n+1} = y_n + hf_n$ 应用到上述试验方程，可得

$$y_{n+1} = (1 + \lambda h)y_n \tag{2-149}$$

对式(2-149) 进行 z 变换后，得

$$zY(z) = (1 + \lambda h)y_n \tag{2-150}$$

此差分方程的特征方程为

$$z - (1 + \lambda h) = 0$$

根据差分方程稳定条件，得

$$|z| = |1 + \lambda h| \leqslant 1 \tag{2-151}$$

式(2-151) 称为欧拉公式的稳定性条件，它对 λh 的限制构成了复平面上以(−1,0) 为圆心的单位圆(见图 2-13)，也成为欧拉公式的稳定区域。如果积分步长取得足够小使 λh 落在稳定域内，则欧拉公式是稳定的(见图 2-14 和图 2-15)。

(4) 步长的选择。从数值计算观点看，步长越小，截断误差越小；但是由于步长减小将导致步数的增多，舍入误差积累就会增加，如图 2-16 所示。因此要兼顾截断误差和舍入误差两个方面，选取合理的步长。从控制理论观点来看，步长的选择与控制系统的频带及构成仿真系统环节数的多少等因素有关，要根据仿真精度给出一个计算步长的解析公式是困难的。在实际工作中，通常根据被仿真系统的响应速度由经验确定。一般要求步长小于系统的时间常数的 1/10。若系统变量的变化频率为 f_0，则与步长 T 相对应的间隔频率 f_1 应在 f_0 的 20 ～ 100

倍之间选择。

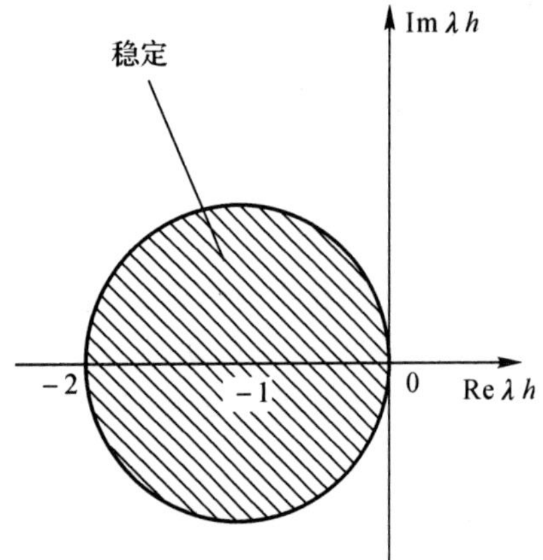

图 2－13　欧拉公式的稳定区域

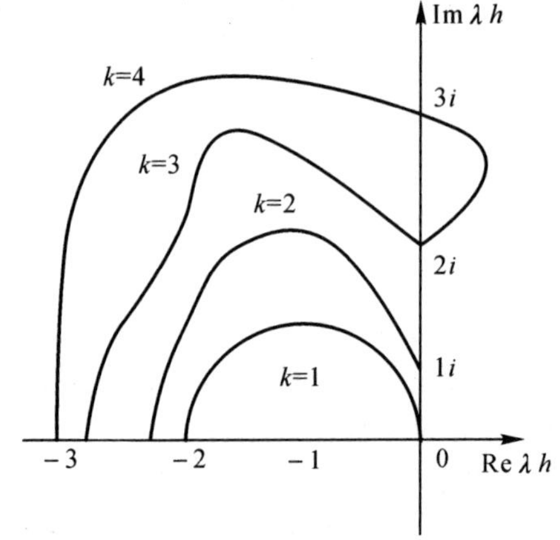

图 2－14　1～4 阶龙格-库塔的稳定区域

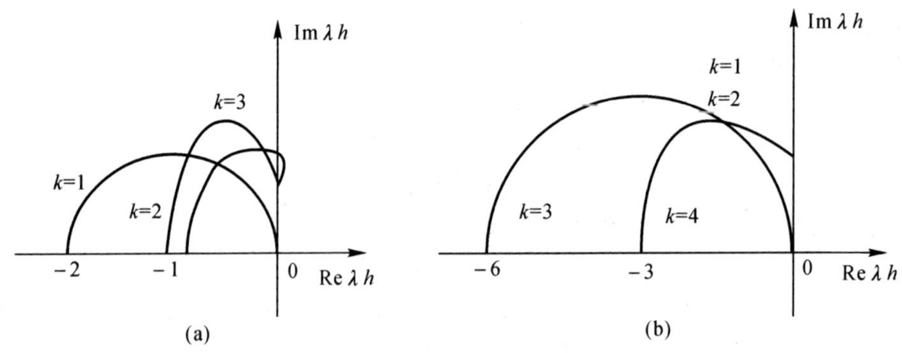

图 2－15　常用的 1～4 阶亚当姆斯法的稳定区域

（a）显示；（b）隐式

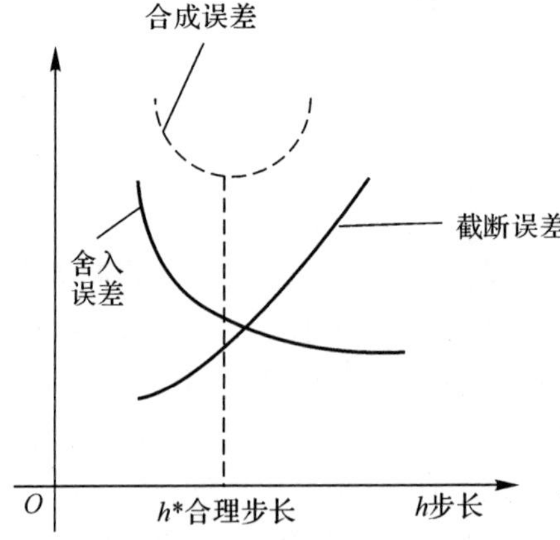

图 2－16　误差与步长的关系

4. 算法的比较和选择

数值积分方法的选择和仿真的精度、速度、计算稳定性、自启动能力等有关，没有一种确定的方法来选择最好的积分公式。

通常来说，对一般的非线性连续系统仿真，如果方程式(2-127)的右端函数比较简单，则适合采用单步法，这类方法能够自动起步，且容易实现，因而使用起来比较简单，若精度要求较低，可采用欧拉法，若要提高精度，可采用阶次适当的龙格-库塔法。当右端函数比较复杂时，计算量大，宜采用多步法，如亚当姆斯法，对于预估-校正法，每步最多只需计算两次右端函数。

选择好积分方法后，还要确定方法的阶次和步长，这也十分重要。数值积分的精度主要受三个因素的影响：截断误差、舍入误差和积累误差。其中截断误差取决于积分方法的阶次和步长。在同一算法下(阶次相同)，步长越小，截断误差越小；同样步长下，算法阶次越高，截断误差越小。舍入误差主要取决于计算机的字长，字长越长，输入误差越小。而积累误差对计算机精度的影响，又与积分算法和数值积分计算时间的长短有关。

总之，应根据仿真精度的要求，综合考虑计算速度、稳定性等因素，合理地选择积分方法和其阶次和步长。

2.5.2　插值法

在飞行器弹道计算中，相当一部分数据是通过测量或实验得到的。虽然其函数关系 $y=f(x)$ 在某个区间 $[a,b]$ 上是客观存在的，但是却不知道具体的解析表达式，只能通过观察、测量或实验得到函数在区间 $[a,b]$ 上一些离散点上的函数值、导数值等，因此，希望对这样的函数用一个比较简单的函数表达式来近似地给出整体上的描述。还有些函数，虽然有明确的解析表达式，但却过于复杂而不便于进行理论分析和数值计算，同样希望构造一个既能反映函数的特性又便于计算的简单函数，近似代替原来的函数。插值法就是寻求近似函数的方法之一。这里主要介绍多项式插值、分段多项式插值和样条插值。

1. 一元三点插值

给定 n 个结点 $x_i(i=0,1,2,\cdots,n-1)$ 上的函数值 $y_i=f(x_i)$，用抛物插值公式计算指定插值点 t 处的函数近似值 $z=f(t)$。

设 n 个结点为 $x_0<x_1<\cdots<x_{n-1}$，其相应的函数值为 $y_i(i=0,1,\cdots,n-1)$。

为了计算指定插值点 t 处的函数近似值，选取最靠近插值点 t 的三个结点，即如果 $x_k<t<x_{k+1}$，则当 $|x_k-t|>|t-x_{k+1}|$ 时，取 3 个结点为 x_k,x_{k+1},x_{k+2}，而当 $|x_k-t|<|t-x_{k+1}|$ 时，取三个结点为 x_{k-1},x_k,x_{k+1}，然后用抛物插值公式计算点的函数近似值，即

$$z=\sum_{i=m}^{m+2}y_i\prod_{m+2}[(t-x_j)/(x_i-x_j)]$$

式中：当 $|x_k-t|>|t-x_{k+1}|$ 时，$m=k$；当 $|x_k-t|<|t-x_{k+1}|$ 时，$m=k-1$。

如果插值点 t 位于包含 n 个结点的区间外，则取区间某端的两个结点作线性插值。

2. 二元三点插值

给定矩形域上 $n\times m$ 个结点 $(x_i,y_i)(i=0,1,\cdots,n-1;j=0,1,\cdots,m-1)$ 上的函数值 $z_{ij}=z(x_i,y_i)$，利用二元三点插值公式计算指定插值点 (u,v) 处的函数近似值 $w=z(u,v)$。

设给定矩形域上的 $n\times m$ 个结点在两个方向上的坐标分别为

$$x_0 < x_1 < \cdots < x_{n-1}$$

$$y_0 < y_1 < \cdots < y_{m-1}$$

相应的函数值为

$$z_{ij} = z(x_i, y_j), \quad i = 0,1,\cdots,n-1; \quad j = 0,1,\cdots,m-1$$

选取最靠近插值点(u,v)的9个结点，其两个方向上的坐标分别为

$$x_p < x_{p+1} < x_{p+2}$$

$$y_p < y_{p+1} < y_{p+2}$$

然后用二元三点插值公式

$$z(x,y) = \sum_{i=p}^{p+2} \sum_{j=q}^{q+2} \left(\prod_{p+2} \frac{x - x_k}{x_i - x_k} \right) \left(\prod_{q+2} \frac{y - y_l}{y_j - y_l} \right) z_{ij}$$

计算插值点(u,v)处的函数近似值。

3. 三次样条插值

高次插值函数的计算量大，有剧烈振荡，且数值稳定性差；在分段插值中，分段线性插值在分段点上仅连续而不可导，分段3次埃尔米特插值有连续的一阶导数，如此的光滑程度常不能满足物理问题的需要。样条函数可以同时解决这两个问题，使插值函数既是低阶分段函数，又是光滑的函数，并且只需在区间端点提供某些导数信息。

三次样条函数：设在区间$[a,b]$上取$n+1$个节点$a=x_0 < x_1 < \cdots < x_n - b$，函数$y=f(x)$在各个节点处的函数值为$y_i = f(x_i)(i=0,1,\cdots,n)$，若$S(x)$满足：$S(x_i) = y_i$，在区间$[a,b]$上，$S(x)$具有连续的二阶导数，在区间$[x_i, x_{i+1}](i=0,1,\cdots,n-1)$上，$S(x)$是$x$的3次多项式，则称$S(x)$是函数$y=f(x)$在上$[a,b]$上的三次样条函数。

(1) 用节点处的二阶导数表示的三次样条函数——三弯矩方程。

由于$S(x)$的二阶导数连续，设$S(x)$在节点x_i的二阶导数为M_i，即

$$S''(x_i) = M_i, \quad i = 0,1,\cdots,n$$

M_i是未知、待定的数。因$S(x)$是分段三次多项式，则$S''(x)$是分段一次多项式，且在每个区间$[x_i, x_{i+1}]$上，$S''(x)$可表示为

$$S''(x) = \frac{x - x_{i+1}}{x_i - x_{i+1}} M_i + \frac{x - x_i}{x_{i+1} - x_i} M_{i+1}$$

记$h_i = x_{i+1} - x_i$，则有

$$S''(x) = \frac{x - x_{i+1}}{h_i} M_i + \frac{x - x_i}{h_i} M_{i+1}$$

将上式在区间$[x_i, x_{i+1}]$上积分两次，并且由$S(x_i) = y_i$，$S(x_{i+1}) = y_{i+1}$来确定两个积分常数，当$x \in [x_i, x_{i+1}]$时，可得

$$S(x) = \frac{(x_{i+1} - x_i)^3}{6h_i} M_i + \frac{(x - x_i)^3}{6h_i} M_{i+1} + (y_i - \frac{h_i^2}{6} M_i) \frac{x_{i+1} - x}{h_i} + \left(y_{i+1} - \frac{h_i^2}{6} M_{i+1} \right) \frac{x - x_i}{h_i} \tag{2-152}$$

对式(2-152)求导得

$$S'(x) = -\frac{(x_{i+1} - x)^2}{2h_i} M_i + \frac{(x - x_i)}{2h_i} M_{i+1} + \frac{y_{i+1} + y_i}{h_i} - \frac{M_{i+1} - M_i}{6} h_i \tag{2-153}$$

利用$S(x)$一阶导数连续的性质，在式(2-153)中令$x = x_i$，得

$$S'(x_i+0)=-\frac{h_i}{3}M_i-\frac{h_i}{6}M_{i+1}+\frac{y_{i+1}-y_i}{h_i}$$

将式(2-153)中的 i 换成 $i-1$,得 $S'(x)$ 在 $[x_{i-1},x_i]$ 上的表达式为

$$S'(x)=-\frac{(x_i-x)^2}{2h_{i-1}}M_{i-1}+\frac{(x-x_{i-1})^2}{2h_{i-1}}M_i+\frac{(y_i+y_{i-1})^2}{h_{i-1}}-\frac{M_i-M_{i-1}}{6}h_{i-1}$$

将 $x=x_i$ 代入,得

$$S'(x_i-0)=-\frac{h_{i-1}}{6}M_{i-1}-\frac{h_{i-1}}{3}M_i+\frac{y_i-y_{i-1}}{h_{i-1}}$$

利用 $S'(x_i-0)=S'(x_i+0)$,两边乘以 $6/(h_{i-1}+h_i)$,得

$$u_iM_{i-1}+2M_i+\lambda_iM_{i+1}=d_i,\quad i=1,2,\cdots,n-1 \tag{2-154}$$

式中

$$\left.\begin{aligned}&u_i=\frac{h_{i-1}}{h_{i-1}+h_i},\quad \lambda_i=\frac{h_{i-1}}{h_{i-1}+h_i}=1-u_i\\&d_i=\frac{6}{h_{i-1}+h_i}\left(\frac{y_{i+1}-y_i}{h_i}\frac{y_i-y_{i-1}}{h_{i-1}}\right)=6f[x_{i-1},x_i,x_{i+1}]\end{aligned}\right\} \tag{2-155}$$

这是含有 $n+1$ 个未知量 $M_0,M_1,\cdots,M_n$ 共有 $n-1$ 个方程组成的线性方程组,欲确定该方程组的解,尚缺 2 个方程。因此求三次样条函数还要 2 个附加条件。常见的问题有下面两种提法:

1)第一类问题:附加条件 1)。即给出边界端点的一阶导数值:$S'(x_0)=m_0$,$S'(x_n)=m_n$。利用前面已推导的公式,当 $x\in[x_i,x_{i+1}]$ 时,得

$$S'(x)=-\frac{(x_i-x)}{2h_{i-1}}M_{i-1}+\frac{(x-x_{i-1})}{2h_{i-1}}M_i+\frac{y_i+y_{i-1}}{h_{i-1}}-\frac{M_i-M_{i-1}}{6}h_{i-1}$$

取 $i=0$,$x=x_0$,则有

$$m_0=-\frac{h_0}{3}M_0-\frac{h_0}{6}M_1+\frac{y_1-y_{i-0}}{h_0}$$

取 $i=n-1$,$x=x_n$,则有

$$m_n=\frac{h_{n-1}}{6}M_{n-1}-\frac{h_{n-1}}{3}M_n+\frac{y_n-y_{n-1}}{h_{n-1}}$$

移项,得

$$\begin{cases}2M_0+M_1=d_0\\M_{n-1}+2M_n=d_n\end{cases}$$

式中,$d_0=\dfrac{6}{h_0}(f[x_0,x_1]-m_0)$,? $d_n=\dfrac{6}{h_{n-1}}(m_n-f[x_{n-1},x_n])$,与式(2-154)联立得 $n+1$ 元线性方程组

$$\begin{cases}2M_0+M_1=d_0\\\mu_1M_0+2M_1+\lambda_1M_2=d_1\\\cdots\cdots\\\mu_{n-1}M_{n-2}+2M_{n-1}+\lambda_{n-1}M_n=d_{n-1}\\M_{n-1}+2M_n=d_n\end{cases} \tag{2-156}$$

其系数矩阵是严格对角占优的三对角矩阵。可以用追赶法解出 $M_i(i=0,1,\cdots,n)$,将其代入式(2-155),即得到 3 次样条函数的分段表达式。

2) 第二类问题:附加条件 2)。即给出边界端点的二阶导数值:$S''(x_0)=M_0, S''(x_n)=M_n$,代入式(2-156) 得 $n-1$ 元线性方程组为

$$\begin{cases}2M_1+\lambda_1 M_2=d_1-\mu_1 M_0\\ \mu_2 M_1+2M_2+\lambda_2 M_3=d_2\\ \cdots\cdots\\ \mu_{n-2}M_{n-3}+2M_{n-2}+\lambda_{n-2}M_{n-1}=d_{n-2}\\ \mu_{n-1}M_{n-2}+2M_{n-1}=d_{n-1}-\lambda_{n-1}M_n\end{cases} \tag{2-157}$$

其系数矩阵为

$$\begin{bmatrix}2 & \lambda_1 & & & & \\ \mu_2 & 2 & \lambda_2 & & & \\ & \mu_3 & 2 & \lambda_3 & & \\ & & \ddots & \ddots & \ddots & \\ & & & \mu_{n-2} & 2 & \lambda_{n-2} \\ & & & & \mu_{n-3} & 2\end{bmatrix}$$

这是一个三对角矩阵,由于 $\lambda_i+\mu_i<2$,因而它是严格对角占优的。原方程组是个三对角方程组,可以用追赶法解出 $M_i, i=1,2,\cdots,n-1$,代入式(2-155),即得到三次样条函数的分段表达式。

(2) 用节点处的一阶导数表示的三次样条函数 —— 三转角方程。

由于 $S(x)$ 的一阶导数连续,设 $S(x)$ 在节点 x_i 处的一阶导数值为 m_i,即

$$S'(x_i)=m_i,\quad i=0,1,\cdots,n$$

m_i 是未知、待定的数。因 $S(x)$ 是分段三次多项式,则在每个区间$[x_i, x_{i+1}]$上是 3 次多项式,且满足

$$S(x_i)=y_i, S(x_{i+1})=y_{i+1}, S(x_i)=m_i, S(x_{i+1})=m_{i+1}$$

故 $S(x)$ 是$[x_0, x_n]$上的分段三次埃尔米特插值多项式,当 $x\in[x_i, x_{i+1}]$ 时,有

$$S(x)=\frac{y_i}{h_i^3}[h_i+2(x-x_i)](x-x_{i+1})^2+\frac{y_{i+1}}{h_i^3}[h_i-2(x-x_{i+1})](x-x_i)^2+\\ \frac{m_i}{h_i^3}(x-x_i)(x-x_{i+1})^2+\frac{m_{i+1}}{h_i^3}(x-x_{i+1})(x-x_i)^2 \tag{2-158}$$

将式(2-158) 在区间$[x_i, x_{i+1}]$上求导两次,当 $x\in[x_i, x_{i+1}]$ 时,可得

$$S'(x)=\frac{6y_i}{h_i^3}[h_i+2(x-x_i)](x-x_{i+1})+\frac{6y_{i+1}}{h_i^3}[h_i-2(x-x_{i+1})](x-x_i)+\\ \frac{m_i}{h_i^2}[2h_i+3(x-x_{i+1})](x_{i+1}-x)+\frac{m_{i+1}}{h_i^2}[-2h_i+3(x-x_i)](x-x_i)$$

$$S''(x)=\frac{y_i}{h_i^3}[6h_i+12(x-x_i)]+\frac{y_{i+1}}{h_i^3}[6h_i-12(x-x_{i+1})]+\\ \frac{m_i}{h_i^2}[2h_i-6(x_{i+1}-x)]+\frac{m_{i+1}}{h_i^2}[-2h_i+6(x-x_i)] \tag{2-159}$$

利用 $S(x)$ 二阶导数连续的性质,在式(2-159) 中令 $x=x_i$,得

$$S''(x_i+0)=-\frac{4}{h_i}m_i-\frac{2}{h_i}m_{i+1}+\frac{6}{h_i^2}(y_{i+1}-y_i)$$

将上式中的 i 换成 $i-1$，得 $S''(x)$ 在 $[x_i, x_{i+1}]$ 上的表达式

$$S''=\frac{y_{i-1}}{h_{i-1}^3}[6h_{i-1}+12(x_i-x)]+\frac{y_i}{h_{i-1}^3}[6h_{i-1}-12(x-x_{i-1})]+\frac{m_{i-1}}{h_{i-1}^2}[2h_{i-1}-6(x_i-x)]+$$

$$\frac{m_{i-1}}{h_{i-1}^2}[-2h_{i-1}+6(x-x_{i-1})]$$

将 $x=x_i$ 代入，得

$$S''(x_i-0)=-\frac{2}{h_{i-1}}m_{i-1}+\frac{4}{h_{i-1}}m_i-\frac{6}{h_i^2}(y_i-y_{i-1})$$

利用 $S''(x_i-0)=S''(x_i+0)$，可得

$$\frac{1}{h_{i-1}}m_{i-1}+2(\frac{1}{h_{i-1}}+\frac{1}{h_i})m_i+\frac{1}{h_i}m_{i+1}=3[\frac{1}{h_{i-1}^2}(y_i-y_{i-1})+\frac{1}{h_i^2}(y_{i+1}-y_i)]$$

两边乘以 $h_{i-1}h_i/(h_{i-1}+h_i)$，得

$$\lambda_i m_{i-1}+2m_i+u_i m_{i+1}=g,\quad i=1,2,\cdots,n-1 \tag{2-160}$$

式中

$$\left.\begin{aligned}&u_i=\frac{h_{i-1}}{h_{i-1}+h_i},\quad \lambda=\frac{h_i}{h_{i-1}+h_i}=1-u_i\\&d_i=3\left(u_i\frac{y_{i+1}-y_i}{h_i}+\lambda_i\frac{y_i-y_{i-1}}{h_{i-1}}\right)\end{aligned}\quad (i=1,2,\cdots,n-1)\right\} \tag{2-161}$$

这是含有 $n+1$ 个未知量 $M_0, M_1, \cdots, M_n$ 共由 $n-1$ 个方程组成的线性方程组，欲确定该方程组的解，尚缺 2 个方程。因此，求三次样条函数还要 2 个附加条件。有关情形与节点处的二阶导数表示的三次样条函数类似，叙述如下：

1) 第一类问题 附加条件 1)。即给出边界端点的一阶导数值：$S'(x_0)=m_0$，$S'(x_n)=m_n$ 时，则方程组为

$$\begin{cases}2m_1+\mu_1 m_2=g-\lambda_1 m_0\\ \lambda_2 m_1+2m_2+\mu_2 m_3=g_2\\ \cdots\cdots\\ \lambda_{n-2}m_{n-3}+2m_{n-2}+\mu_{n-2}m_{n-1}=g_{n-2}\\ \lambda_{n-1}m_{n-2}+2m_{n-1}=g_{n-2}-\mu_{n-1}m_n\end{cases} \tag{2-162}$$

2) 第二类问题 附加条件 2)。即给出边界端点的二阶导数值：$S''(x_0)=M_0$，$S''(x_n)=M_n$ 时，利用前面已推导的公式，当 $x\in[x_i, x_{i+1}]$ 时，得

$$S''(x)=\frac{y_i}{h_i^3}[6h_i+12(x-x_i)]+\frac{y_{i+1}}{h_i^3}[6h_i-12(x-x_{i+1})]+$$

$$\frac{m_i}{h_i^2}[2h_i-6(x_{i+1}-x)]+\frac{m_{i+1}}{h_i^2}[-2h_i+6(x-x_i)]$$

取 $i=0$，$x=x_0$，则有

$$M_0=-\frac{4}{h_0}m_0-\frac{2}{h_0}+\frac{6}{h_0^2}(y_1-y_0)$$

取 $i=n-1$，$x=x_n$，则有

$$M_n=-\frac{4}{h_{n-1}}m_0-\frac{2}{h_{n-1}}m_n+\frac{6}{h_{n-1}^2}(y_n-y_{n-1})$$

移项，得

$$\begin{cases}2m_0+m_1=g_0\\m_{n-1}+m_n=g_n\end{cases}$$

与式(2-162)联立可以建立以下方程组，即

$$\begin{cases}2m_0+m_1=g_0\\\lambda_1 m_0+2m_1+\mu_1 m_2=g_1\\\cdots\cdots\\\lambda_{n-1}m_{n-2}+2m_{n-1}+\mu_{n-1}m_n=g_{n-1}\\m_{n-1}+2m_n=g_n\end{cases}\tag{2-163}$$

两种情形的系数矩阵均为严格对角占优的三对角矩阵，可以用追赶法求解，从而得到三次样条函数的分段表达式。

2.6 传递函数转状态方程

由于姿态控制器中的滤波校正网络通常是传递函数形式，而仿真则要求其为时域内的微分方程，因此本节给出由传递函数转换到状态空间方程的方法。设 y 为系统输出量，传递函数为

$$G(s)=\frac{N(s)}{D(s)}=\frac{y(s)}{u(s)}\tag{2-164}$$

通常 $D(s)$ 的阶次要不小于 $N(s)$。当 $D(s)$ 的阶次大于 $N(s)$ 时，设

$$G(s)=\frac{\beta_{n-1}s^{n-1}+\cdots+\beta_1 s+\beta_0}{s^n+\alpha_{n-1}s^{n-1}+\cdots+\alpha_1 s+\alpha_0}\tag{2-165}$$

将其分解为两部分相串联，并引入中间变量 $z(s)$，如图 2-17 所示。

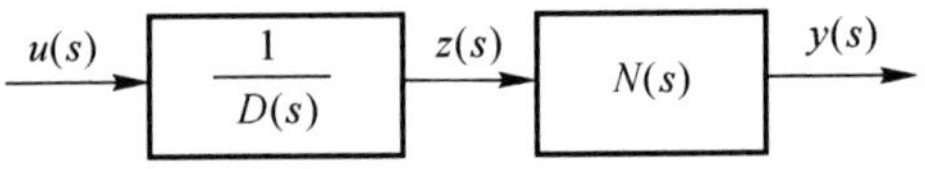

图 2-17 $G(s)$ 的串联分解

由第一个方块可导出以 u 作为输入、z 作为输出的不含输入导数项的微分方程，由第二个方块可导出系统输出量 y 可表示为 z 及其导数的线性组合，即

$$\begin{cases}u=z^{(n)}+\alpha_{n-1}z^{(n-1)}+\cdots+\alpha_1\dot{z}+\alpha_0 z\\y=\beta_{n-1}z^{(n-1)}+\cdots+\beta_1\dot{z}+\beta_0 z\end{cases}\tag{2-166}$$

定义以下一组状态变量，则有

$$x_1=z,\quad x_2=\dot{z},\quad \cdots,\quad x_n=z^{(n-1)}\tag{2-167}$$

可得状态方程为

$$\left.\begin{aligned}&\dot{x}_1=x_2\\&\dot{x}_2=x_3\\&\cdots\cdots\\&\dot{x}_n=-\alpha_0 x_1-\alpha_1 x_2-\cdots-\alpha_{n-1}x_n+u\end{aligned}\right\}\tag{2-168}$$

输出方程为

$$y=\beta_0 x_1+\beta_1 x_2+\cdots+\beta_{n-1}x_n\tag{2-169}$$

其向量-矩阵形式为

$$\dot{x} = \boldsymbol{A}\boldsymbol{x} + \boldsymbol{b}u, \quad y = \boldsymbol{c}\boldsymbol{x} \tag{2-170}$$

式中

$$\left.\begin{aligned} &\boldsymbol{A} = \begin{bmatrix} 0 & 1 & 0 & \cdots & 0 \\ 0 & 0 & 1 & \cdots & 0 \\ \vdots & \vdots & \vdots & & \vdots \\ 0 & 0 & 0 & \cdots & 1 \\ -\alpha_0 & -\alpha_1 & -\alpha_2 & \cdots & -\alpha_{n-1} \end{bmatrix}; \quad \boldsymbol{b} = \begin{bmatrix} 0 \\ 0 \\ \vdots \\ 0 \\ 1 \end{bmatrix}; \quad \boldsymbol{x} = \begin{bmatrix} x_1 \\ x_2 \\ \vdots \\ x_{n-1} \\ x_n \end{bmatrix} \\ &\boldsymbol{c} = [\beta_0 \quad \beta_1 \quad \cdots \quad \beta_{n-1}] \end{aligned}\right\} \tag{2-171}$$

这种形式的动态方程称为能控规范型的动态方程。

当 $D(s)$ 的阶次等于 $N(s)$ 时，设

$$G(s) = \frac{b_n s^n + b_{n-1}s^{n-1} + \cdots + b_1 s + b_0}{s^n + \alpha_{n-1}s^{n-1} + \cdots + \alpha_1 s + \alpha_0} \tag{2-172}$$

应用综合除法，有

$$G(s) = b_n + \frac{\beta_{n-1}s^{n-1} + \cdots + \beta_1 s + \beta_0}{s^n + \alpha_{n-1}s^{n-1} + \cdots + \alpha_1 s + \alpha_0} \tag{2-173}$$

式中

$$\left.\begin{aligned} \beta_0 &= b_0 - \alpha_0 b_n \\ \beta_1 &= b_1 - \alpha_1 b_n \\ &\cdots\cdots \\ \beta_{n-1} &= b_{n-1} - \alpha_{n-1} b_n \end{aligned}\right\} \tag{2-174}$$

其动态方程为

$$\dot{x} = \boldsymbol{A}\boldsymbol{x} + \boldsymbol{b}u, \quad y = \boldsymbol{c}\boldsymbol{x} + b_n u \tag{2-175}$$

式(2-175)中的 $\boldsymbol{x}, \boldsymbol{A}, \boldsymbol{b}, \boldsymbol{c}$ 的表达式与式(2-171)中的相同。

本章小结

本章首先介绍了地球的一般形状，并给出了 CGCS2000 标准地球模型中的主要参数，对于火箭的飞行环境说明了标准大气模型、风场模型、引力和重力等力学环境。然后，阐述了坐标系变化的基本方法以及用四元数来表示坐标变换的基本原理，根据火箭飞行过程中动力学基本原理，给出发射系内飞行器动力学方程。最后，给出飞行器系统仿真常用的数值积分和插值算法。

参考文献

[1] 宋海涛，张涛，张国良. 飞行器制导控制一体化技术[M]. 北京：国防工业出版社，2017.

[2] 汲万峰，李冬，戚学文. 作战飞行器航路规划[M]. 北京：兵器工业出版社，2018.

[3] 闻新. 空间飞行器总体设计[M]. 哈尔滨：哈尔滨工业大学出版社，2019.

[4] 昂海松. 飞行器先进设计技术[M]. 北京：国防工业出版社，2012.

[5] 柯芳,聂吾希宾.飞行器智能控制系统中的算法[M].成都:四川大学出版社,2011.
[6] 李林,翁冬冬,王宝奇,等.飞行模拟器[M].北京:北京理工大学出版社,2012.
[7] 常晓飞.MATLAB 在飞行器制导控制系统研制中的应用[M].北京:电子工业出版社,2020.
[8] 李学锋,李超兵,王青.轨道转移飞行器导航与制导[M].北京:国防工业出版社,2017.
[9] 范绪箕.高速飞行器热结构分析与应用[M].北京:国防工业出版社,2009.
[10] 昂海松,余雄庆.飞行器先进设计技术[M].2 版.北京:国防工业出版社,2014.
[11] 赵瑞.飞行器动态气动特性与仿真技术[M].北京:北京理工大学出版社,2019.
[12] 布莱恩·L.史蒂文斯,弗兰克·L.刘易斯,埃里克·N.约翰逊.飞行器控制与仿真[M].王海涛,程龙,刘胜志,等,译.北京:国防工业出版社,2020.
[13] 向星.飞行模拟实践[M].成都:西南交通大学出版社,2020.
[14] 闫晓东,许志.飞行器系统仿真实训教程[M].西安:西北工业大学出版社,2013.
[15] 兰詹·文帕.刚性及柔性飞行器飞行动力学建模仿真与控制[M].王正杰,张剑,李炜,等译.北京:中国宇航出版社,2019.
[16] 史莹晶.航空飞行器控制与仿真[M].成都:电子科技大学出版社,2011.
[17] 姚红,程文华,张雅声.飞行器动力学与控制 Simulink 仿真[M].北京:国防工业出版社,2018.
[18] 彼得·H.基普斐.航空航天飞行器动力学建模与仿真[M].高亚奎,郭圣洪,辛长范,等译.北京:航空工业出版社,2017.
[19] 韩一平,艾夏,刘建勇,等.高超声速飞行器电磁散射数值模拟及应用[M].北京:科学出版社,2021.
[20] 杨涤.飞行器系统仿真与 CAD[M].哈尔滨:哈尔滨工业大学出版社,2006.
[21] 马克·E.德雷尔.直升机和倾转旋翼飞行器飞行仿真引论:双语教学精选版[M].孙传伟,孙文胜,刘勇,等,译.北京:航空工业出版社,2014.
[22] 李东旭.逃逸飞行器分离动力学与仿真[M].北京:科学出版社,2003.
[23] 马克·E.德雷尔.直升机和倾转旋翼飞行器飞行仿真引论[M].孙传伟,孙文胜,刘勇,傅见平,等,译.北京:航空工业出版社,2012.
[24] 刘伟,赵海洋,杨小亮.飞行器动态气动特性数值模拟方法及分析[M].长沙:国防科技大学出版社,2014.
[25] 熊芬芬,单家元,王佳楠,等.飞行器制导控制方法及其应用[M].北京:北京理工大学出版社,2021.
[26] 李佳峰,陈万春,宋磊,等.飞行器弹道设计实战技巧[M].北京:中国宇航出版社,2020.
[27] 李国辉,王刚.飞行原理与仿真建模[M].北京:北京理工大学出版社,2020.
[28] 王建华,任元,程龙作.高超声速飞行器制导控制一体化设计[M].北京:北京航空航天大学出版社,2021.
[29] 包为民.高超声速飞行器制导控制理论与方法[M].北京:科学出版社,2021.
[30] 程进,刘金.半实物仿真技术基础应用实践[M].北京:中国宇航出版社,2020.

[31]　闫杰，于云峰，凡永华，等. 吸气式高超声速飞行器控制技术[M]. 西安：西北工业大学出版社，2015.

[32]　胡盛斌. 非线性欠驱动四旋翼飞行器控制方法设计[M]. 北京：国防工业出版社，2021.

[33]　陈又军，苏彬. 民用飞行模拟技术与应用[M]. 成都：西南交通大学出版社，2019.

[34]　林海，王晓芳. 飞行力学数值仿真[M]. 北京：北京理工大学出版社，2018.

第3章 飞行器捷联惯性导航建模与仿真

3.1 概 述

惯性导航系统是一种不依赖于外界信息的全自主导航方法，具备高度自主性、高精度、高可靠性等优点。惯性导航系统按照是否存在真实的物理平台可分为平台式惯导系统和捷联式惯导系统。这两种系统本质上是相同的，不同之处在于捷联式惯导系统使用数学平台代替物理平台。本章以捷联式惯导系统为例，介绍惯性导航理论，并建立其误差方程，分析导航误差传播机理。

3.2 导航系统常用坐标系及其转换

为了方便问题的分析，本节介绍几个常用坐标系的定义。

3.2.1 常用坐标系定义

1. 地心惯性坐标系 i

地心惯性坐标系 i 用 $ox_iy_iz_i$ 表示，坐标系原点位于地心处，ox_i 轴指向春分点，oz_i 轴沿地球转轴方向，oy_i 轴与 ox_i，oz_i 轴构成右手坐标系。该坐标系是惯性坐标系，可以认为陀螺仪的测量角速度即为载体相对于该坐标系的旋转角速度。

2. 地球坐标系 e

地球坐标系 e 用 $ox_ey_ez_e$ 表示，坐标系原点位于地心处，ox_e 轴穿越本初子午线与赤道的交点，oz_e 轴沿地球自转轴方向，oy_e 轴在赤道平面内且与 ox_e，oz_e 轴构成右手坐标系。该坐标系与地球固连，随着地球自转而转动，转动角速度即为 ω_{ie}。

3. 地理坐标系 g

地理坐标系 g 用 $ox_gy_gz_g$ 表示，坐标系原点位于运载体质心处，ox_g，oy_g 和 oz_g 轴分别指向运载体所在地的东、北、天方向。

4. 理想导航坐标系 n

理想导航坐标系 n 用 $ox_ny_nz_n$ 表示，用于导航解算的参考坐标系，可根据具体需求选择。在本章中，如无特别说明，均采用当地地理坐标系“东-北-天”系作为导航坐标系。传递对准过程中，认为载机的惯组误差很小，可以忽略不计，则载机的导航坐标系即为理想导航坐标系 n。

5. 飞机机体坐标系 b_m

飞机机体坐标系 b_m 用 $ox_{b_m}y_{b_m}z_{b_m}$ 表示，坐标系原点位于飞机质心处，ox_{b_m} 轴沿飞机横轴向右，oy_{b_m} 轴沿飞机纵轴向前，oz_{b_m} 轴沿飞机立轴向上。b_m 系与 n 系之间的转换矩阵可以由飞机的 3 个姿态角求得。

6. 导弹弹体坐标系 b_s

导弹弹体坐标系 b_s 用 $ox_{b_s}y_{b_s}z_{b_s}$ 表示，坐标系定义与飞机机体坐标系类似，定义为右、前、上坐标系。

7. 导弹计算导航坐标系 n′

导弹计算导航坐标系 n′ 用 $ox_{n'}y_{n'}z_{n'}$ 表示，是弹载惯导系统在进行惯导解算时使用的参考坐标系。当弹载惯导系统使用“东-北-天”系进行惯导解算时，理想情况下 n′ 系与 n 系是重合的，实际情况下，n′ 系与 n 系是不重合的，两个坐标系之间的夹角即为待估计的传递对准失准角 ϕ。

3.2.2　常用坐标系间转换

1. 理想导航坐标系 n 与飞机机体坐标系 b_m 的转换关系

n 系与 b_m 系之间的关系，可以用一组欧拉角来表示。设运载体的俯仰角为 θ，滚转角为 γ，航向角为 ψ（习惯上以北偏东为正），选取当地地理坐标系“东-北-天”系为导航坐标系，即 x_n，y_n，z_n 分别指向东、北、天向，则导航坐标系 n 与飞机机体坐标系 b_m 可以由上述 3 个姿态角来描述，旋转关系如图 3-1 所示。

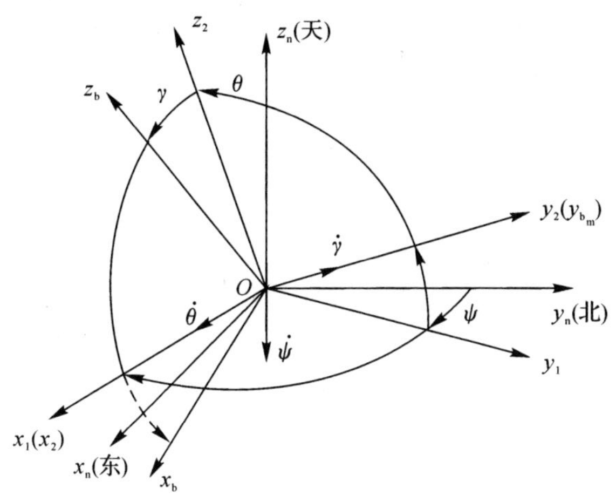

图 3-1　n 系到 b_m 系的旋转关系

通过 3-1-2 的旋转顺序，可以将导航坐标系 n 旋转到飞机机体坐标系 b_m 上，具体旋转顺序如下。

$$ox_ny_nz_n \xrightarrow{\text{绕 } oz_n \text{ 旋转 } \psi \text{ 角}} ox_1y_1z_1 \xrightarrow{\text{绕 } ox_1 \text{ 旋转 } \theta \text{ 角}} ox_2y_2z_2 \xrightarrow{\text{绕 } oy_2 \text{ 旋转 } \gamma \text{ 角}} ox_{b_m}y_{b_m}z_{b_m}$$

每次旋转所对应的转换矩阵分别为

$$\boldsymbol{C}_n^1=\begin{bmatrix}\cos\psi & -\sin\psi & 0\\ \sin\psi & \cos\psi & 0\\ 0 & 0 & 1\end{bmatrix},\quad \boldsymbol{C}_1^2=\begin{bmatrix}1 & 0 & 0\\ 0 & \cos\theta & \sin\theta\\ 0 & -\sin\theta & \cos\theta\end{bmatrix},\quad \boldsymbol{C}_2^b=\begin{bmatrix}\cos\gamma & 0 & -\sin\gamma\\ 0 & 1 & 0\\ \sin\gamma & 0 & \cos\gamma\end{bmatrix}$$

通过矩阵的连乘运算，可知获得导航坐标系 n 到机体坐标系 b_m 的转移矩阵为

$$
C_n^b = C_2^b C_1^2 C_n^1 = \begin{bmatrix} \cos\gamma & 0 & -\sin\gamma \\ 0 & 1 & 0 \\ \sin\gamma & 0 & \cos\gamma \end{bmatrix} \begin{bmatrix} 1 & 0 & 0 \\ 0 & \cos\theta & \sin\theta \\ 0 & -\sin\theta & \cos\theta \end{bmatrix} \begin{bmatrix} \cos\psi & -\sin\psi & 0 \\ \sin\psi & \cos\psi & 0 \\ 0 & 0 & 1 \end{bmatrix} =
$$

$$
\begin{bmatrix} \cos\gamma\cos\psi + \sin\gamma\sin\psi\sin\theta & -\cos\gamma\sin\psi + \sin\gamma\cos\psi\sin\theta & -\sin\gamma\cos\theta \\ \sin\psi\cos\theta & \cos\psi\cos\theta & \sin\theta \\ \sin\gamma\cos\psi - \cos\gamma\sin\psi\sin\theta & -\sin\gamma\sin\psi - \cos\gamma\cos\psi\sin\theta & \cos\gamma\cos\theta \end{bmatrix} \tag{3-1}
$$

计载机的姿态矩阵为

$$
C_b^n = (C_n^b)^T \tag{3-2}
$$

2. 理想导航坐标系 n 与导弹计算导航坐标系 n′ 的转换关系

理想导航坐标系 n 与导弹计算导航坐标系 n′ 之间的误差角即为传递对准过程需要估计的失准角，定义为 $\boldsymbol{\phi} = [\phi_E \quad \phi_N \quad \phi_U]^T$，通常姿态失准角是一个小角度。

通过对式(3-2)中 C_n^b 矩阵中的三角函数取近似值，并且忽略二阶及以上小量，可以得到姿态小角度条件下的坐标转换矩阵为

$$
C_n^b = \begin{bmatrix} 1 & -\psi & -\gamma \\ \psi & 1 & \theta \\ \gamma & -\theta & 1 \end{bmatrix} \tag{3-3}
$$

对比式(3-3)，在姿态失准角是小角度的条件下，可以获得理想导航坐标系 n 与导弹计算导航坐标系 n′ 的转移矩阵为

$$
C_n^{n'} = \begin{bmatrix} 1 & \phi_U & -\phi_N \\ -\phi_U & 1 & \phi_E \\ \phi_N & -\phi_E & 1 \end{bmatrix} \tag{3-4}
$$

3. 地球坐标系 e 与地理坐标系 g 的转换关系

假设在地球表面有一点 A，A 的位置矢量在地球坐标系中的表示为 $\boldsymbol{P} = [\lambda \quad L \quad h]^T$，其中 λ，L 和 h 分别为经度、纬度和高度，A 点在地球上的位置如图 3-2 所示。

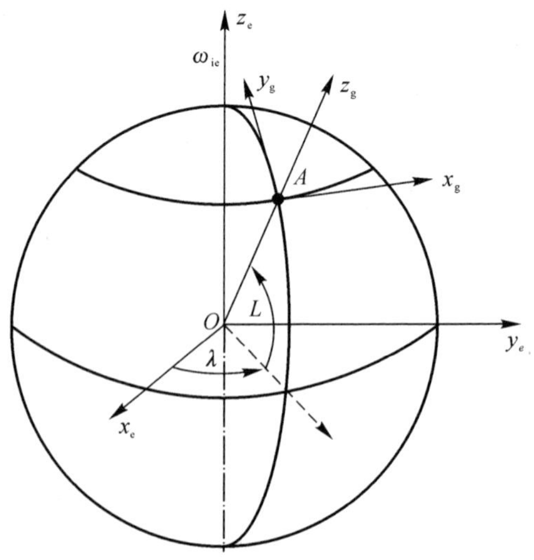

图 3-2　地球表面 A 点的位置示意图

由坐标系的旋转关系可以得到地球坐标系 e 与地理坐标系 g 的转移矩阵为

$$\boldsymbol{C}_{\mathrm{e}}^{\mathrm{g}}=\begin{bmatrix}-\sin\lambda & \cos\lambda & 0\\ -\sin L\cos\lambda & -\sin L\sin\lambda & \cos L\\ \cos L\cos\lambda & \cos L\sin\lambda & \sin L\end{bmatrix}\tag{3-5}$$

4. 飞机机体坐标系 $\mathrm{b_m}$ 与导弹弹体坐标系 $\mathrm{b_s}$ 的转换关系

在理想情况下，飞机机体坐标系 $\mathrm{b_m}$ 与导弹弹体坐标系 $\mathrm{b_s}$ 三轴的指向方向一致，即弹体水平安装在机翼上，初始滚转角为零。在实际情况中，由于安装工艺的误差，导弹的弹体坐标系与飞机机体坐标系之间始终存在初始的物理安装误差角，定义为

$$\boldsymbol{u}=[u_x\quad u_y\quad u_z]^{\mathrm{T}}\tag{3-6}$$

$\boldsymbol{u}$ 为一个小角度，同理可得到飞机机体坐标系 $\mathrm{b_m}$ 与导弹弹体坐标系 $\mathrm{b_s}$ 的转移矩阵为

$$\boldsymbol{C}_{\mathrm{s}}^{\mathrm{m}}=\begin{bmatrix}1 & u_z & -u_y\\ -u_z & 1 & u_x\\ u_y & -u_x & 1\end{bmatrix}\tag{3-7}$$

当考虑由于机翼气动变形引起的弹性变形角 θ 时，可定义一个总的安装误差角 $\boldsymbol{\lambda}$，则有

$$\boldsymbol{\lambda}=\boldsymbol{u}+\boldsymbol{\theta}\tag{3-8}$$

则机体坐标系 $\mathrm{b_m}$ 与导弹弹体坐标系 $\mathrm{b_s}$ 的转移矩阵变化为

$$\boldsymbol{C}_{\mathrm{s}}^{\mathrm{m}}=\begin{bmatrix}1 & \lambda_z & -\lambda_y\\ -\lambda_z & 1 & \lambda_x\\ \lambda_y & -\lambda_x & 1\end{bmatrix}=\begin{bmatrix}1 & u_z+\theta_z & -(u_y+\theta_y)\\ -(u_z+\theta_z) & 1 & u_x+\theta_x\\ u_y+\theta_y & -(u_x+\theta_x) & 1\end{bmatrix}\tag{3-9}$$

3.2.3　地球的描述

1. 地球的形状

地球是一个不规则的球体，不能用数学模型来精确地描述。常采用 3 种几何模型对其作近似描述：

(1) 圆球：将地球视为一个半径 $R=6\ 371$ km 的规则圆球体，该模型不满足精确导航的要求，一般在近似分析中采用。

(2) 大地水准体：由全球海平面重力场等势面所围成的空间几何体。

(3) 参考旋转椭球体：将地球视为由半长轴 R_{e}、半短轴 R_{p} 确定的椭圆，绕自转轴旋转 180°得到的椭球体，该模型与大地水准体比较接近。在精确导航计算中，通常使用参考旋转椭球体来描述地球的形状。

国际上常用的参考旋转椭球体模型有 5 种，本章在进行精确惯导解算时，使用 WGS-84 参考椭球模型来描述地球形状。参考椭球模型上任一点 A 的子午圈曲率半径 R_{M}、卯酉圈曲率半径 R_{N} 的计算方式为

$$\left.\begin{aligned}R_{\mathrm{M}}&=\frac{R_{\mathrm{e}}(1-f)^2}{[\cos^2L+(1-f)^2\sin^2L]^{\frac{3}{2}}}\\ R_{\mathrm{N}}&=R_{\mathrm{e}}[1-(2-f)f\sin^2L]^{-\frac{1}{2}}\end{aligned}\right\}\tag{3-10}$$

对式(3-10)使用麦克劳林级数展开，并且省略关于 f 的二阶及高阶项，可以得到主曲率半径的近似求解公式为

$$\left.\begin{aligned} R_M &= R_e(1-2f+3f\sin^2 L) \\ R_N &= R_e(1+f\sin^2 L) \end{aligned}\right\} \tag{3-11}$$

式中，f 为参考椭球的扁率，其计算公式为

$$f=\frac{R_e-R_p}{R_e} \tag{3-12}$$

2. 地球的自转角速度 ω_{ie}

地球的自转角速度 ω_{ie} 在惯导解算时是一个非常重要的参数，通常认为地球在一天 24 h 刚好转动了一圈，即地球的旋转角速度为

$$\omega_{ie}=\pi/24/3\ 600\ \text{rad/s} \tag{3-13}$$

3. 地球的重力加速度 $\boldsymbol{g}$

假设在地球上有一点 P，纬度为 L，在该点处放置着一个质量为 m 的质量块，如图 3-3 所示。由于万有引力的作用，地球对质量块的引力 $m\boldsymbol{G}$ 方向指向地心，该引力的一部分 $\boldsymbol{F}_c$ 提供质量块随地球一起转动的向心力，万有引力的另一部分 $m\boldsymbol{g}$ 分量，即为质量块的重力。

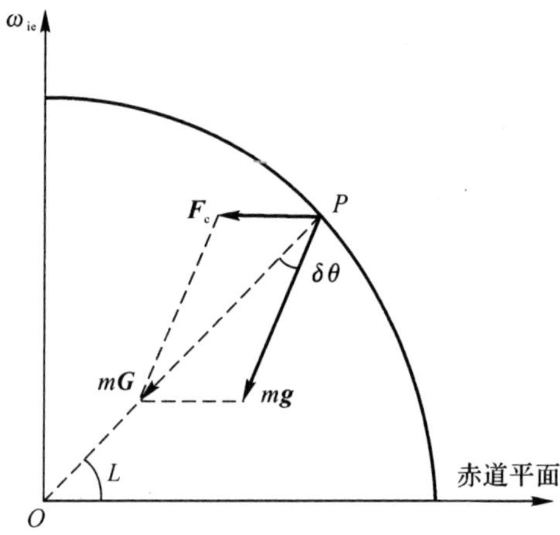

图 3-3　重力加速度、引力加速度和向心加速度的关系

由图 3-3 可知，质量块的重力加速度 $\boldsymbol{g}$ 与万有引力加速度 $\boldsymbol{G}$ 存在一个夹角 $\delta\theta$，且该夹角随着纬度的变化而变化，变化关系为

$$g(L)=g_0(1+0.005\ 288\ 4\sin^2 L-0.000\ 005\ 9\sin^2 2L) \tag{3-14}$$

式中，$g_0=978.049\ \text{cm/s}^2$；或

$$g(L)=g_0(1-0.002\ 637\ 3\cos 2L+0.000\ 005\ 9\cos^2 2L) \tag{3-15}$$

式中，$g_0=980.616\ \text{cm/s}^2$。式(3-15)称为达朗贝尔方程。

采用 WGS-84 全球大地坐标系，重力加速度的计算公式为

$$g(L)=\frac{g_e(1+k\sin^2 L)}{\sqrt{1-e_1^2\sin^2 L}} \tag{3-16}$$

式中
$$k=\frac{R_p g_p}{R_e g_e}-1,\quad e_1=\frac{\sqrt{R_e^2-R_p^2}}{R_e}$$

式中，g_p 为极地处重力加速度的理论值，g_e 为赤道平面上重力加速度的理论值。代入具体的数据计算得

$$g(L)=978.032\ 667\ 14\times\frac{1+0.001\ 931\ 851\ 386\ 39\sin^2 L}{\sqrt{1-0.006\ 694\ 379\ 990\ 13\sin^2 L}} \tag{3-17}$$

当考虑到重力加速度随高度的变化时，变化规律为

$$g(h)=g_0\frac{R_e^2}{(R_e+h)^2}\approx g_0\left(1-\frac{2h}{R_e}\right) \tag{3-18}$$

3.3　捷联惯导系统解算方程

图 3-4 所示为捷联式惯导系统解算原理图。捷联式惯导系统的陀螺仪和加速度计直接固连在载体上，测量的是载体的角运动信息 $\tilde{\boldsymbol{\omega}}_{ib}^{b}$ 和线运动信息 $\tilde{\boldsymbol{f}}^{b}$，在进行速度和位置的解算之前，需要先进行姿态的解算，因为解算速度和位置需要知道 $\tilde{\boldsymbol{f}}^{n}$，$\tilde{\boldsymbol{f}}^{n}$ 通过数学平台的建立计算出来，即 $\tilde{\boldsymbol{f}}^{n}=\boldsymbol{C}_b^n\tilde{\boldsymbol{f}}^{b}$。姿态阵的解算过程就是构造数学平台的过程。

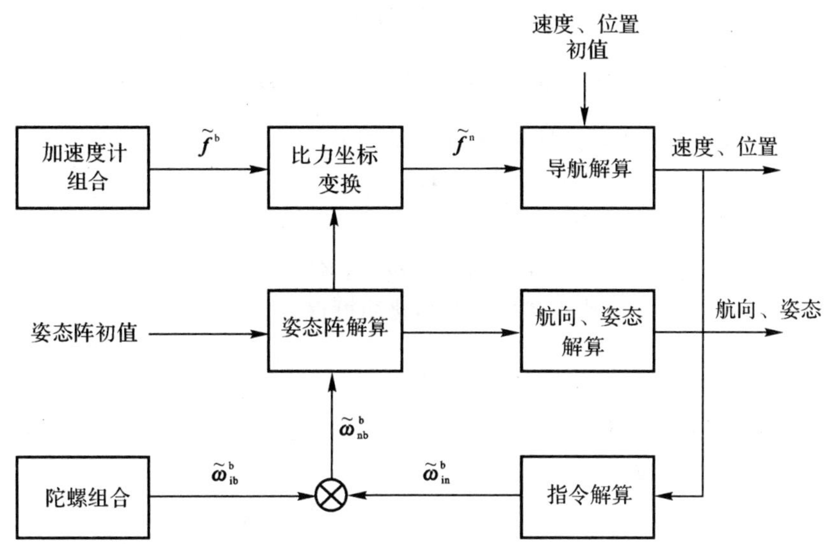

图 3-4　捷联式惯导系统解算原理图

在推导捷联惯导系统解算方程之前，先对惯导系统的基本方程 —— 比力方程进行介绍。

3.3.1　比力方程

假设运载体 S 在地球坐标系 e 上的位置矢量为 $\boldsymbol{R}$，使用哥氏定理，有

$$\left.\frac{\mathrm{d}\boldsymbol{R}}{\mathrm{d}t}\right|_i=\left.\frac{\mathrm{d}\boldsymbol{R}}{\mathrm{d}t}\right|_e+\boldsymbol{\omega}_{ie}\times\boldsymbol{R} \tag{3-19}$$

式(3-19) 中右边第一项即为在地球上观察到的运载体的位置矢量变化率，即为运载体的地速，用 $\boldsymbol{V}_{eT}$ 来表示。

对(3-19) 左右两边求导，并再次使用哥氏定理，得到运载体相对于惯性系的位置矢量变化率与相对于理想平台系 T 位置矢量变化率的关系为

$$\left.\frac{\mathrm{d}^2\boldsymbol{R}}{\mathrm{d}t^2}\right|_i=\left.\frac{\mathrm{d}\boldsymbol{V}_{eT}}{\mathrm{d}t}\right|_T+\boldsymbol{\omega}_{iT}\times\boldsymbol{V}_{eT}+\boldsymbol{\omega}_{ie}\times(\boldsymbol{V}_{eT}+\boldsymbol{\omega}_{ie}\times\boldsymbol{R})+\left.\frac{\mathrm{d}\boldsymbol{\omega}_{ie}}{\mathrm{d}t}\right|_i\times\boldsymbol{R} \tag{3-20}$$

式(3-20) 等号右边第二项中的 $\boldsymbol{\omega}_{iT}$ 可以写为

$$\boldsymbol{\omega}_{\mathrm{iT}}=\boldsymbol{\omega}_{\mathrm{ie}}+\boldsymbol{\omega}_{\mathrm{eT}} \tag{3-21}$$

由于地球的自转角速度 $\boldsymbol{\omega}_{\mathrm{ie}}$ 为定常值，所以 $\left.\dfrac{\mathrm{d}\boldsymbol{\omega}_{\mathrm{ie}}}{\mathrm{d}t}\right|_{\mathrm{i}}=0$，因此式(3-20)可以化简为

$$\left.\frac{\mathrm{d}^2\boldsymbol{R}}{\mathrm{d}t^2}\right|_i=\left.\frac{\mathrm{d}\boldsymbol{V}_{\mathrm{eT}}}{\mathrm{d}t}\right|_T+(2\boldsymbol{\omega}_{\mathrm{ie}}+\boldsymbol{\omega}_{\mathrm{eT}})\times\boldsymbol{V}_{\mathrm{eT}}+\boldsymbol{\omega}_{\mathrm{ie}}\times(\boldsymbol{\omega}_{\mathrm{ie}}\times\boldsymbol{R}) \tag{3-22}$$

根据牛顿第二定律，即

$$m\left.\frac{\mathrm{d}^2\boldsymbol{R}}{\mathrm{d}t^2}\right|_i=\boldsymbol{F}+m\boldsymbol{G} \tag{3-23}$$

式中，$m\boldsymbol{G}$ 为运载体受到的万有引力，$\boldsymbol{F}$ 为非引力外力，式(3-23)可化简为

$$\left.\frac{\mathrm{d}^2\boldsymbol{R}}{\mathrm{d}t^2}\right|_i=\boldsymbol{f}+\boldsymbol{G} \tag{3-24}$$

式中，$\boldsymbol{f}=\dfrac{\boldsymbol{F}}{m}$，即为运载体单位质量上受到的非引力外力，简称比力。

将式(3-24)代入式(3-22)，得

$$\left.\frac{\mathrm{d}\boldsymbol{V}_{\mathrm{eT}}}{\mathrm{d}t}\right|_T=\boldsymbol{f}-(2\boldsymbol{\omega}_{\mathrm{ie}}+\boldsymbol{\omega}_{\mathrm{eT}})\times\boldsymbol{V}_{\mathrm{eT}}+G-\boldsymbol{\omega}_{\mathrm{ie}}\times(\boldsymbol{\omega}_{\mathrm{ie}}\times\boldsymbol{R}) \tag{3-25}$$

由 3.2.3 节地球的描述中，可得引力和重力的关系为

$$\boldsymbol{g}=\boldsymbol{G}-\boldsymbol{a}_{\mathrm{c}} \tag{3-26}$$

式中

$$\boldsymbol{a}_{\mathrm{c}}=\boldsymbol{\omega}_{\mathrm{ie}}\times(\boldsymbol{\omega}_{\mathrm{ie}}\times\boldsymbol{R}) \tag{3-27}$$

将式(3-26)和式(3-27)代入式(3-25)，化简可得

$$\left.\frac{\mathrm{d}\boldsymbol{V}_{\mathrm{eT}}}{\mathrm{d}t}\right|_T=\boldsymbol{f}-(2\boldsymbol{\omega}_{\mathrm{ie}}+\boldsymbol{\omega}_{\mathrm{eT}})\times\boldsymbol{V}_{\mathrm{eT}}+\boldsymbol{g} \tag{3-28}$$

式(3-28)即为惯导系统的基本方程——比力方程。当选择当地地理坐标系 n 为理想平台坐标系时，式(3-28)变为

$$\dot{\boldsymbol{V}}_{\mathrm{e}}^{\mathrm{n}}=\boldsymbol{f}^{\mathrm{n}}-(2\boldsymbol{\omega}_{\mathrm{ie}}^{\mathrm{n}}+\boldsymbol{\omega}_{\mathrm{en}}^{\mathrm{n}})\times\boldsymbol{V}_{\mathrm{e}}^{\mathrm{n}}+\boldsymbol{g}^{\mathrm{n}} \tag{3-29}$$

式(3-29)即为在当地地理坐标系中，惯导系统(平台式和捷联式)的导航方程。

3.3.2 姿态微分方程及更新算法

1. 姿态微分方程

捷联式惯导系统的姿态微分方程有多种表达形式，包括四元数微分方程、方向余弦矩阵微分方程、等效旋转矢量微分方程法等等。载机机体系相对于导航系的姿态可以用方向余弦矩阵来表示，因此求解方向余弦矩阵就相当于对载机的姿态进行解算，这里给出常用的方向余弦矩阵微分方程的表达式为

$$\dot{\boldsymbol{C}}_{\mathrm{b}}^{\mathrm{n}}=\boldsymbol{C}_{\mathrm{b}}^{\mathrm{n}}[\boldsymbol{\omega}_{\mathrm{nb}}^{\mathrm{b}}\times]=\boldsymbol{C}_{\mathrm{b}}^{\mathrm{n}}[\boldsymbol{\omega}_{\mathrm{ib}}^{\mathrm{b}}\times]-[\boldsymbol{\omega}_{\mathrm{in}}^{\mathrm{n}}\times]\boldsymbol{C}_{\mathrm{b}}^{\mathrm{n}} \tag{3-30}$$

式中，$\boldsymbol{\omega}_{\mathrm{ib}}^{\mathrm{b}}$ 是载机机体相对于惯性坐标系的旋转角速度在机体坐标系中的表示形式，$[\boldsymbol{a}\times]$ 表示三维向量 $\boldsymbol{a}=[a_x\quad a_y\quad a_z]^{\mathrm{T}}$ 的反对称矩阵，则有

$$[\boldsymbol{a}\times]=\begin{bmatrix}0 & -a_z & a_y\\ a_z & 0 & -a_x\\ -a_y & a_x & 0\end{bmatrix} \tag{3-31}$$

$\boldsymbol{\omega}_{\mathrm{in}}^{\mathrm{n}}$ 表示导航坐标系相对惯性系的转动角速率，其表达式为

$$\boldsymbol{\omega}_{\mathrm{in}}^{\mathrm{n}}=\boldsymbol{\omega}_{\mathrm{ie}}^{\mathrm{n}}+\boldsymbol{\omega}_{\mathrm{en}}^{\mathrm{n}}=\begin{bmatrix}-\dfrac{V_{\mathrm{N}}}{R_{\mathrm{e}}}\\ \omega_{\mathrm{ie}}\cos L+\dfrac{V_{\mathrm{E}}}{R_{\mathrm{e}}}\\ \omega_{\mathrm{ie}}\sin L+\dfrac{V_{\mathrm{E}}}{R_{\mathrm{e}}}\tan L\end{bmatrix} \tag{3-32}$$

2. *姿态更新算法*

在捷联惯导系统的惯导解算中，姿态解算是速度、位置解算的基础，为速度、位置解算搭建了数学平台。姿态解算算法中，等效旋转矢量法的计算量小，且由于刚体在空间有限次的转动具有旋转不可交换性，等效旋转矢量法可以对这种不可交换误差做出适当补偿，因此在高动态的载机飞行环境中，广泛使用等效旋转矢量法进行姿态的解算。

设 $\mathrm{n}(t_k)$ 与 $\mathrm{b}(t_k)$ 分别为 t_k 时刻的导航坐标系与体坐标系，$\mathrm{n}(t_{k+1})$ 与 $\mathrm{b}(t_{k+1})$ 分别为 t_{k+1} 时刻的导航坐标系与体坐标系，$\boldsymbol{Q}(t_k)$ 与 $\boldsymbol{Q}(t_{k+1})$ 分别为 t_k 时刻与 t_{k+1} 时刻导航系旋转到体坐标系的四元数，称为 t_k 时刻与 t_{k+1} 时刻的姿态四元数，$\boldsymbol{q}(h)$ 为 $\mathrm{b}(t_k)$ 到 $\mathrm{b}(t_{k+1})$ 的旋转四元数，称为姿态变化四元数，$\boldsymbol{p}(h)$ 为 $\mathrm{n}(t_k)$ 到 $\mathrm{n}(t_{k+1})$ 的旋转四元数，那么姿态四元数 $\boldsymbol{Q}(t_k)$ 的更新形式为

$$\boldsymbol{Q}(t_{k+1})=\boldsymbol{p}^{*}(h)\otimes\boldsymbol{Q}(t_k)\otimes\boldsymbol{q}(h) \tag{3-33}$$

式中，$\otimes$ 符号代表四元数乘法。

在一个姿态更新周期 h 中，导航坐标系的变化很小，$\boldsymbol{p}(h)\approx 1+\mathbf{0}$，因此式(3-33)变化为

$$\boldsymbol{Q}(t_{k+1})=\boldsymbol{Q}(t_k)\otimes\boldsymbol{q}(h) \tag{3-34}$$

式中

$$\boldsymbol{q}(h)=\cos\frac{\Phi}{2}+\frac{\boldsymbol{\Phi}}{\Phi}\sin\frac{\Phi}{2} \tag{3-35}$$

$\boldsymbol{\Phi}$ 即为运载体从 $\mathrm{b}(t_k)$ 到 $\mathrm{b}(t_{k+1})$ 的等效旋转矢量，$\Phi=|\boldsymbol{\Phi}|$。

理想情况下，姿态四元数的更新应按照式(3-33)来进行，但由于在一个解算周期内，导航坐标系变化很小，且姿态更新周期很短，因此实际中的姿态解算是按照式(3-34)进行的，但是在解算若干步之后，要对姿态解算作适当的修正。修正方法如下。

设每经过 N 个解算周期即对姿态进行一次修正，则根据式(3-34)，可得

$$\boldsymbol{Q}(t_{j+1})=\boldsymbol{Q}[t_j+(N-1)h]\otimes\boldsymbol{q}(h) \tag{3-36}$$

式中，$t_{j+1}=t_j+Nh$，式(3-36)中 $Q(t_{j+1})$ 对应的姿态阵是未经过修正的姿态阵 $\boldsymbol{C}_{b(j+1)}^{n(j)}$，因此在 t_{j+1} 时刻正确的姿态阵应为

$$\boldsymbol{C}_{\mathrm{b}(j+1)}^{\mathrm{n}(j+1)}=\boldsymbol{C}_{\mathrm{n}(j)}^{\mathrm{n}(j+1)}\boldsymbol{C}_{\mathrm{b}(j+1)}^{\mathrm{n}(j)} \tag{3-37}$$

式中，$\boldsymbol{C}_{\mathrm{n}(j)}^{\mathrm{n}(j+1)}$ 可按照如下方法近似求得。

设在 t_j 到 t_{j+1} 时刻，运载体的经纬度变化分别为 $\Delta\lambda$ 和 ΔL，且 $\Delta\lambda$ 和 ΔL 均为小角度，则 t_j 到 t_{j+1} 时刻，导航系的旋转矢量为

$$\boldsymbol{\eta}^{\mathrm{n}}=\begin{bmatrix}-\Delta L\\0\\0\end{bmatrix}+\boldsymbol{C}_{\mathrm{e}}^{\mathrm{n}}\begin{bmatrix}0\\0\\\Delta\lambda\end{bmatrix}=\begin{bmatrix}-\Delta L\\\Delta\lambda\cos L\\\Delta\lambda\sin L\end{bmatrix} \tag{3-38}$$

可得导航系旋转矩阵为

$$
\boldsymbol{C}_{\mathrm{n}(j)}^{\mathrm{n}(j+1)}=\boldsymbol{I}-[\boldsymbol{\eta}^{\mathrm{n}}\times]=\begin{bmatrix}1 & \Delta\lambda\sin L & -\Delta\lambda\cos L\\ -\Delta\lambda\sin L & 1 & -\Delta L\\ \Delta\lambda\cos L & \Delta L & 1\end{bmatrix} \tag{3-39}
$$

在现在高精度的惯导系统中，惯组器件的输出形式多采用增量形式输出，即陀螺仪和加速度计多采用角增量和速度增量的输出形式，这种增量输出形式方便了等效旋转矢量的计算和补偿。在一个姿态解算周期内，采用不同的计算子样数可以获得等效旋转矢量 $\boldsymbol{\Phi}$ 的不同解算算法，下面给出常用的不同子样旋转矢量算法（见表 3-1）。

表 3-1　单子样、双子样、三子样和四子样优化算法

算　法	旋转矢量 $\boldsymbol{\Phi}$
单子样	$\Delta\boldsymbol{\theta}$
优化双子样	$\Delta\boldsymbol{\theta}_1+\Delta\boldsymbol{\theta}_2+\frac{2}{3}\Delta\boldsymbol{\theta}_1\times\Delta\boldsymbol{\theta}_2$
优化三子样	$\Delta\boldsymbol{\theta}_1+\Delta\boldsymbol{\theta}_2+\Delta\boldsymbol{\theta}_3+\frac{9}{20}\Delta\boldsymbol{\theta}_1\times\Delta\boldsymbol{\theta}_3+\frac{27}{40}\Delta\boldsymbol{\theta}_2\times(\Delta\boldsymbol{\theta}_3-\Delta\boldsymbol{\theta}_1)$
优化四子样	$\Delta\boldsymbol{\theta}_1+\Delta\boldsymbol{\theta}_2+\Delta\boldsymbol{\theta}_3+\Delta\boldsymbol{\theta}_4+\frac{214}{315}(\Delta\boldsymbol{\theta}_1\times\Delta\boldsymbol{\theta}_2+\Delta\boldsymbol{\theta}_3\times\Delta\boldsymbol{\theta}_4)+$ $\frac{46}{105}(\Delta\boldsymbol{\theta}_1\times\Delta\boldsymbol{\theta}_3+\Delta\boldsymbol{\theta}_2\times\Delta\boldsymbol{\theta}_4)+\frac{54}{105}\Delta\boldsymbol{\theta}_1\times\Delta\boldsymbol{\theta}_4+\frac{214}{315}\Delta\boldsymbol{\theta}_2\times\Delta\boldsymbol{\theta}_3$

3.3.3　速度微分方程及更新算法

1. 速度微分方程

推导了在当地地理坐标系“东-北-天”系中的比力方程，此方程即为速度微分方程

$$
\dot{\boldsymbol{V}}^{\mathrm{n}}=\boldsymbol{C}_{\mathrm{b}}^{\mathrm{n}}\boldsymbol{f}_{\mathrm{sf}}^{\mathrm{b}}-(2\boldsymbol{\omega}_{\mathrm{ie}}^{\mathrm{n}}+\boldsymbol{\omega}_{\mathrm{en}}^{\mathrm{n}})\times\boldsymbol{V}^{\mathrm{n}}+\boldsymbol{g}^{\mathrm{n}} \tag{3-40}
$$

式中

$$
\boldsymbol{g}^{\mathrm{n}}=[0\quad 0\quad -g]^{\mathrm{T}} \tag{3-41}
$$

$\boldsymbol{f}_{\mathrm{sf}}^{\mathrm{b}}$ 为加速度计测量得到的比力，g 为重力加速度大小，其计算公式近似为

$$
g=g_0[1+0.005\ 270\ 94\sin^2 L+0.000\ 023\ 271\ 8\sin^4 L]-0.000\ 003\ 086h \tag{3-42}
$$

式中，$g_0=9.780\ 326\ 771\ 4\ \mathrm{m/s^2}$。

2. 速度更新算法

设速度的更新周期为 T，在每一个更新周期内对角增量和速度增量作 N 次采样。对速度微分方程作积分，得到 t_{k+1} 时刻运载体在导航系内的速度为

$$
\boldsymbol{V}_{t_{k+1}}^{\mathrm{n}}=\boldsymbol{V}_{t_k}^{\mathrm{n}}+C_{\mathrm{b}_k}^{\mathrm{n}}\Delta\boldsymbol{V}_{\mathrm{sf}k}^{\mathrm{b}_k}+\Delta\boldsymbol{V}_{\mathrm{g/cor}k}^{\mathrm{n}} \tag{3-43}
$$

式中，$\Delta\boldsymbol{V}_{\mathrm{g/cor}k}^{\mathrm{n}}$ 为重力与哥氏力速度增量，计算公式为

$$
\Delta\boldsymbol{V}_{\mathrm{g/cor}k}^{\mathrm{n}}=\int_{t_k}^{t_{k+1}}\boldsymbol{g}^{\mathrm{n}}-(\boldsymbol{\omega}_{\mathrm{en}}^{\mathrm{n}}+2\boldsymbol{\omega}_{\mathrm{ie}}^{\mathrm{n}})\times\boldsymbol{V}^{\mathrm{n}}\mathrm{d}t \tag{3-44}
$$

$\Delta\boldsymbol{V}_{\mathrm{sf}k}^{\mathrm{b}_k}$ 为比力速度增量，计算公式为

$$
\Delta\boldsymbol{V}_{\mathrm{sf}k}^{\mathrm{b}_k}=\int_{t_k}^{t_{k+1}}\boldsymbol{C}_{\mathrm{b}_t}^{\mathrm{b}_k}\boldsymbol{f}_{\mathrm{sf}}^{\mathrm{b}_t}\mathrm{d}t \tag{3-45}
$$

对于 $\Delta\boldsymbol{V}_{\mathrm{g/cor}k}^{\mathrm{n}}$，计算机在进行积分运算时，可以近似认为被积分量在一个更新周期内是常值。$\Delta\boldsymbol{V}_{\mathrm{sf}k}^{\mathrm{b}_k}$ 的计算较为复杂，因为在运算中引入了载体的体坐标系变换矩阵，当存在旋转运动时，

一定会存在旋转效应和划桨效应，需要在惯导解算时进行补偿。$\Delta \boldsymbol{V}_{\mathrm{sf}k}^{\mathrm{b}_k}$ 可以写成如下形式：

$$\Delta \boldsymbol{V}_{\mathrm{sf}k}^{\mathrm{b}_k}=\Delta \boldsymbol{V}_k+\Delta \boldsymbol{V}_{\mathrm{rot}k}^{\mathrm{b}_k}+\Delta \boldsymbol{V}_{\mathrm{scul}k}^{\mathrm{b}_k} \tag{3-46}$$

式中

$$\Delta \boldsymbol{V}_{\mathrm{rot}k}^{\mathrm{b}_k}=\frac{1}{2}\Delta \boldsymbol{\theta}_k \times \Delta \boldsymbol{V}_k \tag{3-47}$$

为速度的旋转效应补偿项，它是由运载体的运动方向在空间发生旋转所引起的。

$$\Delta \boldsymbol{V}_{\mathrm{scul}k}^{\mathrm{b}_k}=\int_{t_k}^{t_{k+1}}[\Delta \boldsymbol{\theta}(t)\times \boldsymbol{f}(t)+\Delta \boldsymbol{V}(t)\times \boldsymbol{\omega}(t)]\mathrm{d}t \tag{3-48}$$

为速度的划桨效应补偿项，该项是由于运载体同时存在角振动和线振动引起的。这里直接给出计算划桨效应的优化双子样法和三子样补偿法。

双子样补偿：

$$\Delta \boldsymbol{V}_{\mathrm{scul}k}^{\mathrm{b}_k}=\frac{2}{3}[\Delta \boldsymbol{V}_{\mathrm{m}}(1)\times \Delta \boldsymbol{\theta}_{\mathrm{m}}(2)-\Delta \boldsymbol{V}_{\mathrm{m}}(2)\times \Delta \boldsymbol{\theta}_{\mathrm{m}}(1)] \tag{3-49}$$

三子样补偿：

$$\begin{aligned}\Delta \boldsymbol{V}_{\mathrm{scul}k}^{\mathrm{b}_k}=&\frac{9}{20}[\Delta \boldsymbol{\theta}_{\mathrm{m}}(1)\times \Delta \boldsymbol{V}_{\mathrm{m}}(3)+\Delta \boldsymbol{V}_{\mathrm{m}}(1)\times \Delta \boldsymbol{\theta}_{\mathrm{m}}(3)]+\\&\frac{27}{40}\Big[\Delta \boldsymbol{\theta}_{\mathrm{m}}(1)\times \Delta \boldsymbol{V}_{\mathrm{m}}(2)+\Delta \boldsymbol{\theta}_{\mathrm{m}}(2)\times \Delta \boldsymbol{V}_{\mathrm{m}}(3)+\Delta \boldsymbol{V}_{\mathrm{m}}(1)\times \Delta \boldsymbol{\theta}_{\mathrm{m}}(2)+\\&\Delta \boldsymbol{V}_{\mathrm{m}}(2)\times \Delta \boldsymbol{\theta}_{\mathrm{m}}(3)\Big]\end{aligned} \tag{3-50}$$

3.3.4　位置微分方程及更新算法

1. 位置微分方程

在当地地理坐标系进行导航时，载体的位置通常用纬经高来表示。位置方程为

$$\left.\begin{aligned}\dot{L}&=\frac{V_{\mathrm{N}}^{\mathrm{n}}}{R}\\ \dot{\lambda}&=\frac{V_{\mathrm{E}}^{\mathrm{n}}}{R\cos L}\\ \dot{h}&=V_{\mathrm{U}}^{\mathrm{n}}\end{aligned}\right\} \tag{3-51}$$

2. 位置更新算法

位置更新算法与速度更新类似，也存在涡卷效应项，但是其影响非常弱，在工程中常用简化算法计算。位置更新微分方程可写为

$$\dot{L}=\frac{V_{\mathrm{N}}^{\mathrm{n}}}{R_{\mathrm{M}}+h} \tag{3-52}$$

$$\dot{\lambda}=\frac{V_{\mathrm{E}}^{\mathrm{n}}}{R_{\mathrm{N}}+h}\sec L \tag{3-53}$$

$$\dot{h}=V_{\mathrm{U}}^{\mathrm{n}} \tag{3-54}$$

直接从式(3-54)可获得位置更新一阶近似算式为

$$L_{t_k+1}=L_{t_k}+\frac{(V_{\mathrm{N}}^{\mathrm{n}})_{t_k}T}{R_{\mathrm{M}}+h_k} \tag{3-55}$$

$$\lambda_{t_{k+1}}=\lambda_{t_k}+\frac{(V_{\mathrm{E}}^{\mathrm{n}})_{t_k}T}{R_{\mathrm{N}}+h_{t_k}}\sec L_{t_k} \tag{3-56}$$

$$h_{k+1}=h_{t_k}+(V_U^n)_{t_k}T \tag{3-57}$$

或者，由于在解算 t_{k+1} 时刻位置时，t_{k+1} 时刻的速度 $(V^n)_{t_{k+1}}$ 已经从速度更新算法中计算出来了，因此可采用两个时刻速度的平均值 $\frac{1}{2}[(V^n)_{t_k}+(V^n)_{t_{k+1}}]$ 来实现位置更新，精度会更高一些，即

$$L_{t_k+1}=L_{t_k}+\frac{\frac{1}{2}((V_N^n)_{t_k}+(V_N^n)_{t_{k+1}})T}{R_M+h_{t_k}} \tag{3-58}$$

$$\lambda_{t_{k+1}}=\lambda_{t_k}+\frac{\frac{1}{2}((V_N^n)_{t_k}+(V_N^n)_{t_{k+1}})T}{R_M+h_{t_k}}\sec L_{t_k} \tag{3-59}$$

$$h_{t_{k+1}}=h_{t_k}+\frac{1}{2}((V_U^n)_{t_k}+(V_E^n)_{t_{k+1}})T \tag{3-60}$$

3.4　捷联惯导系统的误差方程

捷联惯导系统采用数学计算的方式来模拟物理稳定平台，平台惯导系统则采用物理构建的方式来搭建平台，在本质上，两种导航系统是一致的，但是在系统的实现上却存在明显的不同。在平台式惯导系统中，陀螺仪起到控制平台转动的作用，而在捷联式惯导中，陀螺仪起到测量载体角运动信息的作用，因此陀螺仪的漂移和刻度系数误差对于两类系统导航误差的影响不同。对于平台式惯导系统，陀螺仪的漂移所引起的物理平台漂移和陀螺仪自身漂移的方向是一致的，陀螺仪的刻度系数误差是通过控制平台转动的指令角速度引入系统的；而对于捷联式惯导系统，陀螺仪漂移所引起的计算平台漂移率与陀螺仪自身漂移的方向是相反的，陀螺仪的刻度系数误差会产生角速度测量误差，经过姿态计算后引入惯导系统。

在推导捷联惯导系统的误差方程之前，需要先对惯组器件的误差模型进行建模。

3.4.1　惯组器件误差模型

1. 陀螺仪误差模型

光学陀螺仪与传统的机械式陀螺仪有本质的区别，传统的转子陀螺仪的工作原理是基于动量矩定理，而光学陀螺仪的工作原理是基于量子力学，其受温度影响小，工作时不要求控温，只需要用温补模型进行补偿即可。激光陀螺仪的误差结构主要包括以下几方面：

(1) 陀螺仪的固定零偏误差。和机械式转子陀螺的固定零偏误差相同，激光陀螺每次启动时，都会有一个固定的偏置量，经过误差补偿后可以将其视为一个固定的常值零偏项：

$$\dot{\boldsymbol{\varepsilon}}_b=0 \tag{3-61}$$

(2) 陀螺仪的随机零偏误差。在实际过程中，一般采用随机过程来描述随机零偏，下面使用一阶 Markov 过程来描述陀螺的随机零偏：

$$\dot{\boldsymbol{\varepsilon}}_r=-\frac{1}{\tau}\boldsymbol{\varepsilon}_r+W \tag{3-62}$$

(3) 温度引起的误差。激光陀螺一般不需要进行温控，只需要用温补模型对其补偿即可。假设陀螺在启动时，环境温度为 T_0，当前测量时，环境温度为 T，则温度补偿的陀螺漂移模型为

$$L_i = a_0 + a_1 T + a_2 T^2 \quad (i = x, y, z) \tag{3-63}$$

令

$$\boldsymbol{L} = [L_x \quad L_y \quad L_z]^{\mathrm{T}} \tag{3-64}$$

温度补偿系数为

$$\left.\begin{aligned} a_0 &= A_{00} + A_{01} T_0 + A_{02} T_0^2 \\ a_1 &= A_{10} + A_{11} T_0 + A_{12} T_0^2 \\ a_2 &= A_{20} + A_{21} T_0 + A_{22} T_0^2 \end{aligned}\right\} \tag{3-65}$$

式中，系数 $A_{00}, A_{01}, \cdots, A_{22}$ 是陀螺出厂时标定的常值系数。

(4) 磁场引起的误差。磁场会影响到激光陀螺内部线偏振光的畸变，经过测量，在不加磁屏蔽措施的激光陀螺上，由磁场所引起的陀螺漂移 ε_{c} 可达到 0.04°/h，采取适当的补偿措施，磁致漂移可以下降为原来的 1/60。

(5) 刻度系数误差。对于激光陀螺，其刻度系数误差主要受到温度的影响，刻度系数的误差 δK_G 在几 ppm 到数十 ppm 之间(ppm 为百万分之一)。令

$$[\delta \boldsymbol{K}_{\mathrm{G}}] = \mathrm{diag}[\delta K_{\mathrm{G}x} \quad \delta K_{\mathrm{G}y} \quad \delta K_{\mathrm{G}z}] \tag{3-66}$$

则经过刻度系数补偿后的陀螺输出为

$$\hat{\boldsymbol{\omega}}_{\mathrm{ib}}^{\mathrm{b}} = (\boldsymbol{I} + [\delta \boldsymbol{K}_{\mathrm{G}}]) \boldsymbol{\omega}_{\mathrm{ib}}^{\mathrm{b}} \tag{3-67}$$

(6) 陀螺安装误差。激光陀螺安装误差与传统机械转子陀螺的安装误差一样，计陀螺在运载体上的安装误差角为

$$\delta \boldsymbol{G} = [\delta G_x \quad \delta G_y \quad \delta G_z]^{\mathrm{T}} \tag{3-68}$$

令

$$\delta \boldsymbol{G} = \begin{bmatrix} 0 & \delta G_z & -\delta G_y \\ -\delta G_z & 0 & \delta G_x \\ \delta G_y & -\delta G_x & 0 \end{bmatrix} \tag{3-69}$$

则考虑陀螺安装误差角后的陀螺仪输出为

$$\hat{\boldsymbol{\omega}}_{\mathrm{ib}}^{\mathrm{b}} = (\boldsymbol{I} + [\delta \boldsymbol{G}]) \boldsymbol{\omega}_{\mathrm{ib}}^{\mathrm{b}} \tag{3-70}$$

综合以上对激光陀螺误差模型的分析，可以得到激光陀螺实际的输出 $\hat{\boldsymbol{\omega}}_{\mathrm{ib}}^{\mathrm{b}}$ 与运载体实际的角速率输入 $\boldsymbol{\omega}_{\mathrm{ib}}^{\mathrm{b}}$ 之间的数学关系为

$$\hat{\boldsymbol{\omega}}_{\mathrm{ib}}^{\mathrm{b}} = (\boldsymbol{I} + [\delta \boldsymbol{K}_{\mathrm{G}}])(\boldsymbol{I} + [\delta \boldsymbol{G}]) \boldsymbol{\omega}_{\mathrm{ib}}^{\mathrm{b}} + \boldsymbol{\varepsilon}_{\mathrm{bi}} + \boldsymbol{\varepsilon}_{\mathrm{ri}} + \boldsymbol{L} + \boldsymbol{\varepsilon}_{\mathrm{c}} \tag{3-71}$$

2. 加速度计误差模型

(1) 加速度计零偏。加速度计零偏包括常值零偏和随机零偏，其中常值零偏是由剩余弹性力和所用传感器的零位移动产生的，可以将其视为一个固定的常值漂移项 ∇_{bi}。随机零偏由敏感器组件内部的不稳定引起，常用高斯白噪声 ∇_{ri} 的模型来描述。记加速度计零偏为

$$\left.\begin{aligned} \nabla_{\mathrm{i}} &= \nabla_{\mathrm{bi}} + \nabla_{\mathrm{ri}} \\ \dot{\nabla}_{\mathrm{bi}} &= 0 \end{aligned}\right\} \tag{3-72}$$

(2) 加速度计标度因子误差。积分加速度计的输出是速度增量，而速度增量是以脉冲数记录的。加速度计的一个采样脉冲代表一定的速度增量，因此把一个脉冲代表的速度增量叫做加速度计的标度因子，计作 $\boldsymbol{q}_{\mathrm{a}}$。加速度计的标度因子是通过对加速度计的测试而得到的，这个测量值计作 $\boldsymbol{q}_{\mathrm{ac}}$。其计算公式为

$$\boldsymbol{q}_{ac}=(\boldsymbol{I}+\delta K_A)q_a \tag{3-73}$$

式中，δK_A 为加速度计的标度因子误差，记

$$[\delta \boldsymbol{K}_A]=\mathrm{diag}[\delta K_{Ax}\quad \delta K_{Ay}\quad \delta K_{Az}] \tag{3-74}$$

(3) 加速度计安装误差角。安装在平台上的三个加速度计的输入轴应重合于平台坐标系的三根正交轴方向。但是由于安装的不精确，加速度表的实际输入轴方向总要偏离平台坐标系的坐标轴方向。每个加速度计的输入轴方向相对于平台坐标系的坐标轴的相对位置可用两个参数来描述。加速度计实际敏感的沿输入轴方向的加速度的矢量形式为

$$\boldsymbol{a}^{*}=(\boldsymbol{I}+\delta\boldsymbol{A})\boldsymbol{a} \tag{3-75}$$

式中

$$[\delta\boldsymbol{A}]=\begin{bmatrix}0 & \delta A_z & -\delta A_y\\ -\delta A_z & 0 & \delta A_x\\ \delta A_y & -\delta A_x & 0\end{bmatrix} \tag{3-76}$$

综合以上对加速度计误差模型的分析，可以得到加速度计实际的输出 $\hat{\boldsymbol{f}}_{ib}^{b}$ 与运载体实际的线运动变化率 $\boldsymbol{f}_{ib}^{b}$ 之间的关系为

$$\hat{\boldsymbol{f}}_{ib}^{b}=(\boldsymbol{I}+[\delta\boldsymbol{K}_A])(\boldsymbol{I}+[\delta\boldsymbol{A}])\boldsymbol{f}_{ib}^{b}+\boldsymbol{\nabla}^{b} \tag{3-77}$$

3.4.2 捷联惯导姿态误差方程

在捷联式惯导系统中，通过求解姿态方向余弦矩阵微分方程或四元数微分方程的方法来更新姿态。方向余弦矩阵微分方程的形式为

$$\dot{\boldsymbol{C}}_b^n=\boldsymbol{C}_b^n[\boldsymbol{\omega}_{nb}^b\times] \tag{3-78}$$

推导以“东-北-天”系作为导航坐标系时的捷联式惯导系统姿态误差方程。可以写为如下形式，即

$$\dot{\boldsymbol{C}}_b^n=\boldsymbol{C}_b^n[\boldsymbol{\omega}_{nb}^b\times]=\boldsymbol{C}_b^n[(\boldsymbol{\omega}_{ib}^b-\boldsymbol{\omega}_{in}^b)\times]=\boldsymbol{C}_b^n[(\boldsymbol{\omega}_{ib}^b-\boldsymbol{C}_n^b\boldsymbol{\omega}_{in}^n)\times] \tag{3-79}$$

式中，$\boldsymbol{\omega}_{ib}^b$ 为运载体相对于惯性系 i 的角速度在体坐标系 b 中的表示，可通过陀螺仪测量得到。$\boldsymbol{\omega}_{in}^n$ 为导航坐标系 n 相对于惯性系 i 的角速度在 n 系中的表示，可通过计算得到。

由温度和磁场引起的陀螺仪误差可以通过温补模型和磁场屏蔽的方式得到有效补偿，所以这里陀螺仪的误差模型只考虑零偏误差、刻度因子误差和安装误差角。因此实际陀螺仪测量的运载体角速率为

$$\hat{\boldsymbol{\omega}}_{ib}^b=(\boldsymbol{I}+[\delta\boldsymbol{K}_G])(\boldsymbol{I}+[\delta\boldsymbol{G}])\boldsymbol{\omega}_{ib}^b+\boldsymbol{\varepsilon}^b \tag{3-80}$$

展开式(3-80)，并省略误差项的二阶小量，可得

$$\hat{\boldsymbol{\omega}}_{ib}^b=\boldsymbol{\omega}_{ib}^b+([\delta\boldsymbol{K}_G]+[\delta\boldsymbol{G}])\boldsymbol{\omega}_{ib}^b+\boldsymbol{\varepsilon}^b=\boldsymbol{\omega}_{ib}^b+\tilde{\boldsymbol{\varepsilon}} \tag{3-81}$$

式中，$\tilde{\varepsilon}=([\delta\boldsymbol{K}_G]+[\delta\boldsymbol{G}])\boldsymbol{\omega}_{ib}^b+\boldsymbol{\varepsilon}^b$，为陀螺仪的等效漂移。

实际系统计算的 $\hat{\boldsymbol{\omega}}_{in}^n$ 与理想值 $\boldsymbol{\omega}_{in}^n$ 之间的误差为 $\delta\boldsymbol{\omega}_{in}^n$，即

$$\hat{\boldsymbol{\omega}}_{in}^n=\boldsymbol{\omega}_{in}^n+\delta\boldsymbol{\omega}_{in}^n \tag{3-82}$$

由于在实际导航解算时，姿态方向余弦的更新使用的是 $\hat{\boldsymbol{\omega}}_{ib}^b$ 和 $\hat{\boldsymbol{\omega}}_{in}^n$ 信息，所以姿态更新出现误差，惯导解算得到的导航坐标系也不是理想的导航坐标系。记惯导解算得到的导航坐标系为 n′，与理想导航坐标系 n 之间的误差角为 $\boldsymbol{\phi}^n=[\phi_E\quad \phi_N\quad \phi_U]^T$，且 ϕ 角为一个小角度，则有

$$\boldsymbol{C}_b^{n'}=\boldsymbol{C}_n^{n'}\boldsymbol{C}_b^n=(\boldsymbol{I}-[\boldsymbol{\phi}^n\times])\boldsymbol{C}_b^n \tag{3-83}$$

记

$$\delta \boldsymbol{C}_b^n = \boldsymbol{C}_b^{n'} - \boldsymbol{C}_b^n = -[\boldsymbol{\phi}^n \times] \cdot \boldsymbol{C}_b^n \tag{3-84}$$

实际更新姿态的方向余弦矩阵微分方程为

$$\dot{\boldsymbol{C}}_b^{n'} = \boldsymbol{C}_b^{n'}[(\hat{\boldsymbol{\omega}}_{ib}^b - \hat{\boldsymbol{\omega}}_{in}^b)\times] = \boldsymbol{C}_b^{n'}[(\hat{\boldsymbol{\omega}}_{ib}^b - \boldsymbol{C}_{n'}^b \hat{\boldsymbol{\omega}}_{in}^n)\times] \tag{3-85}$$

可得

$$\dot{\boldsymbol{C}}_b^n + \delta \dot{\boldsymbol{C}}_b^n = (\boldsymbol{I} - [\boldsymbol{\phi}^n \times])\boldsymbol{C}_b^n\{[\boldsymbol{\omega}_{ib}^b + \tilde{\boldsymbol{\varepsilon}} - \boldsymbol{C}_n^b(\boldsymbol{I} + [\boldsymbol{\phi}^n \times])(\boldsymbol{\omega}_{in}^n + \delta\boldsymbol{\omega}_{in}^n)]\times\} \tag{3-86}$$

略去二阶小量，可得

$$\delta \dot{\boldsymbol{C}}_b^n = \boldsymbol{C}_b^n(\tilde{\boldsymbol{\varepsilon}}\times) - \boldsymbol{C}_b^n[(\boldsymbol{\phi}^b \times \boldsymbol{\omega}_{in}^b)\times] - \boldsymbol{C}_b^n(\delta\boldsymbol{\omega}_{in}^b\times) - (\boldsymbol{\phi}^n\times)\boldsymbol{C}_b^n(\boldsymbol{\omega}_{nb}^b\times) \tag{3-87}$$

两边对时间求导，可得

$$\delta \dot{\boldsymbol{C}}_b^n = -(\dot{\boldsymbol{\phi}}^n\times)\boldsymbol{C}_b^n - (\boldsymbol{\phi}^n\times)\boldsymbol{C}_b^n(\boldsymbol{\omega}_{nb}^b\times) \tag{3-88}$$

$$-(\dot{\boldsymbol{\phi}}^n\times)\boldsymbol{C}_b^n - (\boldsymbol{\phi}^n\times)\boldsymbol{C}_b^n(\boldsymbol{\omega}_{nb}^b\times) = \boldsymbol{C}_b^n(\tilde{\varepsilon}\times) - \boldsymbol{C}_b^n[(\boldsymbol{\phi}^b\times\boldsymbol{\omega}_{in}^b)\times] - \boldsymbol{C}_b^n(\delta\boldsymbol{\omega}_{in}^b\times) - (\boldsymbol{\phi}^n\times)\boldsymbol{C}_b^n(\boldsymbol{\omega}_{nb}^b\times) \tag{3-89}$$

左右两边同时乘以 $\boldsymbol{C}_n^b$，化简整理可得

$$(\dot{\boldsymbol{\phi}}^n\times) = -[(\boldsymbol{\omega}_{in}^n\times\boldsymbol{\phi}^n)\times] + (\delta\boldsymbol{\omega}_{in}^n\times) - [(\boldsymbol{C}_b^n\tilde{\boldsymbol{\varepsilon}})\times] \tag{3-90}$$

由反对称矩阵的运算法则可得

$$\dot{\boldsymbol{\phi}}^n = -\boldsymbol{\omega}_{in}^n\times\boldsymbol{\phi}^n + \delta\boldsymbol{\omega}_{in}^n - \boldsymbol{C}_b^n\tilde{\boldsymbol{\varepsilon}} \tag{3-91}$$

将 $\tilde{\boldsymbol{\varepsilon}} = ([\delta\boldsymbol{K}_G] + [\delta\boldsymbol{G}])\boldsymbol{\omega}_{ib}^b + \boldsymbol{\varepsilon}^b$ 代入式(3-91)，得

$$\dot{\boldsymbol{\phi}}^n = -\boldsymbol{\omega}_{in}^n\times\boldsymbol{\phi}^n + \delta\boldsymbol{\omega}_{in}^n - \boldsymbol{C}_b^n(\delta\boldsymbol{K}_G + \boldsymbol{G})\boldsymbol{\omega}_{ib}^b - \boldsymbol{\varepsilon}^n \tag{3-92}$$

为捷联式惯导系统的姿态误差方程。

3.4.3　捷联惯导速度误差方程

上述详细介绍了捷联惯导系统速度更新的方法，即通过求解比力方程来获得运载体的地速 $\boldsymbol{V}_e^n$。但由于捷联惯导系统没有物理稳定平台来跟踪导航坐标系，其陀螺仪和加速度计是固连在运载体上的，因此需要通过数学计算的方式来获得运载体在导航坐标系中的比力 $\boldsymbol{f}^n$，在计算 $\boldsymbol{f}^n$ 的时候，需要用到运载体的姿态矩阵 $\boldsymbol{C}_b^n$，即 $\boldsymbol{f}^n = \boldsymbol{C}_b^n\boldsymbol{f}^b$，因此在速度解算过程中会引入姿态解算误差。下面对捷联惯导系统的速度解算误差进行推导。

由式(3-29)可知，在当地地理坐标系"东-北-天"系下的比力方程为

$$\dot{\boldsymbol{V}}^n = \boldsymbol{C}_b^n\boldsymbol{f}^b - (2\boldsymbol{\omega}_{ie}^n + \boldsymbol{\omega}_{en}^n)\times\boldsymbol{V}^n + \boldsymbol{g}^n \tag{3-93}$$

在实际的惯导解算中，假设计算机计算得到的导航坐标系为 n'，与理想导航系 n 之间存在误差角 $\boldsymbol{\phi}^n = [\phi_E \quad \phi_N \quad \phi_U]^T$，且 φ 角符合小角度假设，则实际惯导解算时的姿态余弦矩阵为

$$\hat{\boldsymbol{C}}_b^n = \boldsymbol{C}_n^{n'}\boldsymbol{C}_b^n = (\boldsymbol{I} - \boldsymbol{\phi}^n\times)\boldsymbol{C}_b^n \tag{3-94}$$

$\boldsymbol{f}^b$ 为加速度计测量得到的比力信息 $\boldsymbol{f}_{ib}^b$，由于加速度具有计零偏误差、标度因子误差和安装误差角，因此实际的加速度计测量信息为

$$\hat{\boldsymbol{f}}^b = (\boldsymbol{I} + [\delta\boldsymbol{K}_A])(\boldsymbol{I} + [\delta\boldsymbol{A}])\boldsymbol{f}^b + \boldsymbol{\nabla}^b \tag{3-95}$$

惯导系统在解算时所用到的地球旋转角速度、导航坐标系旋转角速度和重力加速度也都存在误差，记为 $\hat{\boldsymbol{\omega}}_{ie}^n$，$\hat{\boldsymbol{\omega}}_{en}^n$ 和 $\delta\boldsymbol{g}$，则有

$$\hat{\boldsymbol{\omega}}_{ie}^n = \boldsymbol{\omega}_{ie}^n + \delta\boldsymbol{\omega}_{ie}^n \tag{3-96}$$

$$\hat{\boldsymbol{\omega}}_{en}^n = \boldsymbol{\omega}_{en}^n + \delta\boldsymbol{\omega}_{en}^n \tag{3-97}$$

$$\hat{\boldsymbol{g}}^n = \boldsymbol{g}^n + \delta\boldsymbol{g} \tag{3-98}$$

设惯导解算的运载体速度为 $\hat{\boldsymbol{V}}^n$，与理想地速 $\boldsymbol{V}^n$ 之间的误差为 $\delta\boldsymbol{V}^n$。由于系统存在上述误

差项，则实际惯导解算时的比力方程为

$$\dot{\hat{V}}^{n} = \dot{V}^{n} + \delta\dot{V}^{n} = \hat{C}_{b}^{n}\hat{f}^{b} - (2\hat{\omega}_{ie}^{n} + \hat{\omega}_{en}^{n}) \times \hat{V}^{n} + \hat{g}^{n} \tag{3-99}$$

忽略 δg 的影响，并略去二阶小量，得

$$\delta\dot{V}^{n} = -\phi^{n} \times f^{n} + C_{b}^{n}([\delta K_{A}] + [\delta A])f^{b} + \delta V^{n} \times (2\omega_{ie}^{n} + \omega_{en}^{n}) + V^{n} \times (2\delta\omega_{ie}^{n} + \delta\omega_{en}^{n}) + \nabla^{n} \tag{3-100}$$

为捷联惯导系统速度误差方程。

3.4.4 捷联惯导位置误差方程

给出了捷联惯导系统位置微分方程，由式(3-52)～式(3-54)可以直接推导出捷联惯导位置误差方程为

$$\left.\begin{aligned} \delta\dot{L} &= \frac{\delta V_{N}}{R_{M}+h} - \delta h\,\frac{V_{N}}{(R_{M}+h)^{2}} \\ \delta\dot{L} &= \frac{\delta V_{E}}{R_{N}+h}\sec L + \delta L\,\frac{V_{E}}{R_{N}+h}\tan L\sec L - \delta h\,\frac{V_{E}\sec L}{(R_{N}+h)^{2}} \\ \delta\dot{h} &= \delta V_{U} \end{aligned}\right\} \tag{3-101}$$

3.5 平台惯导力学编排

对于平台式惯导系统，其力学编排包括指令角速度的计算公式和速度位置的解算方程。通常对于近地面导航而言，选择的导航坐标系都是当地地理坐标系，这样的导航系统称为指北方位系统。

为了跟踪当地地理坐标系，需要平台进行旋转，旋转的角速度由两部分组成：地球旋转角速度和由于运载体运动而引起的相对地球的旋转角速度，其表达式为

$$\omega_{ig} = \omega_{ie} + \omega_{eg} \tag{3-102}$$

在当地地理坐标系，有

$$\omega_{ie}^{g} = \begin{bmatrix} 0 \\ \omega_{ie}\cos L \\ \omega_{ie}\sin L \end{bmatrix} \tag{3-103}$$

$$\omega_{eg}^{g} = \begin{bmatrix} -\dfrac{V_{N}}{R_{M}} \\ \dfrac{V_{E}}{R_{N}} \\ \dfrac{V_{E}}{R_{N}}\tan L \end{bmatrix} \tag{3-104}$$

$$\omega_{ie}^{g} = \omega_{ie}^{g} + \omega_{eg}^{g} = \begin{bmatrix} -\dfrac{V_{N}}{R_{M}} \\ \omega_{ie}\cos L + \dfrac{V_{E}}{R_{N}} \\ \omega_{ie}\cos L + \dfrac{V_{E}}{R_{N}}\tan L \end{bmatrix} \tag{3-105}$$

可得平台的三轴指令角速度为

$$\left.\begin{aligned}\boldsymbol{\omega}_{\mathrm{cmd}x}^{\mathrm{T}} &= -\frac{V_{\mathrm{N}}}{R_{\mathrm{M}}} \\ \boldsymbol{\omega}_{\mathrm{cmd}y}^{\mathrm{T}} &= \omega_{\mathrm{ie}}\cos L + \frac{V_{\mathrm{E}}}{R_{\mathrm{N}}} \\ \boldsymbol{\omega}_{\mathrm{cmd}z}^{\mathrm{T}} &= \omega_{\mathrm{ie}}\cos L + \frac{V_{\mathrm{E}}}{R_{\mathrm{N}}}\tan L\end{aligned}\right\} \tag{3-106}$$

在平台跟踪了导航坐标系后，对加速度测量比力除去有害加速度后，进行积分即可以得到速度。

根据比力方程

$$\dot{\boldsymbol{V}}_{\mathrm{eT}}^{\mathrm{T}} = \boldsymbol{f}^{\mathrm{T}} - (2\boldsymbol{\omega}_{\mathrm{ie}}^{\mathrm{T}} + \boldsymbol{\omega}_{\mathrm{eT}}^{\mathrm{T}}) \times \boldsymbol{V}_{\mathrm{eT}}^{\mathrm{T}} + \boldsymbol{g}^{\mathrm{T}} \tag{3-107}$$

将地球旋转角速度 ω_{ie} 和运载体相对地球的旋转角速度 ω_{eg} 代入式(3－107)，可得

$$\begin{bmatrix}\dot{V}_{\mathrm{E}} \\ \dot{V}_{\mathrm{N}} \\ \dot{V}_{\mathrm{U}}\end{bmatrix} = \begin{bmatrix} f_{\mathrm{E}} + \left(2\omega_{\mathrm{ie}}\sin L + \dfrac{V_{\mathrm{E}}}{R_{\mathrm{N}}}\tan L\right)V_{\mathrm{N}} - \left(2\omega_{\mathrm{ie}}\cos L + \dfrac{V_{\mathrm{E}}}{R_{\mathrm{N}}}\right)V_{\mathrm{U}} \\ f_{\mathrm{N}} - \left(2\omega_{\mathrm{ie}}\sin L + \dfrac{V_{\mathrm{E}}}{R_{\mathrm{N}}}\tan L\right)V_{\mathrm{E}} - \dfrac{V_{\mathrm{N}}}{R_{\mathrm{M}}}V_{\mathrm{U}} \\ f_{\mathrm{U}} + \left(2\omega_{\mathrm{ie}}\cos L + \dfrac{V_{\mathrm{E}}}{R_{\mathrm{N}}}\right)V_{\mathrm{E}} + \dfrac{V_{\mathrm{N}}^{2}}{R_{\mathrm{M}}} - g \end{bmatrix} \tag{3-108}$$

对于载机来说，垂直速度远比水平速度小，所以在计算 V_{E} 和 V_{N} 时，可以略去 V_{U} 的影响，式(3－108) 可简化为

$$\begin{bmatrix}\dot{V}_{\mathrm{E}} \\ \dot{V}_{\mathrm{N}}\end{bmatrix} = \begin{bmatrix} f_{\mathrm{E}} + \left(2\omega_{\mathrm{ie}}\sin L + \dfrac{V_{\mathrm{E}}}{R_{\mathrm{N}}}\tan L\right)V_{\mathrm{N}} \\ f_{\mathrm{N}} - \left(2\omega_{\mathrm{ie}}\sin L + \dfrac{V_{\mathrm{E}}}{R_{\mathrm{N}}}\tan L\right)V_{\mathrm{E}} \end{bmatrix} \tag{3-109}$$

载机的北向速度分量引起纬度变化，东向速度分量引起经度变化，由图(3－5) 可得

$$\dot{L} = \frac{V_{\mathrm{N}}}{R_{\mathrm{M}}} \tag{3-110}$$

$$\dot{L} = \frac{V_{\mathrm{E}}}{R_{\mathrm{N}}\cos L} \tag{3-111}$$

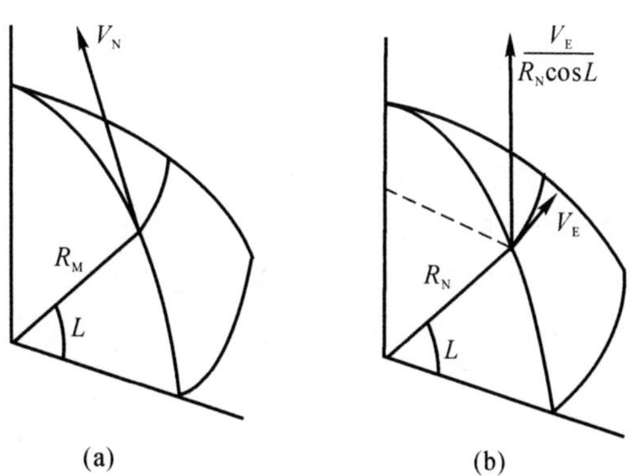

图 3－5　北向速度分量引起的经纬度变化图

纯惯性系统高度通道是发散的，可用外来高度参考信息(常采用气压高度或无线高度信

息）获得载机的高度信息。

由于平台模拟当地的地理坐标系，所以载机的航向角、俯仰角及横滚角可以从平台环架轴上直接读取，不需要进行姿态余弦矩阵的解算，各导航参数之间的关系比较简单，导航解算方程简洁，计算量较小，对计算机的要求比较低。

3.6 平台惯导误差

上面分析的平台惯导模型并没有考虑任何误差，将各系统都看做理想系统，实际情况并非如此。惯性仪器和系统在制造、装调中总存在误差，所有这些误差因素称为误差源，误差源大致分为以下几种：

(1) 元件误差，主要指陀螺漂移、指令角速度刻度系数误差、加速度计零偏和刻度系数误差、计算机舍入误差、电流交换装置误差等。

(2) 安装误差，主要是指陀螺和加速度计在平台上的安装误差。

(3) 初始条件误差，包括平台的初始对准误差、计算机在导航解算时引入的初始速度及位置误差。

(4) 干扰误差，主要包括冲击与振动运动干扰。

(5) 其他误差，如地球的模型描述误差、有害加速度补偿忽略二阶小量引起的误差等。

上述误差都将引起系统误差，影响平台式惯导系统的主要误差源包括元件误差（主要包括陀螺漂移、加速度计零偏、标度因子误差等）、安装误差等。

3.7 飞行器导航系统数值仿真

先使用轨迹发生器生成一段标准轨迹下的理想惯性器件输出量，为了方便起见，这里的陀螺仪和加速度计的输出量不采用参数增量的形式输出，采用载机当前时刻的角速度输出 ω_{ib}^{b} 和比力输出 f_{ib}^{b}，根据陀螺仪和加速度计的输出模型，对理想测量数据进行加偏。即包含漂移的惯组器件输出为

$$\hat{\boldsymbol{\omega}}_{ib}^{b}=\boldsymbol{\omega}_{ib}^{b}+\boldsymbol{\varepsilon}_{bi}+\boldsymbol{\varepsilon}_{ri} \tag{3-112}$$

$$\hat{\boldsymbol{f}}_{ib}^{b}=\boldsymbol{f}_{ib}^{b}+\boldsymbol{\nabla}_{bi}+\boldsymbol{\nabla}_{ri} \tag{3-113}$$

通过得到的实际的包含器件漂移的惯组器件输出，对其进行惯导解算，可以得到每时每刻载机所对应的实际姿态、位置与速度。通过与理想弹道导航参数之间的比较可以得到惯组器件漂移对机载惯导导航解算的误差影响传播机理。

通常，惯性导航系统误差传播的分析是在静基座条件进行的。虽然本章的研究对象为机动条件下的传递对准，但为了问题的研究方便，在静基座下进行仿真，结果不失一般性。静基座条件下，设置载体姿态角为0，即导航系与载体系重合。陀螺仪的测量值即为地球旋转角速度，其分量形式为

$$\boldsymbol{\omega}_{ib}^{b}=\boldsymbol{\omega}_{ie}^{b}=\begin{bmatrix}0\\ \omega_{ie}\cos L\\ \omega_{ie}\sin L\end{bmatrix} \tag{3-114}$$

式中，ω_{ie} 为地球旋转角速度；L 为当地纬度，取纬度值为 $L=30°$。加速度测量比力与重力加速

度的大小相等方向相反，即

$$\boldsymbol{f}^{b}=-\boldsymbol{g}^{n}=\begin{bmatrix}0\\0\\g\end{bmatrix} \tag{3-115}$$

式中，g 即为重力加速度的大小。

从仿真误差结果中可以看出，误差曲线存在明显的振荡。误差中振荡频率较高的分量是休位振荡，且休拉振荡的周期为 84.4 min。此外，可以明显看出休拉振荡的幅值存在明显的振荡，此振荡即为傅科振荡。在只考虑水平通道的影响，对导航误差方程进行求解后，可以求得理想状态下，傅科振荡的周期为

$$T_{f}=\frac{2\pi}{\omega_{ie}\sin L} \tag{3-116}$$

从式(3-116)可以看出，傅科振荡的周期随纬度发生变化，在纬度为30°时，傅科振荡的周期为 48 h。从结果中可以看出，傅科振荡对休拉振荡具有明显的调制作用(见图 3-6～图3-9)。

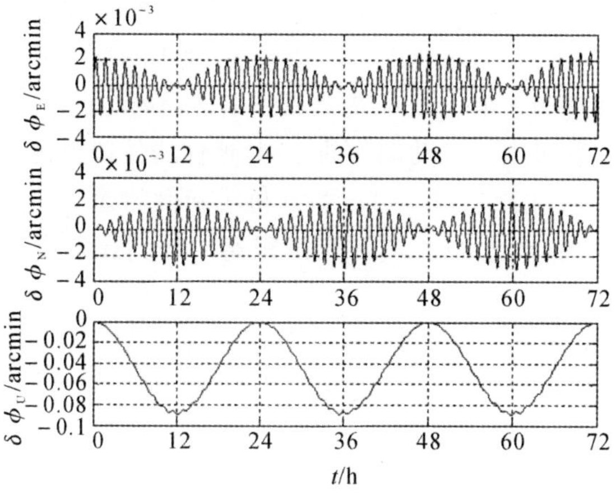

图 3-6　东向陀螺漂移引起的姿态误差

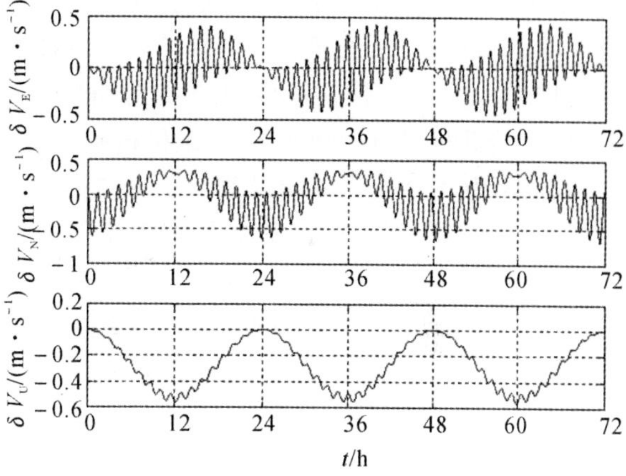

图 3-7　东向陀螺漂移引起的速度误差

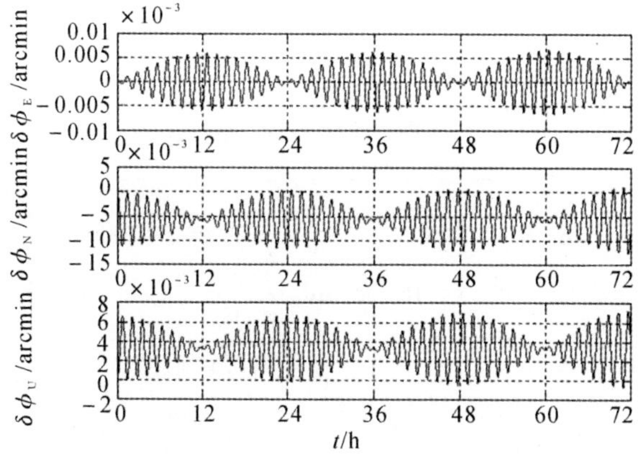

图 3-8　东向加速度计偏置引起的姿态误差

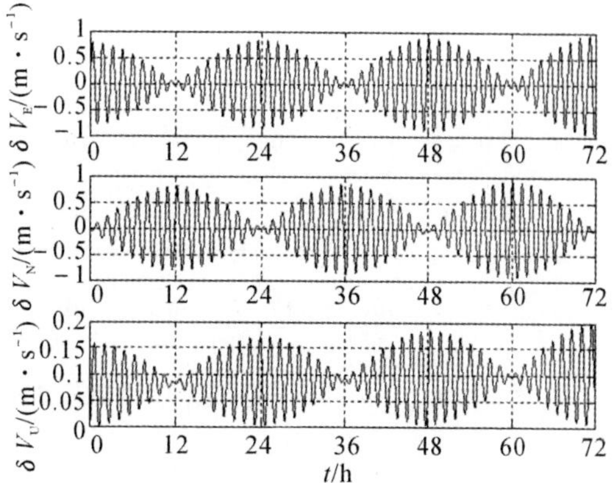

图 3-9　东向加速度计偏置引起的速度误差

与惯组漂移误差的分析方法类似，惯组器件安装误差的分析也是在已知惯组器件误差模型的基础上，通过控制变量法，控制单一变量为陀螺仪与加速度计的安装误差角。

通过轨迹发生器构造一条理想弹道，获得理想弹道条件下，每时每刻载机对应的惯组器件输出值 $\boldsymbol{\omega}_{ib}^{b}$ 和 $\boldsymbol{f}_{ib}^{b}$，对理想输出进行加偏获得实际的惯组输出，即

$$\hat{\boldsymbol{\omega}}_{ib}^{b}=(\boldsymbol{I}+[\delta\boldsymbol{G}])\boldsymbol{\omega}_{ib}^{b} \tag{3-117}$$

$$\hat{\boldsymbol{f}}_{ib}^{b}=(\boldsymbol{I}+[\delta\boldsymbol{A}])\boldsymbol{f}_{ib}^{b} \tag{3-118}$$

对加偏后的实际惯组器件输出进行惯导解算，将得到的每时每刻载机所对应的实际姿态、位置与速度，与理想弹道导航参数进行比较。

通过调研可知：机载惯导陀螺仪的安装误差角一般在 $-3''\sim 3''$ 之间，加速度计的安装误差角一般在 $-5''$ 到 $5''$ 之间，在仿真过程中，分别选取陀螺仪和加速度计的安装误差为

$$\delta\boldsymbol{G}=[3''\quad 3''\quad 3''] \tag{3-119}$$

$$\delta\boldsymbol{A}=[5''\quad 5''\quad 5''] \tag{3-120}$$

仿真过程中，载机初始沿北向作速度为 200 m/s 的匀速运动，从第 5 s 开始到第 17 s 结束做转弯速率为 30°/s 的 S 形机动(法向过载约为 10.6g)，17～50 s 做匀速运动，仿真结果如图 3－10～图 3－15 所示。由仿真结果可以看出：在 0～5 s 内，载机保持匀速运动，惯组安装误差引起的惯导解算误差很小，因为此时惯性器件的理想输入值为 0，不能激励出安装误差；从 5～17 s，当载机具有机动变化时(载机过载大于 10g)，载机由于机动动作的原因，惯性器件理想输入值不为 0，激励出安装误差的影响，惯导解算误差变化剧烈；17 s 以后，载机重新做匀速运动时，惯组安装误差引起的惯导解算误差变化比较小，产生的误差是惯组积累的解算误差激励的。

结论：对于高精度的机载惯导系统，惯组本身安装误差角非常小，对于导航精度的影响也非常小。在载机不进行大机动的条件下，安装误差角对于惯导导航的影响几乎可以忽略不计。

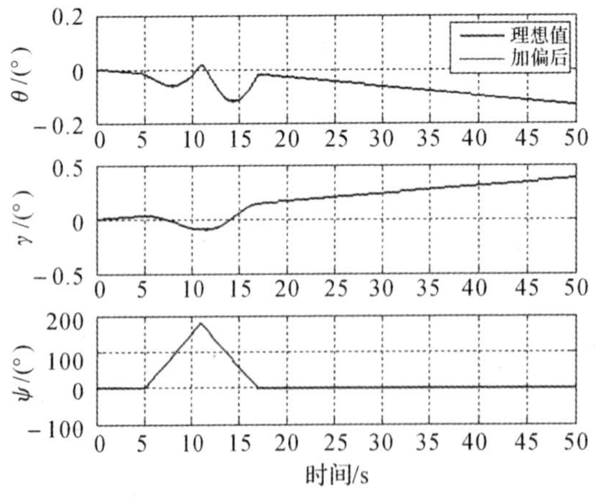

图 3－10　加入惯组安装误差后的姿态解算

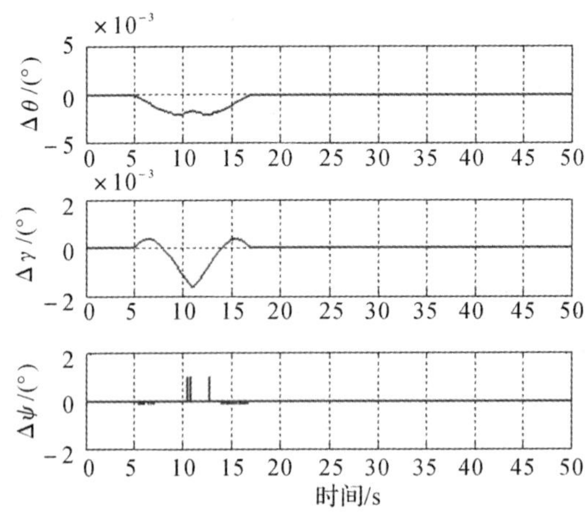

图 3－11　姿态角误差曲线

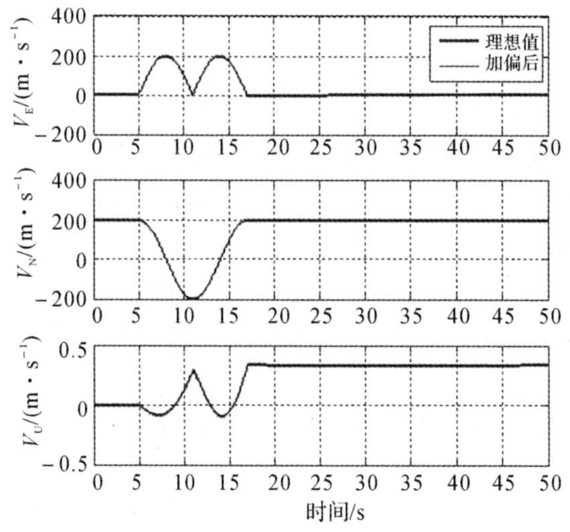

图 3-12　加入惯组安装误差后的姿态解算

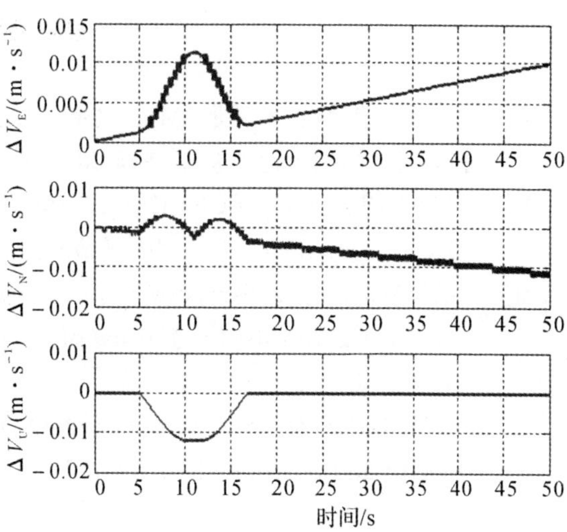

图 3-13　速度误差曲线

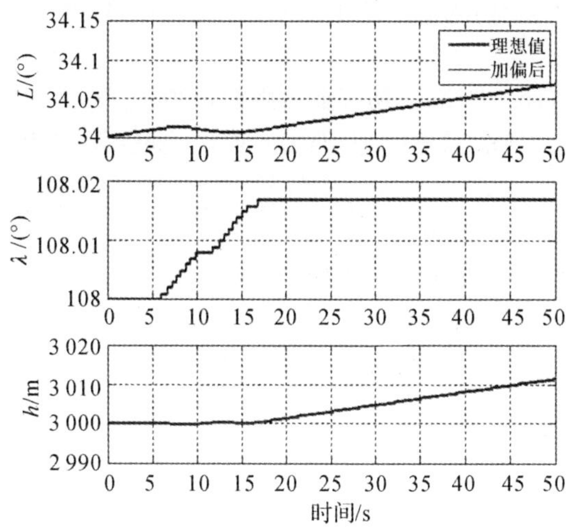

图 3-14　加入惯组安装误差后的位置解算

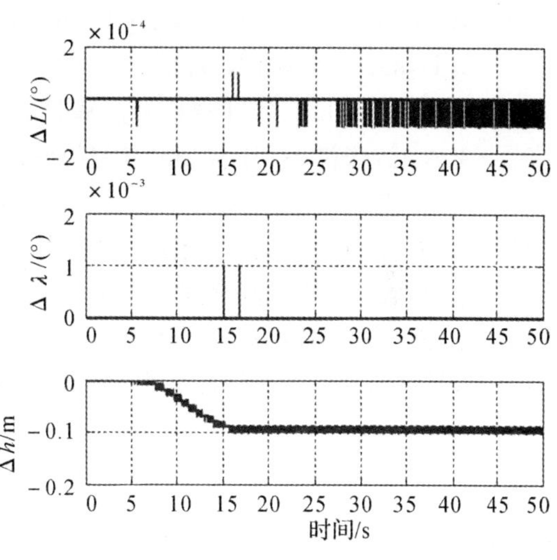

图 3-15　位置误差曲线

本 章 小 结

本章给出了惯性导航中常用坐标系及其转换方法，给出了导航解算中采用的地球模型，分别针对捷联惯导和平台惯导，给出了对应的力学编排方程，根据各自误差特性，给出了误差方程，通过给定任务仿真，介绍了不同误差对惯性导航的影响。

参 考 文 献

[1] 许国祯. 惯性技术手册[M]. 北京:中国宇航出版社,1995.

[2] 郭俊义. 物理大地测量学基础[M]. 武汉:武汉测绘科技大学出版社,1994.

[3] O'KEEFE J C, ECKLES A, SQUIRES R. Vanguard measurements give pear－shaped component of earth's figure[J]. Science, 1959, 129.

[4] SAVAGE P G. Strapdown inertial navigation integration algorithm design part 1: attitude algorithms[J]. Journal of Guidance, Control, and Dynamics, 1998, 21(1):19－19.

[5] SAVAGE P G. Strapdown inertial navigation integration algorithm design part 2: velocity and position algorithms[J]. Journal of Guidance Control & Dynamics, 1998, 22(1):384－384.

[6] BRITTING K R. Inertial Navigation Systems Analysis[M]. New York: Wiley－Interscience, 1971.

[7] MILLER R B. A new strapdown attitude algorithm[J]. Journal of Guidance Control & Dynamics, 2012, 6(4):287－291.

[8] HERVE C L. 光纤陀螺[M]. 张佳才,王巍,译. 北京:国防工业出版社,2002.

[9] 秦永元,张洪钺,汪叔华. 卡尔曼滤波与组合导航原理[M],西安:西北工业大学出版社,1998.

[10] 高钟毓. 惯性导航系统技术[M]. 北京:清华大学出版社, 2012.

[11] 严恭敏. 惯性仪器测试与数据分析[M]. 北京:国防工业出版社,2012.

[12] 陈哲. 捷联惯导系统原理[M]. 北京:宇航出版社,1986.

[13] 张树侠,孙静. 捷联式惯性导航系统[M]. 北京:国防工业出版社,1992.

第4章 飞行器姿态动力学特性分析及控制器设计

姿态控制系统的作用是:①稳定作用,克服各种干扰,使飞行器姿态对预定姿态角的偏差在容许范围内;②控制作用,按制导系统发出的控制指令准确地改变姿态,从而控制推力或气动力方向。本章将以运载火箭或弹道导弹为例,介绍其姿态动力学特性分析方法和姿态控制器设计方法。

4.1 姿态控制系统建模

4.1.1 火箭刚体运动方程的简化推导

火箭是一个变质量系统,但根据"固化"原理,任意时刻变质量系统的运动方程可以用系统在该时刻固化而得到的刚体运动方程来等价。因此,我们认为火箭是具有固定质量 m 的刚体。根据动量定理和动量矩定理,自由刚体的运动方程为

$$\frac{\mathrm{d}\boldsymbol{Q}}{\mathrm{d}t}=\boldsymbol{F} \tag{4-1}$$

$$\frac{\mathrm{d}\boldsymbol{G}}{\mathrm{d}t}=\boldsymbol{M} \tag{4-2}$$

式中,$\boldsymbol{Q}$ 和 $\boldsymbol{G}$ 分别为火箭质心的动量矢量和绕质心的动量矩矢量,$\boldsymbol{F}$ 和 $\boldsymbol{M}$ 是作用于火箭的外力矢量和绕质心的外力矩矢量。

为了得到最简单的标量方程,我们把式(4-1)矢量方程投影到半速度坐标系 $o-x_c y_c z_c$,而把式(4-2)投影到弹体坐标系 $o-x_1 y_1 z_1$。由于弹体的轴对称性以及轴 ox_1 是惯性主轴,导致离心惯性矩 J_{xy}, J_{yz}, J_{xz} 为零,于是得到火箭的刚体运动方程(欧拉动力学方程)为

$$\left.\begin{aligned}
&m(\dot{V}_{xc}+V_{zc}\omega_{yc}-V_{yc}\omega_{zc})=F_{xc}\\
&m(\dot{V}_{yc}+V_{xc}\omega_{zc}-V_{zc}\omega_{xc})=F_{yc}\\
&m(\dot{V}_{zc}+V_{yc}\omega_{xc}-V_{xc}\omega_{yc})=F_{zc}\\
&J_x\dot{\omega}_{x_1}+(J_z-J_y)\omega_{y_1}\omega_{z_1}=M_{x_1}\\
&J_y\dot{\omega}_{y_1}+(J_x-J_z)\omega_{z_1}\omega_{x_1}=M_{y_1}\\
&J_z\dot{\omega}_{z_1}+(J_y-J_x)\omega_{x_1}\omega_{y_1}=M_{z_1}
\end{aligned}\right\} \tag{4-3}$$

对多维、非线性、变系数的运动方程进行简化分析的基本方法:① 把空间运动分解为互相独立的平面运动;② 对微分方程进行线性化;③"冻结" 系数,把变系数微分方程当作常系数看待。

一般地,只有先进行基于小扰动假设的线性化,才能把空间运动分解为平面运动,但对火箭这样具有轴对称外形的部件来说,为更便于进行线性化,可以首先把空间运动方程分解为两组独立的方程,一组描述纵向运动,另一组描述侧向运动。纵向运动包括质心沿纵向对称平面

的运动和绕 oz 的旋转运动。在火箭滚动稳定下，弹体纵向对称平面将与发射平面重合，所以纵向质心运动只在发射平面内，其特性由运动参数 $V,\theta,\varphi,\alpha,\omega_z$ 等表示。侧向运动由质心沿 oz 的运动及绕 ox_1 轴和 oy_1 轴的旋转运动组成。

在独立研究侧向运动肘，侧向运动方程系数中的纵向运动参数 V,θ 等应视为已知的时间函数。对火箭受控运动来说，进行上面所说的分解除了外形必须轴对称外，还需保证俯仰控制作用只取决于纵向参数，偏航和滚动控制则只取决于侧向参数。

现在建立纵向运动方程。在弹体坐标系建立力矩平衡方程，在速度坐标系建立力平衡方程。考虑到速度坐标系中，$V_{xc}=V,V_{yc}=0,V_{zc}=0,\omega_{zc}=\dot{\theta}$，由方程式(4-3)得纵向运动方程为

$$\left.\begin{aligned} m\dot{V}&=F_{xc}\\ mV\dot{\theta}&=F_{yc}\\ J_{z_1}\ddot{\varphi}&=M_{z_1}\end{aligned}\right\}\qquad(4-4)$$

式中，F_{xc},F_{yc} 是作用力在 ox_c,oy_c 轴上的分量，M_{z_1} 是绕 oz_1 的外力矩。下面对这些力和力矩分量分别加以说明。

1. 重力分量

$$\left.\begin{aligned} G_{xc}&=-mg\sin\theta\\ G_{yc}&=-mg\cos\theta\end{aligned}\right\}\qquad(4-5)$$

2. 空气动力分量

空气动力 $\boldsymbol{R}$ 在速度坐标轴上的分量 R_{xc},R_{yc},R_{zc} 分别称为阻力 X，升力 Y 和侧向力 Z，有

$$\left.\begin{aligned} R_{xc}&=-X=c_x\cdot q\cdot S_{\mathrm{M}}\\ R_{y_c}&=Y=c_y\cdot q\cdot S_{\mathrm{M}}\\ R_{zc}&=Z=c_z\cdot q\cdot S_{\mathrm{M}}\end{aligned}\right\}\qquad(4-6)$$

式中，S_{M} 为弹体最大截面积，q 为动压，c_x 为阻力系数，c_y 为升力系数，c_z 为侧向力系数。在一定攻角和侧滑角范围内，则有

$$\left.\begin{aligned} c_y&=c_y^{\alpha}\cdot\alpha\\ c_z&=-c_z^{\beta}\cdot\beta\end{aligned}\right\}\qquad(4-7)$$

由于火箭的轴对称性，$c_y^{\alpha}=c_z^{\beta}$。空气动力作用点(压力中心)与火箭质心在沿纵轴方向上通常不重合，由此产生空气动力矩。绕 y_1,z_1 轴的力矩分别为

$$\left.\begin{aligned} M_{z_1}&=-Y_1\cdot(x_g-x_{\mathrm{T}})\\ M_{y_1}&=Z_1\cdot(x_g-x_{\mathrm{T}})\end{aligned}\right\}\qquad(4-8)$$

式中，Y_1,Z_1 分别为空气动力沿弹体坐标系 oy_1,oz_1 轴的分量，x_g 为火箭压心至理论尖端距离，x_{T} 为火箭重心至理论尖端距离。在纵向平面内，升力 Y、阻力 X 与法向力 Y_1、轴向力 X_1 的关系如图 4-1 所示。

轴向力 X_1，法向力 Y_1 的表示式为

$$\left.\begin{aligned} X_1&=X\cos\alpha-Y\sin\alpha\\ Y_1&=X\sin\alpha+Y\cos\alpha\end{aligned}\right\}\qquad(4-9)$$

在小角近似下，$\sin\alpha\approx\alpha,\cos\alpha\approx 1$，则法向力可表示为

$$Y_1=(c_y^{\alpha}+c_x)\cdot q\cdot S_{\mathrm{M}}\alpha=c_{y_1}^{\alpha}\cdot q\cdot S_{\mathrm{M}}\cdot\alpha\qquad(4-10)$$

式(4-10)中法向空气动力导数为

$$c_{y_1}^{\alpha} = c_y^{\alpha} + c_x \tag{4-11}$$

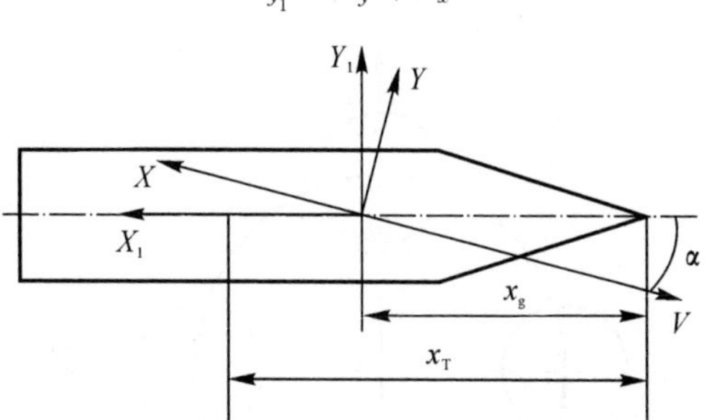

图 4-1　空气动力在弹体坐标轴的分量

将式(4-10)代入式(4-8),得

$$M_{z_1} = -c_{y_1}^{\alpha}(x_g - x_T) \cdot q \cdot S_M \cdot \alpha \tag{4-12}$$

引入无因次空气动力矩导数 $m_{z_1}^{\alpha}$,有

$$m_{z_1}^{\alpha} = c_{y_1}^{\alpha}(x_g - x_T)/l_k \tag{4-13}$$

式中,l_k 为壳体长度,则有

$$M_{z_1} = -m_{z_1}^{\alpha} \cdot q \cdot S_M \cdot l_k \cdot \alpha \tag{4-14}$$

式中,$m_{z_1}^{\alpha}$ 是一个重要参数,对火箭受控特性有重要影响,通常称为静稳定力矩系数。若 $m_{z_1}^{\alpha} < 0$,由式(4-13)可知,这意味压力中心在重心前面,因而当火箭受扰动出现迎角时,空气动力力矩将使迎角进一步增加直至火箭完全倾倒为止。火箭绕质心运动的这种固有特性称为静不稳定性。反之,若 $m_{z_1}^{\alpha} > 0$,压心在重心后面,空气动力矩将使火箭扰动所产生的迎角减小直至完全消除。这种特性称为静稳定性。显然,具有静不稳定性的火箭没有姿态稳定系统是根本不能飞行的。

空气动力还产生与弹体旋转角速度成比例、方向相反的阻尼力矩,即

$$M_{dz} = -q \cdot S_M \cdot m_{dz} l_k^2 \omega_{z1}/V \tag{4-15}$$

式中,m_{dz} 是由实验确定的阻尼力矩系数。

3. 推力分量

当发动机不摆动时,推力沿弹体纵轴,其大小为 P,则其分量为

$$\left.\begin{aligned} P_{xc} &= P\cos\alpha \\ P_{yc} &= P\sin\alpha \end{aligned}\right\} \tag{4-16}$$

4. 控制力和力矩

控制力和力矩取决于控制机构的类型、配置和控制信号。这里只讨论用摇摆发动机实现控制的情况。在不计发动机摆动的惯性力情况下,发动机在纵向平面内摆动小角 δ 所产生的绕重心 T 的控制力矩为

$$M_{cz_1} = P \cdot \delta(x_R - x_T) \tag{4-17}$$

与此相应作用于质心的法向控制力

$$F_{cy1} = P \cdot \sin\delta \approx P \cdot \delta \tag{4-18}$$

为了形成各通道的控制,需要按一定方式把几个发动机的偏转组合起来。例如利用 4 个发动机摆动控制俯仰、偏航和滚动。如果 1,3 发动机中心线和火箭纵向对称平面 x_1oy_1 重合,而 2,4 发动机中心线与横向对称平面重合,这种配置叫做十字形配置(见图 4-2)。如果 1,3 发

动机中心线和对称平面 Ox_1y_1 夹角45°，这种配置叫做 X 字形配置。

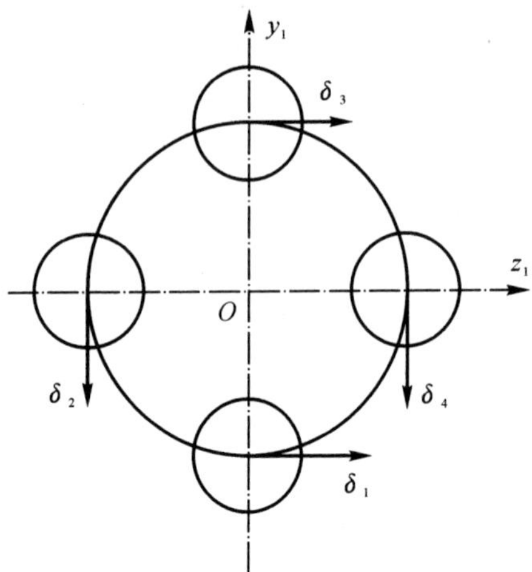

图 4-2　发动机的十字型配置

设单个发动机的有效推力为 P_b，发动机摆动点到部件理论尖端的距离为 x_R，摆动点到弹体纵轴距离为 z_r。发动机燃烧室的摆角分别为 $\delta_1,\delta_2,\delta_3,\delta_4$。$\delta_\varphi,\delta_\psi,\delta_\gamma$ 分别是与单个发动机产生的俯仰、偏航、滚动控制力矩成比例的摆动角信号。在十字形配置下，摆角信号的合成关系为

$$\left.\begin{aligned}\delta_1&=\delta_\psi-\delta_\gamma\\\delta_2&=\delta_\varphi-\delta_\gamma\\\delta_3&=\delta_\psi+\delta_\gamma\\\delta_4&=\delta_\varphi+\delta_\gamma\end{aligned}\right\}\tag{4-19}$$

式中，$\delta_1,\delta_2,\delta_3,\delta_4$ 的正方向如图 4-2 所示，则有

$$\left.\begin{aligned}\delta_\varphi&=\frac{1}{2}(\delta_2+\delta_4)\\\delta_\psi&=\frac{1}{2}(\delta_1+\delta_3)\\\delta_\gamma&=\frac{1}{4}(\delta_3-\delta_1+\delta_4-\delta_2)\end{aligned}\right\}\tag{4-20}$$

绕弹体轴 ox_1,oy_1,oz_1 的控制力矩为

$$\left.\begin{aligned}M_{cx_1}&=-4P_b\cdot z_r\cdot\delta_\gamma\\M_{cy_1}&=-2P_b(x_R-x_T)\delta_\psi\\M_{cz_1}&=-2P_b(x_R-x_T)\delta_\varphi\end{aligned}\right\}\tag{4-21}$$

将力和力矩表达式代入式(4-4)即得火箭纵向运动方程为

$$\left.\begin{aligned}m\dot{V}&=-mg\sin\theta-c_xqS_M+2P_b\cos(\alpha+\delta_\varphi)+2P_b\cos\alpha+F_{bx}\\mV\dot{\theta}&=-mg\cos\theta+c_yqS_M+2P_b\sin(\alpha+\delta_\varphi)+2P_b\sin\alpha+F_{by}\\J_{z_1}\ddot{\varphi}&=-c_{y_1}qS_M(x_g-x_T)-m_{dz}qS_M\frac{l_k^2}{V}\dot{\varphi}-2P_b(x_R-x_T)\delta_\varphi+M_{bz}\end{aligned}\right\}\tag{4-22}$$

方程组(4-22)是非线性方程，需要进行线性化。考虑到第一个方程描述质心速度大小的

变化，而速度大小的变化很慢，与迅速变化的绕质心运动参数关系不大，我们可以忽略速度大小的扰动，认为速度 V、推力 P、质量 m 等是已知的时间函数。这样只需对式(4-22) 中第二、三方程进行线性化。

线性化的基本前提是纵向运动可分解为理想程序运动和相对于程序运动的扰动运动。理想程序运动的参数如俯仰角、迎角、摆动角和秒消耗量在每瞬时都等于程序值。扰动运动参数是实际运动参数对理想程序运动参数的偏差。由于控制系统的作用，扰动运动参数足够小。这样在实际运动参数的泰勒展开中二阶以上各项可以忽略，于是就得到线性化的扰动运动方程式为

$$\left.\begin{aligned}&mV\Delta\dot{\theta}=mg\sin\theta\Delta\theta+c_y^{\alpha}qS_{\mathrm{M}}\Delta\alpha+4P_{\mathrm{b}}\Delta\alpha+2P_{\mathrm{b}}\Delta\delta_{\varphi}+F_{\mathrm{by}}\\&J_{z_1}\Delta\ddot{\varphi}=-c_{y_1}^{\alpha}(x_{\mathrm{g}}-x_T)qS_{\mathrm{M}}\Delta\alpha-m_{\mathrm{dz}}qS_{\mathrm{M}}\frac{l_k^2}{V}\Delta\dot{\varphi}-2P_{\mathrm{b}}(x_R-x_T)\Delta\delta_{\varphi}+M_{\mathrm{bz}}\end{aligned}\right\}\quad(4-23)$$

式中，$\Delta\theta,\Delta\varphi,\Delta\alpha,\Delta\delta_{\varphi}$ 都是实际运动参数对理想程序运动参数值的偏差；$F_{\mathrm{by}},M_{\mathrm{bz}}$ 为干扰力和力矩。

为便于分析，将式(4-23) 中系数化为无因次形式，可得

$$\left.\begin{aligned}&\Delta\dot{\theta}=c_1\Delta\alpha+c_2\Delta\theta+c_3\Delta\delta_{\varphi}+\bar{F}_{\mathrm{by}}\\&\Delta\ddot{\varphi}+b_1\Delta\dot{\varphi}+b_2\Delta\alpha+b_3\Delta\dot{\delta}_{\varphi}=\bar{M}_{\mathrm{bz}}\\&\Delta\varphi=\Delta\alpha+\Delta\theta\end{aligned}\right\}\quad(4-24)$$

式中

$$\left.\begin{aligned}&c_1=\frac{1}{mV}(c_y^{\alpha}\cdot q\cdot S_{\mathrm{M}}57.3+4P_{\mathrm{b}})\\&c_2=\frac{1}{V}g\sin\theta\\&c_3=\frac{2}{mV}P_{\mathrm{b}}\\&b_1=\frac{57.3}{J_{z1}V}m_{\mathrm{dz}}qS_{\mathrm{M}}l_k^2\\&b_2=\frac{57.3}{J_{z_1}}\cdot q\cdot S_{\mathrm{M}}m_{z_1}^{\alpha}\cdot l_k\\&b_3=\frac{2}{J_{z_1}}P_{\mathrm{b}}(x_R-x_T)\\&\bar{F}_{\mathrm{by}}=\frac{F_{\mathrm{by}}}{mV},\bar{M}_{\mathrm{bz}}=\frac{M_{\mathrm{bz}}}{J_{z_1}}\end{aligned}\right\}\quad(4-25)$$

式(4-24) 中系数 c_1,c_2 分母有速度 V，因而不宜于描述起飞时的扰动运动特征。起飞时间可用弹道法向加速度扰动方程代替 $\Delta\dot{\theta}$ 方程。我们知道，标准弹道的质心速度矢量 V^* 沿速度坐标系的 x_{c} 轴，弹道法向速度的标准值 V_{yc}^* 为零。由于弹道倾角从 θ^* 变为 θ，在弹道法向将出现法向速度增量 $\Delta V_{yc}=V_{yc}$，即

$$\Delta V_{yc}=V\sin\Delta\theta,\quad \Delta\theta=\theta-\theta^*\quad(4-26)$$

利用小角度近似，则有

$$\Delta\dot{V}_{yc}=\dot{V}\Delta\theta+V\Delta\dot{\theta}\quad(4-27)$$

将式(4-22) 和式(4-23) 代入式(4-27)，可得

$$m\Delta\dot{V}_{y_c}=(Y^{\alpha}+X)\cdot\Delta\alpha+(4P_b-X)\Delta\varphi+2P_b\cdot\Delta\delta_{\varphi}+F_{by} \tag{4-28}$$

其无因次形式为

$$\left.\begin{aligned}&\Delta\dot{V}_{y_c}=k_0\Delta\varphi+k_1\Delta\alpha+k_2\Delta\delta_{\varphi}+\bar{F}_{by}\\&k_0=\frac{4P_b-X}{m},\quad k_1=\frac{Y_1^{\alpha}}{m},\quad k_2=\frac{2P_b}{m},\quad \bar{F}_{by}=\frac{F_{by}}{m}\end{aligned}\right\} \tag{4-29}$$

即弹道法向加速度扰动方程。

有时需要建立弹体法向加速度扰动方程。设 $\dot{V}_{y1}$ 为沿弹体轴 y_1 的加速度分量，有

$$\dot{V}_{y_1}=-\dot{V}\sin\alpha+V\dot{\theta}\cos\alpha \tag{4-30}$$

将式(4-22)代入式(4-30)，得

$$m\dot{V}_{y_1}=-mg\cos\varphi+Y_1+2P_b\cdot\sin\delta_{\varphi}+F_{by_1} \tag{4-31}$$

其扰动方程为

$$m\Delta\dot{V}_{y_1}=mg\sin\varphi\Delta\varphi+Y_1^{\alpha}\cdot\Delta\alpha+2P_b\Delta\delta_{\varphi}+F_{by_1} \tag{4-32}$$

化为无因次形式为

$$\Delta\dot{V}_{y_1}=k'_0\Delta\varphi+k_1\cdot\Delta\alpha+k_2\cdot\Delta\dot{\delta}_{\varphi}+\bar{F}_{by} \tag{4-33}$$

式中

$$k'_0=g\sin\varphi \tag{4-34}$$

用同样方法可得到侧向运动方程。由于火箭外形轴对称，侧向运动可分为独立的滚动和偏航运动，而且偏航与俯仰扰动方程形式一样。不同点仅在于偏航角扰动值就是偏航角本身，因其程序值通常为零。下面给出结果。

偏航运动：

$$\left.\begin{aligned}&\dot{\sigma}=c_1\beta+c_2\sigma+c_3\delta_{\psi}+\bar{F}_{bz}\\&\ddot{\psi}+b_1\dot{\psi}+b_2\beta+b_3\delta_{\psi}=\bar{M}_{by}\\&\psi=\beta+\sigma\end{aligned}\right\} \tag{4-35}$$

滚转运动：

$$\left.\begin{aligned}&\ddot{\gamma}+d_3\delta_{\gamma}=\bar{M}_{bx}\\&d_3=\frac{4P_b z_r}{J_{x1}}\end{aligned}\right\} \tag{4-36}$$

同俯仰运动一样，起飞段侧向质心运动用侧向速度 V_z 描述。因为 $V_z=-V\sin\sigma\approx-V\sigma$，所以 $\dot{V}_z=-\dot{V}\sin\sigma\approx-\dot{V}\sigma$，又利用无扰动纵向速度方程，则有

$$m\dot{V}=4P_b-mg\sin\theta-X \tag{4-37}$$

可得

$$m\dot{V}_z+(Y^{\alpha}+X)\beta+(4P_b-X)\psi+2P_b\cdot\delta_{\psi}=-F_{bz} \tag{4-38}$$

其无因次形式为

$$\dot{V}_z+k_0\psi+k_1\beta+k_2\delta_{\psi}=-\bar{F}_{bz} \tag{4-39}$$

需要指出上面的推导没有考虑发动机摆动作用于弹体的惯性力。实际上单个发动机摆动所产生的绕质心力矩不仅仅是推力分量形成的力矩，则有

$$-M_{cz_1}=P_b\cdot\delta\cdot(x_R-x_T)+m_R\dot{W}_{x_1}l_R\cdot\delta+m_Rl_R\ddot{\delta}\cdot(x_R-x_T)+I_R\cdot\ddot{\delta} \tag{4-40}$$

式中，m_R 为发动机质量；l_R 为发动机重心 M 距摆轴 R 的长度；I_R 发动机绕摆轴的转动惯量；$\dot{W}_{x_1}$ 为轴向视加速度，$\dot{W}_{x_1}=(P-X)/m$；$m_R\dot{W}_{x_1}l_R\cdot\delta$ 为发动机重心偏离弹体轴线时，轴向视

加速度产生的绕重心惯性力矩；$m_R l_R \ddot{\delta} \cdot (x_R - x_T)$ 为发动机重心横移加速度产生的惯性力矩；$I_R \cdot \ddot{\delta}$ 为发动机摆动角加速度产生的绕摆轴的惯性力矩。

相应地，由发动机摆动产生的法向作用力为

$$F_{cy_c} = P \cdot \delta + m_R l_R \ddot{\delta} \tag{4-41}$$

考虑到式(4－40)、式(4－41)，俯仰或偏航扰动方程应为

$$\left.\begin{aligned} &\Delta\dot{\theta} = c_1\Delta\alpha + c_2\Delta\theta + c_3\Delta\delta_\varphi + c''_3\Delta\ddot{\delta}_\varphi + \overline{F}_{by} \\ &\Delta\ddot{\varphi} + b_1\Delta\dot{\varphi} + b_2\Delta\alpha + b_3\Delta\delta_\varphi + b''_3\ddot{\delta}_\psi = \overline{M}_{bz} \\ &\Delta\varphi = \Delta\alpha + \Delta\theta \end{aligned}\right\} \tag{4-42}$$

式中

$$\left.\begin{aligned} &c''_3 = \frac{2m_R l_R}{mV} \\ &b_3 = \frac{1}{J_{z_1}}(2P_b(x_R - x_r) + 2m_R\dot{W}_{x_1} l_R) \\ &b''_3 = \frac{1}{J_{z_1}}(2m_R l_R(x_R - x_T) + 2J_R) \end{aligned}\right\} \tag{4-43}$$

4.1.2　弹体传递函数

上节建立的姿态扰动方程的系数都是随时间变化的，当飞行弹道确定时，由弹道参数可以算出这些系数。对变系数微分方程组，原则上不能应用拉氏变换使其代数化，但火箭绕质心运动的暂态过程比起方程系数变化要快得多，可以近似认为在暂态过程中，方程系数不变，这样就可把方程看做系数“冻结”在相应时间的常系数微分方程。例如飞行第 60 s 的姿态扰动运动特性用 60 s 系数值决定的常系数微分方程组来描述。这就是所谓的“冻结系数法”。

采用冻结系数法后，方程组(4－24)可视为常系数方程。当初始条件为零时，对式(4－24)进行拉氏变换，则有

$$\left.\begin{aligned} &(s + (c_1 - c_2))\Delta\theta(s) = c_1\Delta\varphi(s) + c_3\Delta\delta_\varphi(s) + \dot{\overline{F}}_{by}(s) \\ &(s^2 + b_1 s + b_2)\Delta\varphi(s) = \dot{b}_2\Delta\theta(s) - b_3\Delta\delta_\varphi(s) + \overline{M}_{bz}(s) \end{aligned}\right\} \tag{4-44}$$

式中，为节省符号，变量 $\Delta\theta, \Delta\varphi\cdots$ 的拉氏变换仍用原来时间变量的符号表示。当把俯仰扰动运动作为受控对象时，输出量(被调量)是 $\Delta\varphi$，控制输入量是 $\Delta\delta_\varphi$，干扰输入量是 $\overline{F}_{by}$ 及 $\overline{M}_{bz}$。俯仰扰动运动是刚体绕质心运动和质心法向运动的复合，由式(4－44)可得 $\Delta\varphi$ 对 $\Delta\delta_\varphi$ 的传递函数为：

$$\frac{\Delta\varphi(s)}{\Delta\delta_\varphi(s)} = \frac{-b_3\left(s + c_1 - c_2 - \dfrac{b_2 c_3}{b_3}\right)}{s^3 + (b_1 + c_1 - c_2)s^2 + [b_2 + b_1(c_1 - c_2)]s - b_2 c_2} \tag{4-45}$$

对干扰输入的传递函数为

$$\Delta\varphi(s) = \frac{(s + c_1 - c_2)\overline{M}_{bz} + b_2\overline{F}_{by}}{s^3 + (b_1 + c_1 - c_2)s^2 + [b_2 + b_1(c_1 - c_2)]s - b_2 c_2} \tag{4-46}$$

为便于分析，在一定条件下，可以对传递函数进行简化：

(1) 略去 c_2。由 $c_2 = \dfrac{g\sin\theta}{V}$ 可知，当 V 大时，c_2 可忽略。这意味着略去重力轴向量的影响。这时传递函数简化为

$$\frac{\Delta\varphi(s)}{\Delta\delta(s)}=\frac{-b_3\left(s+c_1-\dfrac{b_2c_3}{b_3}\right)}{s(s^2+(b_1+c_1)s+b_2+b_1c_1)} \tag{4-47}$$

例如某火箭 70 s 时纵向扰动运动方程系数见表 4-1。

表 4-1　纵向扰动运动方程系数

符号	数值
b_1	0.035
b_2	−0.611
b_3	1.796
c_1	0.073 3
c_2	0.005 18
c_3	0.004 73

此时有

$$\frac{\Delta\varphi(s)}{\Delta\delta(s)}=\frac{-1.796(s+0.069\ 8)}{(s-0.005\ 2)(s-0.726)(s+0.834)}$$
$$\frac{\Delta\varphi(s)}{\Delta\delta(s)}=\frac{-1.796(s+0.069\ 8)}{(s-0.005\ 2)(s-0.726)(s+0.834)} \tag{4-48}$$

略去 c_2 后，有

$$\frac{\Delta\varphi(s)}{\Delta\delta(s)}=\frac{-1.796(s+0.071\ 8)}{s(s-0.726)(s+0.834)}$$

可见，只是影响最小的特征根。

(2) 当 V 很大时，还可以略去 c_1，c_3，由式(4-24)可知，这意味着忽略质心运动对绕质心运动的影响，$\Delta\theta\approx 0$，$\Delta\varphi\approx\Delta\alpha$，于是传递函数简化为

$$\frac{\Delta\varphi(s)}{\Delta\delta_\varphi(s)}=\frac{-b_3}{s^2+b_1s+b_2} \tag{4-49}$$

式(4-49)实际上反映了绕俯仰轴的力矩平衡关系，b_1 项代表阻尼力矩，b_3 项代表控制力矩，b_2 项代表静态空气动力矩。参照表 4-1 数据，可得

$$\frac{\Delta\varphi(s)}{\Delta\delta_\varphi(s)}=\frac{1.796}{(s-0.763)(s+0.798)}$$

由式(4-25)

$$b_2=\frac{57.3}{J_{z_1}}qS_Mc_{y_1}^{\alpha}(x_g-x_T)$$

可见，b_2 符号取决于 x_g-x_T。若空气动力中心在重心后面，$x_g-x_T>0$，则 $b_2>0$。这时式(4-49)的极点是复数，说明绕质心自然运动是稳定的衰减振荡。将式(4-49)化为二阶振荡环节的标准形式：

$$\frac{\Delta\varphi(s)}{\Delta\delta_\varphi(s)}=\frac{-k}{T^2s^2+2T\xi s+1} \tag{4-50}$$

比较式(4-49)、式(4-50)，得

$$T=\frac{1}{\omega_0}=\frac{1}{2\sqrt{b_2}}, \quad \xi=\frac{b_1}{2\sqrt{b_2}}$$

式中，ω_0 是刚体的自然振荡频率。

若 $b_2<0$，即空气动力中心在重心前面，式(4-49)的极点将是实数，而且一正、一负，即

$$\frac{\Delta\varphi(s)}{\Delta\delta_\varphi(s)}=\frac{-b_3}{(s+\beta_1)(s-\beta_2)} \tag{4-51}$$

式中，$\beta_{1,2}=\dfrac{-b_1\pm\sqrt{b_1^2+4|b_2|}}{2}$，这说明弹体绕质心自然运动是不稳定的，呈非周期发散的特性。这是弹体具有静不稳定气动特性的结果。近程弹道式火箭带有尾翼，往往在飞行前段具有静稳定特性，以后转为静不稳定的。远程弹道火箭为提高有效载荷能力，往往不带尾翼或尾翼很小，因此气动特性完全是静不稳定的。

(3) 再略去 b_1。由于阻尼力矩很小，而且对角运动起着稳定作用，略去它只能使设计更安全，因此可认为 $b_1\approx 0$，此时

$$\frac{\Delta\varphi(s)}{\Delta\delta_\varphi(s)}=\frac{-b_3}{s^2+b_2} \tag{4-52}$$

将表 4-1 数据代入得 $\dfrac{\Delta\varphi(s)}{\Delta\delta(s)}=\dfrac{-1.796}{(s-0.781)(s+0.781)}$，可以看出略去 b_1 影响不大。

(4) 略去 b_2。起飞时 $V\to 0$，大气层外飞行时 $\rho\approx 0$，这两种情况都会造成动压 $q\to 0$，因而弹体的静态气动力矩很小，以至于可略去。这时

$$\frac{\Delta\varphi(s)}{\Delta\delta(s)}=\frac{-b_3}{s^2} \tag{4-53}$$

式(4-53)代表一二阶积分环节，常用于描述起飞段弹体传递特性。

考虑发动机摆动惯性的弹体传递函数为

$$\frac{\Delta\varphi(s)}{\Delta\delta_\varphi(s)}=-\frac{b''_3s^3+[b''_3(c_1-c_2)-b_2c''_3]s^2+b_3s+b_3(c_1-c_2)-b_2c_3}{s^3+(b_1+c_1-c_2)s^2+[b_2+b_1(c_1-c_2)]s-b_2c_2} \tag{4-54}$$

比较式(4-54)和式(4-45)，可见传递函数增加了一对零点。为估计零点的影响，略去质心运动有关系数 c_1,c_2,c_3,c''_3，则有

$$\frac{\Delta\varphi(s)}{\Delta\delta(s)}=-\frac{b''_3s^2+b_3}{s^2+b_1s+b_2} \tag{4-55}$$

由式(4-55)得到发动机摆动零点为

$$\omega_T=\sqrt{\frac{b_3}{b''_3}}=\sqrt{\frac{2P_b(x_R-x_T)+2m_R\dot{W}x_1l_R}{2[m_Rl_R(x_R-x_T)+J_R]}}\approx\sqrt{\frac{P_b}{m_Rl_R}} \tag{4-56}$$

例如 $P_b=155\ 300$，$m_R=46$，$l_R=0.77$ 时，$\omega_T\approx 66.5$，可见摆动零点 ω_T 对刚体绕质心运动传递特性影响不大。但在级间分离过渡段，即前一级发动机关机到后一级发动机点火这段时期内，推力不大，致使摆动零点相应减小，对刚体传递特性影响变大。摆动零点在物理上意味着发动机摆动惯性力矩和控制力矩在频率 ω_T 下平衡，$\Delta\delta_\varphi$ 对姿态角增量 $\Delta\varphi$ 不起作用，其结果是在某些频率分量下，摆动惯性力矩超过控制力矩起主导作用，致使控制失灵，姿态运动不稳定。由于摆动零点频率 ω_T 较高，所以在考虑涉及高频的弹体振动稳定性时，必须把发动机摆动惯性的影响考虑进来。

4.1.3 干扰力和力矩

作为姿态稳定回路的受控对象，我们不但要了解姿态扰动运动的固有特性(即内因)还要了解影响姿态扰动运动的外因——作用于弹体的干扰力和干扰力矩。姿控系统的重要作用之一就是和外干扰作斗争，抑制干扰的破坏作用。因此，了解干扰的性质和数值是设计姿态稳定回路的重要依据。

对俯仰或偏航扰动运动，干扰因素主要有以下几种。

1. 风干扰

有风时，空气流相对火箭有附加的速度，形成附加的迎角，因而产生附加的空气动力和力矩。描述风于扰因素的原始物理量是风速 w。风速 w 是随机量，其大小、方向受高度、地点、季节、气候等许多因素的影响。通常按风对火箭运动的作用，把风速看做三种不同特性分量的复合，即平稳风、切变风和阵风。平稳风主要指相对时间变化很慢的水平风。根据大量观测数据统计可以得到某地在某季节下最大或统计平均水平风速随高度变化的曲线，这种曲线称为风剖面图，如图 4-3 所示。在火箭飞行过程中，它不随时间而变化，因此称为平稳风。当火箭飞行时，由于水平风作用，形成附加的迎角 α_w 和侧滑角 β_w。设飞行的弹道倾角为 θ，风速方向和发射平面的夹角为 A，则

$$\left.\begin{aligned} \alpha_w &= -\arctan\frac{w\cos A\sin\theta}{V - w\cos A\cos\theta} \\ \beta_w &= \arctan\frac{w\sin A}{V} \end{aligned}\right\} \tag{4-57}$$

由 α_w 和 β_w 产生的气动力和气动力矩与 $\Delta\alpha$，$\Delta\beta$ 产生的一样，所以只要在扰动方程中把 $\Delta\alpha$，$\Delta\beta$ 项改为 $\Delta\alpha+\alpha_w$，$\Delta\beta+\beta_w$，就可以计入风干扰的影响了。

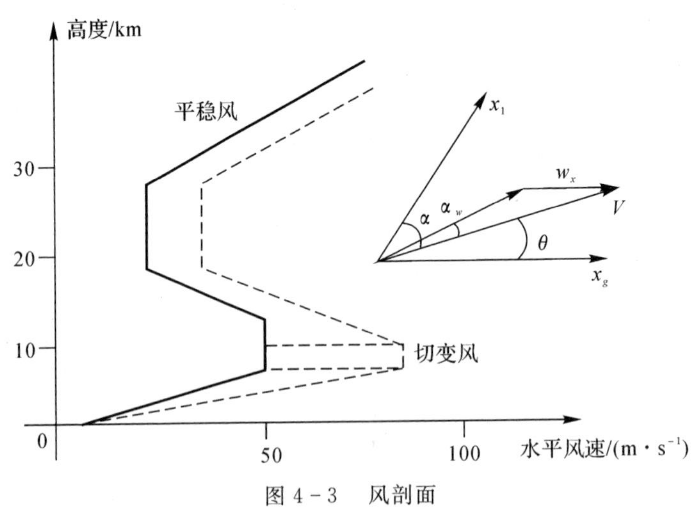

图 4-3　风剖面

切变风是只出现在一定高度的水平风，其速度随高度急剧增大，接着急剧减小，在风剖面图上好像剪刀，故又称为风剪。切变风最大速度与平稳风速大体相当，但由于火箭穿过切变风区的时间(在 2～3 s 内)很短，所以只受到短时的风力作用，好像脉冲力矩一样。

阵风是火箭周围空气中的局部扰动气流，通常把它看做是平稳随机过程，用频谱密度描

述。例如

$$\phi_{w}(\Omega_1)=\frac{\sigma_{w}^{2}L(1+3\Omega_1^2L^2)}{\pi(1+\Omega_1^2L^2)} \tag{4-58}$$

其中扰动尺度 L 可以取 300 m，阵风均方根速度 σ_w 可取为 1.5 m/s，阵风减缩频率可能为 $3.3\times10^{-4}\leqslant\Omega^{-1}\leqslant1.6$(弧度/m)。风干扰的组合原则是把阵风 σ_w 和最大平稳风速按线性叠加，在整个飞行时间内考虑，而切变风只在最严重影响时刻考虑。

2. 产品结构干扰

产品结构干扰是生产过程中的工艺误差造成的。主要包括以下方面：

(1) 产品轴线偏斜。弹身是分段制造的，每段加工时都有加工误差，各段对接框和轴线的不垂直度导致起飞轴线(鼻锥顶点至尾段顶面中心连线)和尾段轴线不重合，产生干扰迎角从而引起干扰气动力：

$$F_{\Delta\alpha_1}=c_y^{\alpha}\cdot q\cdot S_{M}\Delta\alpha_1 \tag{4-59}$$

(2) 重心偏离理论轴线(理想情况下是推力作用线)Δz_1 产生推力干扰力矩：

$$M_{\Delta z_1}=P\cdot\Delta z_1 \tag{2-60}$$

(3) 发动机安装误差产生的推力线横移 Δd 和推力线偏斜 η_1 形成干扰力和力矩：

$$\left.\begin{aligned}F_{\eta_1}&=P\cdot\eta_1\\M_{\eta_1}&=P\cdot\eta_1(x_R-x_T)\\M_d&=P\cdot\Delta d\end{aligned}\right\} \tag{4-61}$$

3. 与发动机工作有关的干扰

单台发动机推力相对额定值的百分比偏差 $\Delta\bar{P}$，若发动机轴线相对弹体轴线的安装角为 ε，则产生干扰力和力矩为

$$F_{\Delta P}=\frac{\sqrt{2}}{2}P\cdot\Delta\bar{P}\cdot\varepsilon \tag{4-62}$$

$$M_{\Delta P}=\frac{\sqrt{2}}{2}P\cdot\Delta\bar{P}\cdot\varepsilon(x_T-x_R) \tag{4-63}$$

起飞段、后效段还有各台发动机点火或关机不同步产生的总推力值偏差。

除上面提到的 3 种干扰因素外，根据产品特点还有一些干扰如级间分离于扰等，这里就不讨论了。

各种干扰因素最终造成力和力矩作用于弹体。由于这些于扰因素(如推力线偏斜、重心横移等)都是数值不确定的随机量，因此不能把它们产生的力和力矩简单地用代数相加方法组合。工程上采用的是统计方法。即对于互相独立的干扰因素造成的力和力矩，按均方和叠加。例如产品结构干扰造成的合成干扰力矩，由式(4-59)～式(4-61)可以求出为

$$M_{y_1}=\sqrt{(\Delta d^2+\Delta z_1^2+\eta_1^2(x_R-x_T)^2)P^2+(J_{z1}b_2\Delta\alpha_1)^2} \tag{4-64}$$

某些情况下，为了着重考虑某些干扰因素的作用也采用按绝对值相加甚至按最不利情况使干扰组合。例如风干扰与产品结构干扰的组合就是按最不利情况决定符号进行代数相加。

4.2 火箭刚体姿态动力学稳定性分析

4.2.1 无控火箭刚体角运动的稳定性分析

当把火箭看成是没有弹性变形、没有液体燃料晃动的刚体时，火箭的运动就是刚体运动。刚体运动是整个火箭运动的基础，弹性运动、液体燃料的晃动都可以看作是相对于刚体的运动。因此，刚体运动的稳定性是极其重要的，必须首先予以保证。

刚体小扰动运动方程为

$$\left.\begin{aligned}&\Delta\dot{\theta}=c_1\Delta\alpha+c_2\Delta\theta+c_3\Delta\delta+c''_3\Delta\ddot{\delta}+c'_1\dot{\alpha}_w+\bar{F}_f\\&\Delta\ddot{\varphi}+b_1\Delta\dot{\varphi}+b_2\Delta\alpha+b_3\cdot\Delta\delta+b''_3\Delta\ddot{\delta}=-b_2\alpha_w+\bar{M}_f\\&\Delta\alpha=\Delta\varphi-\Delta\theta,\quad c'_1=57.3c_y^{\alpha}qS_M/mV\end{aligned}\right\}\tag{4-65}$$

鉴于系数变化比较缓慢，采用冻结系数法分析此变系数方程组。应用拉氏变换，以 s 为拉氏变量，得方程组(4-65)的特征多项式为

$$D(s)=s^3+(b_1+c_1-c_2)s^2+[b_2+b_1(c_1-c_2)]s-b_2c_2\tag{4-66}$$

当以 $\Delta\delta$ 作为输入量，以 $\Delta\varphi$、$\Delta\alpha$、$\Delta\theta$ 作为输出量时，弹体动力学特性可以用传递函数的形式表示，即

$$\frac{\Delta\varphi(s)}{\Delta\delta(s)}=K_0^{\varphi}W_0^{\varphi}(s)=-\frac{b_3\cdot s+b_3(c_1-c_2)-b_2c_3}{D(s)}\left(\frac{s^2}{\omega_0^2}+1\right)\tag{4-67}$$

$$\frac{\Delta\alpha(s)}{\Delta\delta(s)}=K_0^{\alpha}W_0^{\alpha}(s)=-\frac{c_3s^2+(b_3+b_1c_3)s-b_3c_2}{D(s)}\left(\frac{s^2}{\omega_0^2}+1\right)\tag{4-68}$$

$$\frac{\Delta\theta(s)}{\Delta\delta(s)}=K_0^{\theta}W_0^{\theta}(s)=\frac{c_3s^2+c_3b_1s+c_3b_2-b_3c_1}{D(s)}\left(\frac{s^2}{\omega_0^2}+1\right)\tag{4-69}$$

式中，K_0^{φ}，K_0^{α}，K_0^{θ} 为相应传递函数的静态传递系数。其值为传递函数分子、分母 s 的最低幂次项系数绝对值之比，其符号为 s 的最高幂次项系数符号之比。ω_0 为发动机摆动零点，在推导中认为 $\omega_0^2\approx\dfrac{b_3}{b''_3}\approx\dfrac{c_3}{c''_3}$，这是采用摆动发动机所特有的。当采用燃气舵控制时，由于燃气舵转动惯量甚小，可以认为 $\omega_0^2\approx\infty$。

$\Delta\varphi$，$\Delta\alpha$，$\Delta\theta$ 稳定与否取决于传递函数特征方程有没有根分布在 s 平面的右半平面，而它们的运动分量和运动形式(单调或振荡)则取决于特征根的分布形式(实根或复根)。现在，我们通过观察各特征秒，特征方程 $D(s)=0$ 的根分布来分析无控火箭刚体运动的稳定性。

1. 起飞时刻

起飞时，V 值很小，因此 c 系数很大、b 系数很小，而阻尼项 b_1 值更小，为简单起见，略去 b_1 项，于是式(4-66)近似为

$$D(s)=s^3+(c_1-c_2)s^2+b_2s-b_2c_2\approx(s+c_1-c_2)\left[s^2+\frac{b_2c_1}{(c_1-c_2)^2}s-\frac{b_2c_2}{c_1-c_2}\right]\tag{4-70}$$

式中

$$c_1-c_2>0$$

(1) 当 $b_2<0$ 时，式(4-70)可写为

$$D(s) \approx (s + c_1 - c_2)\left[s^2 + 2\xi\omega s + \omega^2\right]$$

$$\omega = \sqrt{-\frac{b_2 c_2}{c_1 - c_2}},\quad \xi\omega = \frac{b_2 c_1}{2\,(c_1 - c_2)^2} < 0$$

可见 $D(s)=0$ 有一个实根在 s 平面左半平面，一对复根在 s 平面的右半平面。这说明导弹在起飞时刻无控时是振荡发散的。

(2) 当 $b_2 > 0$ 时，式(4-70) 可写为

$$D(s) \approx (s + c_1 - c_2)\left(s + \frac{1}{2\,(c_1 - c_2)^2} + \sqrt{\frac{b_2 c_2}{c_1 - c_2}}\right)\left(s + \frac{1}{2}\,\frac{b_2 c_1}{(c_1 - c_2)^2} - \sqrt{\frac{b_2 c_2}{c_1 - c_2}}\right)$$

式中，$\frac{1}{2}\,\frac{b_2 c_1}{(c_1 - c_2)^2} - \sqrt{\frac{b_2 c_2}{c_1 - c_2}} < 0$。

因此，$D(s)=0$ 一个根在右半平面，此根与 c_2 相联系，这说明弹体在重力分量的影响下单调发散。

2. 气动力矩系数最大时刻

此时 $|b_2|$ 最大，而由于 V 值已很大，故 c 系数很小，因此，$D(s)$ 可近似分解为

$$D(s) \approx (s - c_2)\left[s^2 + b_1 s + b_2\right] \tag{4-71}$$

(1) 当 $b_2 > 0$ 时，$D(s)$ 可写为

$$D(s) \approx (s - c_2)\left[s^2 + 2\xi\omega s + \omega^2\right]$$

$$\omega = \sqrt{b_2}$$

$$\xi\omega = \frac{1}{2}b_1 > 0$$

由此可见，$D(s)=0$ 有一个实根(等于 c_2) 在右半平面，有一对复根在左半平面，并且由于 b_1 很小而接近虚轴。这表明火箭的角运动将在重力分量的作用之下单调发散，由于 c_2 值很小，发散速度很慢。此外，在初始扰动下，角运动还将呈现振荡特性，振荡幅度取决于初始扰动的大小，振荡频率为 $\sqrt{b_2}$，振荡衰减的快慢取决于气动阻尼项 b_1 的大小，通常 b_1 值很小，故衰减很慢。由于 b_2 值远大于 c_2 值，振荡运动的周期远小于单调发散运动的时间常数。我们称这种振荡运动为短周期运动，而称缓慢的单调运动为长周期运动。火箭的整个角运动由这两部分运动分量所组成。可以看出，长周期运动与力平衡方程的系数相联系，反映了力的平衡过程，而短周期运动与力平衡方程系数相联系，反映了力矩的平衡过程。

(2) 当 $b_2 < 0$ 时，式(4-71) 可分解为

$$D(s) \approx (s - c_2)\left(s + \frac{1}{2}b_1 - \sqrt{|b_2|}\right)\left(s + \frac{1}{2}b_1 + \sqrt{|b_2|}\right) \approx$$

$$(s - c_2)\left(s - \sqrt{|b_2|}\right)\left(s + \sqrt{|b_2|}\right)$$

此时 $D(s)=0$ 有两个实根在右半平面，且由于 $\sqrt{|b_2|} \gg c_2$，故导弹在静不稳定力矩作用下迅速单调发散。

3. 关机时刻

气动力矩系数 b_1，b_2 接近为零值，则有

$$D(s) \approx s^3 + (c_1 - c_2)s^2 = s^2(s + c_1 - c_2) \tag{4-72}$$

$D(s)=0$ 有两个根在原点，故弹体的运动属于结构不稳定状态，一有外干扰，$\Delta\varphi$，$\Delta\theta$ 就迅速增大。

从对刚体运动各特征秒的特征方程根的分析可以看到：不管弹体气动特性是静安定的还是静不安定的，无控弹体运动都是不稳定的；当静不安定时，发散最快。要使弹体按预定弹道稳定飞行，必须对弹体的平面运动加以控制。

4.2.2 刚体控制稳定性条件

当 $b_2 < 0$ 时，$|b_2|$ 最大时刻弹体运动的固有稳定性最差，所以我们以此时刻为特征秒来讨论刚体运动的稳定条件。由于 $\Delta\theta$ 变化缓慢，首先略去 $\Delta\theta$ 的变化，即仅考虑力矩方程，由式(4-65)得

$$\Delta\ddot{\varphi} + b_1\Delta\dot{\varphi} + b_2\Delta\alpha + b_3\Delta\delta + b''_3\Delta\ddot{\delta} = -b_2\alpha_\omega + \overline{M}_f \tag{4-73}$$

考虑到 $\Delta\varphi \approx \Delta\alpha$，因此有

$$\Delta\ddot{\varphi} + b_1\Delta\dot{\varphi} + b_2\Delta\varphi + b_3\Delta\delta + b''_3\Delta\ddot{\delta} = -b_2\alpha_\omega + \overline{M}_f \tag{4-74}$$

在式(4-74)中，$b_3\Delta\delta$ 为摆动发动机(或控制舵)产生的控制力矩项，$b''_3\Delta\ddot{\delta}$ 为附加惯性力矩项(并非所要求的)。假设控制方程为

$$\Delta\delta = \alpha_0\Delta\varphi \tag{4-75}$$

代入式(4-74)，得

$$(1 + a_0 b''_3)\Delta\ddot{\varphi} + b_1\Delta\dot{\varphi} + (b_2 + a_0 b_3)\Delta\varphi = -b_2\alpha_\omega + \overline{M}_f \tag{4-76}$$

b''_3 很小，当 a_0 不是取得过大时，$a_0 b''_3 \ll 1$，因此可以略去 b''_3 项。此时式(4-76)的特征多项式为

$$D(s) = s^2 + b_1 s + b_2 + a_0 b_3 \tag{4-77}$$

由此看到，$D(s) = 0$ 没有正根的充要条件是

$$b_2 + a_0 b_3 > 0$$

这个条件表示，姿态偏差 $\Delta\varphi$ 所产生的控制力矩必须大于同一偏差产生的静不安定力矩。只有这样，才可能把导弹从任一初始偏差 $\Delta\varphi_0$ 控制回来。但从式(4-77)看到，由于 b_1 很小，即使 $D(s) = 0$ 之根在左半平面，这对根也很接近虚轴，因此弹体角运动仍呈现衰减极慢的振荡特性。

衰减很慢的原因是 $\Delta\dot{\varphi}$ 前的系数太小。为了增大对角运动的阻尼，在控制方程中还需要引进 $\Delta\dot{\varphi}$ 项，即实现通常所谓的超前控制，由此，控制方程必须为

$$\Delta\delta = \alpha_0\Delta\varphi + \alpha_1\Delta\dot{\varphi} \tag{4-78}$$

将式(4-78)代入式(4-74)，仍略去 b''_3 项，得

$$\Delta\ddot{\varphi} + (a_1 b_3 + b_1)\Delta\dot{\varphi} + (b_2 + a_0 b_3)\Delta\varphi = -b_2\alpha_\omega + \overline{M}_f$$

其特征多项式为

$$D(s) = s^2 + (a_1 b_3 + b_1)s + b_2 + a_0 b_3 \tag{4-79}$$

$D(s) = 0$ 之根在左半平面的条件为

$$\left.\begin{aligned} a_0 b_3 + b_2 > 0 \\ a_1 b_3 + b_1 \approx a_1 b_3 > 0 \end{aligned}\right\} \tag{4-80}$$

式(4-80)是在略去力平衡方程的条件下获得的。在考虑力平衡方程的条件下，由式(4-65)与式(4-78)联立解得引进姿态控制之后的特征多项式为

$$\begin{aligned} D(s) = {} & s^3 + (a_1 b_3 + b_1 + c_1 - c_2)s^2 + [a_0 b_3 + b_2 + (a_1 b_3 + b_1)(c_1 - c_2) - a_1 b_2 c_3]s + \\ & a_0 b_3(c_1 - c_2) - b_2(a_0 c_3 + c_2) \end{aligned} \tag{4-81}$$

在式(4-81)中由于 b_1, c_1, c_2 之值都很小，故有

$$D(s) \approx (s^2 + a_1 b_3 s + a_0 b_3 + b_2)\left(s + \frac{a_0 b_3 (c_1 - c_2) - b_2 (a_0 c_3 + c_2)}{a_0 b_3 + b_2}\right) \tag{4-82}$$

式中

$$\frac{a_0 b_3 (c_1 - c_2) - b_2 (a_0 c_3 + c_2)}{a_0 b_3 + b_2} > 0$$

由此可见，当引进控制方程(4-78)，并满足式(4-80)的条件之后，特征方程(4-82)之根全部都在左半平面，这说明计入力平衡方程后俯仰运动的稳定条件仍由式(4-80)给出。不难看出由于 c 系数值很小，式(4-82)中与 c 系数相联系的实根值亦很小，因此弹体运动仍由长周期运动与短周期运动两部分组成。

4.3　火箭刚体姿态控制器设计与分析

4.3.1　动、静态参数的初步选择

在控制方程式(4-78)中，称 a_0 为姿态稳定装置的静态放大系数，a_1 为动态放大系数。a_0 的大小不仅与弹体的稳定性相联系，而且与干扰作用下的弹体姿态角与所需发动机(或控制舵)摆角的大小相联系。

在式(4-65)中，作用在弹体上的主要干扰是用附加迎角 α_w 表示的风干扰，其中又以切变风的影响最大。现在首先观察切变风所引起的姿态角及发动机摆角变化与 a_0 之间的关系。切变风的变化对姿态运动来说不是很快，控制作用足以使弹体姿态跟得上切变风的变化，故在式(4-65)、式(4-78)中可略去动态项，可得

$$\Delta\varphi = -\frac{b_2}{a_0 b_3 + b_2}(\alpha_{w1} - \Delta\theta) \tag{4-83}$$

$$\Delta\delta = -\frac{a_0 b_2}{a_0 b_3 + b_2}(\alpha_{w1} - \Delta\theta) \tag{4-84}$$

式中，α_{w1} 表示切变风产生的附加迎角。切变风相对于质心运动来说变化较快，故切变风作用过程中所产生的 $\Delta\theta$ 甚小，可以略去，于是式(4-83)、式(4-84)就可写为

$$\Delta\varphi = -\frac{b_2}{a_0 b_3 + b_2}\alpha_{w1} \tag{4-85}$$

$$\Delta\delta = -\frac{a_0 b_2}{a_0 b_3 + b_2}\alpha_{w1} \tag{4-86}$$

式(4-85)、式(4-86)为准稳态方程，由式(4-85)可以计算出 $\frac{\Delta\varphi}{\alpha_{w1}}$ 与 $\frac{a_0 b_3}{|b_2|}$ 间的关系，如图 4-4 所示。

从图 4-4 可以看到，当 a_0 取值使 $\frac{a_0 b_3}{|b_2|} < 2.5$ 时，在相同 α_{w1} 作用下，$\Delta\varphi$ 随 a_0 的减小迅速增大；而当 $\frac{a_0 b_3}{|b_2|} > 2.5$ 时，$\Delta\varphi$ 随 a_0 的增大而缓慢减小。考虑到 a_0 取得过大可能引起的其他问题，如弹性、晃动运动的稳定问题、元件惯性的影响问题等，我们选择 a_0 使 $\frac{a_0 b_3}{|b_2|} = 2.5$ 是比较合适的。发动机摆角 $\Delta\delta$ 与 a_0 之间有类似于图 4-4 的关系。这可以从 $\Delta\delta$ 相对于 a_0 的变化率上

看出来，因为

$$\frac{\partial \Delta\delta}{\partial a_0} = -\left(\frac{b_2}{a_0 b_3 + b_2}\right)^2 \alpha_{\omega 1} \tag{4-87}$$

$\frac{\partial \Delta\delta}{\partial a_0}$ 为负值，说明 $\Delta\delta$ 随 a_0 的增大而减小。在相同的切变风干扰作用下，当 $\frac{a_0 b_3}{|b_2|} < 2.5$ 时，$\Delta\delta$ 随 a_0 的增大而迅速减小；当 $\frac{a_0 b_3}{|b_2|} > 2.5$ 时，$\Delta\delta$ 随 a_0 的增大而减小就不明显了。

由于弹体参数 b_2、b_3 与控制系统参数 a_0 在实际情况下都存在偏差，而在下偏差状态（又称下限状态，即气动稳定裕度最差的状态）下，$\alpha_{\omega 1}$ 所产生的 $\Delta\varphi$、$\Delta\delta$ 要比上偏差状态（上限）为大，所以在实际选取 a_0 时要保证下限状态满足要求，取

$$a_{0d} = 2.5\,\frac{|b_{2d}|}{b_{3d}} \tag{4-88}$$

式中，下标"d"表示下限状态。考虑到 a_0 有相对偏差 $\Delta\bar{a}_0$，则应取

$$a_0 = \frac{a_{0d}}{1 - \Delta\bar{a}_0} \tag{4-89}$$

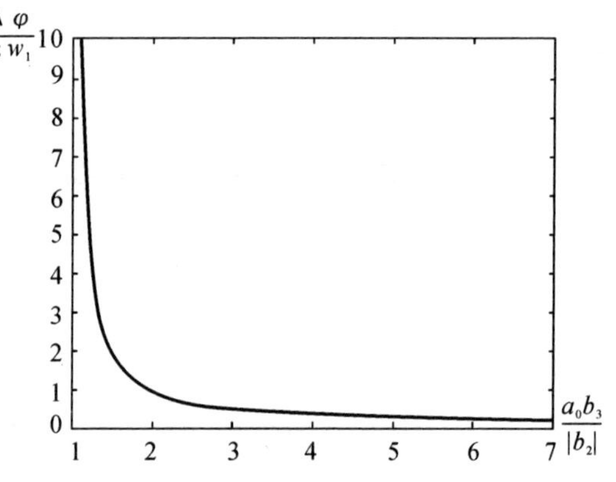

图 4-4　静态放大系数选择参考

在选定静态放大系数 a_0 之后，我们就可以着手选择动态放大系数 a_1，由式(4-82)可知，a_1 决定短周期运动的衰减快慢。短周期运动的振荡频率与相对阻尼近似为

$$\left.\begin{aligned} \omega &= \sqrt{a_0 b_3 + b_2} \\ \xi &= \frac{a_1 b_3}{2\omega} \end{aligned}\right\} \tag{4-90}$$

考虑下限状态，将式(4-88)代入式(4-90)，记 $\frac{a_0}{a_1} = \frac{1}{T_1}$，则有

$$\left.\begin{aligned} \frac{1}{T_1} &= \frac{1.02}{\zeta}\sqrt{|b_{2d}|} \\ a_1 &= \frac{\zeta}{1.02\sqrt{|b_{2d}|}} \cdot a_0 \end{aligned}\right\} \tag{4-91}$$

众所周知，当 $\zeta \geqslant 0.5$ 时，动态调整品质比较好。又为考虑实际系统各元件的惯性，用等效的时间常数 T 表示它们的影响，则式(4-91)可修正为

$$\frac{1}{T_1 - T} = \frac{1.02\sqrt{|b_{2d}|}}{\xi} \tag{4-92}$$

通常 $T = \frac{T_1}{4} \sim \frac{T_1}{5}$，取 $T = \frac{1}{4.5}T_1$，$\zeta = 0.5$ 计算，则有

$$\frac{1}{T_1} = 1.58\sqrt{|b_{2d}|} \tag{9-93}$$

或

$$a_1 = \frac{a_0}{1.58\sqrt{|b_{2d}|}} \tag{9-94}$$

根据式(4-91)或式(4-94)计算的动态参数仅是一初步的选择。对于姿态稳定系统来说,我们主要关心稳定裕度的大小(它与调整品质也有一定联系),所以应根据这一要求,最终确定动态放大系数。

以表 4-1 中数据为例,根据式(4-88)和式(4-94)可以计算得到 $a_0=0.850\ 5$,$a_1=0.688\ 6$,因此在不考虑执行机构和测量元件传递函数的前提下,可以写出其开环传递函数为

$$G(s)=\frac{1.796(s+0.069\ 8)(0.850\ 5+0.688\ 6\cdot s)}{(s-0.005\ 2)(s-0.726)(s+0.834)} \tag{4-95}$$

其开环波特图和闭环阶跃响应曲线分别如图 4-5 和图 4-6 所示,可以看出初步选择的动、静态增益可以使刚体系统满足稳定裕度要求。

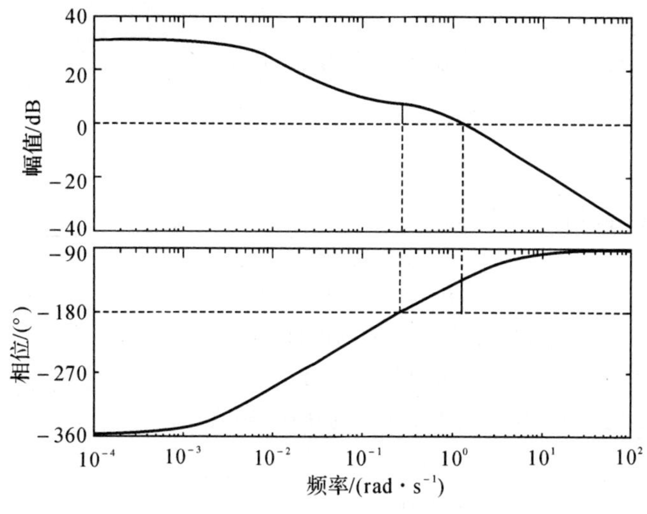

图 4-5　开环波特图

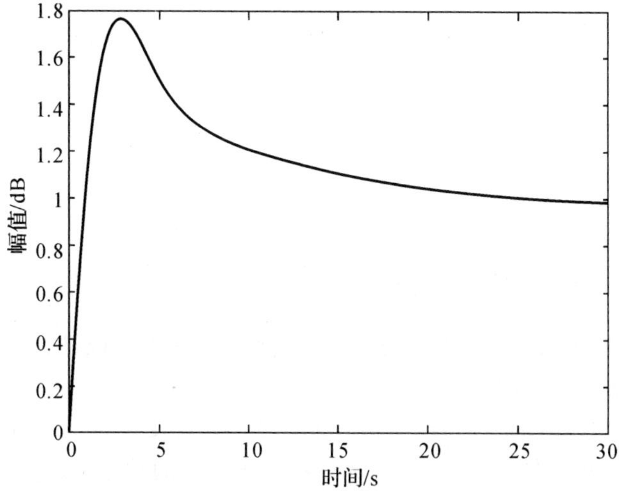

图 4-6　闭环单位阶跃响应

4.3.2 摇摆发动机(或控制舵)偏转角的估算

发动机偏转角的范围标志着系统所能提供的控制力矩大小(在控制力矩梯度已选定的条件下)。当容许的发动机偏角小于最大干扰作用的要求时,控制力矩将不能平衡干扰力矩,因而使姿态角急剧增大。此外,当滚动通道也由俯仰、偏航通道的控制发动机控制时,滚动通道会由于俯仰与偏航通道的发动机摆角达到极限而失去控制。鉴于上述情况,设计时必须保证发动机偏转角小于容许值。为此,需要预先估算在最大可能干扰作用下所需提供的最大发动机偏角,以便在结构设计中提供必要的发动机摆动空间。在初步设计时没有条件做变系数模拟试验,因此,只能根据个别特征秒的弹体参数及几种主要干扰进行估算。

1. 切变风

用准稳态方程(4-86)计算,考虑10%的超调,则有

$$\Delta\delta_{w1}=-1.1\frac{a_0b_2}{a_0b_3+b_2}\alpha_{w1} \tag{4-96}$$

2. 平稳风

因作用过程很长,故用稳态方程计算,且需考虑力的平衡,则有

$$\Delta\delta_{w2}=-\frac{a_0b_2(c_1-c_2-c'_1)}{a_0b_3(c_1-c_2)-b_2(a_0c_3+c_2)}\cdot\alpha_{w2} \tag{4-97}$$

式中,$c_1-c_2-c'_1>0$,α_{w_2} 为平稳风所产生的附加迎角。

3. 其他结构干扰力 $\overline{F}_f$ 与干扰力矩 $\overline{M}_f$ 的作用

考虑其他结构干扰力 $\overline{F}_f$ 与干扰力矩 $\overline{M}_f$ 的作用,则有

$$\Delta\delta_f=\frac{a_0b_2\overline{F}_f+a_0(c_1-c_2)\overline{M}_f}{a_0b_3(c_1-\overline{c_2})-b_2(a_0c_3+c_2)} \tag{4-98}$$

可得,所需发动机最大偏角为

$$\Delta\delta_{max}-\Delta\delta_{w_1}+\Delta\delta_{w_2}+\Delta\delta_f \tag{4-99}$$

在式(4-99)中风干扰所产生的发动机偏角是主要的,其中尤以 $\Delta\delta_{w_1}$ 为最大。经验表明在平稳风速与切变风速相同的条件下,$\Delta\delta_{w_2}$ 约为 $\Delta\delta_{w_1}$ 的$\frac{1}{3}$。故初步估算时可取

$$\Delta\delta_{max}=-\eta\frac{a_0b_z}{a_0b_3+b_2}\alpha_{\omega_1} \tag{4-100}$$

式中,取 $\eta=1.4$ 已经足够。其它参数取下限值。

4.3.3 法向(横向)导引系统分析

外干扰不仅引起姿态角变化,而且也使速度矢量的力向发生改变。现在我们就来分析外干扰(主要是风)作用下 $\Delta\theta$ 的大小。

因为讨论的是质心运动,而质心运动相对于角运动来说变化缓慢,故认为角运动动态过程已经结束,这样我们就可以在方程式(4-65)中略去角运动的动态项将其简化为

$$\left.\begin{aligned}&\Delta\dot{\theta}=c_1\Delta\alpha+c_2\Delta\theta+c_3\Delta\delta+c'_1\alpha_w+\overline{F}_f\\&b_2\Delta\alpha+b_3\Delta\delta=-b_2\alpha_w+\overline{M}_f\\&\Delta\alpha=\Delta\varphi-\Delta\theta\end{aligned}\right\} \tag{4-101}$$

控制方程亦可略去角运动的动态项,故有 $\Delta\delta=a_0\Delta\varphi$,式(4-101)是一简单的变系数方程

组,归并之后,得

$$\Delta\dot{\theta}+P(t)\Delta\theta=Q(t) \tag{4-102}$$

式中

$$\left.\begin{aligned}P(t)&=\frac{a_0b_3(c_1-c_2)-b_2(a_0c_3+c_2)}{a_0b_3+b_2}\\Q(t)&=c'_1\alpha_w+F_f+\frac{a_0c_3+c_1^+}{a_0b_3+b_0}+(\overline{M}_f-b_2\alpha_w)\end{aligned}\right\} \tag{4-103}$$

式(4-103)的解为

$$\Delta\theta=\int_0^t Q(\xi)\cdot e^{-\int_\xi^t P(\eta)d\eta}d\xi+\Delta\theta_0\cdot e^{-\int_0^t P(\eta)d\eta} \tag{4-104}$$

式中,$\Delta\theta_0$ 为 $\Delta\theta$ 的初始值,由式(4-104)看到,当干扰确定之后,$\Delta\theta$ 的大小取决于 $e^{-\int_0^t P(\eta)d\eta}$ 的大小,记

$$h(t,\zeta)=e^{-\int_\zeta^t P(\eta)d\eta} \tag{4-105}$$

$h(t,\xi)$ 就是脉冲过渡函数的共轭切面(t 为观察时刻)。由于 $P(t)$ 的分子与系数 c 相关,而 c 值很小,使得 $P(t)$ 之值很小,因此系统脉冲过渡函数衰减很慢,共轭切面的面积很大,干扰产生的 $\Delta\theta$ 值就很大。另外 $P(t)$ 的分子、分母都包含 a_0,故 a_0 的增加(在满足式(4-88)条件下)对 $P(t)$ 影响很小,由此得知,增大 a_0 并不能使 $\Delta\theta$ 有效减小。

但是 $\Delta\theta$ 以及 σ 的大小直接影响到射击精度,要提高射击精度就需要对 $\Delta\theta$ 以及 σ 进行控制。对 $\Delta\theta$ 的控制称为法向导引,对 σ 的控制称为横向导引。

对质心运动的控制是通过控制推力方向改变来达到的。而改变推力方向只需转动弹体就能做到,为此必须在控制方程中引进与法向(横向)质心运动有关的量。一种可能的控制方程形式为

$$\Delta\delta=a_0\Delta\varphi+a_1\Delta\dot{\varphi}+a_yW_a(s)\Delta\ddot{y}_a \tag{4-106}$$

式中,$\Delta\ddot{y}_a=\Delta\ddot{y}_c+(x_T-x_a)\Delta\ddot{\varphi}$,$\Delta\ddot{y}_c=V\Delta\dot{\theta}+\dot{V}\Delta\theta$。$\Delta\ddot{y}_a$ 为加速度表(安装在标准弹道速度坐标系的 y_c 方向)测到的法向加速度偏差,x_T、x_a 分别表示重心与加速度表到理论尖端的距离,$\Delta\ddot{y}_c$ 为弹道法向加速度偏差,a_y 为加速度通道静态放大系数,$W_a(s)$ 为常参数导引方案时的控制规律,其一般形式为

$$W_a(s)=k_1+\frac{k_2}{s}+\frac{k_3}{s^2} \tag{4-107}$$

式中,$\frac{1}{s}$,$\frac{1}{s^2}$ 分别表示一次积分和二次积分。根据控制规律的不同,可有以下几种导引形式。

1. 按速度导引

在式(4-107)中令 $k_1=k_3=0$,$k_2=1$,控制方程为

$$\left.\begin{aligned}&\Delta\delta=a_0\Delta\varphi+a_1\Delta\dot{\varphi}+a_y\int\Delta\ddot{y}_a dt=a_0\Delta\varphi+a_1\Delta\dot{\varphi}+a_y\Delta\dot{y}_a\\&\Delta\dot{y}_a=\Delta\dot{y}_c+(x_T-x_a)\cdot\Delta\dot{\varphi}\\&\Delta\dot{y}_c=\dot{V}\Delta\theta\end{aligned}\right\} \tag{4-108}$$

这时控制方程中引入的质心控制量为偏差弹道相对于标准弹道而言的法向速度,故称按速度导引。略去式(4-108)中的 $\Delta\dot{\varphi}$ 项,并假定 $x_T=x_a$,将式(4-108)代入式(4-101)得到

$$\Delta\dot{\theta}+P(t)\Delta\theta=Q(t) \tag{4-109}$$

式中

$$\left.\begin{aligned}
&P(t)=\frac{a_0b_3(c_1-c_2)-b_2(a_0c_3+c_2)+a_yV(b_3c_1-b_2c_3)}{a_0b_3+b_2}\\
&Q(t)=c'_1a_w+\overline{F}_f+\frac{a_0c_3+c_1}{a_0b_3+b_2}(\overline{M}_f-b_2\alpha_w)\\
&b_3c_1-b_2c_3>0
\end{aligned}\right\}\tag{4-110}$$

这个方程的解与式(4-102)形式相同。将二者相比较可以看出,$Q(t)$ 值相同,而 $P(t)$ 之值由于引入法向速度偏差信号而大大增加,这导致共轭切面 $h(t,\zeta)$ 大大减小,从而使弹道倾角偏差 $\Delta\theta$ 显著减小。$\dot{a}_y$ 愈大,$\Delta\theta$ 愈小。

对横向,相对于标准弹道的横向速度为 $\dot{z}=-V\sigma$,故控制方程应为

$$\Delta\delta=a_0\psi+a_1\dot{\psi}-a_z\cdot\dot{z}_a\tag{4-111}$$

一般形式应为

$$\Delta\delta=a_0\psi+a_1\dot{\psi}-a_zW_a(s)\cdot\ddot{z}_a\tag{4-112}$$

这时姿态控制信号与横向控制信号应相减,在信号综合时必须注意这一点。

2. 按位移导引

在式(4-107)中取 $k_1=k_2=0,k_3=1$,控制方程为

$$\left.\begin{aligned}
&\Delta\delta=a_0\Delta\varphi+a_1\Delta\dot{\varphi}+a_y\int\Delta\dot{y}_a\mathrm{d}t=a_0\Delta\varphi+a_1\Delta\dot{\psi}+a_y\Delta y_a\\
&\Delta y_a=\Delta y_c+(x_T-x_a)\cdot\Delta\varphi\\
&\Delta y_c=\int V\Delta\theta\mathrm{d}t
\end{aligned}\right\}\tag{4-113}$$

这里,Δy_c 为偏差弹道相对于标准弹道的法向位移。对横向,$z=-\int V\sigma\,\mathrm{d}t$ 为横向位移。

为讨论简单起见,假定 $x_T=x_a$,将式(4-113)与式(4-101)联立求解,略去系数的微分项,得

$$\begin{aligned}
&\Delta\ddot{\theta}+\frac{a_0b_3(c_1-c_2)-b_2(a_0c_3+c_2)}{a_0b_3+b_2}\Delta\dot{\theta}+\frac{a_yV(b_3c_1-b_2c_3)}{a_0b_3+b_2}\Delta\theta=\\
&\qquad c'_1\dot{\alpha}_w+\dot{\overline{F}}_f+\frac{a_0c_3+c_1}{a_0b_3+b_2}(\dot{\overline{M}}_f-b_2\dot{\alpha}_w)
\end{aligned}\tag{4-114}$$

由式(4-114)看出,$\Delta\theta$ 值取决于干扰的微商,由于干扰变化缓慢,所以 $\Delta\theta$ 之值显著减小。如果干扰为常值,则 $\Delta\theta=0$,这表明对干扰而言,$\Delta\theta$ 是一阶无静差控制,而式(4-108)的控制是有静差的。但是,由于 $\Delta\dot{\theta}$ 前的系数较小,因此 $\Delta\theta$ 的调整动态过程可能较差。a_y 取得愈大,调整过程愈差。调整动态过程直接影响关机时刻 $\Delta\theta$ 值的大小,所以在选择参数时应兼顾稳态误差及调整品质两方面的要求。

3. 按加速度导引

式(4-107)中,取 $k_1=0,k_2=k_3=0$,则引进控制方程中的质心运动控制量为弹道法向加速度偏差,控制方程为

$$\Delta\delta=a_0\Delta\varphi+a_1\Delta\dot{\varphi}+a_y\Delta\ddot{y}_a\tag{4-115}$$

与式(4-101)联立,解得

$$\left(1+\frac{a_yV(b_3c_1-b_2c_3)}{a_0b_3+b_2}\right)\Delta\dot{\theta}+\frac{a_0b_3(c_1-c_2)-b_2(a_0c_3+c_2)+a_y\dot{V}(b_3c_1-b_2c_3)}{a_0b_3+b_2}\Delta\theta=$$

$$c'_1\alpha_w+\bar{F}_f+\frac{a_0c_3+c_1}{a_0b_3+b_2}(\bar{M}_f-b_2\alpha_w) \tag{4-116}$$

写成标准形式为

$$\left.\begin{aligned}&\Delta\dot{\theta}+P(t)=Q(t)\\&P(t)=\frac{a_0b_3(c_1-c_2)-b_2(a_0c_3+c_2)+a_y\dot{V}(b_3c_1-b_2c_3)}{a_0b_3+b_2+a_yV(b_3c_1-b_2c_3)}\\&Q(t)=\left[(c'_1\alpha_w+\bar{F}_f)+\frac{a_0c_3+c_1}{a_0b_3+b_2}(\bar{M}_f-b_2\alpha_w)\right]\frac{a_0b_3+b_2}{a_0b_3+b_2+a_y(b_3c_1-b_2c_3)}\end{aligned}\right\} \tag{4-117}$$

由于 $\dot{V}/V\ll 1$，所以引进按加速度导引后，不仅不使 $P(t)$ 之值增大，反而使 $P(t)$ 之值减小，幸而 $Q(t)$ 亦按同一比例减小，因此 $\Delta\theta$ 变化不大。

实际应用中，近程导弹一般采用按速度导引就足以保证射击精度。但对远程导弹，除速度信号之外还需引入较弱的位移控制信号，而加速度信号作为改善动态调整过程用亦需引入(因它使 $\Delta\dot{\theta}$ 前的系数增大)。

4. 法向(横向)导引对系统稳定性的影响

我们以按速度导引规律为例来分析法向导引对系统稳定性的影响。仍采用冻结系数法，取 $x_T-x_a=0$，略去 b''_3，c''_3 项，将式(4-65)与式(4-108)联立解得引进按速度导引项后的特征多项式为

$$\begin{aligned}D(s)=&s^3+[a_1b_3+b_1+c_1-c_2-a_yVc_3]s^2+\\&[a_0b_3+b_2+(a_1b_3+b_1)(c_1-c_2)-a_1b_2c_3-a_yVb_1c_3]s+a_0b_3(c_1-c_2)-\\&b_2(a_0c_3+c_2)+a_yV(b_3c_1-b_2c_3)\end{aligned} \tag{4-118}$$

可以看出，现在常数项增大，而 s^2 项的系数减小，当常数项不太大(即 a_y 不是取得太大)时，式(4-118)可近似分解为

$$\begin{aligned}D(s)\approx&[s^2+(a_1b_3-a_yVc_3)s+a_0b_3+b_2]\cdot\\&\left[s+\frac{a_0b_3(c_1-c_2)-b_2(a_0c_3+c_2)+a_yV\cdot(b_3c_1-b_2c_3)}{a_0b_3+b_2}\right]\end{aligned} \tag{4-119}$$

由此看到常数项增大使长周期运动的动态过程缩短(时间常数减小)，s^2 项系数减小。后者起到 a_1 减小的同等作用，减弱对短周期运动的阻尼作用。由古尔维茨判据，式(4-118)没有正根的条件为(略去 b_1)

$$\left.\begin{aligned}&a_1b_3+c_1-c_2-a_yVc_3>0\\&a_1b_3(a_0b_3+b_2)-[a_0b_3(c_1-c_2)-b_2(a_0c_3+c_2)+a_yV(b_3c_1-b_2c_3)]>0\end{aligned}\right\} \tag{4-120}$$

因此 a_y 必须满足

$$\left.\begin{aligned}&a_y<\frac{a_1b_3+(c_1-c_2)}{Vc_3}\\&a_y<\frac{1}{V}\left[\frac{(a_0b_3+b_2)(a_1b_3+c_2)}{b_3c_1-b_2c_3}-a_0\right]\end{aligned}\right\} \tag{4-121}$$

一般地，式(4-120)给出的 a_y 值可作为参数选择的参考。

当制导系统采用平台计算机方案时，法向(横向)导引信号由导引方程给出，此信号一定可以分解为反馈量($\delta\ddot{y}$，$\delta\dot{y}$，δy 或 $\ddot{z}$，$\dot{z}$，z)与非反馈量两部分，直接影响稳定性的是反馈量，而

非反馈量可作为一般开路信号加入。

4.3.4 加速度表反馈控制在姿态稳定中的应用

对大型导弹,所能承受的最大载荷往往是一个严重问题。这个载荷主要是由迎角($\Delta\alpha+a_{w}$)产生的气动力矩与发动机偏角($\Delta\delta$)产生的控制力矩所引起。迎角与发动机偏角则主要由风产生,因此减小风产生的迎角与发动机偏角就能减小导弹所受载荷。为了减小迎角,可采用迎角表测量弹体相对于气流的迎角并进行反馈控制,也可以用固连在弹体法向轴的加速度表来间接测量迎角。我们称后者为加速度表反馈控制。加速度表反馈不仅可以作为减小载荷的控制(称为载荷控制),而且可以作为减小风干扰产生的质心运动偏移的控制(称为漂移控制)。

1. 载荷最小控制

固连在弹体 y_1 轴方向的加速度表测量信号为

$$\Delta\ddot{y}_1=k_2\Delta\alpha+k_3\Delta\delta+k''_3\Delta\ddot{\delta}+l_a\cdot\Delta\ddot{\varphi}+k_2\alpha_w \tag{4-122}$$

式中
$$k_2=\frac{c_{y1}^{\alpha}qs_M}{m},\quad k_3=Vc_3,k''_3=Vc''_3,\quad l_a=x_T-x_a$$

控制方程中引入上述信号,则有

$$\Delta\delta=a_0\Delta\varphi+a_1\Delta\dot{\varphi}+g_2\Delta\ddot{y}_1 \tag{4-123}$$

式中,g_2 为加速度表稳定仪的静态放大系数。为分析简单起见,略去 b_1、$\Delta\ddot{\delta}$ 项,将式(4-65)与式(4-123)联立,求得闭回路特征多项式为

$$\begin{aligned}D(s)=\{&[1-g_2(k_3-l_ab_3)]s^3+\\&[a_1b_3+(c_1-c_2)-g_2((k_3-l_ab_3)(c_1-c_2)-(k_2-l_ab_2)c_3)]s^2+\\&[a_0b_3+b_2+g_2(k_2b_3-k_3b_2)+a_1(b_3(c_1-c_2)-b_2c_3)]s+\\&a_0[b_3(c_1-c_2)-b_2c_3]-[b_2+g_2(k_2b_3-k_3b_2)]c_2\}(1-g_2k_3)^{-1}\end{aligned} \tag{4-124}$$

式中
$$k_2b_3-k_3b_2>0$$

由式(4-124)看出,当引进加速度表控制后,s 项系数增大,这等价于增大 a_0;s^2 项系数变化不大,而常数项减小。对 s^3 项系数的影响决定于加速度表在弹上的安装位置。由于常数项仍然是一个小量,故式(4-124)可进一步近似分解为

$$\begin{aligned}D(s)\approx 1-\frac{g_2(k_3-l_ab_3)}{1-g_2k_3}\Big[s^2+\\&\frac{a_1b_3-g_2(k_3-l_ab_3)(c_1-c_2)+g_2(k_2-l_ab_2)c_3}{1-g_2(k_3-l_ab_3)}s+\frac{a_0b_3+b_2+g_2(k_2b_3-k_3b_2)}{1-g_2(k_3-l_ab_3)}\Big]\times\\&\Big[s+\frac{a_0b_3(c_1-c_2)-a_0b_2c_3-g_2(k_2b_3-k_3b_2)c_2-b_2c_2}{a_0b_3+b_2+g_2(k_2b_3-k_3b_2)}\Big]\end{aligned} \tag{4-125}$$

式(4-125)中与 c 系数相联系的实根是很小的,因此,弹体运动仍由长周期运动与短周期运动组成。与(4-82)相比可知,质心运动的调整过程变坏。为讨论简单起见,我们不妨选择 $l_a=\dfrac{k_3}{b_3}$,此时,将式(4-125)与式(4-82)相比可以看出,对于反映短周期运动的特征根,g_2 的作用相当于增大 a_0。

由于切变风是最主要的干扰,减小切变风产生的相对于气流的迎角($\Delta a+a_{w1}$)与发动机偏角对减小载荷最有意义。由式4-125)得知质心运动仍然变化缓慢,因此在研究切变风的作

用时可以略去质心运动的变化，并略去角运动的动态项，则有

$$\Delta\alpha = \Delta\varphi = -\frac{b_2 + g_2(k_2 b_3 - k_3 b_2)}{a_0 b_3 + b_2 + g_2(k_2 b_3 - k_3 b_2)}\alpha_{w_1} \tag{4-126}$$

记

$$\alpha = \Delta\alpha + \alpha_{\omega}$$

可得

$$\left.\begin{aligned} a &= \frac{a_0 b_3}{a_0 b_3 + b_2 + g_2(k_2 b_3 - k_3 b_2)}\alpha_{w_1} \\ \Delta\delta &= -\frac{a_0 b_2}{a_0 b_3 + b_2 + g_2(k_2 b_3 - k_3 b_2)}\alpha_{w_1} \end{aligned}\right\} \tag{4-127}$$

若记 $\tilde{b}_2 = b_2 + g_2(k_2 b_3 - k_3 b_2)$，由式(4－126)与式(4－85)相比可以看到，引入法向加速度信号等价于加大尾翼。由式(4－127)得知，在 a_0 不变的基础上再引进加速度表控制，可使分母增大，因此 a_{w_1} 所产生的 a 与 $\Delta\delta$ 都有所减小；同时我们还可以看到 a、$\Delta\delta$ 的大小与 a_0 的关系发生了变化。当 a_0 减小时，a、$\Delta\delta$ 随之减小，这是由于引进 g_2 项给 a_0 的减小提供了可能性的缘故。当取 $a_0 = 0$ 时，切变风作用下产生的 a 与 $\Delta\delta$ 均为零，这时导弹像一个风标那样，迎着气流方向飞行，此时弹体所受载荷最小，故称此为载荷最小控制。将 $a_0 = 0$ 代入式(4－125)，且取 $l_a = \dfrac{k_3}{b_3}$，则有

$$D(s) \approx [s^2 + a_1 b_3 s + g_2(k_2 b_3 - k_3 b_2) + b_2](s - c_2) \tag{4-128}$$

由式(4－128)可以看到：① 为保证短周期运动的稳定性，阻尼项 $a_1\dot{\varphi}$ 仍然必须引入，而 g_2 的选择应使 $g_2(k_2 b_3 - k_3 b_2) + b_2 > 0$，显然，若 a_1 值不变，而且选择 g_2 使 $g_2(k_2 b_3 - k_3 b_2) = a_0 b_3$，则短周期运动的品质将与不引进加速度表控制时一样。②$D(s) = 0$ 的正根为 c_2，故长周期运动不稳定。由于 c_2 很小，长周期运动发散缓慢，但毕竟系统是不稳定的，这就限制了载荷最小控制方案的应用，必要时只在风干扰严重区域局部使用。③g_2 与 l_a 的选择应使 $g_2(k_3 - l_a b_3) < 1$，为此选择 $l_a > 0$ 较为有利。

2. 漂移最小控制

现在分析引进加速表控制后，风干扰对弹道倾角变化的影响。略去角运动的动态项，将式(4－123)与式(4－101)联立求解，得一阶变系数方程为

$$\Delta\dot{\theta} + P(t)\Delta\theta = Q(t) \tag{4-129}$$

式中

$$\left.\begin{aligned} P(t) &= \frac{a_0 b_3(c_1 - c_2) - a_0 b_2 c'_3 - [g_2(k_2 b_3 - k_3 b_2) + b_2]c_2}{a_0 b_3 + b_2 + g_2(k_2 b_3 - k_3 b_2)} \\ Q(t) &= \frac{a_0(b_3 c'_1 - b_2 c_3) - (c_1 - c'_1)[b_2 + g_2(k_2 b_3 - k_3 b_2)]}{a_0 b_3 + b_2 + g_2(k_2 b_3 - k_3 b_2)}\alpha_{w1} \end{aligned}\right\} \tag{4-130}$$

式(4－129)的解仍有式(4－109)之形式。但从式(4－122)可以看到，加速度表是干扰 $a_{\omega 1}$ 的测量装置，故这时 $Q(t)$ 与 a_0，g_2 都有关系，只要我们适当地选择 g_2，可使干扰得到补偿，即使 $Q(t) = 0$，这样，由风干扰产生的 $\Delta\theta = 0$，由于这种情况下风干扰不产生质心运动漂移，故称此为漂移最小控制，其控制条件为

$$g_2 = \frac{a_0(b_3 c'_1 - b_2 c_3) - b_2(c_1 - c'_1)}{(k_2 b_3 - k_3 b_2)(c_1 - c'_1)} \tag{4-131}$$

当按式(4－131)选择 g_2 后，得

$$\left.\begin{aligned}P(t) &= c_1 - c_2 - c'_1 \\ Q(t) &= 0\end{aligned}\right\} \tag{4-132}$$

这时 $P(t) > 0$,故质心运动仍是衰减运动,是稳定的。将式(4-131)代入式(4-127)得

$$\Delta\delta = -\frac{b_2(c_1 - c'_1)}{b_3 c_1 - b_2 c_3}\alpha_{w_1} = -\frac{b_2\left(1 - \dfrac{c'_1}{c_1}\right)}{b_3 - b_2\dfrac{c_3}{c_1}}\alpha_{w_1} \tag{4-133}$$

当没有引进加速度表控制时,式(4-133)可改写为

$$\Delta\delta = -\frac{b_2\alpha_{w_1}}{b_3 + b_2\dfrac{1}{a_0}} \tag{4-134}$$

比较式(4-133)、式(4-134)可见,引进漂移最小控制仍然可以减小切变风产生的发动机偏角,c'_1 约为 c_1 的$\frac{1}{4} \sim \frac{1}{3}$,故采用漂移最小控制至少将使 $\Delta\delta$ 值减小 30% 左右。

无论按载荷最小或漂移最小来选择参数,加速度表反馈都可以减小风干扰产生的 $\Delta\delta$ 值,所以在实际应用中,加速度表反馈不仅可以作为减小弹体承载或减小风干扰产生的质心漂移的一种方法,而且也可以作为减小发动机最大偏角的一种措施。但在具体设计中,由于加速度表同时感受很强的弹性信号,在加速度表反馈通道内需要引入对弹性信号的滤波。可是大型运载器的一阶弹性振型频率较接近刚体控制频率,滤波器的加入必然引进较大的相位滞后,此相位滞后给系统稳定性带来不利影响,往往使角运动的调整品质变坏,这就严重影响了加速度表的使用效果。代替加速度表反馈的另一种方案是直接用迎角表反馈。这种反馈可以得到与上述讨论类似的结果,而其感受的弹性信号远比加速度表的小,滤波器引入的相位滞后也可小一些,故其控制效果也好一些,但其安装要比加速度表困难。

本章小结

本章以运载火箭或弹道导弹为例,介绍了航天飞行器姿态动力学特性分析和控制器设计方法:①根据“固化”原理,在速度坐标系建立了质心动力学方程以及在弹体坐标系建立绕质心动力学方程,通过采用“小量”假设将其分解为纵向和侧向运动方程,最终根据“小扰动”假设建立了线性化的扰动运动方程组并给出火箭刚体传递函数。②本章从传递函数特征多项式入手,分别对无控和有控火箭刚体稳定性进行分析。③给出了火箭刚体姿态控制器设计方法,并讨论了导引系统和加速度表反馈对姿态控制系统的影响。

参考文献

[1] 张最良,谢可兴,张谦,等.弹道导弹的制导与控制[M].长沙:国防科技大学,1981.

[2] 徐延万.控制系统:上[M].北京:中国宇航出版社,1992.

第 5 章　飞行器弹性控制仿真

长细比指飞行器的特征长度与横截长度的比例。运载火箭、空空导弹等飞行器的长细比都大于 10，都是典型的大长细比飞行器。对于此类飞行器，由于其采用较大的长细比、较小的结构质量，所以结构刚度较小，弹性振动的固有频率较低，更容易在外界激励下产生弹性振动，对飞行器的控制系统造成影响，所以研究飞行器的动态特性必须考虑壳体弹性变形的影响。

有弹性的壳体在作用于弹体的外力作用下会产生变形和弯曲振动。弹性振动和变形振动对飞行器绕质心运动产生的影响是多方面的。它引起作用于飞行器的空气动力分布变化，这种变化又影响壳体变形。气动力和弹性力(短时间还有惯性力)共同作用产生的气动效应对飞行器结构强度、飞行器的静稳定性和操纵性在一定条件下会有影响，此问题即是典型的气动弹性问题。对于运载火箭、无翼导弹来说，空气动力相对于推力、弹性力、惯性力等都小得多，气动弹性所引起的气动力(矩)变化可以被看作是干扰，弹性变形主要通过敏感元件(陀螺或加速度计)经过控制系统引起控制力和力矩的变化，即伺服弹性问题。本章所讨论的就是这种情况。

由于弹性运动也通过姿控装置构成反馈，所以弹性运动的稳定性对保证控制装置正常工作，即保证对刚体运动正常控制是极为重要的。控制装置各元件具有饱和特性，特别是伺服机构，它能提供的最大力矩、最大功率、最大角速度都是有限的，其速度特性极易进入饱和状态。当弹性运动不稳定，使进入控制装置的弹性信号过大时，伺服机构将工作于非线性(主要是速度饱和状态)。这就使得它对误差信号中刚体姿态角误差的放大作用减小。从刚体的稳定性分析可知，这将导致刚体低频稳定裕度减小，甚至失稳，因此保证弹性运动的稳定性是极其重要的。

本章设计了一个典型的大长细比飞行器弹性控制任务，基于刚(弹)耦合动力学模型，合理配置速率陀螺位置和设计滤波器实现弹性箭体稳定控制，最终在六自由度验证条件下验证了控制方案的鲁棒性。

5.1　大长细比飞行器弹性控制仿真技术

运载器总长 8 000 mm，质心相对位置为 $X_c(t)=X_{c0}-0.05t$，$t\leqslant 20$ s，初始质量 $m_0=1\,200$ kg，质量流率 $\dot{m}=30$ kg/s，初始转动惯量 $J_{y0}=J_{z0}=4\,400$ kg·m^2，转动惯量变化率为$\dot{J}_y=\dot{J}_z=80$ kg·m^2/s，初始质心为 5 m，发动机地面推力为 $F=90$ kN，箭身横截面积为 0.16 m^2，参考长度为 8 000 mm，发射点经度为 80°，纬度为 40°，海拔高度为 1 000 m，射向为 120°，发射角为 87°。工作时序见表 5-1。

表 5-1　工作时序

代　号	名　称	单　位	时　序
t_0	脱落插头脱落(点火)	s	0.0

续表

代　号	名　称	单　位	时　序
t_1	火箭启控(俯仰、偏航通道)	s	2
t_2	主发动机关机点	s	20
t_3	火箭控制结束	s	35
t_4	头罩分离/抛罩点火	s	t_5(高度大于 75 km)

标准条件下离轨点参数见表 5-2。

表 5-2　标准条件下离轨点参数

项　目	参　数
时间 /s	0.7
速度 /($\mathrm{m\cdot s^{-1}}$)	26
X/m	9
Y/m	0.5
Z/m	0
俯仰角 /(°)	86.94
弹道倾角 /(°)	87

控制指标要求如下:

(1) 开环增益裕度大于 6 dB,相位裕度不小于 30°

(2) 飞行弹道特征点上,相对阻尼系数大于 0.5;

(3) 各阶振动模态对应的幅值裕度大于 3 dB。

5.2　弹性模型建模

本节针对 5.1 节题设飞行器研究其弹性模型。对于弹性箭体来说,必须基于结构动力学模型来描述弹性变形,并且为了能够建立刚弹耦合的控制模型,结构动力学模型必须能够解析地表达。首先在 5.2.1 节中建立基于单维梁模型的结构动力学模型,并将解析的结构动力学模型在 5.2.2 节中进行线性化,作为一个串联模型与刚体模型耦合。

5.2.1　结构动力学模型

由于壳体的弹性振动,壳体上任何一点的运动除了等效刚体(所谓等效是指有同样的质量分布和空气动力分布)的平移和转动外,还有相对于刚体纵轴(即无变形轴)的横向弹性振动。为了描述横向弹性振动,在俯仰平面内定义 $O-xy$ 坐标系(见图 5-1),其原点 O 位于等效刚体的鼻锥顶端,Ox 沿无变形轴指向壳体尾部。壳体纵轴上任一点 A 在 $O-xy$ 坐标系的坐标 y 是垂直于无变形纵轴上的纵轴挠度,正好描述壳体弹性振动产生的横向位移。显然 y 是 y,t

的函数，即 $y=y(x,t)$。x 是从鼻锥开始计算的火箭无变形轴的点坐标，t 是时间坐标。由结构动力学可知火箭在空间的横向振动可以精确地看作两端自由的非均匀弹性梁的运动，此梁的质量及抗弯刚度沿长度的分布由壳体结构参数决定，在壳体结构参数不随时间变化的假设下，不考虑外力作用，可以把壳体横向自由振动看作一系列分量的叠加（数学上称为用正交函数级数表示）。设

$$y(x,t)=\sum_{i=1}^{n}q_i(t)W_i(x)\,,\quad i=1,2,\cdots,n \tag{5-1}$$

式中，$W_i(t)$ 表示任意瞬时壳体纵轴各点的相对横向位移关系，称为弹性壳体的第 i 次固有振型函数。$q_i(t)$ 在振型函数确定后可以决定弹性振动，所以称为描述弹性壳体的第 i 次振型的广义坐标。弹性振动广义坐标 $q_i(t)$ 是随时间变化的量，它由下列二阶常微分方程确定，即

$$\ddot{q}_i(t)+2\xi_i\omega_i\dot{q}_i+\omega_i^2q_i=\frac{Q_i}{M_i} \tag{5-2}$$

式中，ω_i 是第 i 次振型的固有频率，ξ_i 是第 i 次振型的阻尼系数，Q_i 是对应第 i 次振型的广义力，M_i 是对应第 i 次振型的广义质量，其关系式为

$$Q_i=\int_0^l f_{y1}(x)\cdot W_i(x)\,\mathrm{d}x \tag{5-3}$$

$$M_i=\int_0^l m(x)W_i^2(x)\,\mathrm{d}x \tag{5-4}$$

式中，$f_{y1}(x)$ 是作用于火箭的外力在轴 y_1 上的投影；$m(x)$ 是沿壳体纵轴的弹体质量分布。

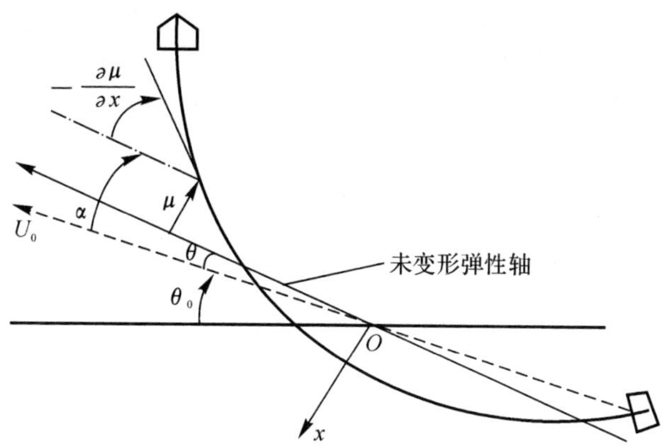

图 5-1　俯仰平面内的壳体弹性变形

频率 ω_i 和固有振型函数 $W_i(x)$ 一样是壳体结构特性和沿纵轴质量分布的函数。Q_i 是影响弹体振动的广义力，由式(5-3)可知，只要知道 $f_{y1}(x,t)$ 即可求出其表达式。$f_{y1}(x,t)$ 包括控制力、气动力、推力以及舵的惯性力等诸力沿弹体立轴 oy_1 的投影。

应当指出，由于弹性变形，必须考虑气动力沿纵轴分布的不均匀，把它当做分布力，用广义气动力的概念来描述。例如设 $y_1^\alpha(x)$ 是沿弹体纵轴任意点的局部法向力导数，则等效刚体的法向力导数为 $Y_1^\alpha=\int_0^l y_1^\alpha(x)\,\mathrm{d}x$，总的法向力为 $Y_1^\alpha\cdot\Delta\alpha$。在壳体变形的情况下，沿纵轴各点局部攻角不同，不能再用法向力导数 Y_1^α 的概念。如引入广义气动力导数概念 $\int_0^l y_1^\alpha(x)W_i(x)\,\mathrm{d}x$，则总的法向力为 $\int_0^l y_1^\alpha(x)W_i(x)\frac{\partial y(x,t)}{\partial x}\mathrm{d}x$。这就考虑了在某次振型振

动下各点局部攻角的不同，更确切地描述了弹性壳体的受力情况。

除气动力外，上面提到的各力都作用在壳体的某一位置，所以是集中力，由式(5－3)可直接得到相应的广义力。将广义力的具体表达式代入式(5－2)，略去各次振型之间的相互影响即得到某次振型的振动方程为

$$\ddot{q}_i + 2\xi_i\omega_i\dot{q}_i + \omega_i^2 q_i = D_{1i}\Delta\dot{\varphi} + D_{2i}\Delta\alpha + D_{3i}\delta_\varphi + D''_{3i}\ddot{\delta}_\varphi + D_{2i}\alpha_\omega - Q_{iy} \tag{5-5}$$

式中

$$D_{1i} = -\frac{57.3qS_M}{M_iV}\left[\int_0^l c_{y1}^\alpha(x)(x_T - x)W_i(x)\mathrm{d}x\right](\mathrm{m}\cdot\mathrm{s}^{-1})$$

$$D_{2i} = \frac{57.3qS_M}{M_i}\left[\int_0^l c_{y1}^\alpha(x)W_i(x)\mathrm{d}x\right](\mathrm{m}\cdot\mathrm{s}^{-2})$$

$$D_{3i} = \frac{57.3qS_M}{M_i}c_{y1}^{\delta}\varphi(x_R)W_i(x_R)(\mathrm{m}\cdot\mathrm{s}^{-2})$$

$$D''_{3i} = \frac{1}{M_i}[m_R l_R W_i(x_R) + J_R W'_i(x_R)](\mathrm{m})$$

Q_{iy} 是沿 y_1 轴干扰力对应的广义力。

显然，D_{1i}，D_{2i} 代表与旋转角速度和攻角成比例的等效刚体弹体的广义气动力对 i 次振型振动的作用。其表达式中 c_{y1}^α 是局部法向升力系数，x_T 是火箭质心横坐标。D_{3i}，D''_{3i} 表示舵的摆角和角加速度对 i 次振型振动的影响系数，其中 x_R，l_R，m_R，J_R 分别代表舵轴到火箭头部的距离、舵面重心到舵轴沿弹体纵轴方向的距离、舵面的质量、舵面的转动惯量。$c_{y1}^{\delta_\varphi}$ 是舵面法向升力系数。

5.2.2 刚/弹耦合控制模型

将式(5－5)与刚体箭体控制小扰动方程联立，得到考虑弹性振动的弹体小扰动方程为

$$\left.\begin{aligned}
&\Delta\dot{\theta} = c_1\Delta\alpha + c_2\Delta\theta + c_3\delta_\varphi + c''_3\ddot{\delta}_\varphi + c'_1\alpha_\omega + \overline{F}_{b_y}\\
&\Delta\ddot{\varphi} + b_1\Delta\dot{\varphi} + b_2\Delta\alpha + b_3\delta_\varphi + b''_3\ddot{\delta}_\varphi + b_2\alpha_\omega = \overline{M}_{b_Z}\\
&\ddot{q}_i + 2\xi_i\omega_i\dot{q}_i + \omega_i^2 q_i = D_{1i}\Delta\dot{\varphi} + D_{2i}\Delta\alpha + D_{3i}\delta_\varphi + D''_{3i}\ddot{\delta}_\varphi + D_{2i}\alpha_\omega - Q_{iy}\\
&\Delta\varphi = \Delta\theta + \Delta\alpha
\end{aligned}\right\} \tag{5-6}$$

弹体传递函数为

$$\left.\begin{aligned}
&W_{\delta_\varphi}^{\varphi}(s) = \frac{\Delta\varphi(s)}{\delta_\varphi(s)} = \frac{\Delta\varphi}{\Delta}\\
&W_{\delta_\varphi}^{q_i}(s) = \frac{q_i(s)}{\delta_\varphi(s)} = \frac{\Delta q_i}{\Delta},\quad i = 1,2,3
\end{aligned}\right\} \tag{5-7}$$

$$\Delta = \begin{vmatrix}
s + c_1 - c_2 & -c_1 & 0 & 0 & 0\\
-b_2 & s^2 + b_1 s + b_2 & 0 & 0 & 0\\
D_{21} & -(D_{11}s + D_{21}) & s^2 + 2\zeta_1\omega_1 s + \omega_1^2 & 0 & 0\\
D_{22} & -(D_{12}s + D_{22}) & 0 & s^2 + 2\zeta_2\omega_2 s + \omega_2^2 & 0\\
D_{23} & -(D_{13}s + D_{23}) & 0 & 0 & s^2 + 2\zeta_3\omega_3 s + \omega_3^2
\end{vmatrix} \tag{5-8}$$

$$\Delta\varphi=\begin{vmatrix} s+c_1-c_2 & c''_3 s^2+c_3 & 0 & 0 & 0 \\ -b_2 & -(b''_3 s^2+b_3) & 0 & 0 & 0 \\ D_{21} & D''_{31}s^2+D_{31} & s^2+2\zeta_1\omega_1 s+\omega_1^2 & 0 & 0 \\ D_{22} & D''_{32}s^2+D_{32} & 0 & s^2+2\zeta_2\omega_2 s+\omega_2^2 & 0 \\ D_{23} & D''_{33}s^2+D_{33} & 0 & 0 & s^2+2\zeta_3\omega_3 s+\omega_3^2 \end{vmatrix} \tag{5-9}$$

由于姿态角测量元件安装在弹体上，因此除测量出刚体姿态运动信号外，还可测量出弹体振动产生的附加姿态信号。故姿态角测量元件所测量的信号为

$$\Delta\varphi_s=\Delta\varphi-\sum_{i=1}^{n}q_i(t)W'_i(X_s) \tag{5-10}$$

式中，$W'_i(X_s)$ 为姿态角测量元件安装处的 i 次振型斜率。

姿态角速率测量元件所测量到的信号为

$$\Delta\dot{\varphi}_{gs}=\Delta\dot{\varphi}-\sum_{i=1}^{n}\dot{q}_i(t)W'_i(X_{gs}) \tag{5-11}$$

式中，$W'_i(X_{gs})$ 为姿态角速率测量元件安装处的 i 次振型斜率。测量方程如下：

$$\left.\begin{aligned} \Delta\varphi_s&=\Delta\varphi-\sum_{i=1}^{n}q_i(t)W'_i(X_s) \\ \Delta\dot{\varphi}_{gs}&=\Delta\dot{\varphi}-\sum_{i=1}^{n}\dot{q}_i(t)W'_i(X_{gs}) \end{aligned}\right\} \tag{5-12}$$

$$\left.\begin{aligned} W_{\delta_\varphi}^{\Delta\varphi_s}&=\frac{\Delta\varphi_s(s)}{\delta_\varphi(s)}=W_{\delta_\varphi}^{\varphi}(s)-\sum_{i=1}^{n}W_{\delta_\varphi}^{q_i}(s)W'_i(X_s) \\ W_{\delta_\varphi}^{\Delta\dot{\varphi}_s}&=\frac{\Delta\dot{\varphi}_{gs}(s)}{\delta_\varphi(s)}=s\left[W_{\delta_\varphi}^{\varphi}(s)-\sum_{i=1}^{n}W_{\delta_\varphi}^{q_i}(s)W'_i(X_{gs})\right] \end{aligned}\right\} \tag{5-13}$$

采用 PD 两回路＋陷波滤波器的控制方案，图 5－2 所示为其控制结构。

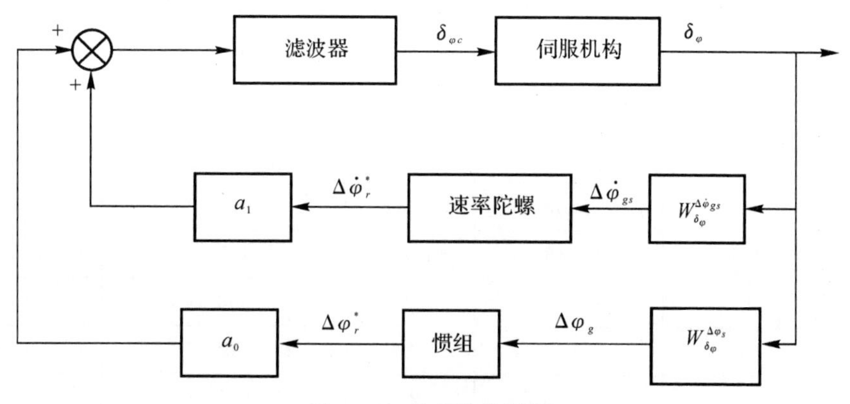

图 5－2　控制结构框图

整个闭环控制系统的开环传递函数为

$$G=-\left[a_0 W_{GZ} W_{\delta_\varphi}^{\varphi_s}+a_1 W_{ST} W_{\delta_\varphi}^{\dot{\varphi}_{gs}}\right]W_g W_{SF} \tag{5-14}$$

当没有速率陀螺时，有

$$W_{\delta_\varphi}^{\Delta\dot{\varphi}_s} = s \cdot W_{\delta_\varphi}^{\Delta\varphi_s}$$

于是，有开环传递函数

$$G = -(a_0 + a_1 s) W_{GZ} W_{\delta_\varphi}^{\varphi_s} W_g W_{SF} \tag{5-15}$$

5.3 弹性控制器设计

针对5.2节建立的刚/弹耦合控制模型，合理选择特征点，通过配置速率陀螺位置和设计陷波滤波器，完成弹性箭体的稳定控制，并在频域内验证拉偏情况下的鲁棒性。

5.3.1 特征点选取

由于刚体动力系数和弹性参数计算的特征点不一致，所以以质量为插值变量，对与弹性有关的数据进行了插值，以时间为插值变量，对刚体动力系数和控制器增益进行了插值。

取t=9.25 s，12.6 s，14 s，15.5 s，17.4 s的特征点进行分析。之所以不选9.25 s之前的特征点，是因为从一阶弹性动力系数来看，9.25 s之前的动力系数过小，所以弹性问题不突出。从理论上分析，由于操纵机构为空气舵，所以在动压比较小的阶段，舵对弹体弹性的激励小，反映在动力系数上就是D_3很小，所以弹性效应不明显。但是，由于飞行时间越短，弹体频率越低，所以从振动频率来看，初始阶段弹性问题应该是更严重。综合考虑这两种因素，把9.25 s的振型频率设置为0 s(即满载)的振型频率，这样一来，无论是从动力系数还是振型频率的角度，9.25 s特征点处的弹性效应都要强于前面的任意特征点。

经计算得到弹性运动方程式系数见表5-3。

表5-3 弹性运动方程式系数

阶　次	时间/s	D_1^φ/(m·s^{-1})	D_2^φ/(m·s^{-2})	D_3^φ/(m·s^{-2})	D_3^φ/m
横向一阶	0	0.076 40	3.147 22	−0.001 36	−0.000 30
	8.5	2.576 72	1 372.835 44	−2.024 06	−0.000 32
	11.5	1.680 33	1 890.059 93	12.050 11	−0.000 32
	14	0.883 94	1 876.258 19	52.375 41	−0.000 34
	15.5	0.440 79	1 688.154 53	110.646 60	−0.000 36
	18.5	0.210 68	953.30 082	86.358 09	−0.000 37
横向二阶	0	−0.335 66	−2.601 64	0.009 88	−0.000 07
	8.5	−6.645 23	−1 048.185 36	105.202 23	−0.000 02
	11.5	−6.519 59	−978.895 34	306.706 03	0.000 03
	14	−6.507 04	−724.299 10	712.727 18	0.000 13
	15.5	−4.413 77	62.582 85	863.701 17	0.000 24
	18.5	−2.401 90	359.355 12	632.332 73	0.000 43

续表

阶　次	时间/s	$D_1^{\varphi}/(\mathrm{m\cdot s^{-1}})$	$D_2^{\varphi}/(\mathrm{m\cdot s^{-2}})$	$D_3^{\varphi}/(\mathrm{m\cdot s^{-2}})$	D_3^{φ}/m
横向三阶	0	0.180 90	3.448 40	0.0144 2	0.000 70
	8.5	4.910 58	1 764.554 24	162.830 00	0.001 15
	11.5	1.683 20	2 410.322 04	410.643 89	0.001 23
	14	−0.116 46	2 267.530 17	573.922 90	0.001 25
	15.5	−0.480 43	1 625.213 97	533.765 64	0.001 19
	18.5	0.08617	334.147 58	447.179 46	0.001 13

5.3.2　速率陀螺配置

由于弹性运动主要通过测量元件测得的含弹性形变信号影响控制控制系统的稳定性，所以减少进入控制系统的弹性信息是伺服弹性稳定的重要方法。而从测量方程式(5-12)可以看出，进入控制系统的弹性信息大小与惯组和速率陀螺安装位置处的振型斜率密切相关。由于陀螺体积小、重量轻、安装位置灵活，所以可以通过合理安排速率陀螺的安装位置，有效减少进入控制系统的弹性信息，从而减小控制系统设计难度，改善控制系统性能。

考虑到一阶弹性对弹体稳定性的影响最大，所以在选择速率陀螺安装位置时主要考虑一阶振型。由于振型波腹处的斜率最小，所以将一阶弹性振型的波腹选作速率陀螺安装点。

在速率陀螺选型时，通常采用经验＋仿真验证的方法，即先根据以往型号的选型参数选择合适的速率陀螺型号(通常是系列化)，然后通过六自由度仿真找出陀螺安装误差和测量误差的边界，来验证选型方案的合理性。

惯组安装位置处的振型斜率见表 5-4。

表 5-4　惯组安装处振型斜率

时　间	横向一阶	横向二阶	横向三阶
t/s	$W'_{\varphi}/\mathrm{m}^{-1}$	$W'_{\varphi}/\mathrm{m}^{-1}$	$W'_{\varphi}/\mathrm{m}^{-1}$
0.0	−0.336 1	−0.169 59	0.195 169
8.5	−0.347 83	−0.119 22	0.319 472
11.5	−0.352 91	−0.082 78	0.319 893
14.0	−0.357 21	−0.030 9	0.327 59
15.5	−0.360 88	0.030 412	0.339 463
18.5	−0.363 08	0.087 75	0.364 002

从图 5-3 中可以看出，一阶弹性振型的波腹约在距离头部 3.7～4 m 处，取速率陀螺安装位置为 3.7 m，可以计算(其实是估算)出速率陀螺处的振型斜率(见表 5-5)。图 5-4、图5-5所示分别为二阶、三阶弹性振型曲线。

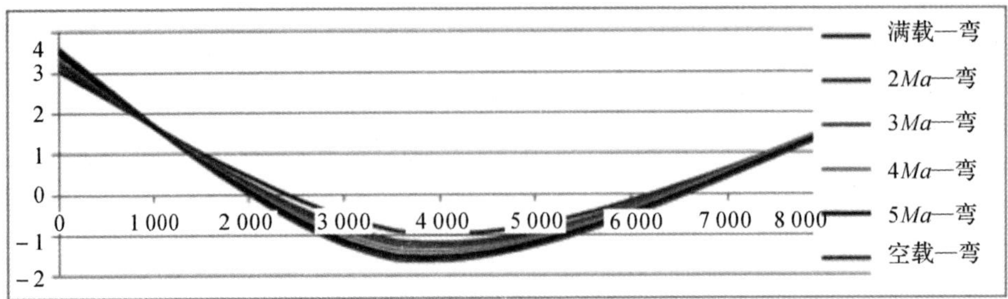

图 5-3　一阶弹性振型曲线

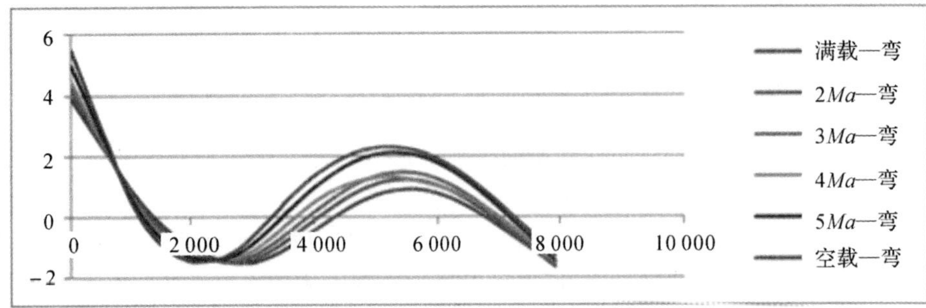

图 5-4　二阶弹性振型曲线

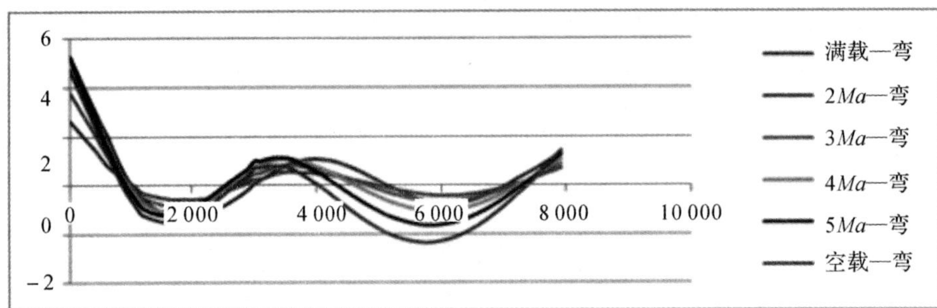

图 5-5　三阶弹性振型曲线

表 5-5　速率陀螺安装处振型斜率

时　间	横向一阶	横向二阶	横向三阶
t/s	$W'_{\varphi}/\mathrm{m}^{-1}$	$W'_{\varphi}/\mathrm{m}^{-1}$	$W'_{\varphi}/\mathrm{m}^{-1}$
0.0	−0.039 2	0.382 8	0.083 5
8.5	−0.024 0	0.413 7	−0.069 7
11.5	−0.017 1	0.431 8	−0.102 9
14.0	−0.010 1	0.464 8	−0.154 2
15.5	−0.003 5	0.350 9	−0.247 6
18.5	0.000 7	0.338 1	−0.273 1

对比表 5－5 可知，速率陀螺安装位置处的一阶和三阶弹性振型斜率都有明显的减小，而二阶振型斜率则增大了。由于速率陀螺安装位置位于一阶波腹附近，所以较小的安装位置误差或振型不确定会使振型斜率大大增加。保守起见，假设速率陀螺安装位置处的一阶振型斜率降低至惯组安装位置处的 0.15 倍(其实明显可以降低更多)，二阶和三阶则采用计算值。以第 15.5 s 特征点为例，在没有引入滤波器的情况下，加入速率陀螺前后的系统开环波特图对比如图 5－6 所示。

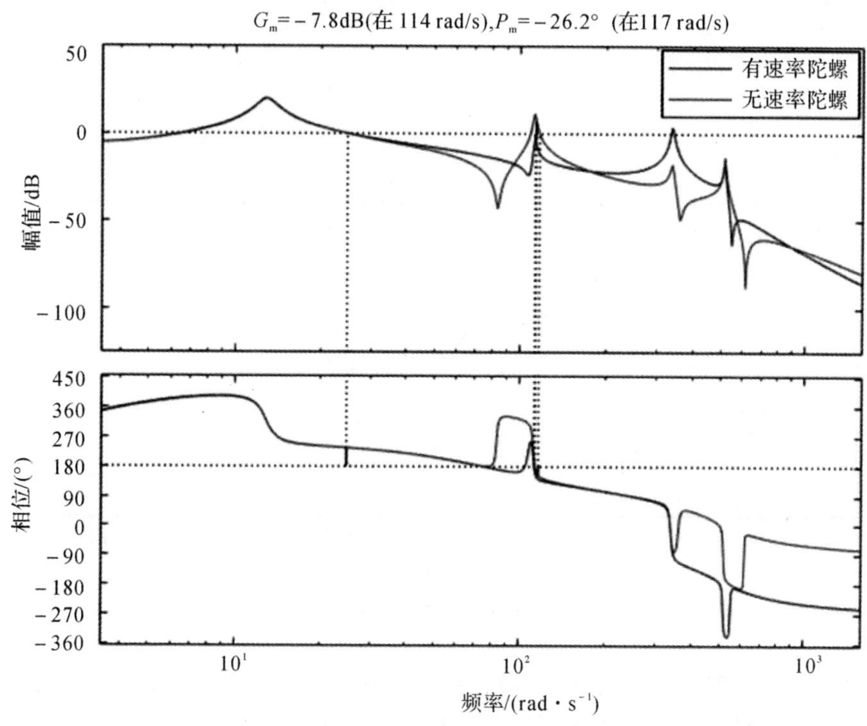

图 5－6　有无速率陀螺波特图

由图 5－6 中可以看出，有无速率陀螺对于刚体部分的幅频特性没有影响。对于高频弹性部分而言，可以读出有速率陀螺时，一阶弹性幅值曲线尖峰为－3.84 dB，二阶尖峰为 3.84 dB；而无速率陀螺时，一阶尖峰为 11.8 dB，二阶尖峰为－17.3 dB。可见通过引入速率陀螺可以使一阶弹性幅值曲线尖峰下降约 15.64 dB，二阶上升约 21.1 dB。尽管二阶弹性尖峰幅值增大了，但一阶弹性滤波器带来的相位滞后要远大于二阶，所以总体来看，引入速率陀螺可以减小滤波器给系统带来的相位滞后，改善系统性能。接下来的分析和设计都是在假设引入速率陀螺之后进行的。

5.3.3　偏差项设置

首先通过频域分析，考察刚体动力系数拉偏对弹性的影响。以某秒特征点为例，在没有引入陷波滤波器的情况下，弹性参数不拉偏，只对刚体动力系数 b_2，b_3 进行正负拉偏 30%，得到由图 5－7 所示的结果。

由图 5－7 中可以读出标称情况下，一阶弹性幅值曲线尖峰为－3.84 dB，b_2，b_3 正拉偏时，尖峰为－3.82 dB，负拉偏时，尖峰为－3.85 dB，可见刚体拉偏对弹性的影响非常小。尽管刚体拉偏理论上会影响相位裕度，从而对弹性滤波器的设计有一定约束，但由于刚体控制器的设计本身就留有很大的相位裕度，所以在设计滤波器时可以不用过于考虑刚体拉偏的影响。

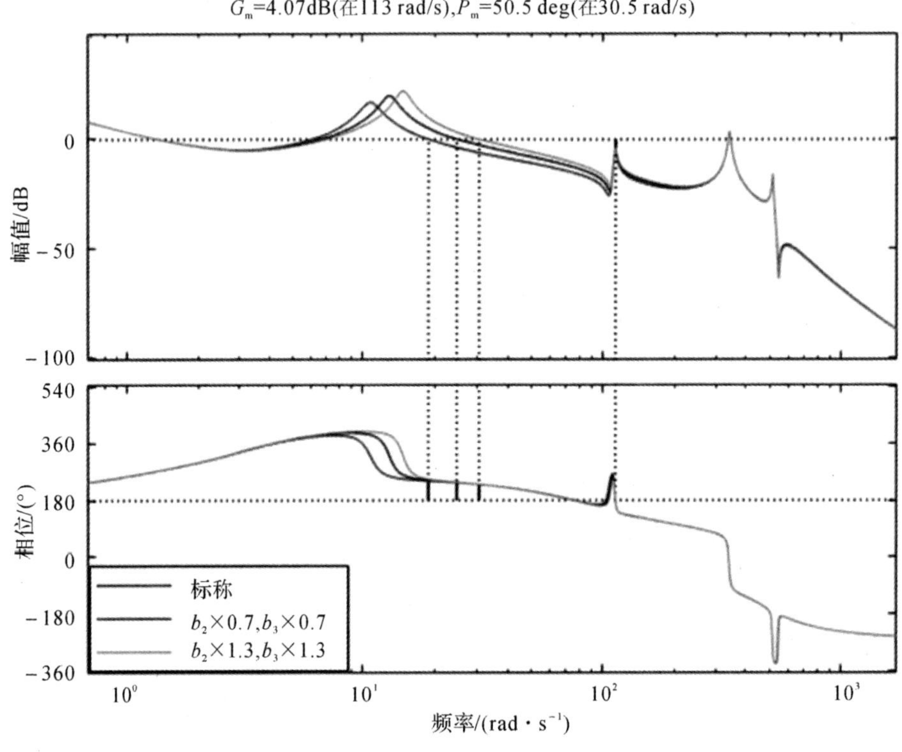

图 5-7　刚体拉偏时波特图

弹性参数的下限状态偏差设置为：弹性动力系数拉偏+30%，阻尼拉偏−50%，振型斜率拉偏+30%，振型频率拉偏±5%。从物理意义上来看，正向拉偏弹性方程动力系数意味着放大外力对弹性的激励作用，阻尼负拉偏会加剧弹性震荡、减缓收敛速度，振型斜率正拉偏会导致通过测量元件进入控制系统的弹性信号增大，振型频率分别采取正负拉偏，则是放大了弹性振动的频率范围以考验滤波器的适应能力(负拉偏时由于频率更接近刚体控制频率，所以情况更恶劣)。以上拉偏都会使弹性运动的稳定性更差，更加考验滤波器的设计，而由于其它拉偏情形都会减小伺服弹性耦合作用，所以在设计滤波器时只需要使弹性下限情形满足稳定性要求即可，而不需要像刚体控制器设计时那样需要同时考虑上下限。

5.3.4　滤波器模型

弹性稳定控制的经典方案有两种：①相位稳定，即把弹性信号作为控制信号的一部分，通过校正网络得到合适的相位，从而达到稳定的目的。这种稳定方法常用于大型运载火箭的低阶振型稳定，但由于振型斜率通常难以测准，所以一般飞行器通常不采用相位稳定的方案。②幅值稳定，即让各阶次振型频率对应幅值曲线处于 0 dB 以下，为了达到这个目的，除了采用速率陀螺之外，还需要引入陷波滤波器。

陷波滤波器的一般形式为

$$W_g=\frac{(s/\omega_1)^2+2\xi_{1a}s/\omega_1+1}{(s/\omega_1)^2+2\xi_{1b}s/\omega_1+1}\times\cdots\times\frac{(s/\omega_n)^2+2\xi_{na}s/\omega_n+1}{(s/\omega_n)^2+2\xi_{nb}s/\omega_n+1} \tag{5-16}$$

式中，$\xi_{1a}<\xi_{1b}$，以使得波特图上频率为 $\omega_1,\omega_2,\cdots,\omega_n$ 附近的幅值曲线产生一个“陷阱”，从而使各阶次振型满足幅值稳定。ξ_{1a} 越小、ξ_{1b} 越大，则陷波越深，但同时给控制系统带来的相位滞后也越大，所以设计滤波器参数时需要同时考虑弹性稳定性与刚体控制性能。由于飞行过程中弹体的各阶次振型频率会发生变化，再考虑不确定性的影响，所以需要找出各阶振型频率变化的上下界，然后在这个范围内布置一个或多个滤波模块。其设计准则为：在保证下限状态弹性运动幅值稳定的同时，尽量减少刚体的相位裕度损失。由于滤波器需要满足全程弹性稳定，所以设计参数通常需要反复调试。

针对本算例设计的滤波器传递函数为

$$W_g=\frac{[100,0.25][115,0.25][285,0.1][350,0.1]}{[100,0.5][115,0.5][285,0.5][350,0.5]} \tag{5-17}$$

其幅频特性曲线如图 5－8 所示。

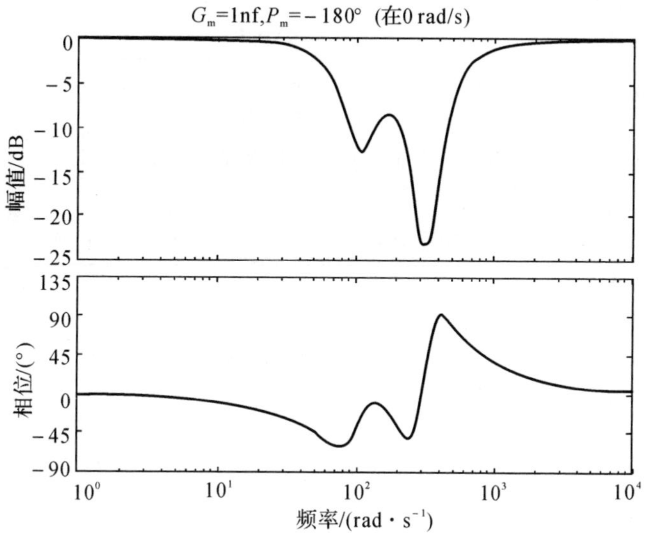

图 5－8　陷波滤波器波特图

其各部分的波特图如图 5－9 所示。由图 5－9 中可以看出，二阶振型频率附近的滤波深度要大于一阶振型附近，前者约为后者的两倍，但前者引起的刚体截止频率附近的相位滞后却小于后者，只有后者的约 0.53 倍。所以从这里也可以看出，在选择速率陀螺位置时，只考虑一阶振型斜率是合理的。

引入滤波器之前，标称情况下 5 个特征点处的系统开环波特图如图 5－10 所示。可以看出，在引入速率陀螺的标称情况下，即使没有加入滤波器，系统一阶和三阶弹性运动都是幅值稳定的，二阶弹性也满足相位稳定。

引入滤波器之后，标称情况下五个特征点处的系统开环波特图如图 5－11 所示。可以看出，引入滤波器之后，一到三阶弹性运动都满足幅值稳定，并且具有较大的稳定裕度。

引入滤波器之前，下限状态的开环波特图如图 5－12 所示。

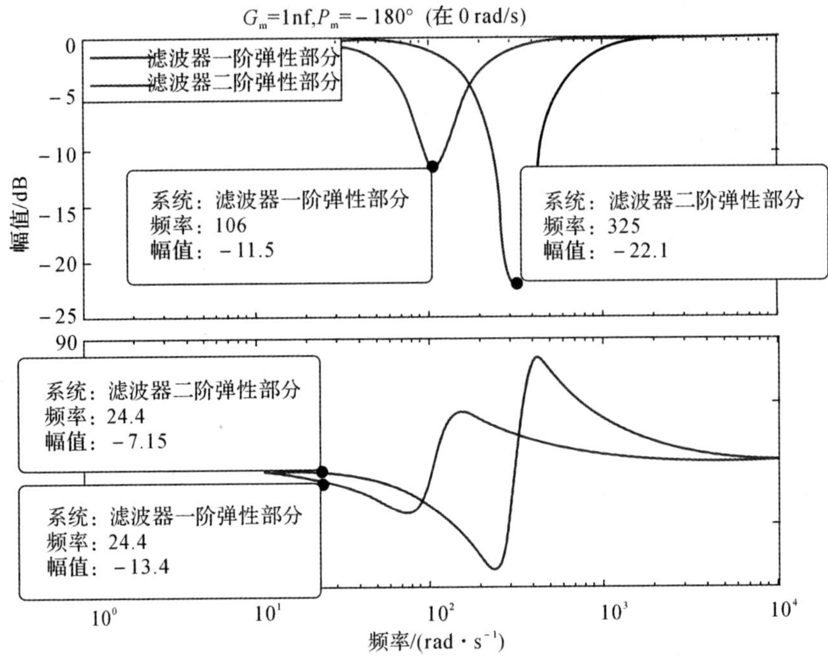

图 5－9　陷波滤波器各部分波特图

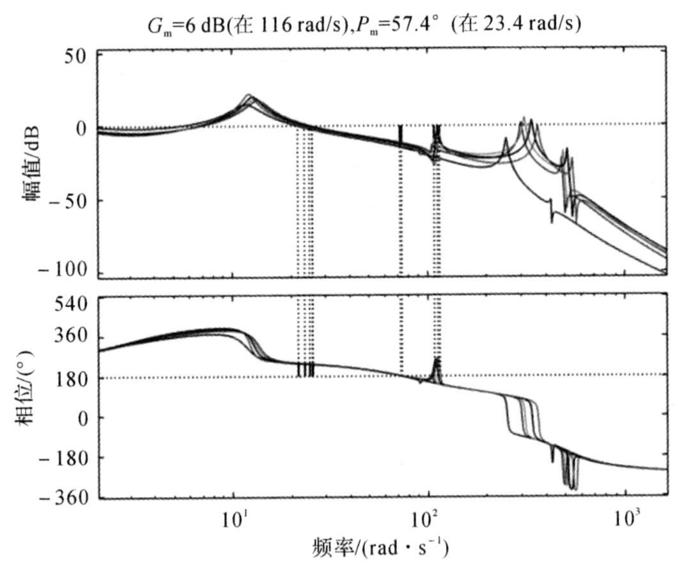

图 5－10　未加滤波器标称情况波特图

可以看出，在拉偏的情况下，只靠引入速率陀螺已经无法满足弹性稳定的要求了，因此必须要加入陷波滤波器，来保证在飞行过程中不会因为模型不确定而导致弹性运动发散。

引入滤波器之后，下限状态的开环波特图如图 5－13 所示。

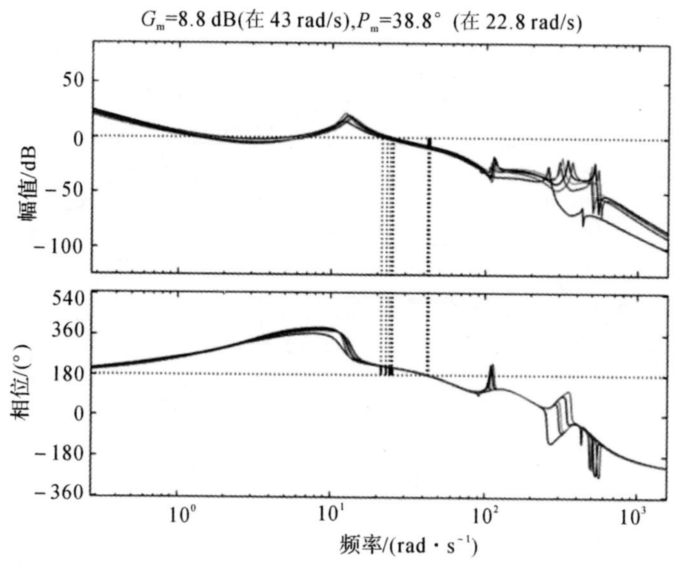

图 5-11　加入滤波器标称情况波特图

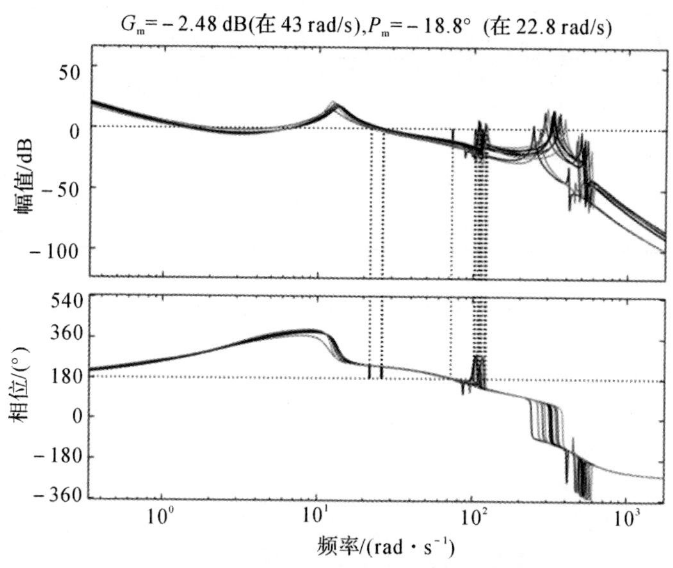

图 5-12　未加入滤波器下限情况波特图

可以看出,引入滤波器之后,在拉偏下限状态下,系统依然能够满足弹性运动幅值稳定的要求。相应的结果统计见表 5-6 和表 5-7。

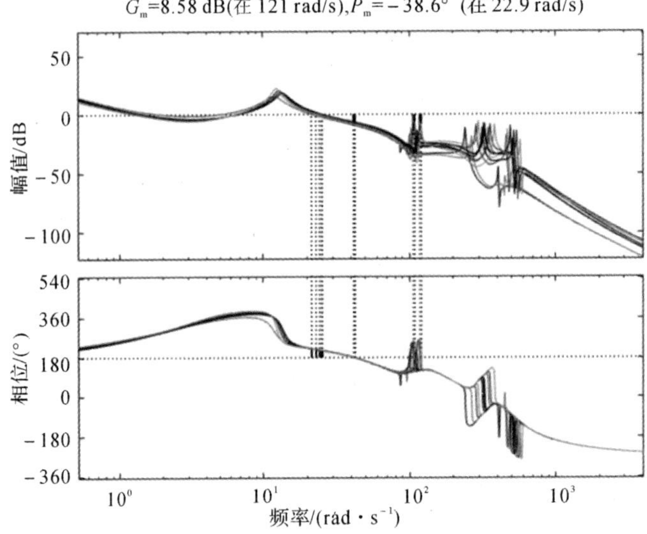

图 5-13 加入滤波器下限情况波特图

表 5-6 标称情况下引入滤波器之后稳定裕度统计

特征点/s	相位裕度/(°)	一阶弹性幅值裕度/dB	二阶弹性幅值裕度/dB	三阶弹性幅值裕度/dB
9.25	39.5	26.9	25.3	62.8
12.6	34.4	25.6	20.8	29.6
14	35.1	22.2	17.1	24.2
15.5	36.7	16.6	18.9	22.0
17.4	38.8	18	20.7	27.4

表 5-7 下限情况下引入滤波器之后稳定裕度统计

特征点/s	频率拉偏极性	相位裕度/(°)	一阶弹性幅值裕度/dB	二阶弹性幅值裕度/dB	三阶弹性幅值裕度/dB
9.25	+	38.9	27.3	18.9	52.3
	−	38.5	22.4	11.2	44.7
12.6	+	33.9	19	11.2	21.0
	−	33.5	16.9	8.63	17.7
14	+	34.5	13.6	7.54	15.4
	−	34.1	11.6	5.51	12.5
15.5	+	36.3	7.07	8.08	13.9
	−	36.1	5.35	7.36	9.6
17.4	+	38.6	8.36	8.34	21.4
	−	38.5	6.94	11.0	13.4

可以看出，设计的滤波器不仅能够满足弹性运动幅值稳定的要求，给系统带来的相位滞后也在可以接受的范围内。

5.4　大长细比飞行器弹性控制仿真

为了验证 5.3 节所设计弹性控制器的效果，本节设置了六自由度仿真条件，在引入风场的条件下，分别进行了标称情况和拉偏情况的仿真，最后对仿真结果进行了分析，对影响弹性振动的各项进行了总结。

5.4.1　干扰条件

为了验证弹性控制器在极端环境下的适用性，加入平稳风和突变风两种模型。其中平稳风风场模型见表 5-8。

表 5-8　平稳风风场插值表

高度/km	5	7	9	11	13	15	17	20	30	40	50	60
风速/($m \cdot s^{-1}$)	21	30	52	69	67	52	38	30	20	50	118	112

其中突变风风场模型见表 5-9。

表 5-9　切变风风场插值表

高度/km	5	7	9	11	13	15	17	20	30	40	50	60
风速/($m \cdot s^{-1}$)	18	30	31	18	10	6.4	4.5	3.3	6.5	60	30	30

火箭在动压最大区域时遭遇切变风对控制系统影响最为显著，所激励出的弹性振动也最为强烈，因此在动压最大时（即 10 km 时）加入切变风。该切变风在 3 km 内从最大值衰减至零。风场剖面如图 5-14 所示。

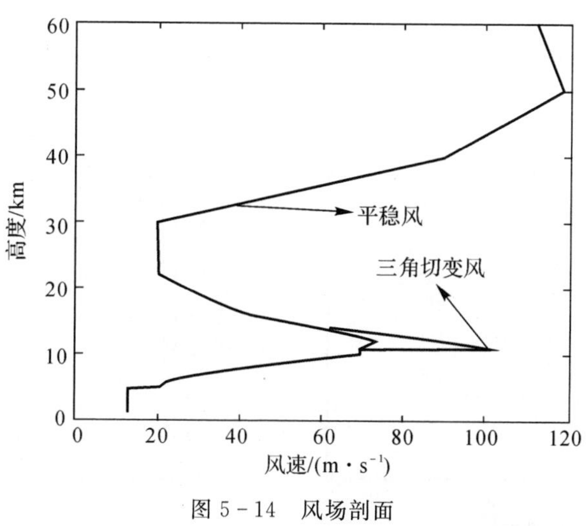

图 5-14　风场剖面

5.4.2 标准状态仿真结果

标准状态仿真结果如图 5-15～图 5-26 所示。

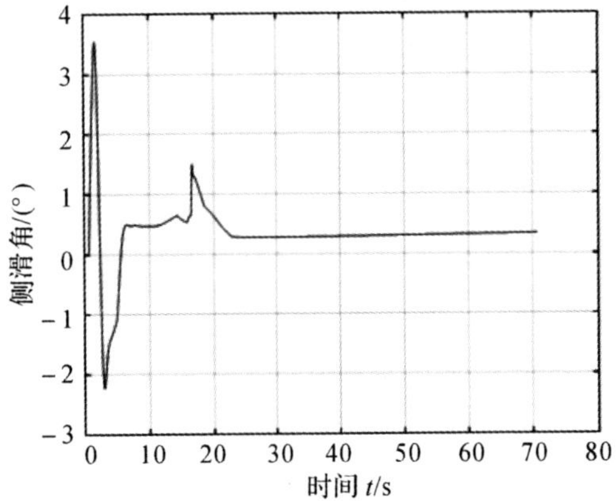

图 5-15 俯仰角随时间变化曲线

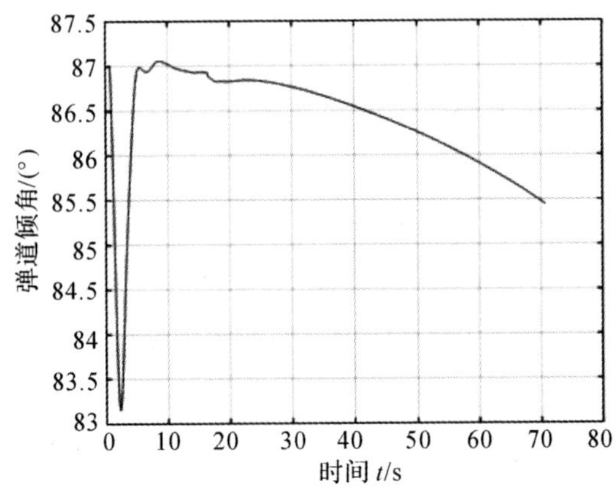

图 5-16 弹道倾角随时间变化曲线

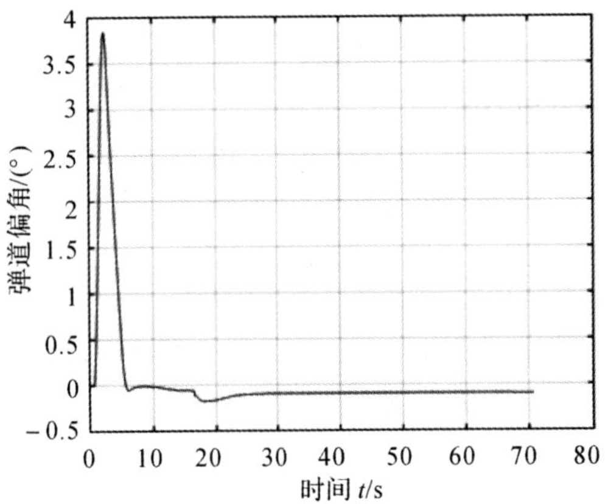

图 5-17 弹道偏角随时间变化曲线

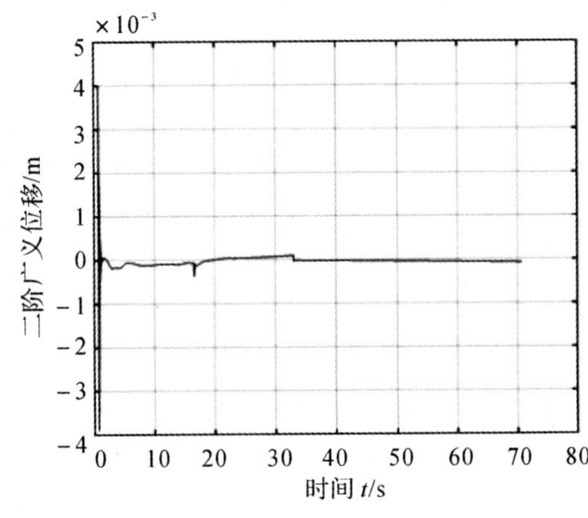

图 5-18 二阶广义位移随时间变化曲线

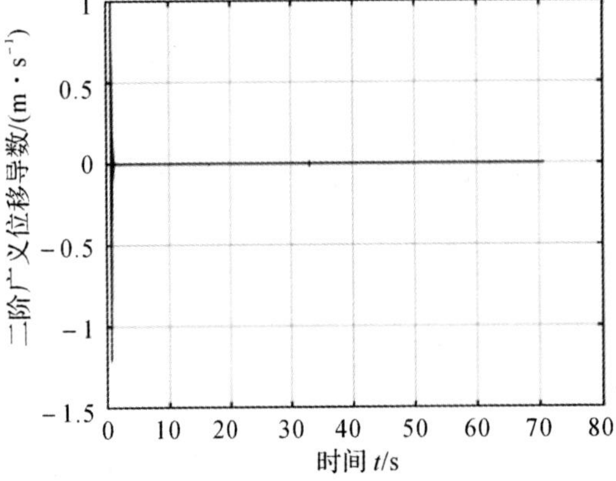

图 5-19 二阶广义位移导数随时间变化曲线

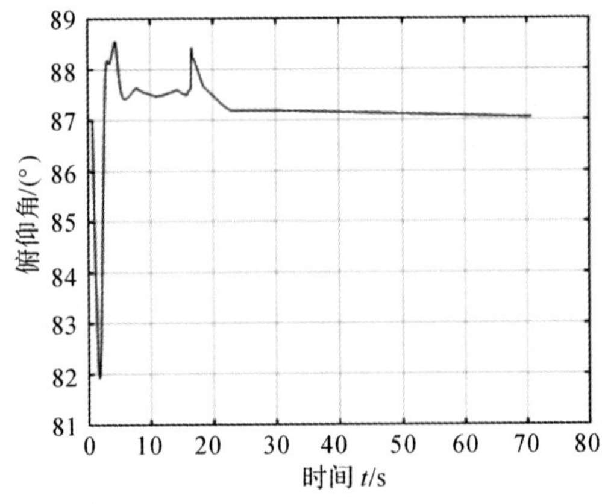

图 5-20 俯仰角随时间变化曲线

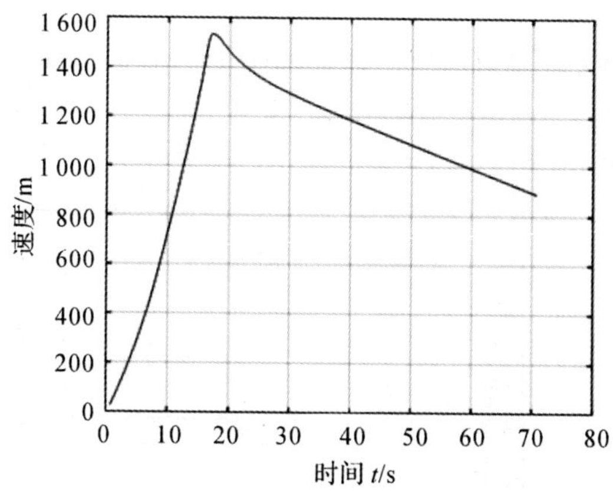

图 5-21　速度随时间变化曲线

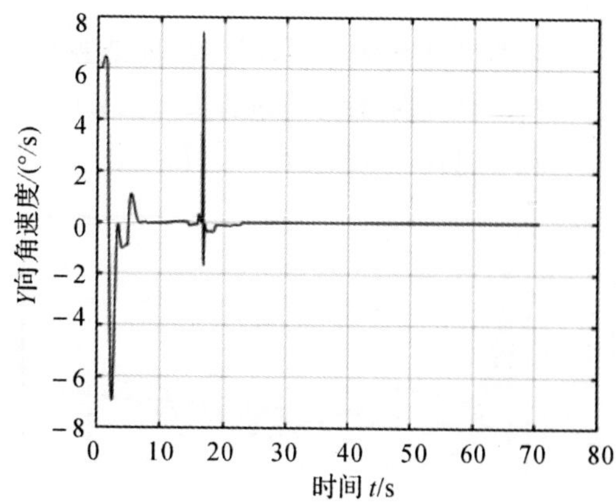

图 5-22　偏航角速度随时间变化曲线

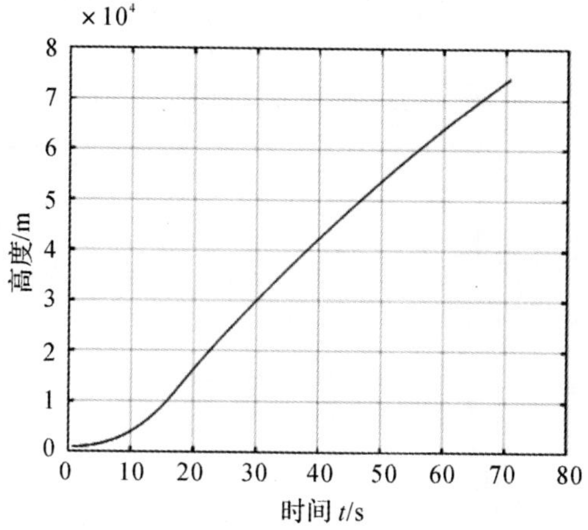

图 5-23　高度随时间变化曲线

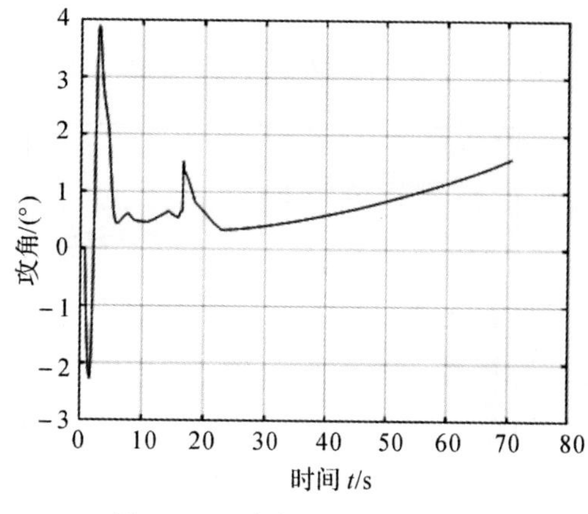

图 5-24　攻角随时间变化曲线

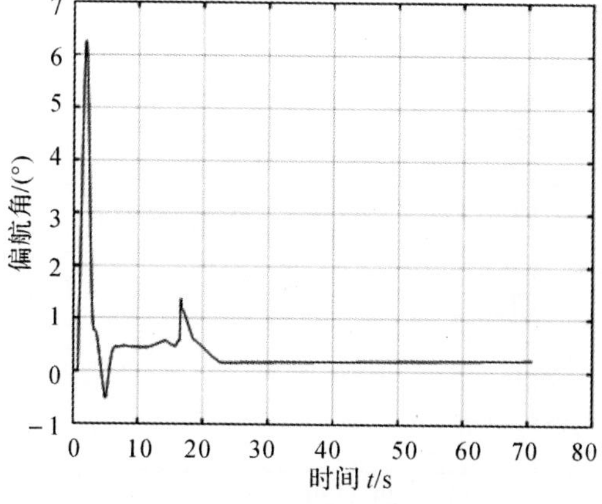

图 5-25　偏航角随时间变化曲线

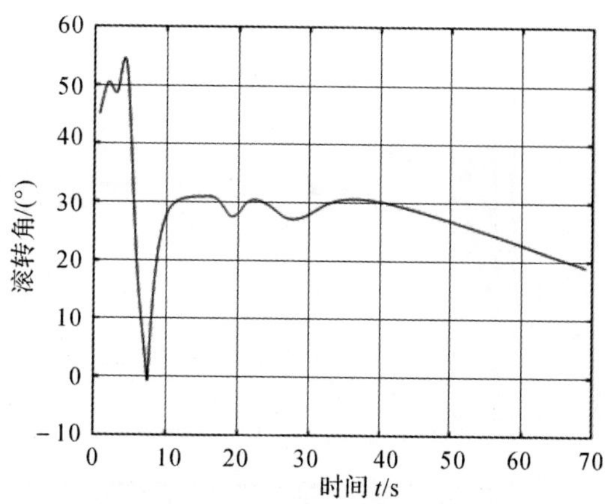

图 5-26　滚转角随时间变化曲线

5.4.3 极限拉偏仿真结果

根据上述刚体控制参数、风场设置参数及其偏差项及其干扰组合，采用前面设计的箭体弹性控制器，在对弹性因素进行极限拉偏的条件下，进行六自由度时域仿真。根据干扰组合表对偏差项进行组合，共进行 96 次打靶实验。其外弹道变化结果如图 5-27～图 5-36 所示。

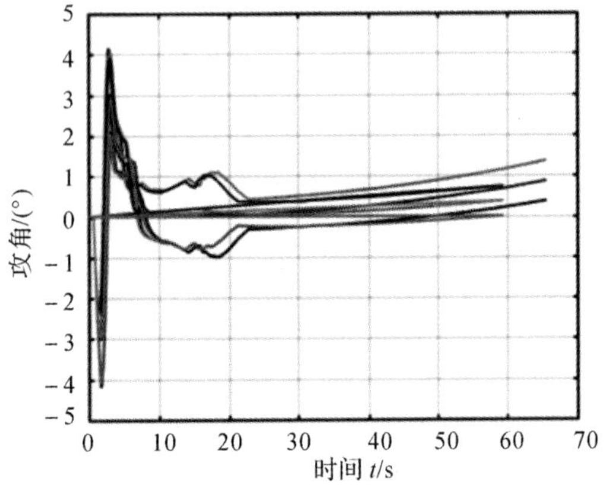

图 5-27　时域仿真攻角变化图

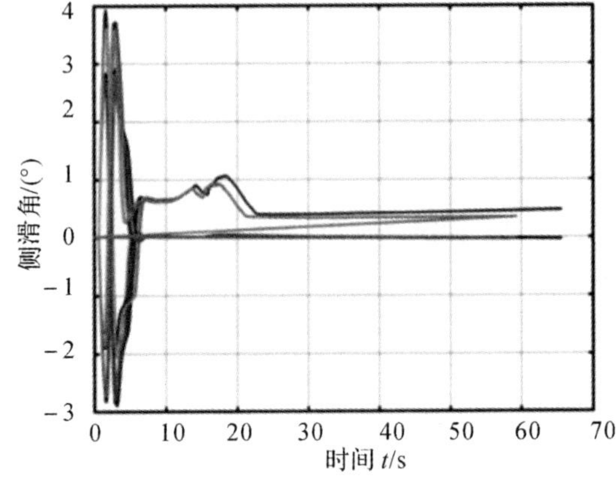

图 5-28　时域仿真侧滑角变化图

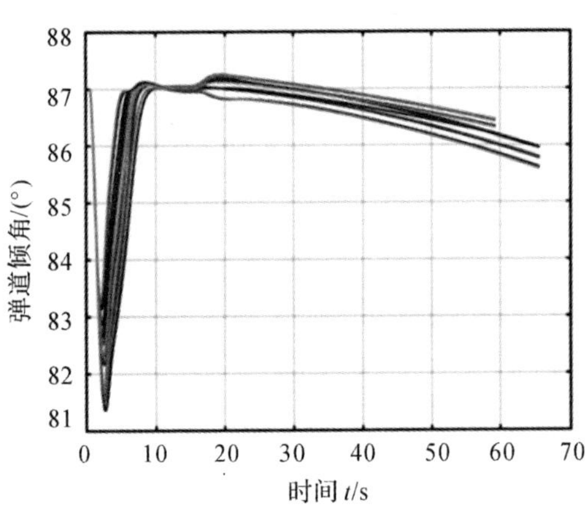

图 5-29　时域仿真弹道倾角示意图

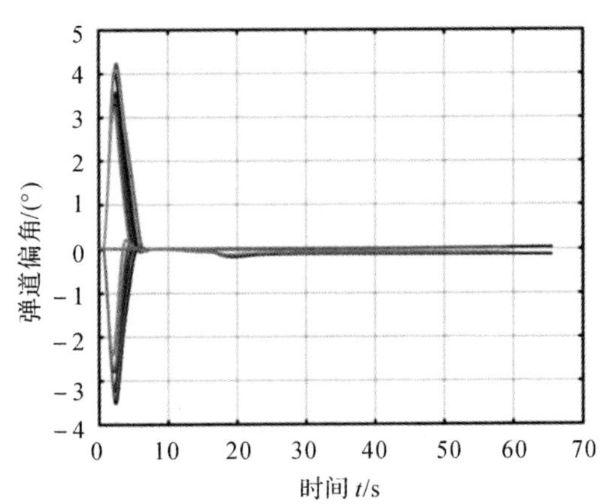

图 5-30　时域仿真弹道偏角示意图

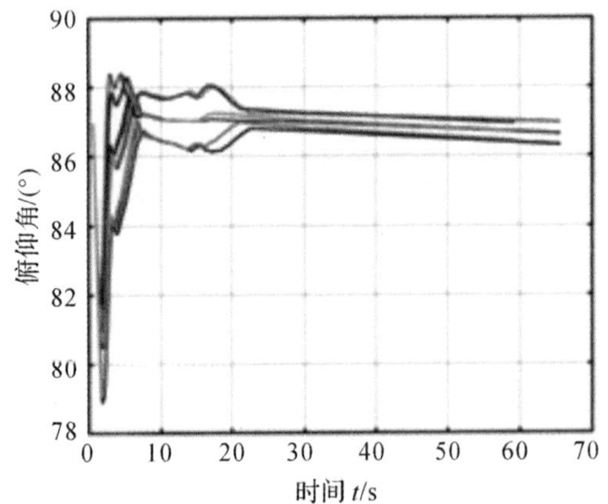

图 5-31　时域仿真时间-俯仰角示意图

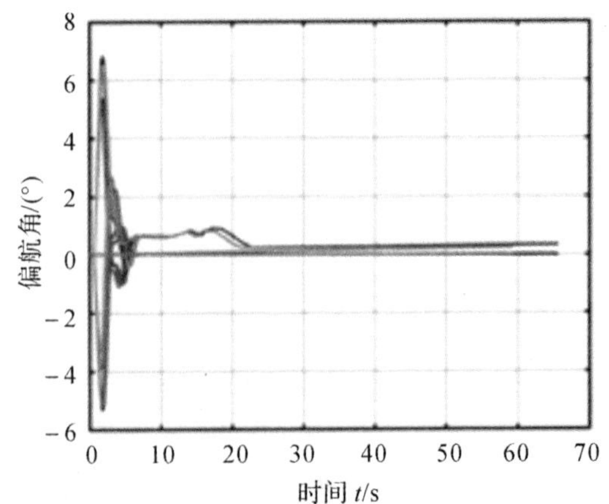

图 5-32　时域仿真时间-偏航角示意图

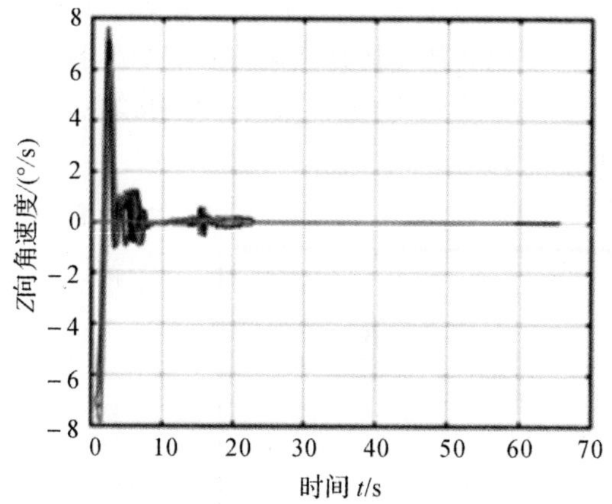

图 5-33　时域仿真时间-俯仰角速度示意图

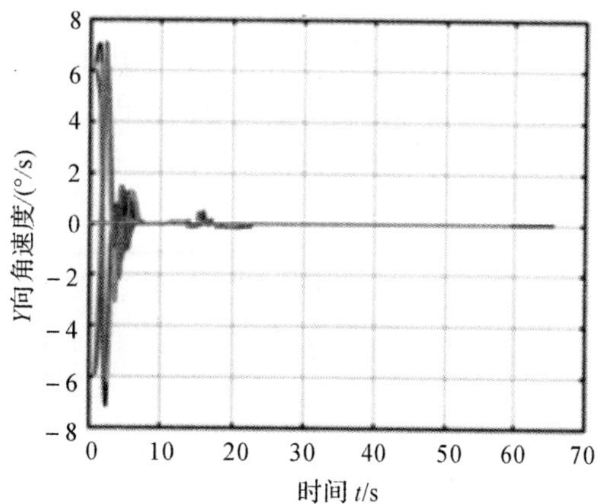

图 5-34　时域仿真时间-偏航角速度示意图

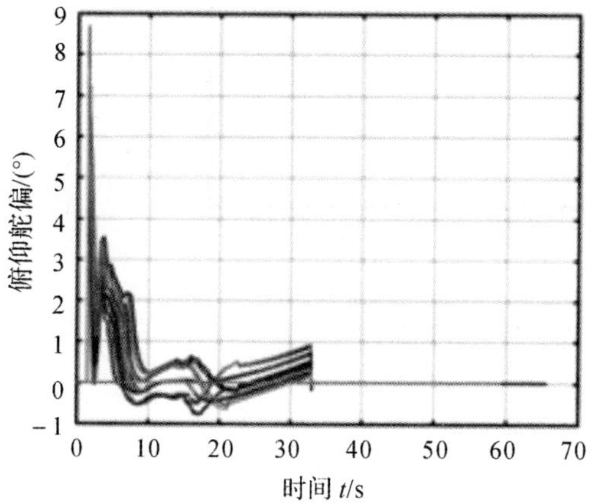

图 5-35　时域仿真时间-俯仰舵偏示意图

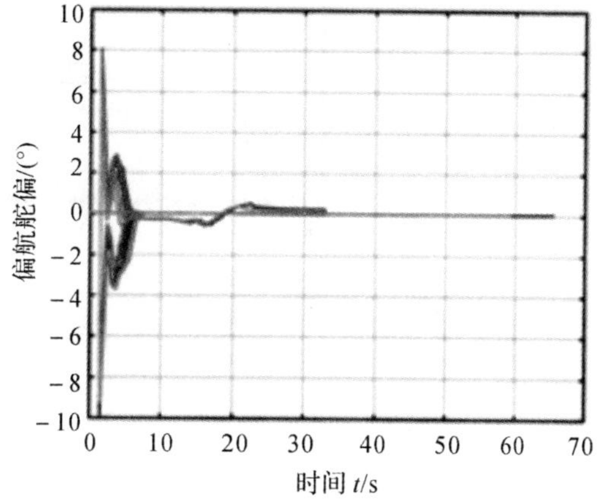

图 5-36　时域仿真时间-偏航舵偏示意图

根据上述诸图，可以看出，在考虑各种偏差因素和风场的情况下，系统的鲁棒性较好，控制器能够较好地完成控制任务，俯仰、偏航通道可以较好地跟踪程序角；舵偏范围在±10°的范围内，并且预留了较大的舵偏裕度，可以应对切变风等突发情况。

5.4.4　结果分析

根据上述计算结果，针对题设飞行器，我们可以定量分析出影响弹性振动的主要因素。影响弹性振动的因素包括攻角、俯仰角速率、舵偏角和舵偏角角加速度。考虑到本飞行器为空气舵，舵面绕舵轴的转动惯量较小，由舵偏角角加速度引起的弹性振动可以忽略不计，在以下 3 种情况下，我们主要针对攻角、俯仰角速率和舵偏角这三种因素进行定量分析，结果如图5-37 所示。

上述由结果可以看出，影响飞行器弹性振动的主要因素是攻角的变化。从理论上分析，由于飞行器火箭采用跟踪俯仰角的控制方法，其俯仰角速率变化不大，加之该项数值较小，因此俯仰角速率影响较小；而火箭飞行过程中，产生的舵偏较小，因此该项影响较小，但由于飞行工程中受到风干扰，舵偏产生的弹性振动依然存在较大的变化；而对于攻角，由于火箭受到一个较大的初始扰动，在发射后会发生攻角的迅速变化，该变化所产生的弹性振动对火箭影响非常大，是火箭弹性问题的最重要的诱因，加之风干扰产生的攻角变化，也会造成一定的弹性振动，因此，攻角所引起的弹性振动问题十分严重，需要重点研究。

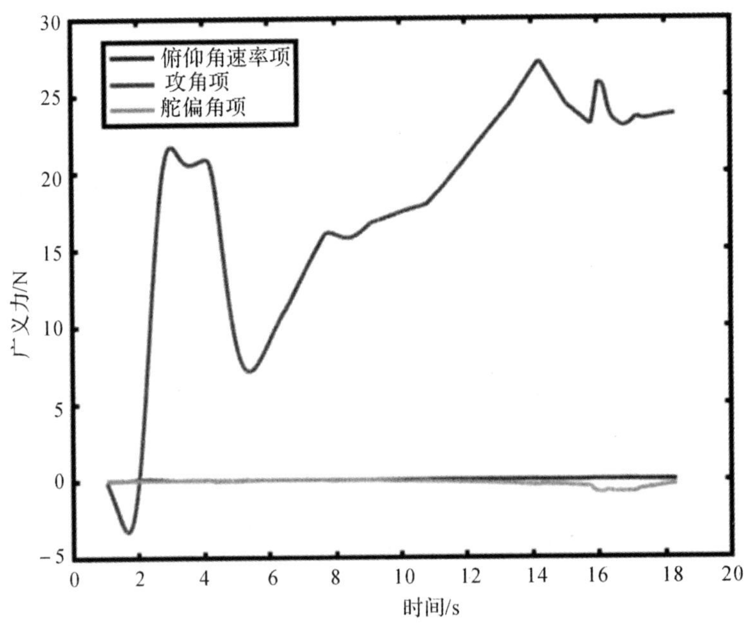

图 5-37　影响弹性振动因素随时间变化曲线

本章小结

大长细比飞行器面临的弹性控制问题突出，本章从大长细比飞行器控制模型出发，给出了特征点的选取方法、速率陀螺的配置策略、陷波滤波器的设计过程。通过六自由度仿真，验证了在标称及干扰情况下所设计的弹性控制器的有效性，并通过弹性结果进行分析，得到了影响弹性振动的主要因素。

参考文献

[1]　李家文. 大型捆绑火箭姿态控制系统的建模、设计与分析[D]. 长沙：国防科技大学，2011.

[2]　王毅，朱礼文，王明宇，等. 大型运载火箭动力学关键技术及其进展综述[J]. 导弹与航天运载技术，2000(1)：29-37.

[3]　龙乐豪. 总体设计[M]. 北京：中国宇航出版社，2001.

[4]　徐延万. 控制系统[M]. 北京：中国宇航出版社，1989.

[5]　贾沛然，陈克俊，何力. 远程火箭弹道学[M]. 长沙：国防科技大学出版社，1993.

[6]　DHABALE A, BANAVAR R, DHEKANE M. LQG controller designs from reduced order models for a launch vehicle[J]. Sadhana, 2008(33):1－14.

[7]　黄圳圭，赵志建. 大型航天器动力学与控制[M]. 长沙：国防科技大学出版社，1990.

[8]　钱杏芳，林瑞雄，赵亚男. 导弹飞行力学[M]. 北京：北京理工大学出版社，2006.

第6章　寻的制导飞行器制导控制系统仿真

寻的制导是飞行器等运动载体最精确有效的制导模式，随着目标的快速性和机动性越来越高，飞行器自寻的制导为制导系统提出了“看得远、看得见、看得清、看得准、看得快”等新的要求。本章从两种寻的模式入手，分别针对全捷联导引飞行器和平台导引飞行器进行分析。

6.1　自寻的导引飞行器制导控制系统仿真技术

6.1.1　全捷联导引飞行器制导控制系统仿真技术要求

发动机推力：15 N，参考面积：0.006 4 m^2，参考长度：0.74 m，初始质量为 4 kg，转动惯量为 $I_x=0.04\ kg\cdot m^2$，$I_y=0.4\ kg\cdot m^2$，$I_z=0.35\ kg\cdot m^2$，导引头测量精度为 0.3°，零偏为 0.2°，视场角为 30°×30°。

技术要求如下：

(1)控制方式采用 BTT-90°。

(2)开环幅值裕度大于 6 dB，相位裕度不小于 30°。

(3)飞行弹道特征点上，相对阻尼系数不小于 0.5。

(4)滚转角稳态控制精度不大于 3°。

(5)实现针对以 10 m/s 任意方向运动的地面车辆目标进行攻击。

(6)脱靶量小于 1 m。

(7)目标不出导引头视场。

(8)导弹的初始位置为(0,100,0)。

(9)目标的初始位置为(1 000,0,0)。

(10)导弹沿 x 轴正方向水平发射，初始速度为 30 m/s 。

(11)目标以 10 m/s 的速度沿 z 轴正方向或 x 轴正方向运动。

6.1.2　平台导引飞行器末制导仿真技术要求

(1)轴对称导弹，十字型气动舵布局。

(2)采用滚转稳定 STT 转弯控制。

(3)俯仰和偏航通道完全解耦。

(4)采用瞬时平衡假设，任一时刻力矩平衡。

6.2　全捷联导引飞行器制导控制系统建模

本节所研究寻的导引飞行器气动外形如图 6-1 所示。采用鸭式布局，其纵向操纵舵面位于弹体前部的翼上，弹体后部的翼起稳定作用。气动外形与无人机一致，主升力面在纵向平面。这款导弹没有方向舵，所以偏航通道内没有控制能力，因此其控制方式相较于普通的 BTT 控制有些特殊。发动机采用螺旋桨电推进发动机。

图 6-1　寻的导引飞行器

全捷联导引飞行器制导控制(见图 6-2)的核心是体视线角和体视线角速率的解算，在已知导引头、陀螺仪和加速度计测量精度的地面标定值前提下，通过在线辨识与在线滤波，得出较为准确的体视线角和角速率，由制导系统计算出过载指令并传输给控制系统，得到其舵偏角指令控制飞行器，使目标始终位于导引头的视场内。

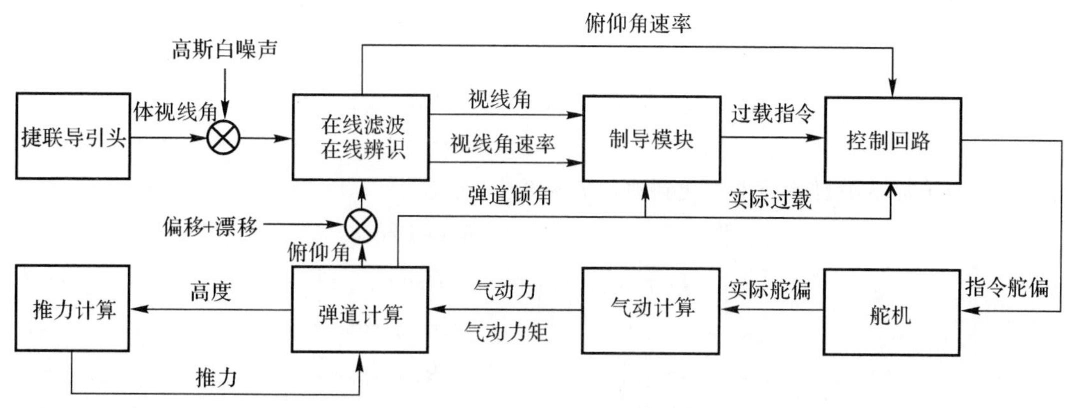

图 6-2　全捷联导引飞行器制导控制系统方案

6.2.1 视线角速率解耦模块

1. 坐标系转换关系

研究捷联成像制导问题常用的坐标系之间的相互转换关系如图 6-3 所示。

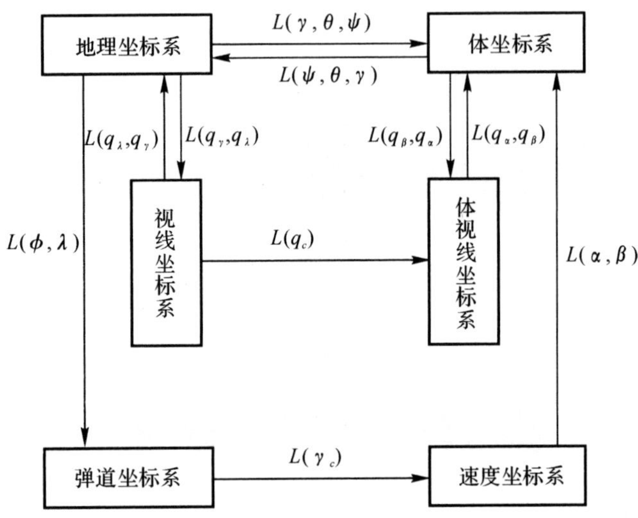

图 6-3 坐标系之间的相互转换关系

2. 惯性视线角的计算

由于目标在视线坐标系和体视线坐标系中的坐标均为$[R \quad 0 \quad 0]^{\mathrm{T}}$,则目标在体坐标系中的分量为

$$\begin{bmatrix} x_{\mathrm{b}} \\ y_{\mathrm{b}} \\ z_{\mathrm{b}} \end{bmatrix} = \boldsymbol{L}(q_\alpha, q_\beta) \begin{bmatrix} R \\ 0 \\ 0 \end{bmatrix} = \begin{bmatrix} R\cos q_\alpha \cos q_\beta \\ R\sin q_\alpha \\ -R\cos q_\alpha \sin q_\beta \end{bmatrix} \tag{6-1}$$

将其转到地理坐标系可得

$$\begin{bmatrix} x_{\mathrm{g}} \\ y_{\mathrm{g}} \\ z_{\mathrm{g}} \end{bmatrix} = \boldsymbol{L}(\psi, \vartheta, \gamma) \begin{bmatrix} R\cos q_\alpha \cos q_\beta \\ R\sin q_\alpha \\ -R\cos q_\alpha \sin q_\beta \end{bmatrix} \tag{6-2}$$

将视线坐标系中目标的坐标转到地理坐标系中,可得

$$\begin{bmatrix} x_{\mathrm{g}} \\ y_{\mathrm{g}} \\ z_{\mathrm{g}} \end{bmatrix} = \boldsymbol{L}(q_\varphi, q_\lambda) \begin{bmatrix} R \\ 0 \\ 0 \end{bmatrix} = \begin{bmatrix} R\cos q_\varphi \cos q_\lambda \\ R\sin q_\varphi \\ -R\cos q_\varphi \sin q_\lambda \end{bmatrix} \tag{6-3}$$

$$\begin{bmatrix} R\cos q_\varphi \cos q_\lambda \\ R\sin q_\varphi \\ -R\cos q_\varphi \sin q_\lambda \end{bmatrix} = \boldsymbol{L}(\psi, \vartheta, \gamma) \begin{bmatrix} R\cos q_\alpha \cos q_\beta \\ R\sin q_\alpha \\ -R\cos q_\alpha \sin q_\beta \end{bmatrix} \tag{6-4}$$

惯性视线高低角的计算公式为

$$q_{\varphi}=\text{asin}(\cos\gamma\cos\vartheta\sin q_{\alpha}+\cos q_{\alpha}\cos q_{\beta}\sin\vartheta+\cos q_{\alpha}\cos\vartheta\sin\gamma\sin q_{\beta}) \tag{6-5}$$

惯性视线方位角的计算公式为

$$q_{\lambda}=\arctan\left(-\frac{f_1}{f_2}\right) \tag{6-6}$$

式中

$$\begin{aligned}f_1=&\sin q_{\alpha}(\cos\psi\sin\gamma+\cos\gamma\sin\psi\sin\vartheta)-\cos q_{\alpha}\cos q_{\beta}\cos\vartheta\sin\psi-\\&\cos q_{\alpha}\sin q_{\beta}(\cos\gamma\cos\psi-\sin\gamma\sin\psi\sin\vartheta)\end{aligned} \tag{6-7}$$

$$\begin{aligned}f_2=&\sin q_{\alpha}(\sin\gamma\sin\psi-\cos\gamma\cos\psi\sin\vartheta)+\cos\psi\cos q_{\alpha}\cos q_{\beta}\cos\vartheta-\\&\cos q_{\alpha}\sin q_{\beta}(\cos\gamma\sin\psi+\cos\psi\sin\gamma\sin\vartheta)\end{aligned} \tag{6-8}$$

3. 惯性视线角速率的计算

捷联成像导引头只能测量目标相对于弹体的体视线角，而在制导过程中，弹体相对于惯性空间是运动的。因此，捷联导引头测量的体视线角包含了目标相对于惯性空间的视线角和弹体运动两部分信息，制导系统要实现制导律必须将导引头的测量信号中耦合的弹体运动信息去除。

(1) 假设视线坐标系相对于体视线坐标系的旋转角速度为 $\boldsymbol{\Omega}_1$，根据坐标转化关系，可推导出旋转角速度在视线坐标系中可以表示为

$$\boldsymbol{\Omega}_1=[-\dot{q}_c \quad 0 \quad 0]^{\mathrm{T}} \tag{6-9}$$

(2) 假设体视线坐标系相对于体坐标系的旋转角速度为 $\boldsymbol{\Omega}_2$，在体坐标系中表示为

$$\boldsymbol{\Omega}_2=[\dot{q}_{\alpha}\sin q_{\beta} \quad \dot{q}_{\beta} \quad \dot{q}_{\alpha}\cos q_{\beta}]^{\mathrm{T}} \tag{6-10}$$

(3) 假设体坐标相对于地面坐标系的旋转角速度为 $\boldsymbol{\Omega}_3$，在体坐标中可以表示为

$$\boldsymbol{\Omega}_3=[\omega_x \quad \omega_y \quad \omega_z]^{\mathrm{T}} \tag{6-11}$$

可得到视线坐标系相对于地面坐标系的旋转角速度 $\boldsymbol{\Omega}$，根据坐标转换关系可推导出它在地面坐标系中的表达式为

$$\boldsymbol{\Omega}=\boldsymbol{L}(\gamma,\vartheta,\psi)(\boldsymbol{\Omega}_2+\boldsymbol{\Omega}_3)+\boldsymbol{L}(q_{\varphi},q_{\lambda})\boldsymbol{\Omega}_1 \tag{6-12}$$

可以根据视线坐标系与地面坐标系的转换关系，直接推导出 $\boldsymbol{\Omega}$ 在地面坐标系中的表达式为

$$\boldsymbol{\Omega}=[\dot{q}_{\varphi}\sin q_{\lambda} \quad \dot{q}_{\lambda} \quad \dot{q}_{\varphi}\cos q_{\lambda}]^{\mathrm{T}} \tag{6-13}$$

令

$$\begin{aligned}f_3=&\cos\vartheta\cos\psi(\dot{q}_{\alpha}\sin q_{\beta}+\omega_x)+(\sin\psi\sin\gamma-\sin\vartheta\cos\psi\cos\gamma)(\dot{q}_{\beta}+\omega_y)+\\&(\sin\vartheta\cos\psi\sin\gamma+\sin\psi\cos\gamma)(\dot{q}_{\alpha}\cos q_{\beta}+\omega_z)\end{aligned} \tag{6-14}$$

$$\begin{aligned}f_4=&-\cos\vartheta\sin\psi(\dot{q}_{\alpha}\sin q_{\beta}+\omega_x)+(\sin\vartheta\sin\psi\cos\gamma+\cos\psi\sin\gamma)(\dot{q}_{\beta}+\omega_y)+\\&(\cos\psi\cos\gamma-\sin\vartheta\sin\psi\sin\gamma)(\dot{q}_{\alpha}\cos q_{\beta}+\omega_z)\end{aligned} \tag{6-15}$$

$$f_5=\sin\vartheta(\dot{q}_{\alpha}\sin q_{\beta}+\omega_x)+\cos\vartheta\cos\gamma(\dot{q}_{\beta}+\omega_y)-\cos\vartheta\sin\gamma(\dot{q}_{\alpha}\cos q_{\beta}+\omega_z) \tag{6-16}$$

$$\left.\begin{aligned}\dot{q}_{\varphi}\sin q_{\lambda}&=f_3-\dot{q}_c\cos q_{\varphi}\cos q_{\lambda}\\\dot{q}_{\lambda}&=f_5-\dot{q}_c\sin q_{\varphi}\\\dot{q}_{\varphi}\cos q_{\lambda}&=f_4+\dot{q}_c\cos q_{\varphi}\sin q_{\lambda}\end{aligned}\right\} \tag{6-17}$$

惯性视线高低角角速率的计算公式为

$$\dot{q}_{\varphi}=\cos q_{\lambda}(f_4+f_3\tan q_{\lambda}) \tag{6-18}$$

$$\dot{q}_c=\frac{f_3-f_4\tan q_{\lambda}}{\tan q_{\lambda}\cos q_{\varphi}\sin q_{\lambda}+\cos q_{\varphi}\cos q_{\lambda}} \tag{6-19}$$

惯性视线方位角角速率的计算公式为

$$\dot{q}_{\lambda}=f_5-(f_3\cos q_{\lambda}-f_4\sin q_{\lambda})\tan q_{\varphi} \tag{6-20}$$

式(6-5)、式(6-6)式(6-18)和式(6-20)即构成了捷联成像导引系统的弹体姿态解耦算法。可以看出，在已知 $\vartheta,\psi,\gamma,q_{\alpha},q_{\beta}$ 以及 $\dot{q}_{\alpha},\dot{q}_{\beta}$ 的情况下，根据这 4 个公式可以得到 $\dot{q}_{\varphi},\dot{q}_{\lambda},q_{\varphi},q_{\lambda}$。

4. 体视线角的计算

进行数值模拟时无法直接获得体视线角，需通过惯性视线高低角、惯性视线方位角以及欧拉角综合计算获得体视线方位角和体视线高低角，则有

$$\begin{bmatrix} R\cos q_{\alpha}\cos q_{\beta} \\ R\sin q_{\alpha} \\ -R\cos q_{\alpha}\sin q_{\beta}\end{bmatrix}=\boldsymbol{L}^{-1}(\psi,\vartheta,\gamma)\begin{bmatrix} R\cos q_{\varphi}\cos q_{\lambda} \\ R\sin q_{\varphi} \\ -R\cos q_{\varphi}\sin q_{\lambda}\end{bmatrix} \tag{6-21}$$

令

$$\begin{aligned} f_6=&\cos\gamma\cos\vartheta\sin q_{\varphi}+\cos q_{\lambda}\cos q_{\varphi}(\sin\gamma\sin\psi-\cos\gamma\cos\psi\sin\vartheta)- \\ &\cos q_{\varphi}\sin q_{\lambda}(\cos\psi\sin\gamma+\cos\gamma\sin\psi\sin\vartheta)\end{aligned} \tag{6-22}$$

可得体视线高低角的计算公式为

$$q_{\alpha}=a\sin f_6 \tag{6-23}$$

令

$$\begin{aligned} f_7=&\cos q_{\lambda}\cos q_{\varphi}(\cos\gamma\sin\psi+\cos\psi\sin\gamma\sin\vartheta)-\cos\vartheta\sin\gamma\sin q_{\varphi}- \\ &\cos q_{\varphi}\sin q_{\lambda}(\cos\gamma\cos\psi-\sin\gamma\sin\psi\sin\vartheta)\end{aligned} \tag{6-24}$$

$$f_8=\sin q_{\varphi}\sin\vartheta+\cos\psi\cos q_{\lambda}\cos q_{\varphi}\cos\vartheta+\cos q_{\varphi}\cos\vartheta\sin\psi\sin q_{\lambda} \tag{6-25}$$

可得，体视线方位角的计算公式为

$$q_{\beta}=\mathrm{atan}\left(-\frac{f_7}{f_8}\right) \tag{6-26}$$

5. 体视线角速率的计算

体视线坐标系相对于视线坐标系的旋转角速度在体视线坐标系下的分量为

$$\boldsymbol{\Omega}_4=[\dot{q}_c\quad 0\quad 0]^{\mathrm{T}} \tag{6-27}$$

地理坐标系相对于体坐标系的旋转角速度在体坐标系系下的分量为

$$\boldsymbol{\Omega}_5=[-\omega_x\quad -\omega_y\quad -\omega_z]^{\mathrm{T}} \tag{6-28}$$

视线坐标系相对于地理坐标系下的旋转角速度在地理坐标系下的分量为

$$\boldsymbol{\Omega}_6=[\dot{q}_{\varphi}\sin q_{\lambda}\quad \dot{q}_{\lambda}\quad \dot{q}_{\varphi}\cos q_{\lambda}]^{\mathrm{T}} \tag{6-29}$$

体坐标系相对于体坐标系的旋转角速度在体坐标系下的分量为

$$\boldsymbol{\Omega}_7=[\dot{q}_{\alpha}\sin q_{\beta}\quad \dot{q}_{\beta}\quad \dot{q}_{\alpha}\cos q_{\beta}]^{\mathrm{T}} \tag{6-30}$$

根据等式关系，可得

$$\boldsymbol{\Omega}_7=\boldsymbol{L}(\psi,\vartheta,\gamma)\boldsymbol{\Omega}_6+\boldsymbol{\Omega}_5+\boldsymbol{L}(q_{\alpha},q_{\beta})\boldsymbol{\Omega}_4 \tag{6-31}$$

令

$$f_9=\dot{q}_\lambda\sin\vartheta+\dot{q}_\varphi\cos\psi\cos\vartheta\sin q_\lambda-\dot{q}_\varphi\cos q_\lambda\cos\vartheta\sin\psi-\omega_x \tag{6-32}$$

$$f_{10}=\dot{q}_\lambda\cos\gamma\cos\vartheta+\dot{q}_\varphi\cos q_\lambda(\cos\psi\sin\gamma+\cos\gamma\sin\psi\sin\vartheta)+\dot{q}_\varphi\sin q_\lambda(\sin\gamma\sin\psi-\cos\gamma\cos\psi\sin\vartheta)-\omega_y \tag{6-33}$$

$$f_{11}=\dot{q}_\varphi\cos q_\lambda(\cos\gamma\cos\psi-\sin\gamma\sin\psi\sin\vartheta)-\dot{q}_\lambda\cos\vartheta\sin\gamma+\dot{q}_\varphi\sin q_\lambda(\cos\gamma\sin\psi+\cos\psi\sin\gamma\sin\vartheta)-\omega_z \tag{6-34}$$

$$\left.\begin{aligned}\dot{q}_\alpha\sin q_\beta&=f_9+\dot{q}_c\cos q_\alpha\cos q_\beta\\ \dot{q}_\beta&=f_{10}+\dot{q}_c\sin q_\alpha\\ \dot{q}_\alpha\cos q_\beta&=f_{11}-\dot{q}_c\cos q_\alpha\sin q_\beta\end{aligned}\right\} \tag{6-35}$$

可得体视线高低角角速率的计算公式为

$$\dot{q}_\alpha=f_{11}\cos q_\beta+f_9\sin q_\beta \tag{6-36}$$

体视线方位角角速率的计算公式为

$$\dot{q}_\beta=f_{10}+\tan q_\alpha(f_{11}\sin q_\beta-f_9\cos q_\beta) \tag{6-37}$$

$$\dot{q}_c=\frac{f_{11}\tan q_\beta-f_9}{\tan q_\beta\cos q_\alpha\sin q_\beta+\cos q_\alpha\cos q_\beta} \tag{6-38}$$

6.2.2　惯性视线角速率辨识模块

1. 系统状态方程和观测方程

取

$$\boldsymbol{x}=[q_\gamma\quad \dot{q}_\gamma\quad q_\lambda\quad \dot{q}_\lambda]^{\mathrm{T}} \tag{6-39}$$

有相对距离信息时的状态方程为

$$\left.\begin{aligned}\dot{x}_1&=x_2\\ \dot{x}_2&=-\frac{2\dot{r}}{r}x_2-x_4^2\sin x_1\cos x_1\\ \dot{x}_3&=x_4\\ \dot{x}_4&=2x_2x_4\tan x_1-\frac{2\dot{r}}{r}x_4\end{aligned}\right\} \tag{6-40}$$

无相对距离信息时的状态方程为

$$\left.\begin{aligned}\dot{x}_1&=x_2\\ \dot{x}_2&=-x_4^2\sin x_1\cos x_1\\ \dot{x}_3&=x_4\\ \dot{x}_4&=2x_2x_4\tan x_1\end{aligned}\right\} \tag{6-41}$$

观测方程为

$$\boldsymbol{y}=\begin{bmatrix}q_\alpha\\ q_\beta\end{bmatrix}$$

$$\left.\begin{aligned}y_1&=\arcsin(R_{21}\cos x_1\cos x_3+R_{22}\sin x_1-R_{23}\cos x_1\sin x_3)\\ y_2&=\arctan\left(\frac{R_{33}\sin x_3-R_{31}\cos x_3-R_{32}\tan x_1}{R_{11}\cos x_3+R_{12}\tan x_1-R_{13}\sin x_3}\right)\end{aligned}\right\} \tag{6-42}$$

式中，$R_{ij}\ (i=1,2,3;j=1,2,3)$ 为矩阵 $\boldsymbol{L}(\gamma,\theta,\psi)$ 对应元素。其中，矩阵 $\boldsymbol{L}(\gamma,\theta,\psi)$ 为

$$\boldsymbol{L}(\gamma,\theta,\psi)=\begin{bmatrix}\cos\theta\cos\psi & \sin\theta & -\cos\theta\sin\psi \\ -\sin\theta\cos\psi\cos\gamma+\sin\psi\sin\gamma & \cos\theta\cos\gamma & \sin\theta\sin\psi\cos\gamma+\cos\psi\sin\gamma \\ \sin\theta\cos\psi\sin\gamma+\sin\psi\cos\gamma & -\cos\theta\sin\gamma & -\sin\theta\sin\psi\sin\gamma+\cos\psi\cos\gamma\end{bmatrix} \tag{6-43}$$

2. 导航系统参数

导航系统参数见表 6-1。

表 6-1　导航系统参数表

名　称	精　度
欧拉角 γ,θ,ψ	1°，标准差
导引头输出体视线角 q_α,q_β	0.5°，标准差
加速度计	30 mg，标准差

3. 仅考滤白噪声的 EKF 滤波

EKF 滤波基本流程如下：

（1）状态一步预测为

$$\boldsymbol{x}_{k+1/k}=\boldsymbol{f}(\boldsymbol{x}_{k/k})+\boldsymbol{B}\boldsymbol{u}_{k/k} \tag{6-44}$$

（2）估计误差方差阵一步预测，有

$$\boldsymbol{P}_{k+1/k}=\boldsymbol{F}\boldsymbol{P}_{k/k}\boldsymbol{F}^{T}+\boldsymbol{Q} \tag{6-45}$$

（3）计算卡尔曼增益矩阵为

$$\boldsymbol{K}=\boldsymbol{P}_{k+1/k}\boldsymbol{H}^{T}/(\boldsymbol{H}\boldsymbol{P}_{k+1/k}\boldsymbol{H}^{T}+\boldsymbol{R}) \tag{6-46}$$

（4）状态一步估计为

$$\boldsymbol{x}_{k+1/k+1}=\boldsymbol{x}_{k+1/k}+\boldsymbol{K}(\boldsymbol{z}_{k+1}-\boldsymbol{h}(\boldsymbol{x}_{k+1/k})) \tag{6-47}$$

（5）估计误差方差阵更新：

$$\boldsymbol{P}_{k+1/k+1}=(\boldsymbol{I}-\boldsymbol{K}\boldsymbol{H})\boldsymbol{P}_{k+1/k} \tag{6-48}$$

式中

$$\left.\begin{aligned}\boldsymbol{F}_{k-1}&=\frac{\partial \boldsymbol{f}}{\partial \boldsymbol{x}}\bigg|_{\hat{x}_{k-1\mid k-1}}\\ \boldsymbol{H}_{k-1}&=\frac{\partial \boldsymbol{h}}{\partial \boldsymbol{x}}\bigg|_{\hat{x}_{k-1\mid k-1}}\end{aligned}\right\} \tag{6-49}$$

系统噪声矩阵 $\boldsymbol{Q}$ 和观测噪声矩阵 $\boldsymbol{R}$ 分别为

$$\boldsymbol{Q}=6.853\ 9\times10^{-8}\mathrm{eye}(4) \tag{6-50}$$

$$\boldsymbol{R}=3.046\ 2\times10^{-4}\mathrm{eye}(2) \tag{6-51}$$

4. 视线角速率辨识六自由度仿真

视线角速率辨识六自由度仿真如图 6-4 ～ 图 6-12 所示。

控制参数：$k_1=0.2$，$k_2=0.15$，$k_3=0.025$，$k_4=0.008$。

仿真结果：在第 15.83 s 截止。

拦截点坐标为：$X=1.388\ 293$ m ；$Y=0.068\ 802$ m；$Z=1.677\ 139$ m。

脱靶量为：2.178 3 m。

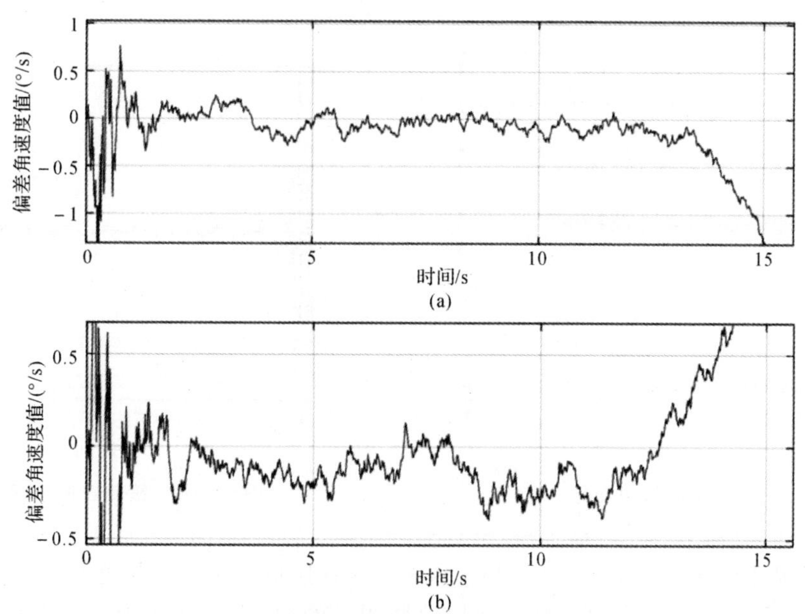

图 6-4　视线高低角速率和方位角速率估计误差

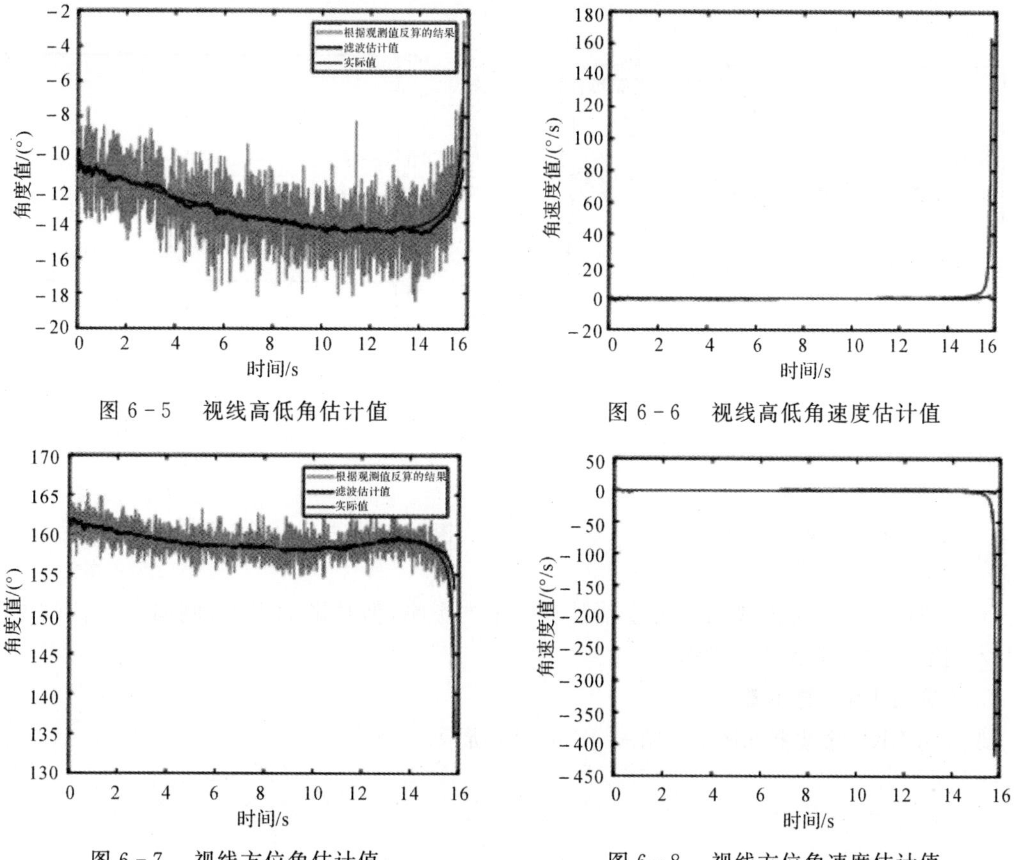

图 6-5　视线高低角估计值

图 6-6　视线高低角速度估计值

图 6-7　视线方位角估计值

图 6-8　视线方位角速度估计值

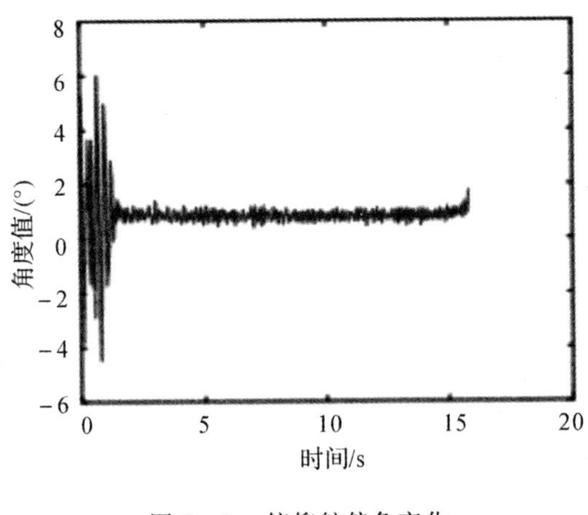

图 6－9　俯仰舵偏角变化

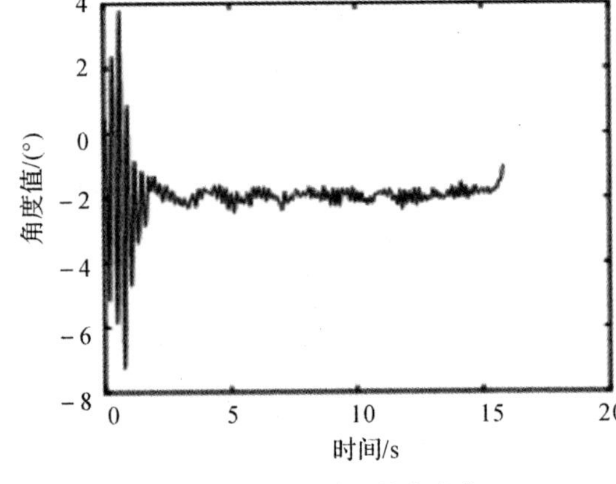

图 6－10　滚转舵偏角变化

由于没有弹目相对距离，导致在弹道末段视线角速度估计误差急剧增大，若代入弹目相对距离，在末段虽能减小估计误差，但是却导致脱靶量的增大；在代入弹目相对距离后，在第 15.78 s 到达拦截点。

拦截点坐标为：$X_m=3.553\ 615$，$Y_m=2.156\ 493$，$Z_m=0.066\ 531$。

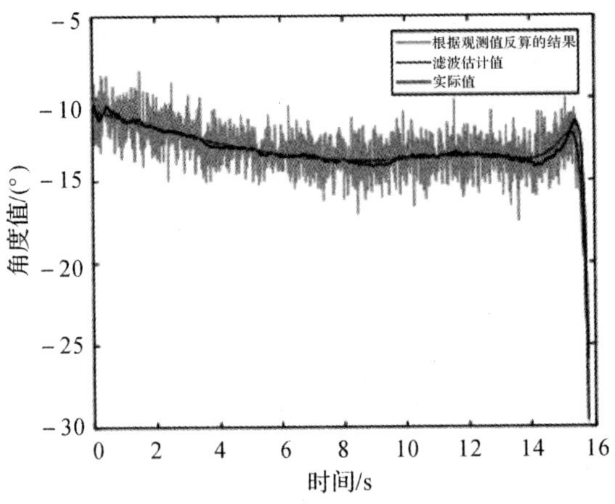

图 6－11　视线高低角估计值

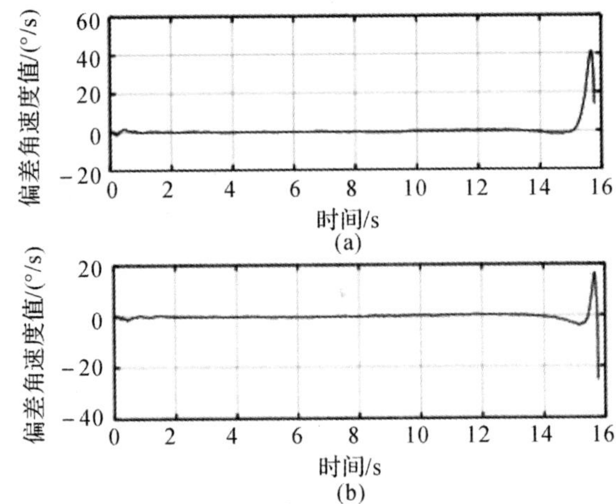

图 6－12　视线高低角和方位角角速度估计误差

欧拉角的测量误差对视线角速度估计有一定的影响，但是影响不大；侧向稳定性较差，单纯引入侧滑角的反馈无法有效解决。

5. 改进的 EKF 滤波器

改进的 EKF 滤波器如图 6－13 ～ 图 6－15 所示。

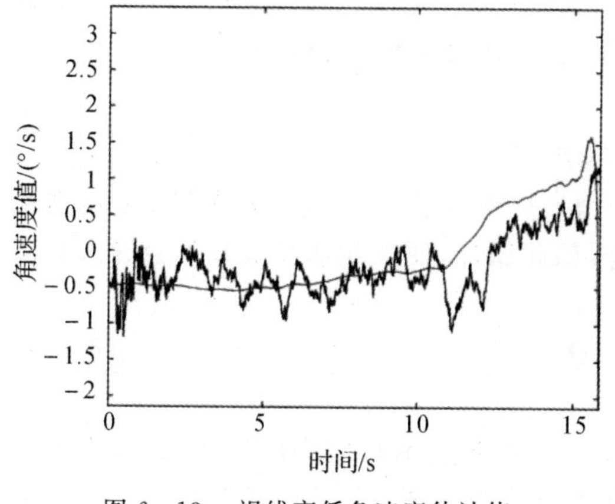

图 6-13　视线高低角速度估计值

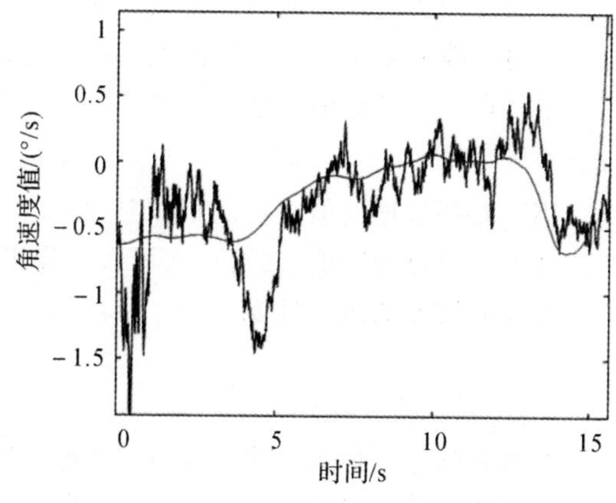

图 6-14　视线方位角速度估计值

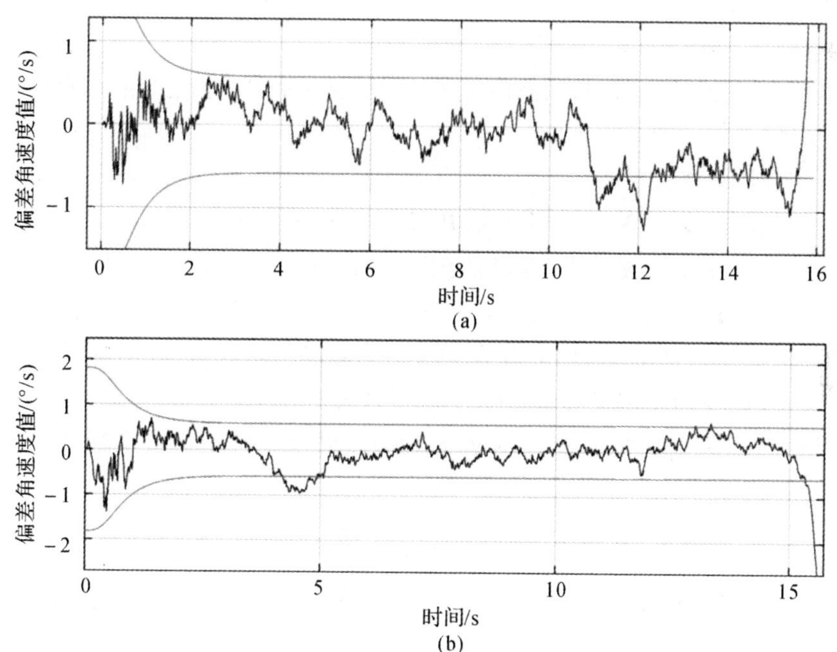

图 6-15　视线高低角和方位角角速度估计误差

如图 6-15 所示，采用基本的 EKF 滤波器在弹道的大部分区域能够较好地对视线角速率进行估计，但是在滤波器达到稳态之后，其对参数的突变无法快速地做出反应，当接进目标或者目标机动时，估计误差会迅速增大，这个现象称为滤波器的“休眠”。为此，我们给出一种简单的改进的 EKF 滤波器来提高滤波器对状态变化的跟踪性能。

一般的做法是改变系统噪声矩阵的值来增大滤波器的带宽，但是这样会增大估计误差，而在导弹飞行的大部分时间内，估计误差是很小的。因此，我们设计了一种随残差变化而自动变化的系统噪声矩阵变化规律。

残差的定义为

$$\mathrm{res} = \boldsymbol{H}\hat{\boldsymbol{x}} - \boldsymbol{Z} \tag{6-52}$$

当滤波器无法很好地跟踪参数变化时，残差会迅速变大，根据这一信息，就可以适当地在合适的时刻改变系统噪声矩阵的值以提高滤波器带宽，进而改善滤波器性能。

估计误差的理论值为估计误差方差阵，即

$$\mathrm{error}_{\mathrm{theory}}=\sqrt{\boldsymbol{P}} \tag{6-53}$$

当残差超过理论值一定的范围时（如 2 倍），便增大统噪声矩阵 $\boldsymbol{Q}$ 一次，若在若干步的迭代之后残差又超过理论值，则再一次增大统噪声矩阵，如此循环，便能在估计误差不会过大的前提下改善滤波器的跟踪性能。有

$$\boldsymbol{Q}=\boldsymbol{Q}+\Delta\boldsymbol{Q} \tag{6-54}$$

6. UKF 滤波

选择有限个近似高斯分布离散点（称为 Sigma 点，用 σ 表示），它们的均值为 $\bar{x}$，方差为 P_x。对每个 σ 点施以非线性变换（经过非线性系统的状态方程和量测方程传播后），得到一簇变换后的点，将它们的均值和方差经过加权处理，可以求出非线性系统状态估值的均值和协方差。

U 变换的流程分为以下 3 步。

（1）构造 Sigma 点。根据随机状态向量 $\boldsymbol{X}$ 的统计量 $\bar{\boldsymbol{X}}$ 和 $\boldsymbol{P}_X$，构造 Sigma 点集（$2n+1$ 个），其构造方法为

$$\left.\begin{aligned}
&\boldsymbol{\chi}_0=\bar{\boldsymbol{X}}\\
&\boldsymbol{\chi}_i=\bar{\boldsymbol{X}}+\left(\sqrt{(n+\lambda)\boldsymbol{P}_X}\right), \quad i=1,\cdots,n\\
&\boldsymbol{\chi}_i=\bar{\boldsymbol{X}}-\left(\sqrt{(n+\lambda)\boldsymbol{P}_X}\right), \quad i=n+1,\cdots,2n
\end{aligned}\right\} \tag{6-55}$$

式中，比例因子 $\lambda=\alpha^2(n+\kappa)-n$。常量 α 决定 Sigma 点沿均值 $\bar{\boldsymbol{X}}$ 的分布，通常取为一个小正数（例如$10^{-4}\leqslant\alpha\leqslant 1$）。常量 κ 为比例因子，通常在参数估计时取为 $3-n$，状态估计时取为 0。$\left(\sqrt{n+\lambda\boldsymbol{P}_X}\right)_i$ 为 $(n+\lambda)\boldsymbol{P}_X$ 的平方根矩阵的第 i 列（例如通过下三角 Cholesky 分解求得）。

（2）对 Sigma 点进行非线性变换。对所构造的点集 $\{\boldsymbol{\chi}_i\}$ 进行 $f(\cdot)$ 非线性变换，得到变换后的 Sigma 点集：

$$\boldsymbol{Y}_i=f(\boldsymbol{\chi}_i), \quad i=0,1,\cdots,2n \tag{6-56}$$

变换后的 Sigma 点集 $\{\boldsymbol{Y}_i\}$ 即可近似地表示非线性函数 $y=f(x)$ 的分布。

（3）计算 $\boldsymbol{Y}$ 的均值和方差。对变换后的 Sigma 点集 $\{\boldsymbol{Y}_i\}$ 进行加权处理，从而得到输出量 $\boldsymbol{Y}$ 的均值和方差

$$\begin{aligned}
&\bar{\boldsymbol{y}}\approx\sum_{i=0}^{2n}\boldsymbol{W}_i^{(m)}\boldsymbol{Y}_i\\
&\boldsymbol{P}_y\approx\sum_{i=0}^{2n}\boldsymbol{W}_i^{(c)}(\boldsymbol{Y}_i-\bar{\boldsymbol{y}})(\boldsymbol{Y}_i-\bar{\boldsymbol{y}})^{\mathrm{T}}
\end{aligned} \tag{6-57}$$

式中，$\boldsymbol{W}_i^{(m)}$ 和 $\boldsymbol{W}_i^{(c)}$ 分别为计算 $\boldsymbol{Y}$ 的均值和方差所用的加权系数，有

$$\left.\begin{aligned}
&\boldsymbol{W}_0^{(m)}=\frac{\lambda}{n+\lambda}\\
&\boldsymbol{W}_0^{(c)}=\frac{\lambda}{n+\lambda}+(1-\alpha^2+\beta)\\
&\boldsymbol{W}_i^{(m)}=\boldsymbol{W}_i^{(c)}=\frac{1}{2(n+\lambda)}, \quad i=1,\cdots,2n
\end{aligned}\right\} \tag{6-58}$$

式中，$\lambda=\alpha^2(n+\kappa)-n$，在均值和方差加权中需要确定 α,κ,β 三个参数，α,κ 的取值范围如前文所述，而 β 为状态分布参数，对于高斯分布 $\beta=2$ 是最优的，如果状态变量是单变量，则最优的选择是 $\beta=0$。适当调节 α,κ 可以提高估计均值的精度，调节 β 可以提高方差的精度。

简而言之，UKF 可以看做基于 UT 技术的卡尔曼滤波器。在卡尔曼滤波器中，对于一步预测方程，使用 UT 变换来处理均值和协方差的非线性传递，就称为 UKF 算法。其滤波过程分为以下 4 步。

(1) 初始化

$$\left.\begin{aligned}\hat{\boldsymbol{X}}_0&=E(\boldsymbol{X}_0)\\ \boldsymbol{P}_0&=E[(\boldsymbol{X}_0-\hat{\boldsymbol{X}}_0)(\boldsymbol{X}_0-\hat{\boldsymbol{X}}_0)^{\mathrm{T}}]\end{aligned}\right\}\tag{6-59}$$

(2) 计算 Sigma 点：

$$\left.\begin{aligned}\boldsymbol{\chi}_{k-1}^0&=\hat{\boldsymbol{X}}_{k-1}\\ \boldsymbol{\chi}_{k-1}^i&=\hat{\boldsymbol{X}}_{k-1}+(\sqrt{(n+\lambda)\boldsymbol{P}_{k-1}}),\quad i=1,\cdots,n\\ \boldsymbol{\chi}_{k-1}^i&=\hat{\boldsymbol{X}}_{k-1}-(\sqrt{(n+\lambda)\boldsymbol{P}_{k-1}}),\quad i=n+1,\cdots,2n\end{aligned}\right\}\tag{6-60}$$

(3) 时间传播方程为

$$\boldsymbol{\chi}_{k|k-1}^i=\boldsymbol{F}(\boldsymbol{\chi}_{k-1}^i)\tag{6-61}$$

$$\hat{\boldsymbol{X}}_k^-=\sum_{i=0}^{2n}\boldsymbol{W}_i^{(m)}\boldsymbol{\chi}_{k|k-1}^i\tag{6-62}$$

$$\boldsymbol{P}_{X,k}^-=\sum_{i=0}^{2n}\boldsymbol{W}_i^{(c)}(\boldsymbol{\chi}_{k|k-1}^i-\hat{\boldsymbol{X}}_k^-)(\boldsymbol{\chi}_{k|k-1}^i-\hat{\boldsymbol{X}}_k^-)^{\mathrm{T}}+\boldsymbol{Q}_k\tag{6-63}$$

$$\boldsymbol{\gamma}_{k|k-1}^i=\boldsymbol{H}(\boldsymbol{\chi}_{k|k-1}^i)\tag{6-64}$$

$$\hat{\boldsymbol{Y}}_k^-=\sum_{i=0}^{2n}\boldsymbol{W}_i^{(m)}\boldsymbol{\gamma}_{k|k-1}^i\tag{6-65}$$

(4) 测量更新方程为

$$\boldsymbol{P}_{Y,k}=\sum_{i=0}^{2n}\boldsymbol{W}_i^{(c)}(\boldsymbol{\gamma}_{k|k-1}^i-\hat{\boldsymbol{Y}}_k^-)(\boldsymbol{\gamma}_{k|k-1}^i-\hat{\boldsymbol{Y}}_k^-)^{\mathrm{T}}+\boldsymbol{R}_k\tag{6-66}$$

$$\boldsymbol{P}_{XY,k}=\sum_{i=0}^{2n}\boldsymbol{W}_i^{(c)}(\boldsymbol{\gamma}_{k|k-1}^i-\hat{\boldsymbol{X}}_k^-)(\boldsymbol{\gamma}_{k|k-1}^i-\hat{\boldsymbol{Y}}_k^-)^{\mathrm{T}}\tag{6-67}$$

$$\boldsymbol{K}=\boldsymbol{P}_{XY,k}\boldsymbol{P}_{Y,k}^{-1}\tag{6-68}$$

$$\hat{\boldsymbol{X}}_k=\hat{\boldsymbol{X}}_k^-+\boldsymbol{K}(\boldsymbol{Y}_k-\hat{\boldsymbol{Y}}_k^-)\tag{6-69}$$

$$\boldsymbol{P}_{X,k}=\boldsymbol{P}_{X,k}^-=\boldsymbol{K}\boldsymbol{P}_{Y,k}\boldsymbol{K}^{\mathrm{T}}\tag{6-70}$$

重复步骤(1)～(4)。

7. *UKF 滤波仿真结果与分析*

UKF 波波仿真结果与分析如图 6－16～图 6－18 所示。

在第 15.74 s 到达拦截点，拦截点坐标为：

$$X_{\mathrm{m}}=-0.035\,422,\quad Y_{\mathrm{m}}=0.077\,086,\quad Z_{\mathrm{m}}=1.645\,020$$

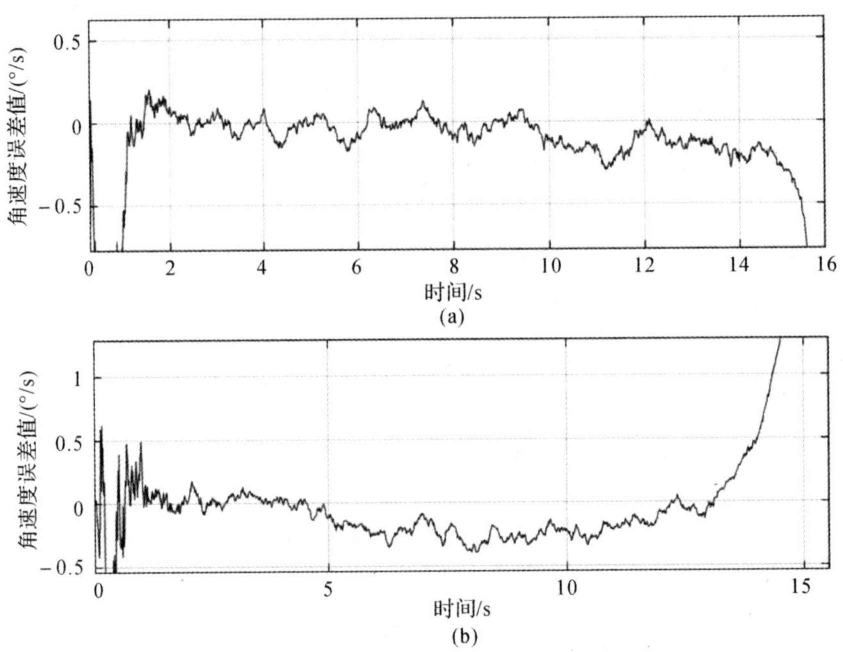

图 6-16　视线高低角和角速度估计误差

(a)视线高低角速度估计误差；(b)视线高低角速度估计误差

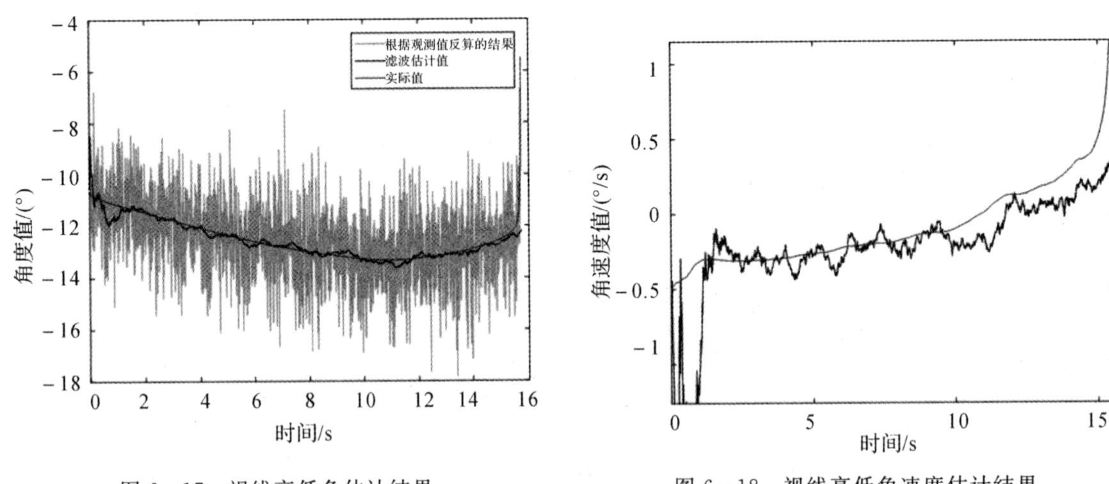

图 6-17　视线高低角估计结果　　　图 6-18　视线高低角速度估计结果

UKF 与 EKF 效果差异不大，下述分析都采用 EKF。

8. 各参数对视线角速度估计的影响

(1)导引头零偏。设导引头所测体视线高低角和体视线方位角的零偏为 0.5°，仿真结果如图 6-19 和图 6-20 所示。

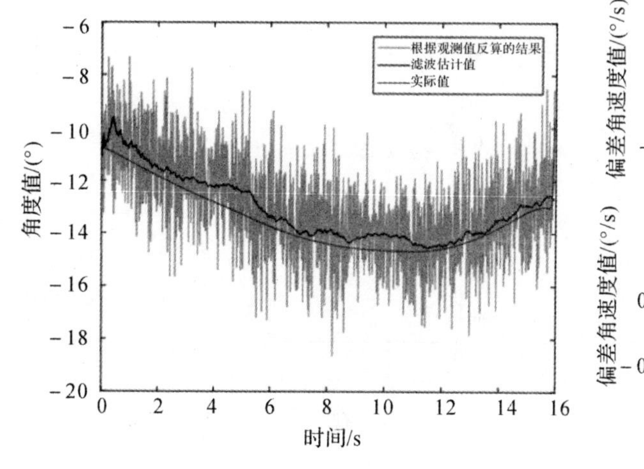

图 6-19　视线高低角估计结果

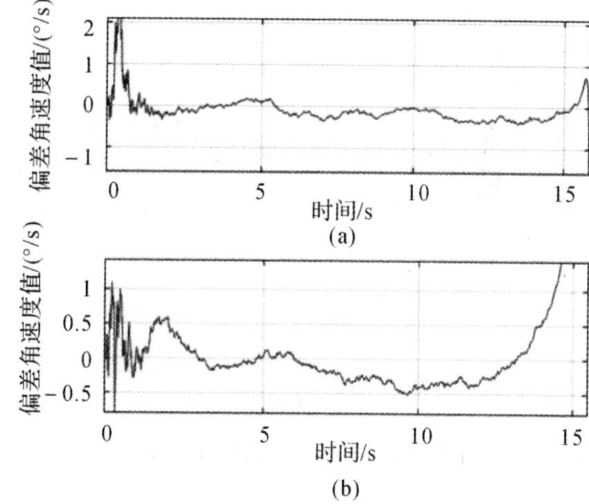

图 6-20　视线高低角与角速度估计误差

结论：导引头零偏对视线角速度估计影响不大。

(2)加速度计测量噪声对角速度估计和控制的影响如图 6-21～图 6-23 所示。

仿真条件：加速度计测量噪声为 30 mg 的白噪声。

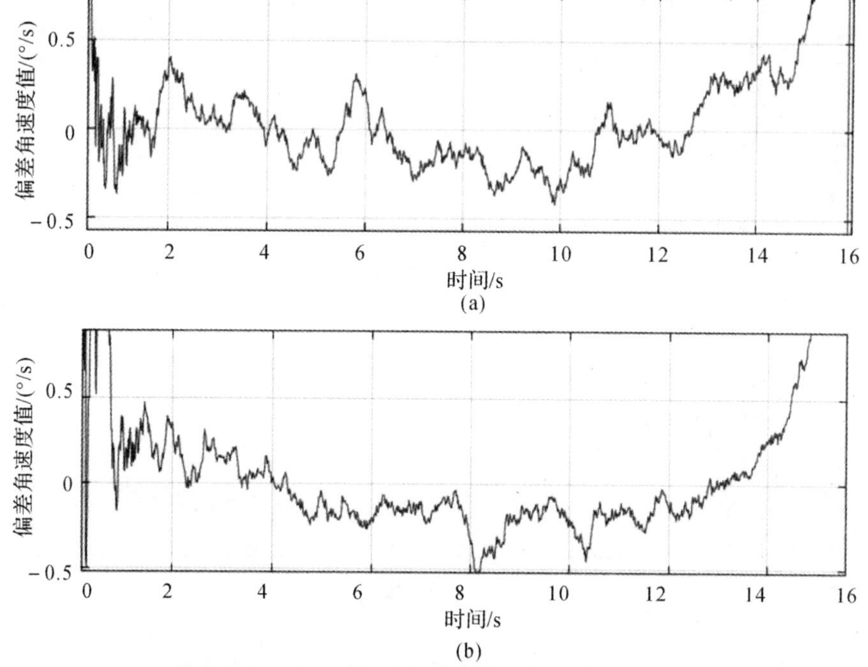

图 6-21　角速度计测量噪声影响下视线角速度估计误差

(a)视线高低角速度估计误差；(b)视线方位角速度估计误差

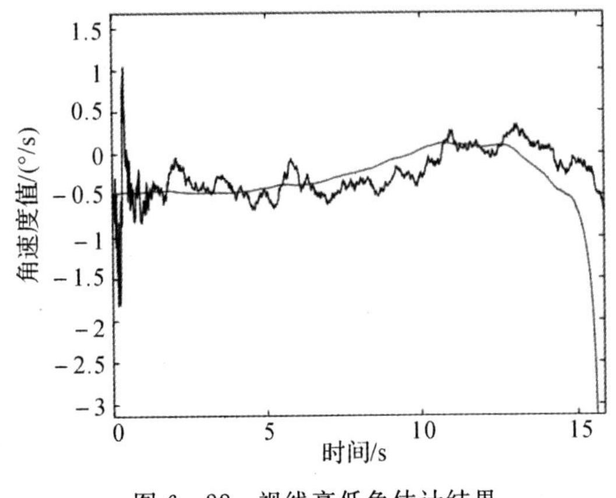

图 6-22　视线高低角估计结果

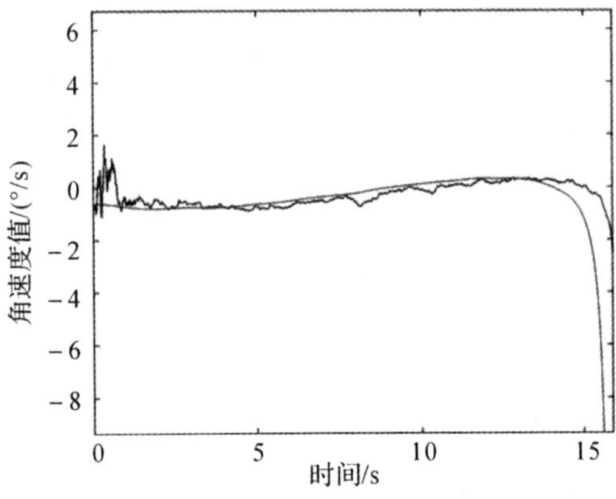

图 6-23　视线高低角速度估计结果

结论：加速度计测量噪声对视线角速度的影响不大。

(3)速度与速度方向偏差如图 6-24 所示。

取速度偏差为 0.5 m/s，弹道倾角偏差为 1°。

在第 15.780 000 s 到达拦截点，拦截点坐标为：$X_m=-0.024\ 379$，$Y_m=0.240\ 356$，$Z_m=1.056\ 706$。

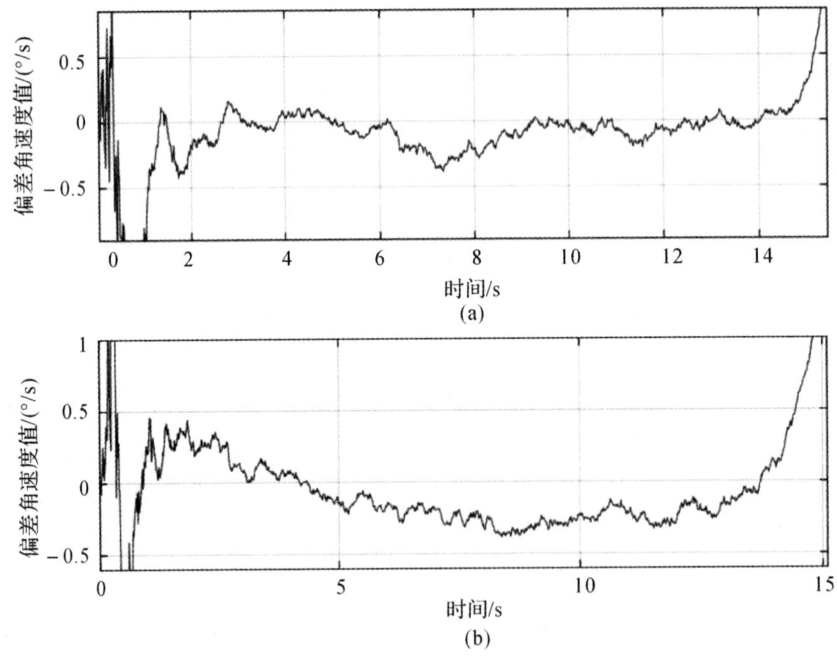

图 6-24　速度偏差时高低角与方位角速度估计误差

(a)视线高低角速度估计误差；　(b)视线方位角速度估计误差

结论：速度偏差对视线角速度估计影响不大。

(4)陀螺漂移如图 6-25～图 6-27 所示。

陀螺漂移取 6°/30 s。

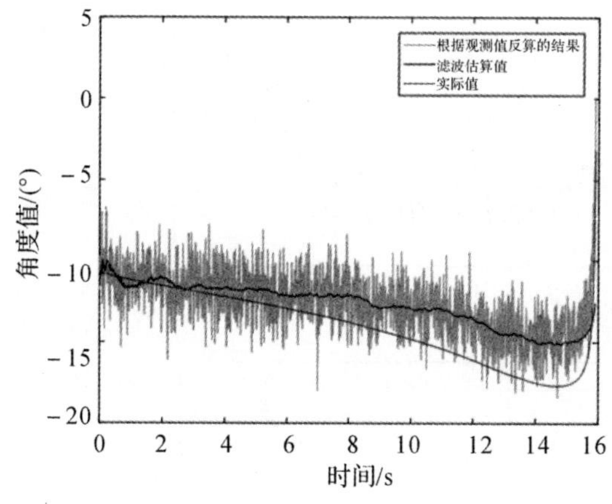

图 6-25　视线高低角估计结果

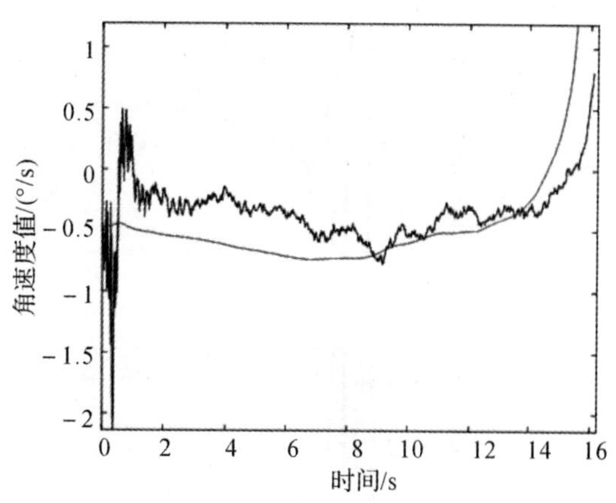

图 6-26　视线高低角速度估计结果

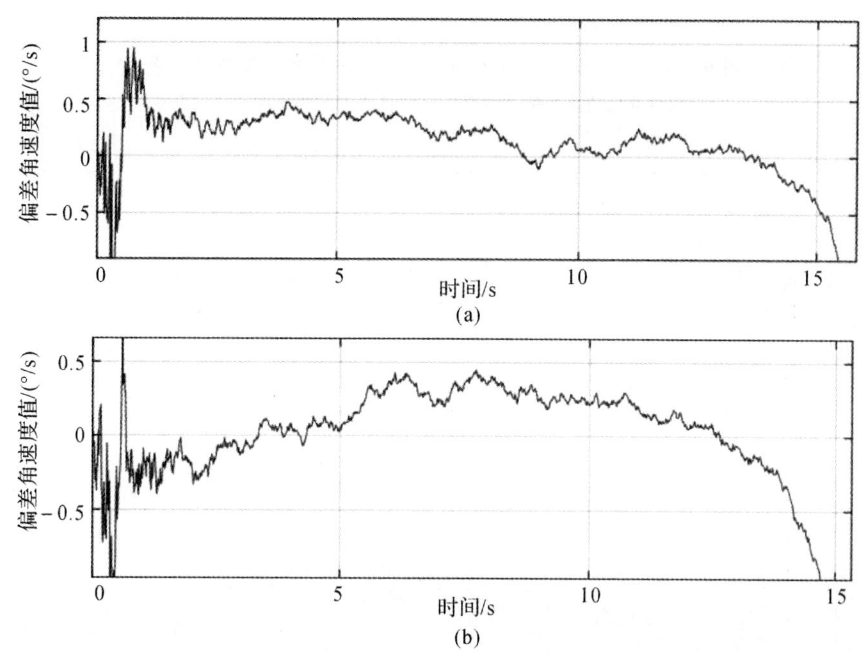

图 6-27　陀螺漂移时高低角与方位角速度估计误差

(a)视线高低角速度估计误差；(b)视线方位角速度估计误差

结论:陀螺漂移对视线角速度估计影响很大。

(5)导引头精度如图 6-28 和图 6-29 所示。

分别取导引头误差为 0.2°和 2°进行仿真:

总结:陀螺测得的欧拉角精度和导引头精度对视线角速度估计的精度影响最大。

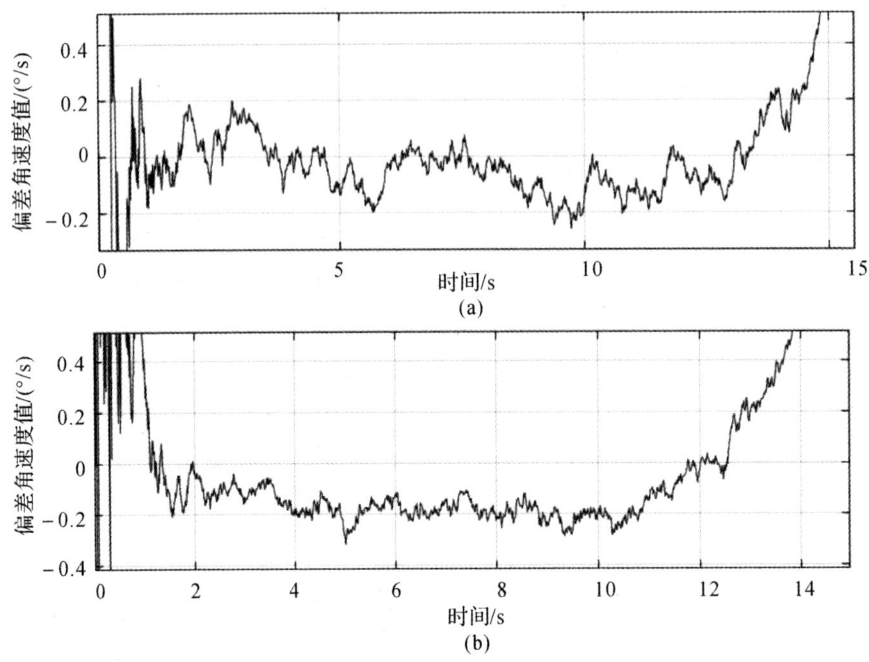

图 6-28 导引头 0.2°误差时高低角与方位角速度估计误差

(a)视线高低角速度估计误差； (b)视线方位角速度估计误差

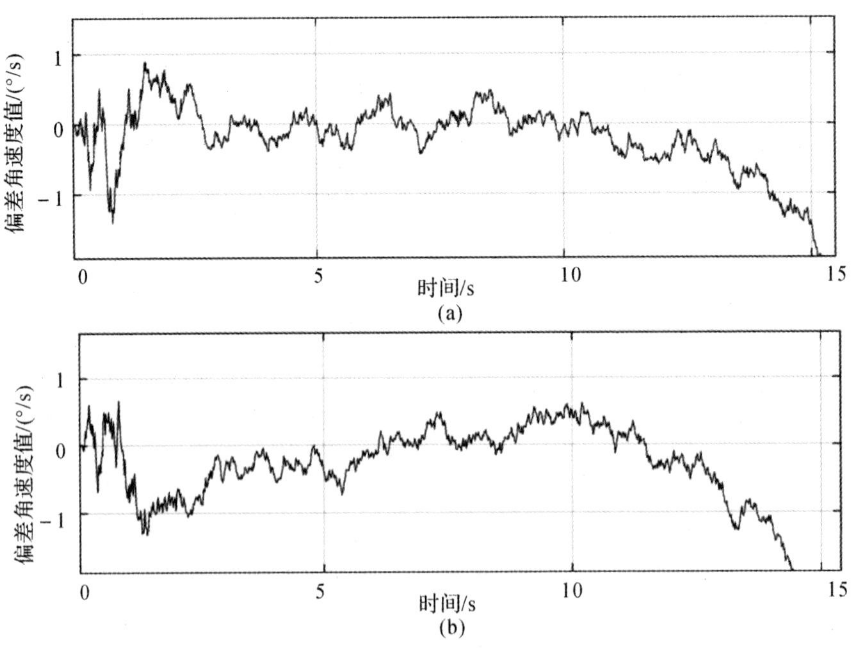

图 6-29 导引头 2°误差时高低角与方位角速度估计误差

(a)视线高低角速度估计误差； (b)视线方位角速度估计误差

9. 解决弹道末段估计误差增大的尝试

(1)调试系统误差矩阵 $\boldsymbol{Q}$。其能够改善滤波性能，但是对末段作用不大。

(2)强跟踪滤波。EKF 滤波器在达到稳定后将丧失对突变状态的跟踪能力,强跟踪滤波器根据正交性原理,引入渐消因子,实时调整估计误差方差阵,以提高对状态突变的反应能力,则有

$$\boldsymbol{P}_{k+1/k}=\lambda_k\boldsymbol{F}\boldsymbol{P}_{k/k}\boldsymbol{F}^{\mathrm{T}}+\boldsymbol{Q} \tag{6-71}$$

应用中存在的问题:强跟踪滤波器的原理是通过改变估计误差方差阵强制使残差满足正交性,这与剔除野值的原理是互相矛盾的;改变估计误差方差阵定会导致估计误差的增大,稳定性也会变差。

(3)基于当前统计模型的自适应滤波。采用"当前"统计模型,认为视线角速率在当前时刻只会在当前角速度的邻域内变化。

6.2.3　制导模块

1. 惯性视线角速率的计算

导弹的位置:$(x_{\mathrm{M}},y_{\mathrm{M}},z_{\mathrm{M}})$。

目标的位置:$(x_{\mathrm{T}},y_{\mathrm{T}},z_{\mathrm{T}})$。

$$\left.\begin{aligned}x_r&=x_{\mathrm{M}}-x_{\mathrm{T}}\\y_r&=y_{\mathrm{M}}-y_{\mathrm{T}}\\z_r&=z_{\mathrm{M}}-z_{\mathrm{T}}\end{aligned}\right\} \tag{6-72}$$

弹目相对距离为

$$R=\sqrt{x_r^2+y_r^2+z_r^2} \tag{6-73}$$

弹目相对距离在水平面上的投影为

$$S=\sqrt{x_r^2+z_r^2} \tag{6-74}$$

其变化率为

$$\dot{S}=\frac{\dot{x}_r x_r+\dot{z}_r z_r}{S} \tag{6-75}$$

惯性视线高低角为

$$q_\varphi=-\mathrm{atan}\left(\frac{y_r}{S}\right) \tag{6-76}$$

惯性视线方位角为

$$q_\lambda=\mathrm{atan2}(z_r,x_r) \tag{6-77}$$

惯性视线高低角角速度为

$$\dot{q}_\varphi=\frac{y_r\dot{S}-\dot{y}_r S}{R^2} \tag{6-78}$$

惯性视线方位角角速度为

$$\dot{q}_\lambda=\frac{\dot{x}_r z_r-x_r\dot{z}_r}{S^2} \tag{6-79}$$

2. 比例制导律

弹道倾角指令为

$$\dot{\theta}_{\mathrm{com}}=N_1\dot{q}_\varphi \tag{6-80}$$

弹道偏角指令为

$$\dot{\psi}_{V\mathrm{com}}=N_2\dot{q}_\lambda \tag{6-81}$$

$$a_{M\varphi}=\frac{V_M\dot{\theta}_{\mathrm{com}}}{g}+\cos\theta \tag{6-82}$$

$$a_{M\lambda}=\frac{V_M\dot{\psi}_{V\mathrm{com}}}{g} \tag{6-83}$$

$$\gamma_{\mathrm{com}}=\mathrm{atan}\left(\frac{a_{M\lambda}}{a_{M\varphi}}\right) \tag{6-84}$$

3.越肩发射

考虑到若在捕获区之外无法攻击到目标，就要求导弹进行机动，重新将目标锁定在攻击区之内，本章依据空空导弹越肩发射的方案来进行制导律设计。

越肩发射的导弹一般要采用三段（程序段、中制导段、末制导段）或两段复合制导方式进行工作。初段是程序段，导弹按预定的指令飞行；中段是指令＋惯导段，导弹接收载机的指令，转变完成“越肩”；末段是主动段，导弹采用主动雷达导引头或红外导引头，自主攻击目标。可见其中程序段和中制导段的任务是实现越肩，是越肩发射的特点和难点所在。采用怎样的导引方法完成该任务自然成为越肩发射的重点之一。

4.攻击区影响因素

传统导弹的攻击区边界可分为远界、近界和侧边界，实际上侧边界也是远界或近界的一部分，只是由于传统上只能尾追攻击的导弹攻击区与扇形相似，故有侧界的划分。对全向攻击的导弹，攻击区边界只是远界和近界。攻击区影响因素主要有以下几种。

(1)导引头截获目标距离，影响攻击区远界。

(2)弹上能源工作时间，是指制导控制系统的电源和舵机的能源，影响攻击区远界。

(3)导引头的视场角，即导引头能“看见”的以导弹弹体轴线为中心线的一定角度范围，对攻击区远界、近界都有影响。

(4)导弹最短飞行时间，即在导弹发射后初始制导系统归零时间与引信解除保险的时间取大者，影响攻击区近界。

(5)导引头最大跟踪角速度，影响攻击区近界。

(6)引战配合特性，是指为了确保杀伤目标引信实际引爆区与战斗部有效起爆区之间的协调配合程度。在一定的目标特性、引信战斗部参数和遭遇条件下，引战配合特性的主要限制是导弹相对速度。对攻击区远界、近界都有影响。

(7)导弹法向可用过载，对攻击区远界、近界都有影响。

5.攻击区搜索算法

攻击区的方法大多是对应一个目标初始进入角 q_0，求出响应约束条件下的初始发射距离 R_0，求出相应约束条件下的初始发射距离 R_0（包括 $R_{0\min}$ 和 $R_{0\max}$），即

$$\left.\begin{aligned}R_{0\min}=f(q_0,M_1,M_2,\cdots)\\R_{0\max}=f(q_0,M_1,M_2,\cdots)\end{aligned}\right\} \tag{6-85}$$

式中，$M_1,M_2,\cdots$为限制条件。

如果在这些限制条件作用下，导弹能够命中目标，那么这个目标初始点就在攻击区内。这样逐渐改变初始条件一直到导弹能命中目标的临界点，就找出了攻击区的边界。搜索攻击区

原理如图 6-30 所示。

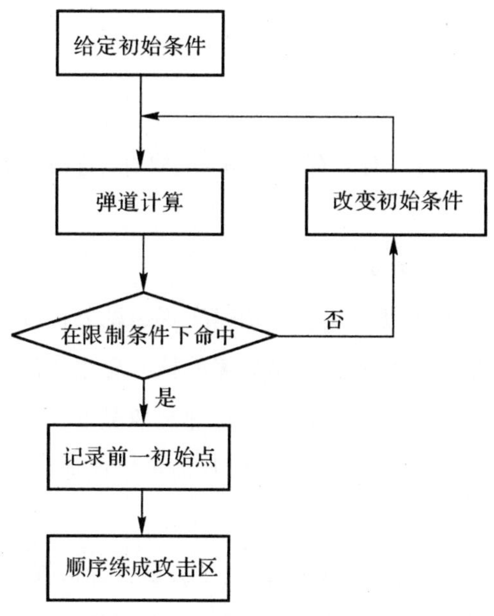

图 6-30　搜索攻击区原理框图

6.2.4　控制模块

1. 法向过载控制

法向过载控制示意图如图 6-31 所示。

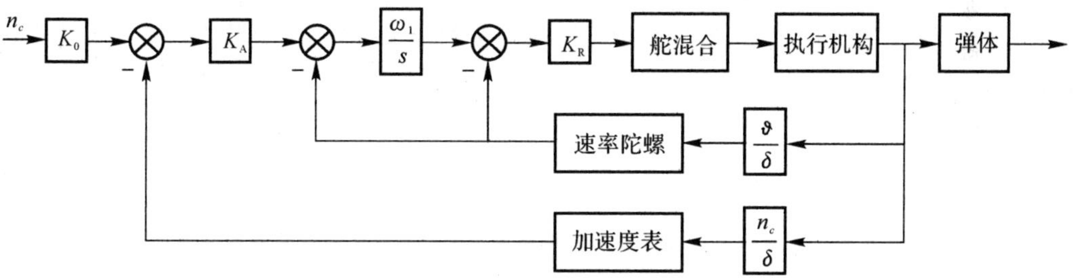

图 6-31　法向过载控制示意图

用增益 K_R 确定阻尼回路截止频率，ω_1 确定法向过载回路阻尼，K_A 确定法向过载回路时间常数。

2. 倾斜角控制系统

倾斜角控制系统如图 6-32 所示。

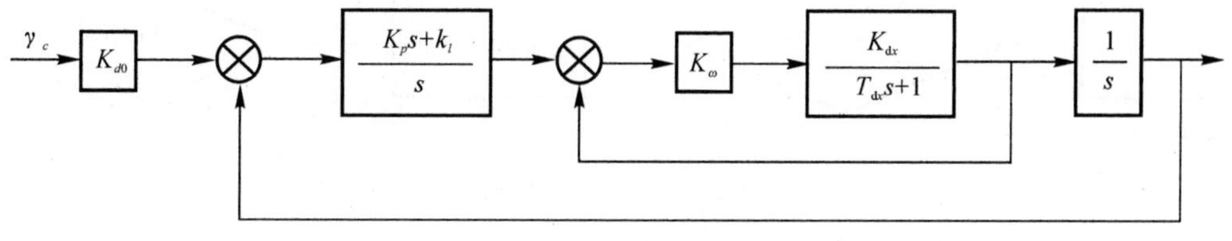

图 6-32　倾斜角控制系统

内回路采用角速率比例控制以提高倾斜通道阻尼,外回路采用倾斜角比例+积分控制以实现对滚转角的精确控制。

6.2.5 视场控制方案

保持目标始终位于视场之内。对于静止目标,主要在于视场切换时,目标会短暂跳出视场,需要使其尽快进入视场。

1.速度追踪+比例制导复合制导

速度追踪抑制干扰能力差,但速度追踪可快速实现速度矢量方向与视线的重合,从而保证目标以比较快的速度进入视场。此外,比例制导律的核心思想是使视线转动角速率为零,对于静止目标而言,即使速度矢量方向与视线重合。在理想情况下,采用追踪制导律和比例制导律终端的稳定条件是一致的,即视线与目标线重合,从而可以保证两种制导律在切换过程中的平稳性。所以具体的思路为:

(1)当目标出视场时,采用追踪制导律使目标尽快重新进入视场。

(2)当视线与光轴比较接近时再切换到比例制导律,以避免制导律切换时,制导律的剧烈跳变。在切换完成并平稳后,如果没有强干扰,目标基本始终处于视场之内。然后利用制导律的稳定性和对干扰优良的抑制能力对目标实施末端攻击。

需要说明的是,采用速度追踪可以使目标进入视场之内,但速度追踪抑制干扰能力太差,会使脱靶量很大,所以末端尽量不要使用速度追踪法。利用比例制导律攻击静止目标,虽然最终也会使目标锁定在视场之内,但在起始阶段或者遇到强干扰,比例制导律并不一定能很快地使目标重新进入视场。

2.姿态控制

姿态控制如图6-33所示。将导引头姿态信息反馈到导引头角跟踪回路,有效减小视场切换或者导弹机动对视场或者导引头指向的影响。

主要设计两个方面:

(1)姿态调整回路,使目标尽快重新进入视场。

(2)平稳过渡回路,使前后两个指令过渡平稳,并保持弹体姿态稳定。

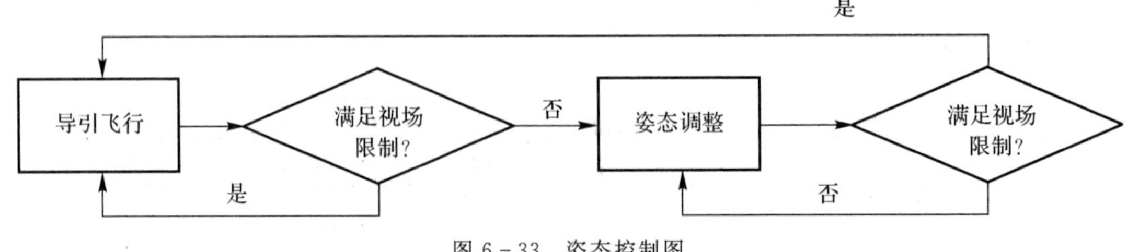

图6-33 姿态控制图

6.3　平台导引飞行器制导控制系统建模

飞行器运动方程为

$$\left.\begin{aligned}
&m\frac{\mathrm{d}V_{\mathrm{m}}}{\mathrm{d}t}=P\cos\alpha\cos\beta-X-G\sin\theta\\
&mV_{\mathrm{m}}\frac{\mathrm{d}\theta}{\mathrm{d}t}=(P\sin\alpha+Y)\cos\gamma_V+(P\cos\alpha\sin\beta-Z)\sin\gamma_V-G\cos\theta\\
&-mV_{\mathrm{m}}\cos\theta\frac{\mathrm{d}\psi_V}{\mathrm{d}t}=(P\sin\alpha+Y)\sin\gamma_V+(P\cos\alpha\sin\beta-Z)\cos\gamma_V\\
&\dot{x}_{\mathrm{m}}=V_{\mathrm{m}}\cos\theta\cos\psi_V\\
&\dot{y}_{\mathrm{m}}=V_{\mathrm{m}}\sin\theta\\
&\dot{z}_{\mathrm{m}}=-V_{\mathrm{m}}\cos\theta\sin\psi_V
\end{aligned}\right\}\tag{6-86}$$

式中，V_{m}为导弹速度；θ 为弹道倾角；ψ_V 为弹道偏角；γ_V 为速度滚转角；x_{m}，y_{m}，z_{m}为导弹位移；X，Y，Z 为气动阻力、升力和侧向力，其具体表达式为

$$\left.\begin{aligned}
&Y=Y^{\alpha}\alpha\\
&Y^{\alpha}=C_y^{\alpha}qS_{ref}\\
&Z=Z^{\beta}\beta\\
&Z^{\beta}=C_Z^{\beta}qS_{ref}
\end{aligned}\right\}\tag{6-87}$$

假设攻角 α 和侧滑角 β 为小量，可得 $\sin\alpha\approx\alpha$，$\sin\beta\approx\beta$，$\cos\alpha\approx1$，$\cos\beta\approx1$，可得

$$\begin{aligned}
mV_{\mathrm{m}}\frac{\mathrm{d}\theta}{d\mathrm{t}}=\alpha(P+C_y^{\alpha}qS_{ref})\cos\gamma_V+\beta(P-C_Z^{\beta}qS_{ref})\sin\gamma_V-G\cos\theta-mV_{\mathrm{m}}\frac{\mathrm{d}\psi_V}{\mathrm{d}t}=\\
\alpha(P+C_y^{\alpha}qS_{ref})\sin\gamma_V+\beta(P-C_Z^{\beta}qS_{ref})\cos\gamma_V
\end{aligned}\tag{6-88}$$

由此反推可得

$$\left.\begin{aligned}
&\alpha=\frac{\left(mV_{\mathrm{m}}\frac{\mathrm{d}\theta}{\mathrm{d}t}+G\cos\theta\right)\cos\gamma_V-mV_{\mathrm{m}}\cos\theta\frac{\mathrm{d}\psi_V}{\mathrm{d}t}\sin\gamma_V}{P+C_y^{\alpha}qS_{ref}}\\
&\beta=\frac{mV_{\mathrm{m}}\cos\theta\frac{\mathrm{d}\psi_V}{\mathrm{d}t}\cos\gamma_V+\left(mV_{\mathrm{m}}\frac{\mathrm{d}\theta}{\mathrm{d}t}+G\cos\theta\right)\sin\gamma_V}{P+C_Z^{\beta}qS_{ref}}
\end{aligned}\right\}\tag{6-89}$$

6.3.1　自动驾驶仪

将自动驾驶仪简化，视为一阶环节，传递函数为

$$G_{\mathrm{A}}=\frac{a_n}{a_{nc}}=\frac{1}{\tau_{\mathrm{A}}s+1}\tag{6-90}$$

式中，τ_{A} 为自动驾驶仪时间常数，$\tau_{\mathrm{A}}=0.2\ \mathrm{s}$。纵向与侧向自动驾驶仪相同。

6.3.2　导引头测量

由于末制导是由导引头测量视线角速度，因此给要用导弹、目标相对运动参数给出视线相对惯性空间的欧拉角和视线角速度表达式。首先建立视线坐标系 $o_sx_sy_sz_s$：o_s 位于导引头中心；x_s 轴位于导引头中心到目标的连线上且指向目标；y_s 轴与 x_s 轴正交且位于弹体俯仰平面

内指向上为正；z_s 轴 x_s 轴 y_s 轴构成右手坐标系。视线坐标系是由惯性坐标系依次绕 y 轴转 ψ_s 角，绕新的 z 轴转动 θ_s 角，绕最终的 x 轴转动 γ_s 角得到的，由此得到惯性坐标系到视线坐标系下的投影为

$$\boldsymbol{C}_i^s=\begin{bmatrix}\cos\theta_s\cos\psi_s & \sin\theta_s & -\cos\theta_s\sin\psi_s\\ -\sin\theta_s\cos\psi_s\cos\gamma_s+\sin\psi_s\sin\gamma_s & \cos\theta_s\cos\gamma_s & \sin\theta_s\sin\psi_s\cos\gamma_s+\cos\psi_s\sin\gamma_s\\ \sin\theta_s\cos\psi_s\sin\gamma_s+\sin\psi_s\cos\gamma_s & -\cos\theta_s\sin\gamma_s & -\sin\theta_s\sin\psi_s\sin\gamma_s+\cos\psi_s\cos\gamma_s\end{bmatrix} \tag{6-91}$$

导弹目标相对位置在惯性系下的分量为

$$\boldsymbol{R}=\begin{bmatrix}x_t-x_m\\ y_t-y_m\\ z_t-z_m\end{bmatrix}=\begin{bmatrix}x_c\\ y_c\\ z_c\end{bmatrix} \tag{6-92}$$

式中，下标 m，t 分别代表导弹、目标。由此可得

$$\left.\begin{aligned}\psi_s&=\arcsin\left(-\frac{z_c}{\sqrt{x_c{}^2+y_c{}^2}}\right)\\ \theta_s&=\arcsin\left(-\frac{y_c}{\sqrt{x_c{}^2+y_c{}^2+z_c{}^2}}\right)\end{aligned}\right\} \tag{6-93}$$

相对速度 $\boldsymbol{V}_c=\begin{bmatrix}V_{tx}-V_{mx}\\ V_{ty}-V_{my}\\ V_{tz}-V_{mz}\end{bmatrix}$，惯性系下的视线角速度可表示为

$$\boldsymbol{\omega}=\frac{\boldsymbol{R}\times\boldsymbol{V}_c}{R^2} \tag{6-94}$$

$$R=\sqrt{x_c{}^2+y_c{}^2+z_c{}^2} \tag{6-95}$$

$\boldsymbol{\omega}$ 在视线坐标系下的投影为

$$\boldsymbol{\omega}_s=\begin{bmatrix}\omega_{sx}\\ \omega_{sy}\\ \omega_{sz}\end{bmatrix}=\boldsymbol{C}_i^s\boldsymbol{\omega} \tag{6-96}$$

导引头动态跟踪特性可看为一阶惯性环节 $G_s=\dfrac{1}{\tau_c s+1}$，其中取 0.2 s。

6.3.3 目标运动特性

自动驾驶仪输出速度坐标系下的俯仰加速度 a_{vy} 和偏航加速度 a_{vz} 分别为

$$\left.\begin{aligned}a_{vy}&=\frac{P}{m}\sin\alpha+\frac{Y}{m}\\ a_{vz}&=-\frac{P}{m}\sin\alpha\cos\beta+\frac{Z}{m}\end{aligned}\right\} \tag{6-97}$$

可得

$$\left.\begin{aligned}\dot{\theta}&=\frac{1}{V}[a_{vy}\cos\gamma_V+a_{vz}\sin\gamma_V-g\cos\theta]\\ \dot{\psi}_V&=\frac{-1}{V\cos\theta}[a_{vy}\sin\gamma_V-a_{vz}\cos\gamma_V]\end{aligned}\right\} \tag{6-98}$$

导引律如果考虑重力补偿，可将 $g\cos\theta$ 去掉。制导回路如图 6-34 所示。

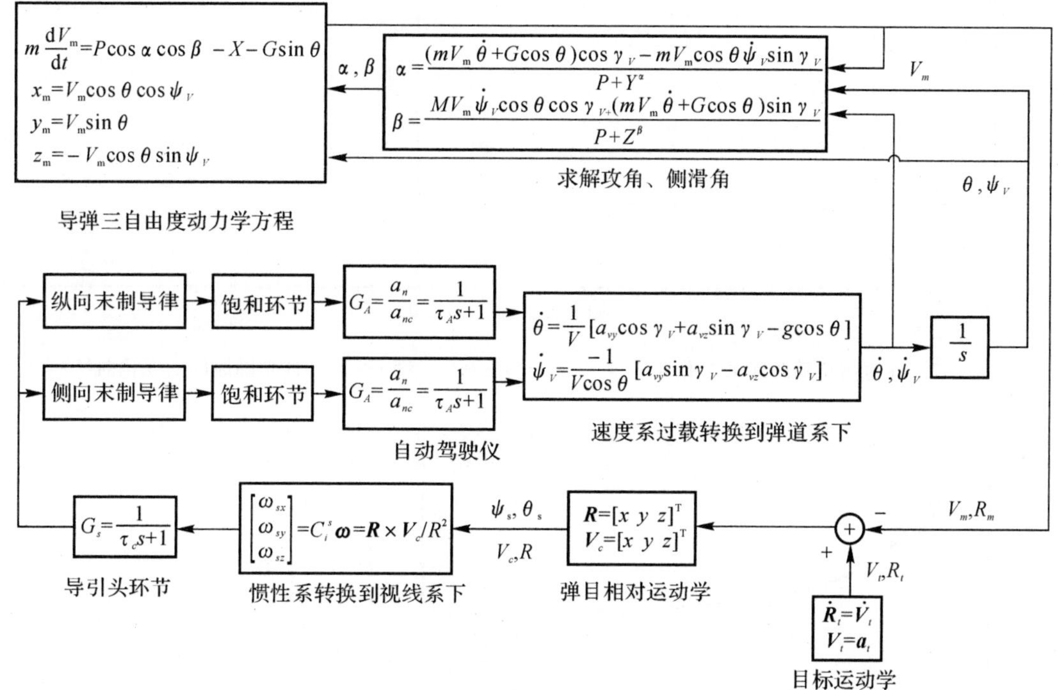

图 6-34　制导回路图

6.4　全捷联导引飞行器制导控制系统仿真分析

6.4.1　姿态控制仿真结果

姿态控制仿真结果如图 6-35～图 6-41 所示。

当目标在导引头视场之外时，采用姿态调整回路可迅速使导弹导引头重新捕获目标。然后，通过一过渡段设计，可使两段平稳交接。当导弹重新进入导弹视场之内时，采用比例制导律，若不遇到大的干扰，可以将目标始终保持在导弹的视场之内。

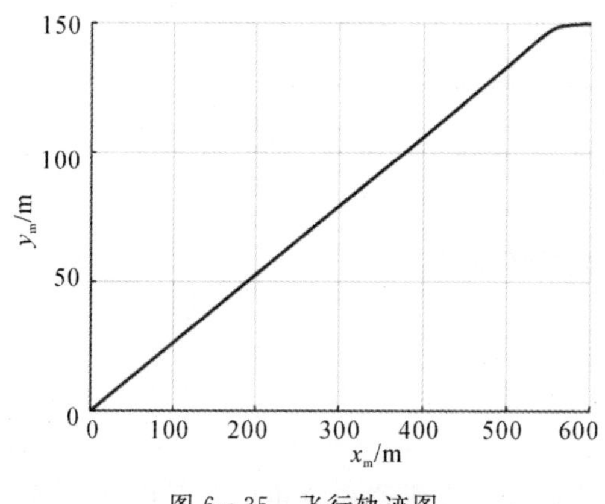

图 6-35　飞行轨迹图

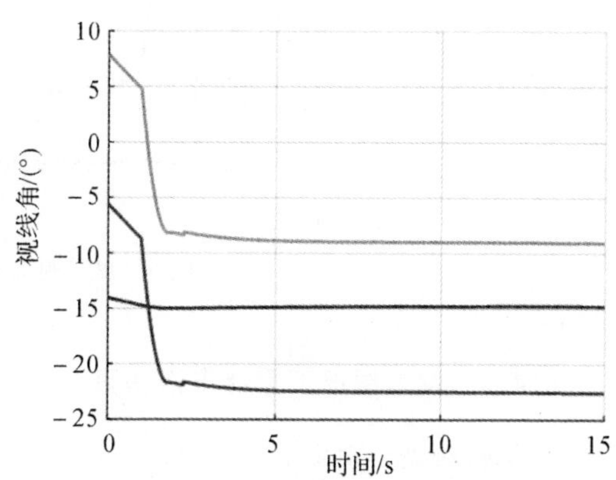

图 6-36　视线角随时间的变化曲线

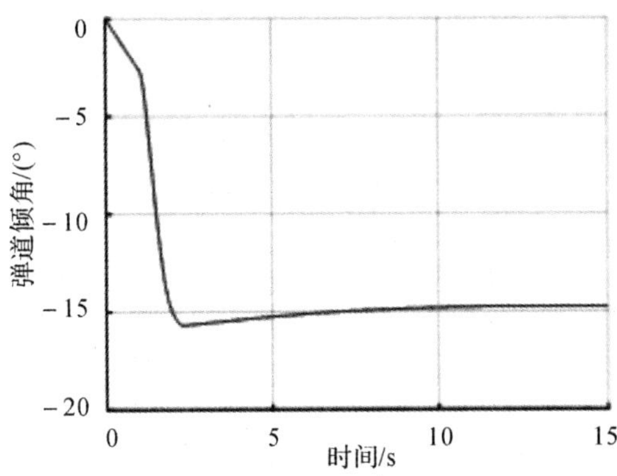

图 6-37　弹道倾角随时间的变化曲线

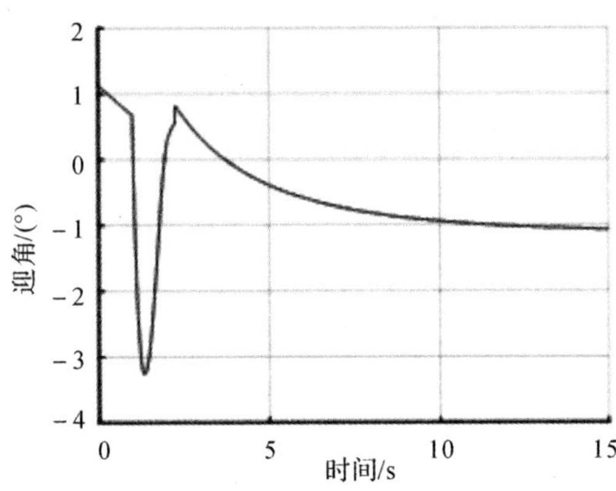

图 6-38　迎角随时间的变化曲线

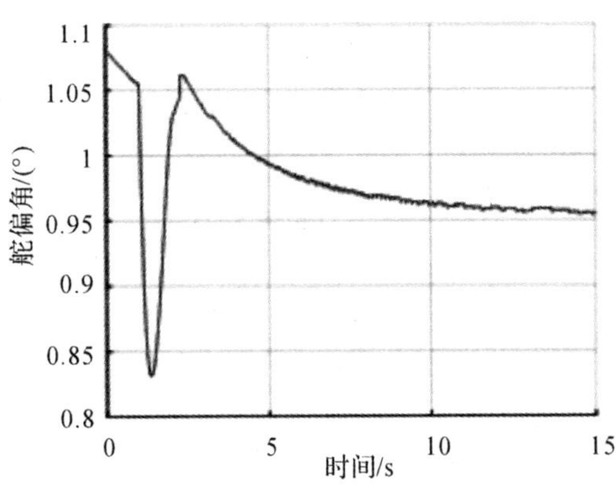

图 6-39　舵偏角随时间的变化曲线

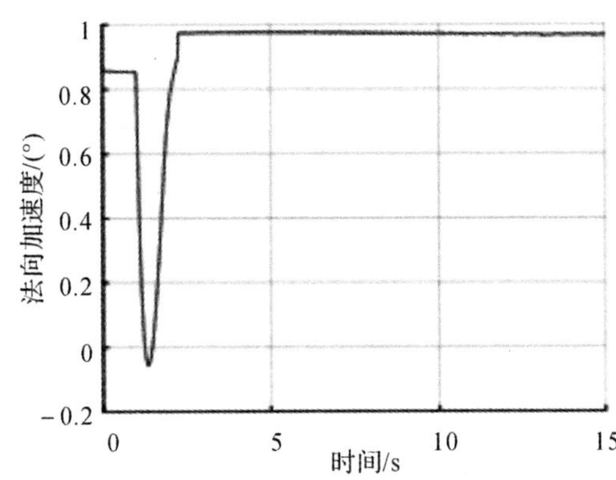

图 6-40　法向加速度随时间的变化曲线

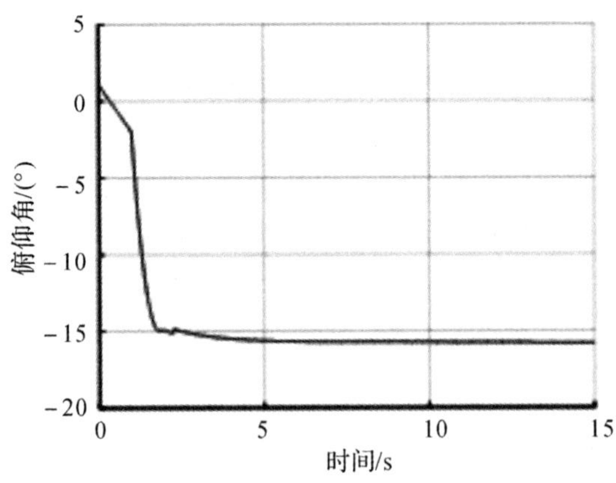

图 6-41　俯仰角随时间的变化曲线

6.4.2　偏差情况下蒙特卡洛仿真

1.扰动和偏差设定

(1)导引头信号随机扰动。末制导控制系统能适应导引头所测视线角信息存在[-0.5°,

0.5°] 的随机扰动(白噪声,动态跟踪误差)和[−0.3°,0.3°]的零位偏差,并且仍能满足末制导精度要求,给体视线角添加|0.3°|的零位偏差,再加上|0.5°|的白噪声。

(2)俯仰角。末制导控制系统能够适应纯惯导的俯仰角存在(±2°±0.2°t)偏差,给体视线角添加|2°|的零位偏差,再加上|0.2°|t 的漂移。

(3)延迟。给导引头加了 5 ms 的延迟,给舵机加了 80 ms 的延迟。

(4)周期。将制导周期设为 20 ms,控制周期设为 10 ms。

(5)惯性器件。延迟设为 10 ms,增益变化范围为 0.94~1.06 ms。

(6)滤波。利用卡尔曼滤波。

2. 仿真条件 1

仿真条件 1 见表 6-2、表 6-3 以及图 6-42~图 6-44。

表 6-2　元器件精度水平

项　目	参　数	备　注
导引头测量精度/(°)	0.5	白噪声
导引头零偏/(°)	0.3	
MEMS 加速度计精度/mg	30	白噪声
MEMS 陀螺零偏/(°)	1,4	俯仰、滚转、偏航
MEMS 陀螺漂移/(°/s)	0.15	

表 6-3　仿真初始条件

导弹初始位置/m	800,150,100
导弹初速/(m·s^{-1})	30
目标位置/m	(0,0)
目标运动状态	静止

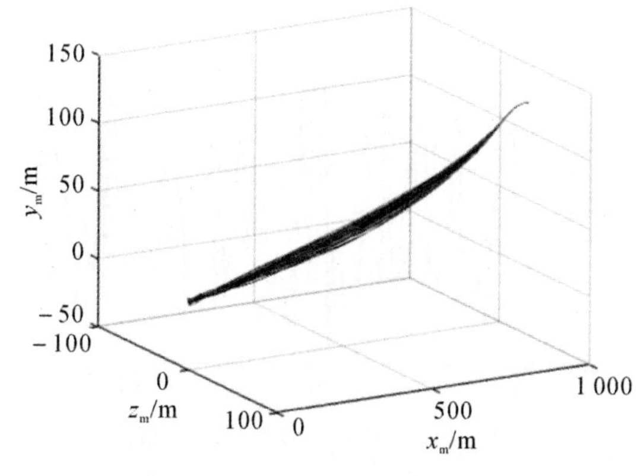

图 6-42　100 次仿真轨迹包线

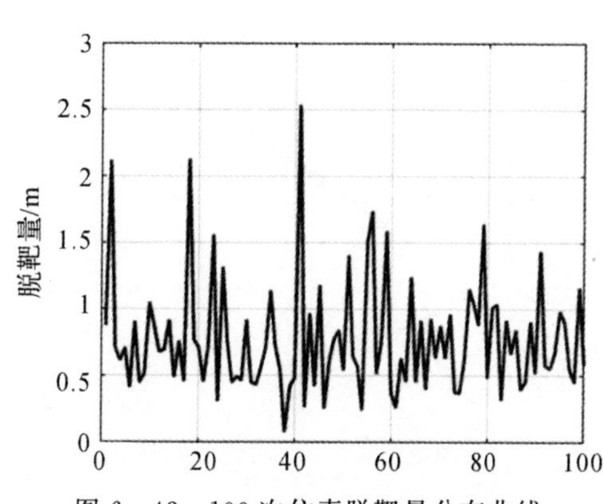

图 6-43　100 次仿真脱靶量分布曲线

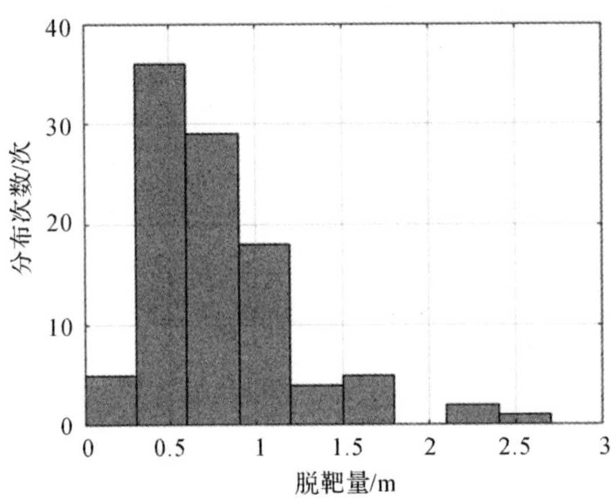

图 6-44　100 次仿真脱靶量分布直方图

3. 仿真条件 2

仿真条件 2 见表 6-4 以及图 6-45～图 6-47。

表 6-4　元器件精度水平

项　目	参　数	备　注
导引头测量精度/(°)	0.5	白噪声
导引头零偏/(°)	−0.3	
MEMS 加速度计精度/mg	30	白噪声
MEMS 陀螺零偏/(°)	−1,−4	俯仰、滚转、偏航
MEMS 陀螺漂移/(°/s)	−0.15	

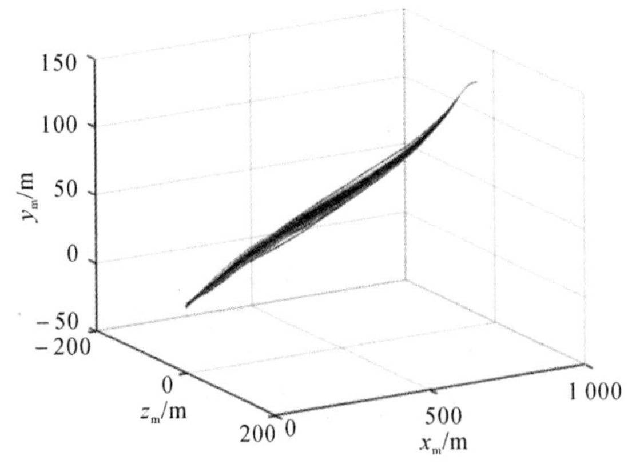

图 6-45　100 次仿真轨迹包线

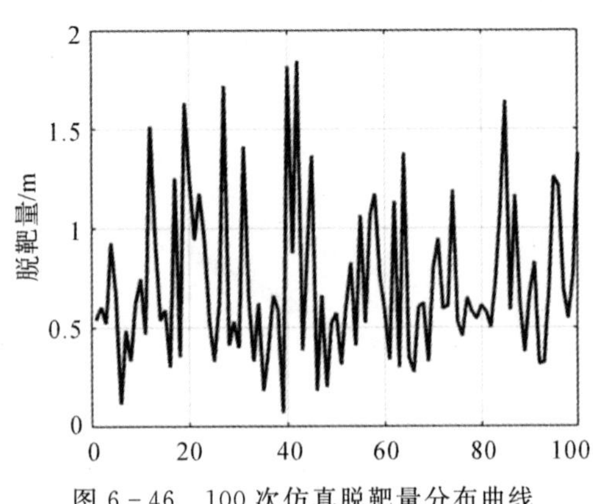

图 6-46　100 次仿真脱靶量分布曲线

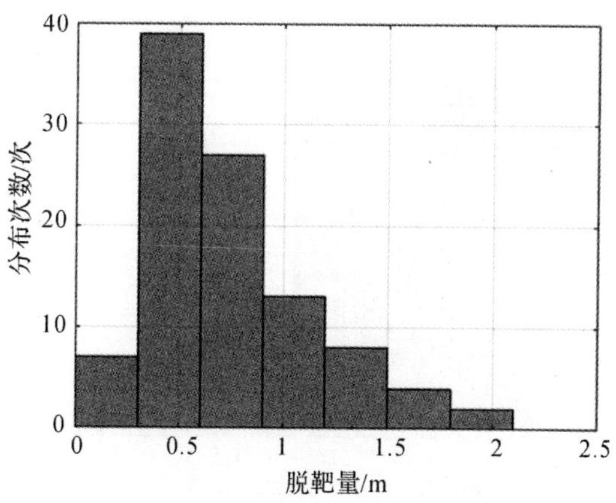

图 6-47　100 次仿真脱靶量分布直方图

4. 仿真条件 3

仿真条件 3 见表 6-5 以及图 6-48～图 6-50。

表 6-5　元器件精度水平

项　目	参　数	备　注
导引头测量精度/(°)	0.5	白噪声
导引头零偏/(°)	−0.3,0.3	高低角,方位角
MEMS 加速度计精度/mg	30	白噪声
MEMS 陀螺零偏/(°)	−1,−4	俯仰、滚转,偏航
MEMS 陀螺漂移/(°/s)	0.15	

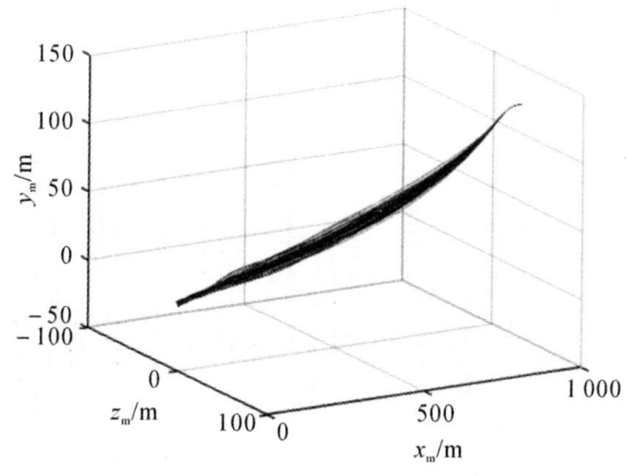

图 6-48　100 次仿真轨迹包线

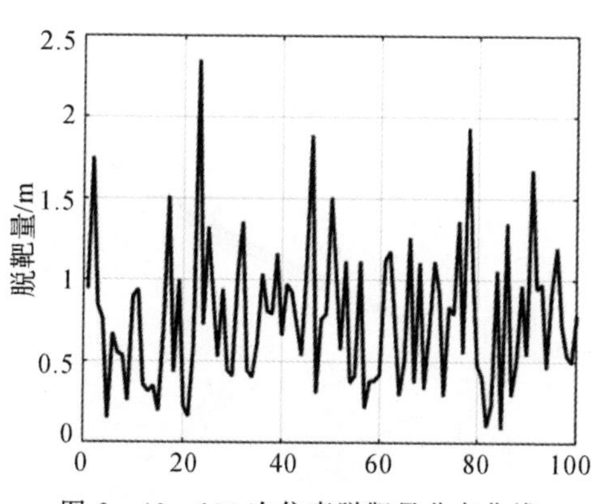

图 6-49　100 次仿真脱靶量分布曲线

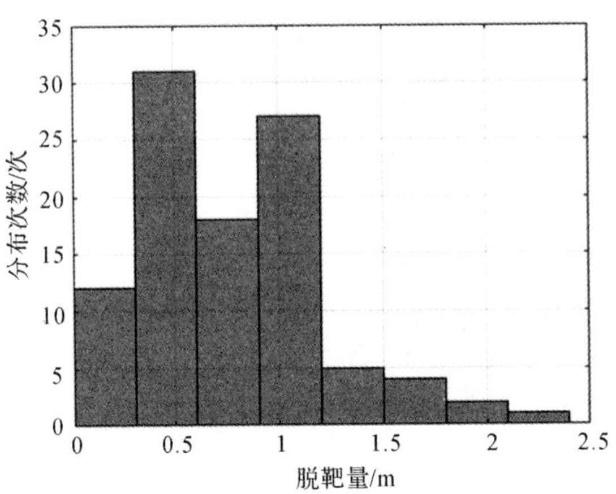

图 6-50　100 次仿真脱靶量分布直方图

5. 仿真条件 4

仿真条件 4 见表 6-6 以及图 6-51～图 6-53。

表 6-6　元器件精度水平

项　目	参　数	备　注
导引头测量精度/(°)	0.5	白噪声
导引头零偏/(°)	0.3,0.3	高低角,方位角
MEMS 加速度计精度/mg	30	白噪声
MEMS 陀螺零偏/(°)	−1,−4	俯仰、滚转,偏航
MEMS 陀螺漂移/(°/s)	−0.15	

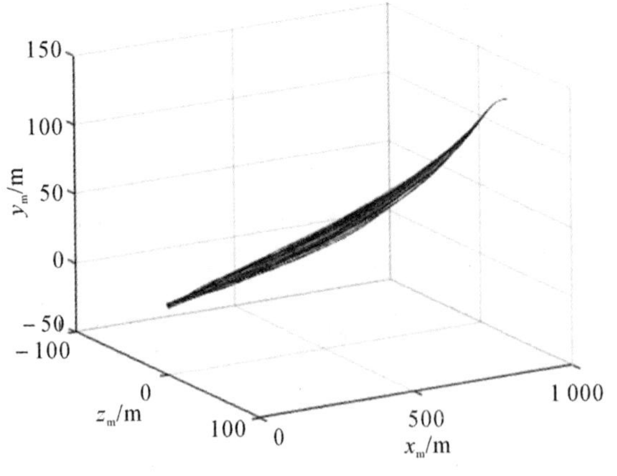

图 6-51　100 次仿真轨迹包线

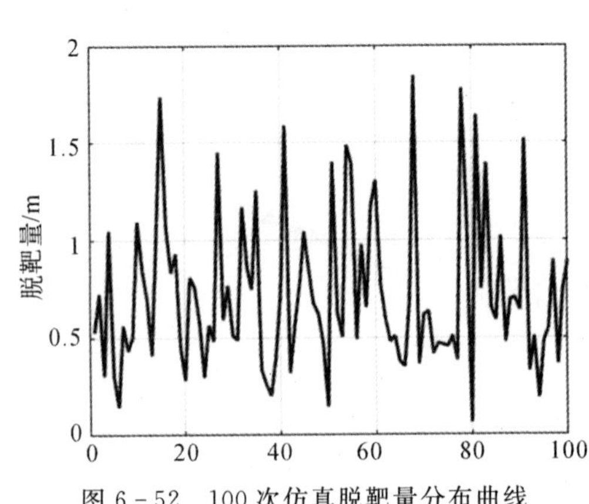

图 6-52　100 次仿真脱靶量分布曲线

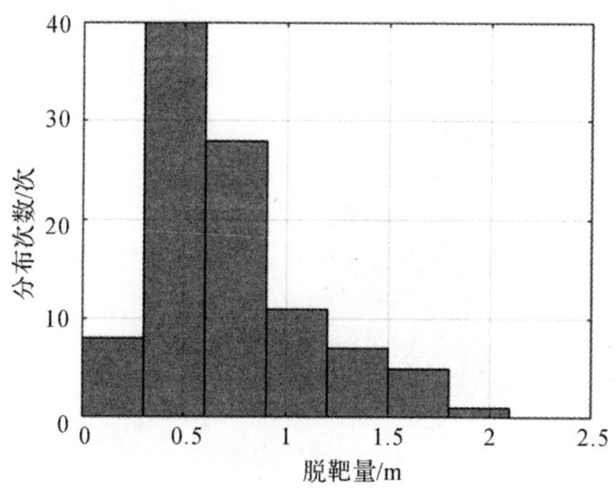

图 6-53　100 次仿真脱靶量分布直方图

6. 仿真条件 5

仿真条件 5 见表 6-7 以及如 6-54～图 6-56。

表 6-7　元器件精度水平

项　目	参　数	备　注
导引头测量精度/(°)	0.5	白噪声
导引头零偏/(°)	0.3,0.3	高低角,方位角
MEMS 加速度计精度/mg	30	白噪声
MEMS 陀螺零偏/(°)	−1,−4	俯仰、滚转,偏航
MEMS 陀螺漂移/(°/s)	0.15	

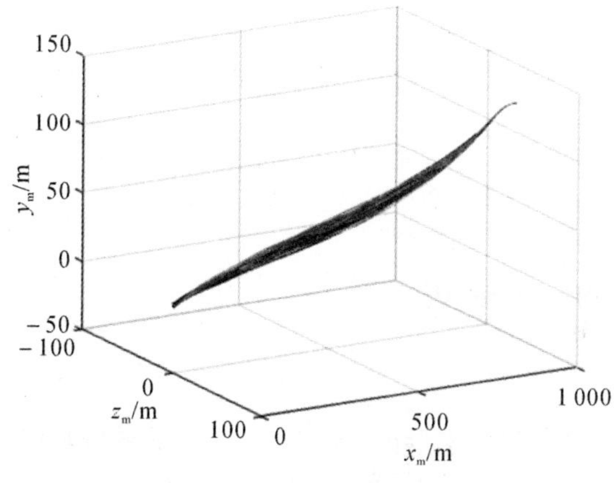

图 6-54　100 次仿真轨迹包线

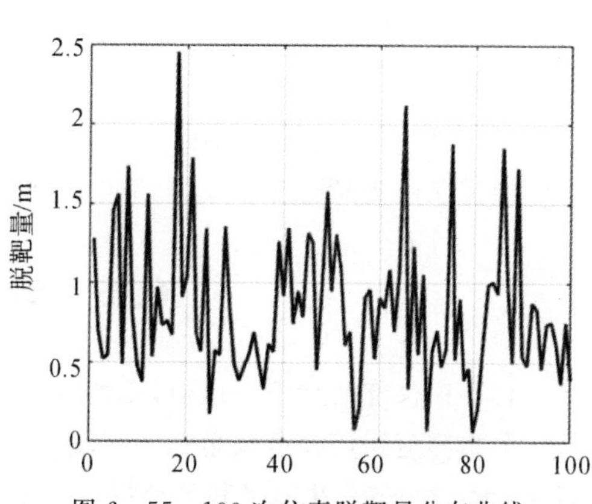

图 6-55　100 次仿真脱靶量分布曲线

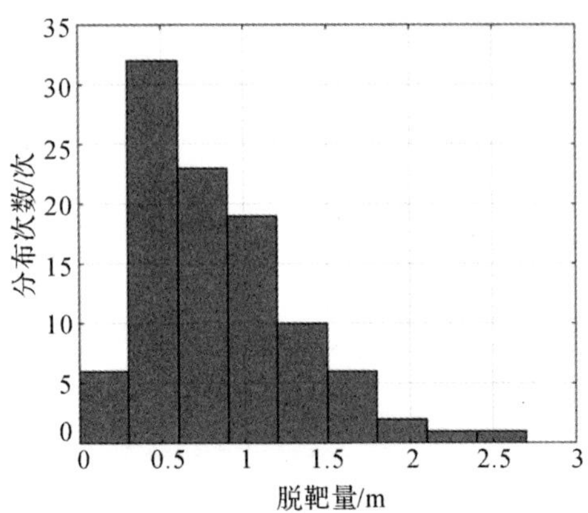

图 6-56　100 次仿真脱靶量分布直方图

6.5　平台导引飞行器制导控制系统仿真分析

仿真初始条件见表 6-8。

表 6-8　仿真初始条件

导弹初始质量	$m_0=1.0$ kg
导弹初始姿态	$\theta_0=5°,10°,\psi_{c0}=0°,\alpha_0,\beta_0=0°$
导弹初始位置	$x_{m0}=y_{m0}=z_{m0}$
导弹初始速度	$V_{mx0}=V_{my0}=V_{mz0}$
气动力系数 C_y	$C_y^{\alpha}=C_z^{\beta}=10.4,C_y^{\delta_z}=1.21$
气动力系数 C_x	$C_x=0.437+7.01\times\delta_z\times\alpha+17.3\times\alpha^2+2.41\times\delta_z^2$
气动力矩系数	$m_{zh}^{\alpha}=-6.07,m_{zh}^{\delta_z}=-0.425$
参考面积	$S_{ref}=0.001\ 256\ 6\ \text{m}^2$

导弹仅有俯仰平面运动时：$y_{t0}=z_{t0}$，$x_{t0}=1\ 500/2\ 000$ m，$V_{tx0}=V_{ty0}=V_{tz0}=0$。

导弹存在侧向运动时：$z_{t0}=500$ m，$y_{t0}=0$，$x_{t0}=1\ 500/2\ 000$ m，$V_{tx0}=V_{ty0}=V_{tz0}=0$

6.6　计算结果与分析

1. 导弹仅有俯仰平面运动，无侧向运动

分析弹道初始弹道倾角 $\theta_0=5°$，俯仰平面比例导引制导律为 $\dot{\theta}=K_1\dot{q}_1$，$K_1=3$，目标初始位置 $x_{t0}=1\ 500$ m，法向过载不超过 $5g$。取迭代步长为 0.000 1 s，在 5.893 5 s 时命中目标，此时弹目相对距离为 0.053 4 m，导弹击中目标。各参数随时间变化规律如图 6-57～图 6-61 所示。

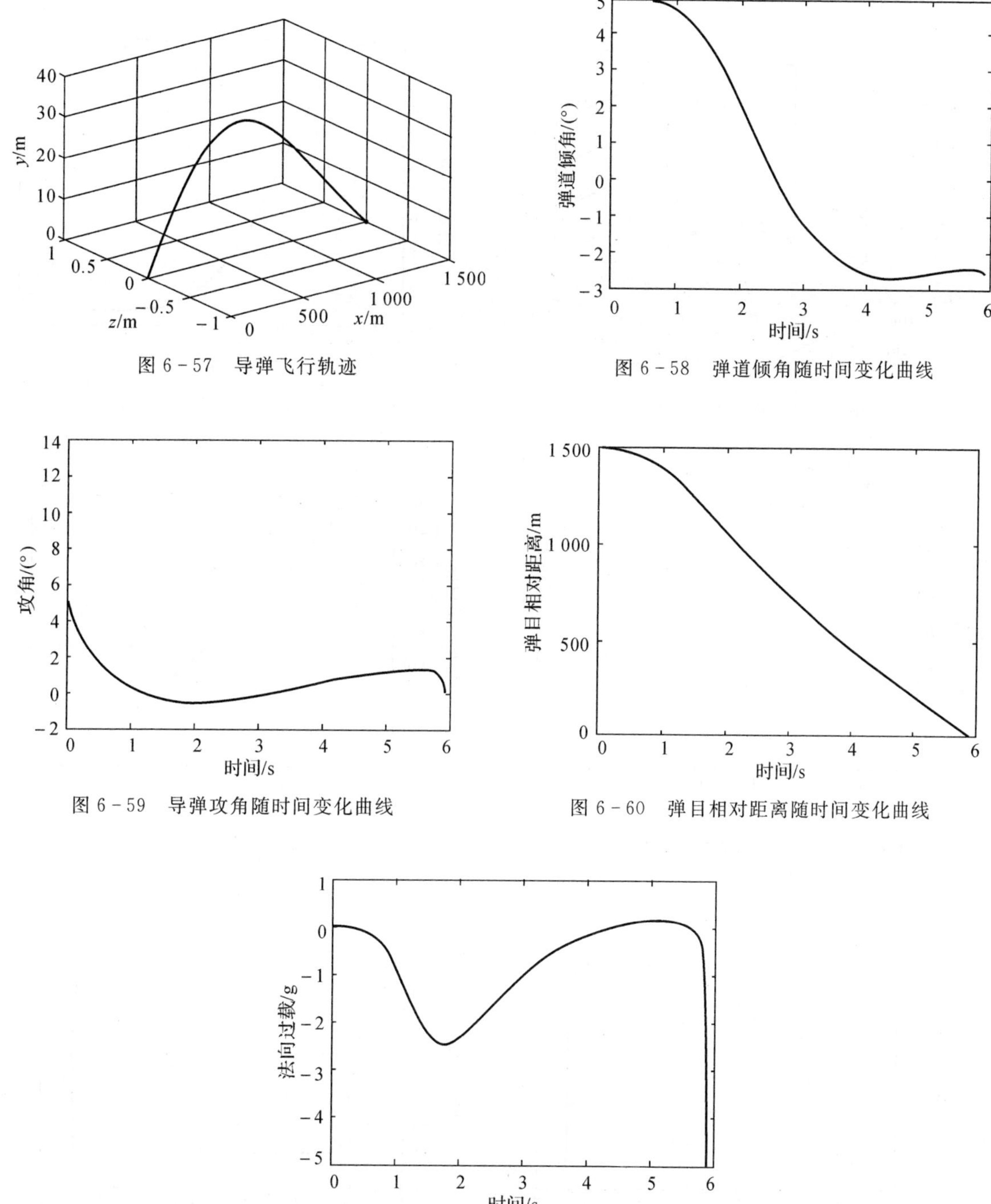

图 6-57　导弹飞行轨迹

图 6-58　弹道倾角随时间变化曲线

图 6-59　导弹攻角随时间变化曲线

图 6-60　弹目相对距离随时间变化曲线

图 6-61　法向过载随时间的变化曲线

2. 导弹既有俯仰平面运动，又有侧向运动

分析弹道初始弹道倾角 $\theta_0=5^\circ$，俯仰平面比例导引制导律为 $\dot{\theta}=K_1\dot{q}_1$，$K_1=3$，$\dot{\beta}=K_2\dot{q}_2$，$K_2=3$，目标初始位置 $x_{t0}=1\ 500$ m，$y_{t0}=0$，$z_{t0}=500$ m，法向与侧向过载均不超过 $5g$。取迭代步长为 0.000 1 s，在 6.419 0 s 时命中目标，此时弹目相对距离为 0.279 2 m，导弹击中目

标。各参数随时间变化规律如图 6-62～图 6-67 所示。

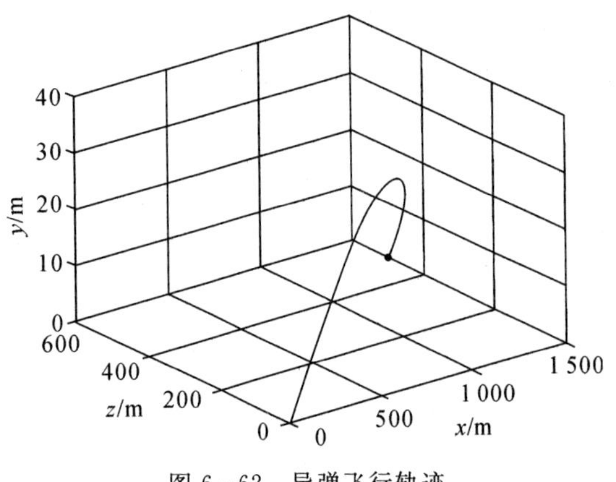

图 6-62　导弹飞行轨迹

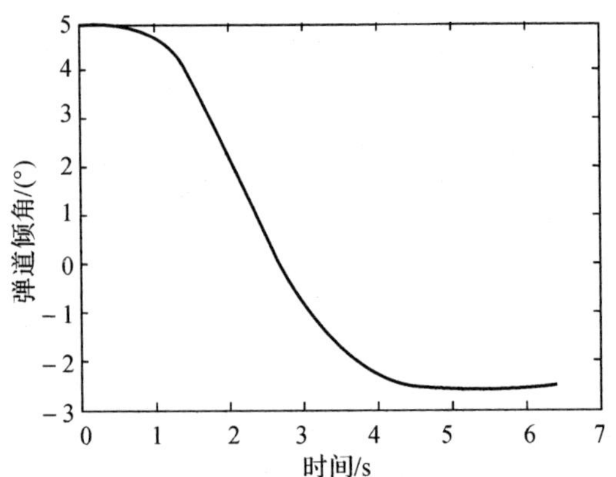

图 6-63　弹道倾角随时间变化曲线

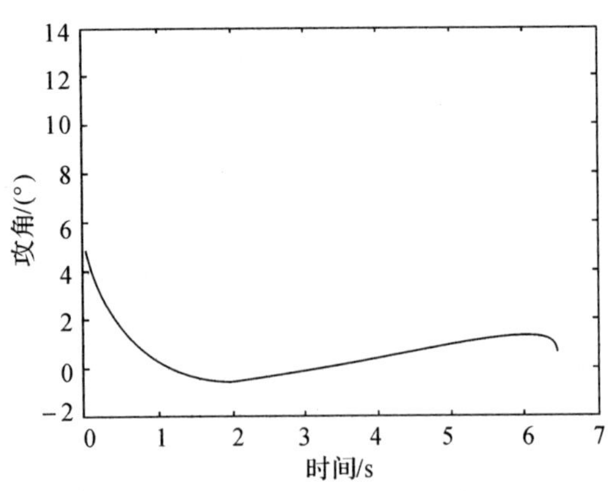

图 6-64　导弹攻角随时间变化曲线

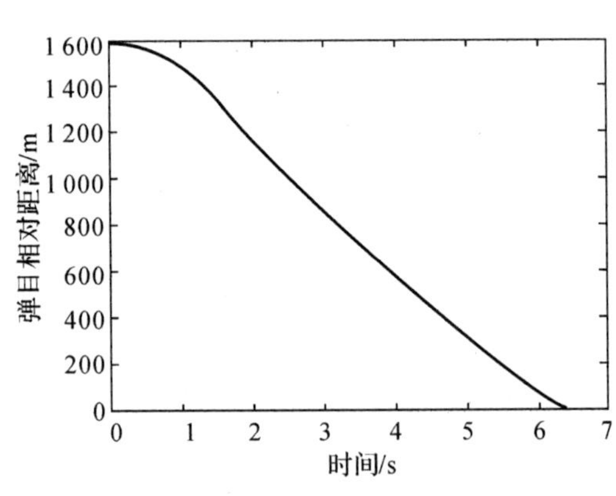

图 6-65　弹目相对距离随时间变化曲线

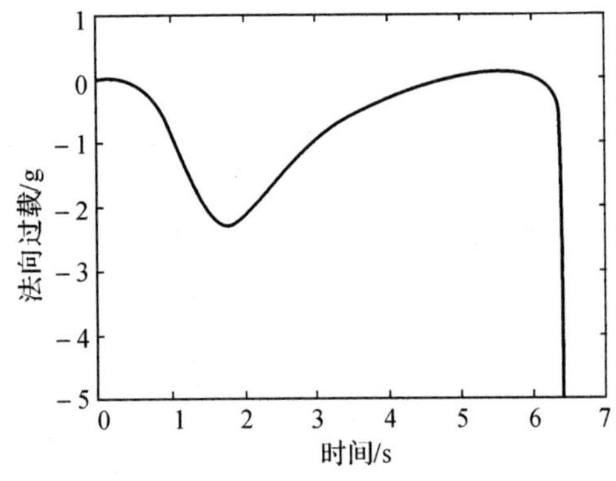

图 6-66　导弹法向过载随时间的变化曲线

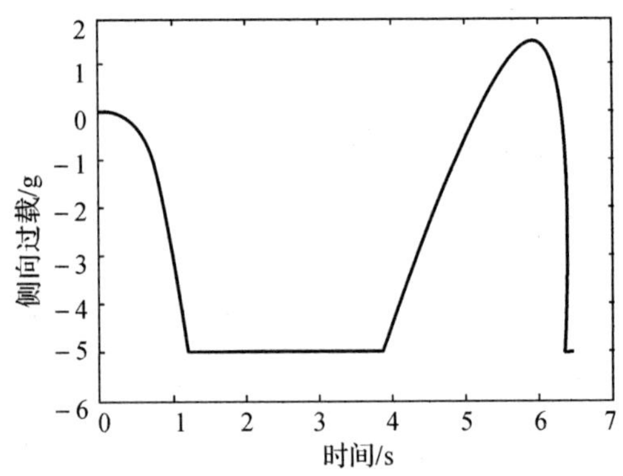

图 6-67　导弹侧向过载随时间变化曲线

3.导弹既有俯仰平面运动，又有侧向运动，导弹初值与目标位置部分发生变化

分析导弹初始弹道倾角 $\theta_0=10°$，俯仰平面比例导引制导律为 $\dot{\theta}=K_1\dot{q}_1$，$K_1=3$，$\dot{\beta}=K_2\dot{q}_2$，$K_2=3$，目标初始位置 $x_{t0}=2\ 000$ m，$y_{t0}=0$，$z_{t0}=500$ m，法向与侧向过载均不超过 $5g$。取选

代步长为 0.000 1 s，在 9.399 8 s 时命中目标，此时弹目相对距离为 0.016 3 m，导弹击中目标。各参数随时间变化规律如图 6 - 68～图 6 - 73 所示。

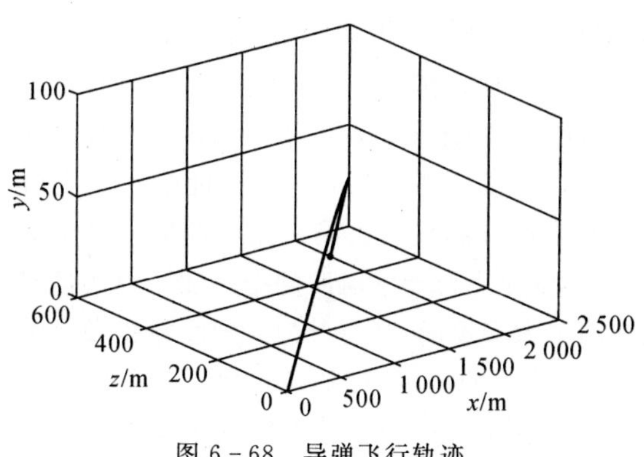

图 6 - 68　导弹飞行轨迹

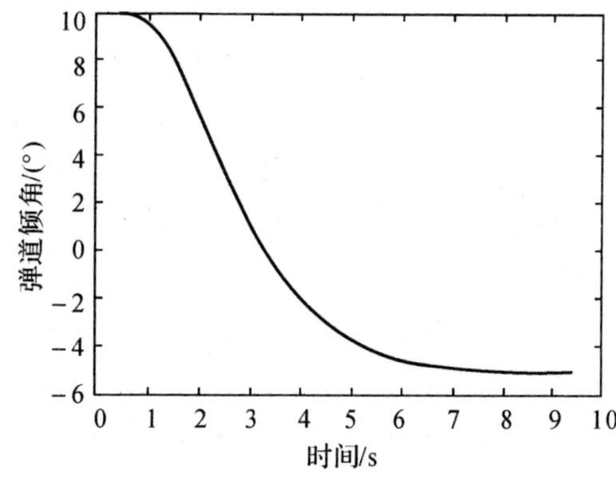

图 6 - 69　弹道倾角随时间变化曲线

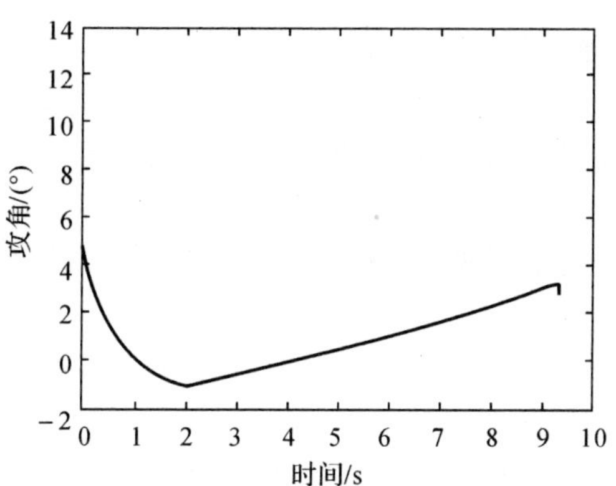

图 6 - 70　导弹攻角随时间变化曲线

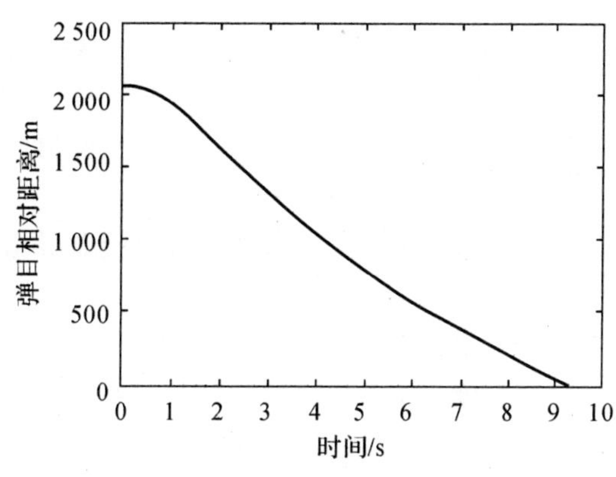

图 6 - 71　弹目相对距离随时间变化曲线

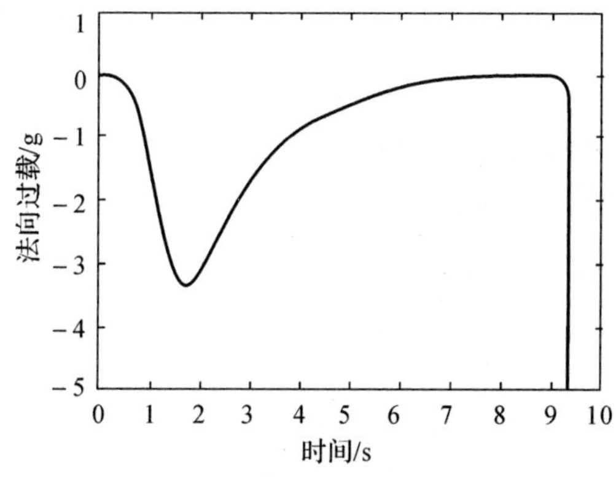

图 6 - 72　导弹法向过载随时间变化曲线

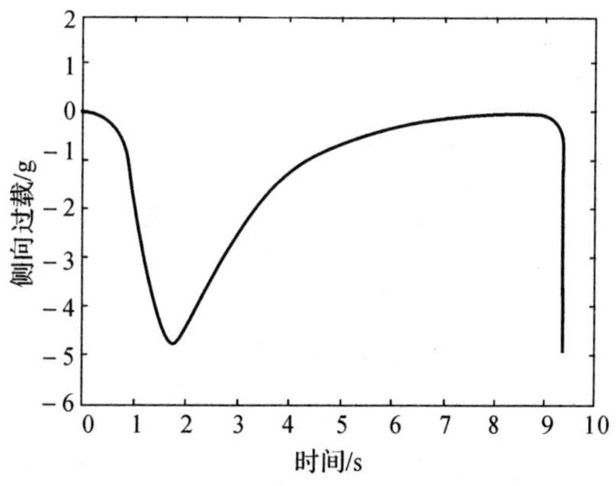

图 6 - 73　导弹侧向过载随时间变化曲线

本章小结

由于获得体视线角后需要进行去耦计算才能获得惯性视线角速率，角速率陀螺误差太大会对去耦获得的视线角速率产生较大的影响，而且会极大地影响欧拉角的稳态值。转动惯量、气动力和气动力矩系数在要求的拉偏范围内对脱靶量的影响比较小。由于该飞行器飞行速度较慢，舵的操纵能力很强，飞行器的需用过载比较小，加速度计测量误差过大可能会大于飞行器需用过载，从而造成脱靶。对脱靶量影响比较大的为惯导和导引头测量值的精度。由于缺乏方向舵，无法设计协调回路，飞行器的航向稳定只能依靠飞行器的航向静稳定性。当飞行器需要进行比较大的航向机动时，质心位于气动舵和两个大安定面中间，升力大的倾斜势必会带来大的侧滑，而安定面又会将其纠回，从而使航向产生较大的振荡，宛如跷跷板。由于航向振荡厉害，在加上导引头全捷联，视场过小，致使六自由度视场控制很难有有效的解决方案。从打靶结果可知，在各种条件下，导弹的脱靶量都能保持在 1 m 左右，基本能够满足作战要求。

参考文献

[1] 袁亦方，林德福，祁载康，等. 单兵全捷联图像制导弹药制导信息估计技术[J]. 红外与激光工程，2015，44(1)：370－376.

[2] 王嘉鑫，林德福，祁载康，等. 全捷联导引头隔离度对制导稳定性的影响[J]. 红外与激光工程，2013，42(10)：2608－2613.

[3] 李富贵，夏群利，祁载康，等. 全捷联导引头寄生回路影响与辨识校正[J]. 系统工程与电子技术，2013，35(8)：1717－1722.

[4] 田宏亮，许晓艳. 视场受限制导与控制一体化设计[J]. 航空科学技术，2017，28(5)：67－73.

[5] 赵斌，周军. 考虑视场角约束的捷联导引与控制一体化设计[J]. 宇航学报，2018，39(4)：392－400.

[6] 张建生. 国外巡飞弹发展概述[J]. 飞航导弹，2015(6)：19－26.

[7] 贾鑫，罗艳伟，罗丽. 全捷联导引头解耦技术方法[J]. 战术导弹技术，2013(1)：77－81.

[8] 程云龙. 防空导弹自动驾驶仪设计[M]. 北京：中国宇航出版社，2005.

[9] 钱杏芳. 导弹飞行力学[M]. 北京：北京理工大学出版社，2006.

第7章　战略武器闭路制导及其改进

为了提高远程固体运载火箭对目标点的制导精度，通常在大气层外的助推段采用自适应制导方法来导引火箭进入最佳的自由飞行弹道。闭路制导方法是远程固体火箭应用较多的自适应制导方法，从运动学的角度建立了需要速度矢量、待增速度矢量等速度矢量关系并导引火箭制导飞行。此外，由于满足落点射程约束的椭圆轨道簇具有无数条，既存在与火箭耗尽关机能量相匹配的椭圆轨道，又存在“零射程线”的制导指令。

7.1　射程约束椭圆轨道问题的描述

根据火箭飞行动力学原理，在地心惯性系下质心动力学方程式为

$$\left.\begin{aligned}\dot{\boldsymbol{r}}&=\boldsymbol{v}\\ \dot{\boldsymbol{v}}&=\boldsymbol{g}(\boldsymbol{r})+T\cdot\boldsymbol{x}_{\mathrm{b}}/m(t)\end{aligned}\right\}\tag{7-1}$$

由运载火箭当前速度矢量 $\boldsymbol{v}_0$ 和位置矢量 $\boldsymbol{r}_0$，并在初始位置矢量 $\boldsymbol{r}_0$ 的端点处定义单位矢量：

$$\mathbf{1}_x=\frac{r_0}{\|r_0\|_2};\quad \mathbf{1}_z=\frac{\boldsymbol{r}_0\times\boldsymbol{r}_{\mathrm{p}}}{\|\boldsymbol{r}_0\times\boldsymbol{r}_{\mathrm{p}}\|_2};\quad \mathbf{1}_y=\mathbf{1}_z\times\mathbf{1}_x\tag{7-2}$$

显然，由初始位置矢量 $\boldsymbol{r}_0$ 和目标点位置矢量 $\boldsymbol{r}_{\mathrm{p}}$ 确定了目标轨道平面。用单位矢量表示的推力加速度为

$$\boldsymbol{a}=T\cdot\boldsymbol{x}_{\mathrm{b}}/m(t)=u_x\mathbf{1}_x+u_y\mathbf{1}_y+u_z\mathbf{1}_z\tag{7-3}$$

一般而言，射程约束通常为目标点在地理坐标系下的经度 $\tilde{\lambda}_{\mathrm{f}}$ 和纬度 $\tilde{B}_{\mathrm{f}}$，但由于引力摄动以及再入大气阻力的影响，在实际飞行中需要对目标点进行修正，为了满足箭上实时在线计算的需求，引入“虚拟目标点”的概念。其基本思想和假设原理为：在加入引力 J_2 项和大气密度的影响下，输入实际目标点的经纬度；然后在不考虑引力 J_2 项和大气密度的情况下，将产生较大的射程偏差，加以迭代修正后的目标点即为虚拟目标点。通过“虚拟目标点”将地理坐标系下的经度 $\tilde{\lambda}_{\mathrm{f}}$ 和纬度 $\tilde{B}_{\mathrm{f}}$ 计算为固体运载火箭在地心惯性系内的目标点经度 λ_{f} 和纬度 φ_{f}，此时目标点位置矢量 $\boldsymbol{r}_{\mathrm{p}}$ 的表达式为

$$\boldsymbol{r}_{\mathrm{p}}=R_{\mathrm{e}}\cdot G_{\mathrm{E}}\times\begin{bmatrix}\cos\lambda_{\mathrm{f}}\cos\phi_{\mathrm{f}}\\ \sin\lambda_{\mathrm{f}}\cos\phi_{\mathrm{f}}\\ \sin\phi_{\mathrm{f}}\end{bmatrix}\tag{7-4}$$

根据兰伯特问题的描述，经过初始位置矢量 $\boldsymbol{r}_0$ 和目标点位置矢量 $\boldsymbol{r}_{\mathrm{p}}$ 的椭圆轨道有无穷多个，导致满足射程约束的飞行轨道的解不唯一，需要根据附加条件来得到所需要的飞行轨道，射程控制原理剖面如图 7-1 所示。

对固体运载火箭通常的限制条件为：目标点剩余飞行时间 T_{go}、最佳速度倾角 ϑ_l^* 以及飞行轨道远地点高度 r_{ap}。故兰伯特问题的速度矢量满足如下函数关系：

$$
\boldsymbol{v}_{\text{Lambert}}=\begin{cases}f_{\text{T}}(T_{\text{go}},\boldsymbol{r}_0,\boldsymbol{r}_{\text{p}})\\ f_{\vartheta}(\vartheta_l^*,\boldsymbol{r}_0,\boldsymbol{r}_{\text{p}})\\ f_r(r_{\text{ap}},\boldsymbol{r}_0,\boldsymbol{r}_{\text{p}})\end{cases} \tag{7-5}
$$

因此，通过闭路制导方法的基本原理，固体运载火箭根据一定的限制条件或者耗尽关机约束计算出需要速度矢量 $\boldsymbol{v}_{\text{orb. imp}}=\boldsymbol{v}_{\text{Lambert}}$，并由待增速度矢量 $\boldsymbol{v}_{\text{g}}$ 来确定运载火箭的姿态角指令，导引火箭进入满足射程约束的飞行轨道。

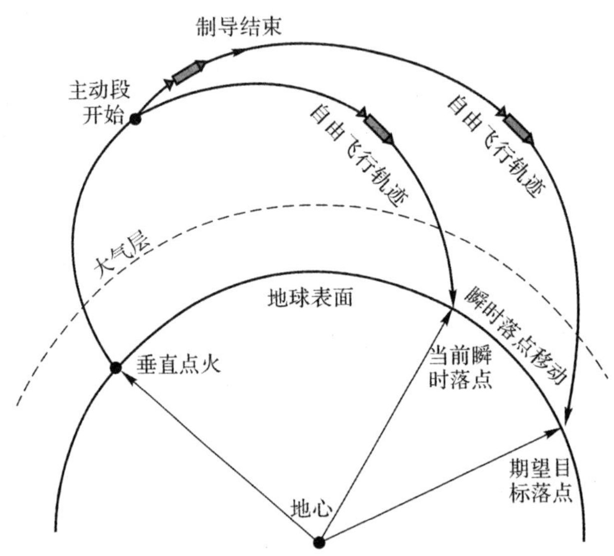

图 7-1　固体运载火箭射程控制原理剖面

7.2　适用落点约束的闭路制导方法

将导弹主动段的导引和控制分为两段。在导弹飞出大气层之前，采用固定俯仰程序的导引方式。在设计俯仰飞行程序时，力求使弹的攻角保持最小，特别是在气动载荷较大的跨声速段应使攻角尽量小，使弹的法向过载小，以满足结构设计和姿态稳定的要求。有的文献介绍了速度程序控制方法，可以较好地控制速度矢量方向，从而减少落点的散布。导弹飞出大气层后采用闭路导引。此时，导弹的机动不再受结构强度的限制，可以控制导弹作较大的机动。本节主要介绍闭路导引有关问题。

7.2.1　椭圆轨道的几何关系

已知地心 O_{E} 是椭圆轨道的一个焦点，需要确定过当前点 r_0、目标点 r_{p} 这两点的椭圆轨道的另一个焦点来求解火箭的需要速度。假定初始位置矢量 $\boldsymbol{r}_0$ 和目标点位置矢量 $\boldsymbol{r}_{\text{p}}$ 的一个椭圆轨道长半轴为 a_1，并根据椭圆的基本性质：椭圆上任一点到两个焦点的距离之和等于常数（为长半轴的二倍）。那么，椭圆的另一个焦点，根据几何关系应是以 r_{p} 点为圆心以 $(2a_1-r_{\text{p}})$ 为半径之圆，与以 r_0 点为圆心以 $(2a_1-r_0)$ 为半径之圆的交点，并将两圆的交点记为 $F_1,\widetilde{F}_1$。这说明，与给定的长半轴 a_1 相对应的椭圆有两个。根据长半轴取不同值：$a_2,a_3,a_4,\cdots$，其焦点

F_i,$\widetilde{F}_i$ 的轨迹为双曲线,如图 7-2 (a) 所示。此双曲线与$\overline{r_0 r_\mathrm{p}}$ 的焦点 F^* 是最小能量轨道之另一焦点,以 F_1,$\widetilde{F}_1$ 为焦点的两个椭圆如图 7-2(b) 所示。

根据动量矩守恒原理,在椭圆轨道上矢量 $\boldsymbol{r}$ 单位时间内扫过的面积相等。图 7-2(b) 中不同焦点下的动量矩分别为

$$h = r_0 V_0 \cos\theta_H, \quad \tilde{h} = r_\mathrm{p} V_\mathrm{p} \cos\tilde{\theta}_H$$

因为 $|\tilde{\theta}_H| < |\theta_H|$,所以 $h < \tilde{h}$。对于以(O_E,F_1)为焦点的椭圆,由 r_p 点到 r_0 点扫过的面积为扇形 $O_\mathrm{E} r_0 D r_\mathrm{p}$。以($O_\mathrm{E}$,$\widetilde{F}_1$)为焦点的椭圆,由 r_p 点到 r_0 点扫过的面积为扇形 $O_\mathrm{E} r_0 \widetilde{D} r_\mathrm{p}$。因此,对应的飞行时间分别为

$$t_\mathrm{f} = \frac{S(O_\mathrm{E} r_0 D r_\mathrm{p})}{h}; \quad \tilde{t}_\mathrm{f} = \frac{S(O_\mathrm{E} r_0 \widetilde{D} r_\mathrm{p})}{} \tag{7-6}$$

因为 $h < \tilde{h}$,扇形 $O_\mathrm{E} r_0 D r_\mathrm{p}$ 的面积 > 扇形 $O_\mathrm{E} r_0 \widetilde{D} r_\mathrm{p}$ 的面积,所以 $t_\mathrm{f} > \tilde{t}_\mathrm{f}$。故可得结论:由 r_p 点到 r_0 点得两个椭圆轨道,焦点为 F_1 的椭圆的飞行时间比焦点为 $\widetilde{F}_1$ 的椭圆的飞行时间长。

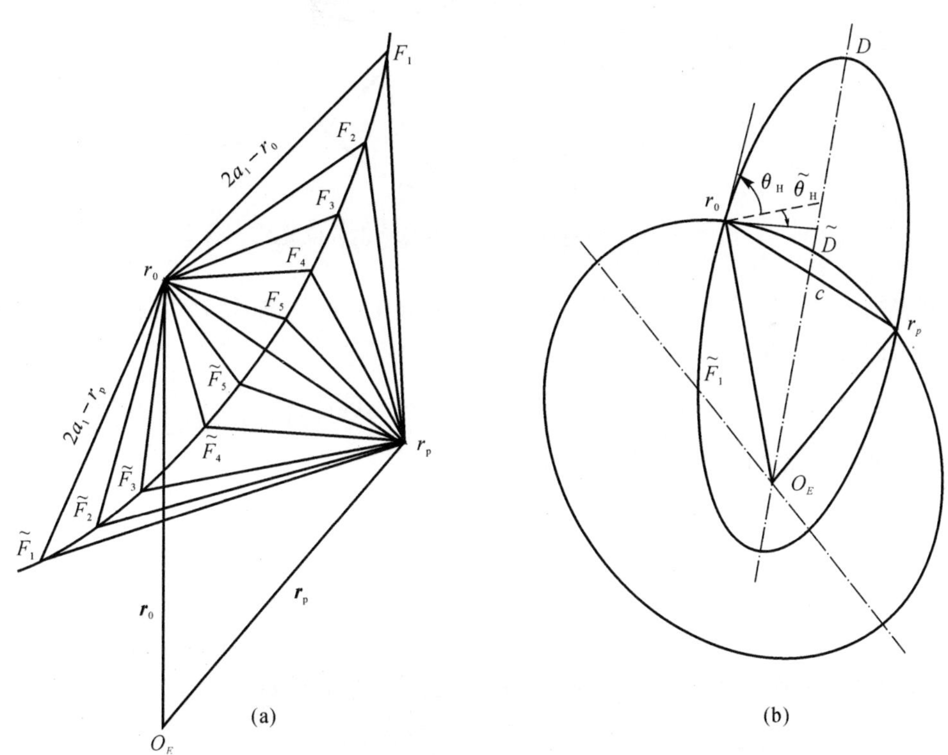

图 7-2　椭圆轨道几何形状的参数表示

(a) 椭圆焦点的集合; (b) 最小能量椭圆轨道

7.2.2　需要速度矢量的常用计算方法

固体运载火箭针对射程约束的椭圆轨道,不仅需要制导方法满足目标点经度和纬度的要求,更希望对速度倾角、弹道最高点等条件具有一定的约束能力。根据兰伯特问题的描述,已知当前位置矢量 $\boldsymbol{r}_0$、目标点位置矢量 $\boldsymbol{r}_\mathrm{p}$ 以及期望的目标点速度倾角 ϑ_f^0,求需要的速度大小 v_R^0

和倾角 ϑ_l^0。

如图 7-3 所示，建立空间轨道极坐标方程，并以远地点为基准点表示射程角，则轨道地心距的表达式为

$$r_0 = p/(1 - e\cos\beta_0) \tag{7-7}$$

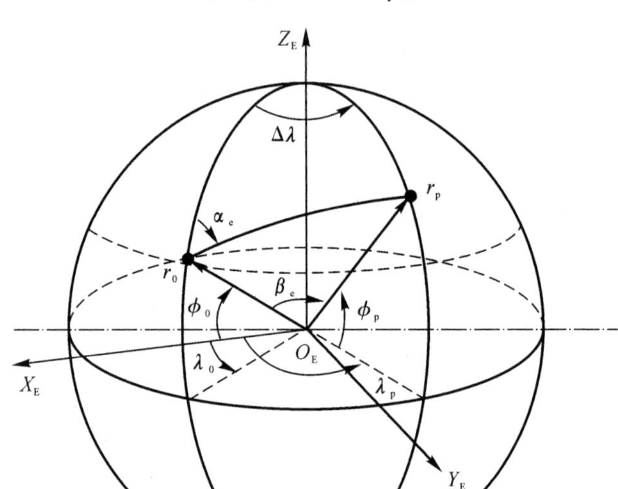

图 7-3　当前点和目标点在球面上方位关系

由开普勒轨道性质及其相关等式关系 $p = h^2/\mu$ 和 $h = rv\cos\vartheta_l$，得到当前点和目标点分别与远地点之间的射程角为

$$\beta_0 = \arctan\left[\frac{pv_0\sin\vartheta_l^0}{(p/r_0 - 1)h}\right];\quad \beta_p = \arctan\left[\frac{\tan\vartheta_l^p}{(1 - r_p/p)}\right] \tag{7-8}$$

根据当前点和目标点之间的射程角 β_e 等式关系，则有

$$\beta_e = \beta_0 + \beta_p = \arcsin\frac{\boldsymbol{r}_0 \times \boldsymbol{r}_p}{r_0 r_p} \tag{7-9}$$

将等式(7-8)代入等式(7-9)，得

$$r_0 = \frac{p}{1 - e\cos(\beta_e - \beta_p)} = \frac{p}{1 - \cos\beta_e + p/r_p \cdot (\cos\beta_e + \tan\vartheta_l^p\sin\beta_e)} \tag{7-10}$$

整理后，得到关于射程角 β_e 和目标点速度倾角 ϑ_l^p 表示的半通径表达式为

$$p = \frac{r_0(1 - \cos\beta_e)}{1 - (r_0/r_p) \times (\cos\beta_e + \tan\vartheta_l^p\sin\beta_e)} \tag{7-11}$$

当给定弹道最高点 r_{ap} 而不是速度倾角 ϑ_l^p 时，由远地点地心距 $r_{ap} = p/(1-e)$ 和轨道地心距关系式(7-7)，分别计算当前点和目标点与远地点之间的射程角为

$$\beta_0 = \arccos\left(\frac{1 - p/r_0}{1 - p/r_{ap}}\right);\quad \beta_p = \arccos\left(\frac{1 - p/r_p}{1 - p/r_{ap}}\right) \tag{7-12}$$

因此，根据当前点位置矢量 r_0 和目标点位置矢量 r_p，以及由速度倾角 ϑ_l^p 或者弹道最高点 r_{ap} 求得的半通径 p 表达式，即可计算得到当前点的需要速度大小以及速度倾角的表达式为

$$\left.\begin{aligned}\vartheta_l^0 &= \arctan[(1 - r_0/p)\tan(\beta_p - \beta_e)]\\ v_R^0 &= \sqrt{\mu p}/(r_0\cos\vartheta_l^0)\end{aligned}\right\} \tag{7-13}$$

此外，由圆锥曲线的基础知识可知，通过椭圆的半长轴、周长等几何条件能够解算椭圆轨道；根据飞行力学基础及航天器轨道力学，由飞行状态及轨道根数解算椭圆轨道参数更具有飞行器的物理意义。由开普勒方程可知，过当前位置 r_0，目标位置 r_p 的剩余飞行时间表达式为

$$T_{go}=\sqrt{a^3/\mu}\cdot[(E_p-E_0)-e(\sin E_p-\sin E_0)] \tag{7-14}$$

引入替换变量 $Z=(E_p-E_0)/2$，等式(7-14)经整理，可得

$$T_{go}=A\,(B-\cos Z)^{\frac{1}{2}}\left[1+(2Z-\sin 2Z)\,(B-\cos Z)\,/\,(2\sin^3 Z)\right] \tag{7-15}$$

式中
$$\begin{cases}A=2\,(r_0 r_p)^{\frac{3}{4}}\cos^{\frac{3}{2}}\Delta f/\mu^{\frac{1}{2}}\\ B=(r_0+r_p)\,/2r_0 r_p\cos\Delta f\\ \Delta f=L/(2R_e)\end{cases}$$

对给定的射程 L，该方程为关于变量 Z 的非线性方程，通过牛顿迭代方法能够计算得到满足时间约束的 Z 值。由于 Z 的物理意义为两偏近点角之差的一半，则 Z 的初值可选为 $Z(0)=\Delta f$，迭代格式为

$$\left.\begin{aligned}&Z_n=\Delta f && n=1\\ &Z_{n+1}=Z_n-\left.\frac{T_{go}-T_{per}}{\partial T_{go}/\partial Z}\right|_{Z_n} && n=2,3,\cdots\end{aligned}\right\} \tag{7-16}$$

式中，T_{per} 为设定的飞行时间，其偏导数的解析表达式为

$$\frac{\partial T_{go}}{\partial Z}=\frac{T_{go}\times(1+5\cos^2 Z-6B\cos Z)}{2B\sin Z-\sin 2Z}+A\,(B-\cos Z)^{\frac{1}{2}}\,((Z+2B\sin Z)\,/\,\sin^2 Z) \tag{7-17}$$

迭代计算至 $|\,T_{go}(Z_n)\,|-T_{per}\,|<\varepsilon$ 时，得到满足时间约束的 Z 值，并计算得到需要速度及当地弹道倾角，则有

$$\left.\begin{aligned}&v_R^0=\sqrt{\mu(2/r_0-1/a)}\\ &\vartheta_l^0=\arccos(\sqrt{\mu P}\,/r_0/v_R)\end{aligned}\right\} \tag{7-18}$$

式中，a，P 为轨道长半轴和半通径，可由系数 A 和 B 以及 Z 计算得到，表达式为

$$\left.\begin{aligned}&a=(\sqrt{\mu}A/2)^{2/3}\,(B-\cos Z)\,/\sin^2 Z\\ &P=\sqrt{r_0 r_p}\,\sin 2\Delta f/(B-\cos Z)\,/\cos\Delta f\end{aligned}\right\} \tag{7-19}$$

在确定了需要速度的大小以及当地速度倾角后，为了表示需要速度矢量还需要确定需要速度的方位角 α_e。在弹道计算中，描述旋转椭球体表面上两点间的关系位置，可以用两点间的地心角和球面方位角来表示，如图 7-3 所示将给定的当前点、目标点两点的地心球坐标 $(\lambda_0,\varphi_0,r_0)$，$(\lambda_p,\varphi_p,r_p)$ 所表示的球面上 r_0，r_p 两点的位置，来计算需要速度的方位角 α_e。根据球面三角的余弦定理，球面上 r_0、r_p 两点之间的球心角为

$$\begin{aligned}\cos\beta_e&=\cos(\pi/2-\phi_0)\cos(\pi/2-\phi_p)+\sin(\pi/2-\phi_0)\cos(\pi/2-\phi_p)\cos\lambda_P=\\ &\sin\varphi_0\sin\varphi_p+\cos\varphi_0\cos\varphi_p\cos\lambda_p\end{aligned} \tag{7-20}$$

为了计算 r_0、r_p 两点之间的方位角，由球面三角正余弦法则得

$$\left.\begin{aligned}&\sin\alpha_e=\sin\lambda_p\cos\phi_p/\sin\beta_e\\ &\cos\alpha_e=(\sin\varphi_p-\cos\beta_e\sin\phi_0)/(\cos\phi_0\sin\beta_e)\end{aligned}\right\} \tag{7-21}$$

当 $|\sin\alpha_e|\leqslant|\cos\alpha_e|$ 时

$$\alpha_e = \begin{cases} \arcsin(\sin\alpha_e) & (\cos\alpha_e \geqslant 0) \\ \pi \cdot \operatorname{sgn}(\sin\alpha_e) - \arcsin(\sin\alpha_e) & (\cos\alpha_e < 0) \end{cases} \tag{7-22}$$

当 $|\sin\alpha_e| > |\cos\alpha_e|$ 时

$$\alpha_e = \operatorname{sgn}(\sin\alpha_e)\arccos(\cos\alpha_e) \tag{7-23}$$

7.2.3 待增速度及其所满足的微分方程

定义需要速度 $\boldsymbol{v}_R$ 与导弹实际速度 $\boldsymbol{v}$ 之差为待增速度，即

$$\boldsymbol{v}_{ga} = \boldsymbol{v}_R - \boldsymbol{v} \tag{7-24}$$

待增速度的物理含义是，由导弹的当前状态$(\boldsymbol{r},\boldsymbol{v})$ 给其瞬时增加速度增量 $\boldsymbol{v}_{ga}$，而后导弹依惯性飞行便可命中目标，因此将 $\boldsymbol{v}_{ga}$ 称为待增速度(见图 7-4)。

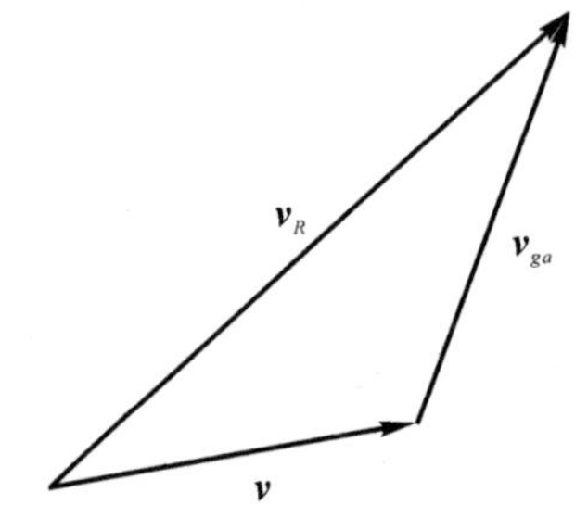

图 7-4　闭路制导方法的导引原理

显然，关机条件应为

$$\boldsymbol{v}_{ga} = 0 \tag{7-25}$$

实际上，待增速度不可能瞬时增加，而是通过推力矢量控制实现，因而导引的任务是使导弹尽快满足关机条件，使燃料消耗为最少。为此，必须考虑导引过程中 $\boldsymbol{v}_{ga}$ 所满足的微分方程。首先，将式(7-24)对时间 t 求导，可得

$$\frac{\mathrm{d}v_{ga}}{\mathrm{d}t} = \frac{\mathrm{d}v_R}{\mathrm{d}t} - \frac{\mathrm{d}v}{\mathrm{d}t} \tag{7-26}$$

因为 $\boldsymbol{v}_R$ 是 $\boldsymbol{r}$ 和 t 的函数，所以

$$\frac{\mathrm{d}\boldsymbol{v}_R}{\mathrm{d}t} = \frac{\partial \boldsymbol{v}_R}{\partial \boldsymbol{r}^{\mathrm{T}}}\frac{\mathrm{d}\boldsymbol{r}}{\mathrm{d}t} + \frac{\partial \boldsymbol{v}_R}{\partial t} = \frac{\partial \boldsymbol{v}_R}{\partial \boldsymbol{r}^{\mathrm{T}}}\boldsymbol{v} + \frac{\partial \boldsymbol{v}_R}{\partial t} \tag{7-27}$$

及

$$\frac{\mathrm{d}\boldsymbol{v}}{\mathrm{d}t} = \dot{\boldsymbol{w}} + \boldsymbol{g} \tag{7-28}$$

于是，将式(7-27)，式(7-28)代入式(7-26)，可得

$$\frac{\mathrm{d}\boldsymbol{v}_{ga}}{\mathrm{d}t} = \frac{\partial \boldsymbol{v}_R}{\partial \boldsymbol{r}^{\mathrm{T}}}\boldsymbol{v} + \frac{\partial \boldsymbol{v}_R}{\partial t} - \dot{\boldsymbol{w}} - \boldsymbol{g} \tag{7-29}$$

若导弹在 t 点的速度为 $\boldsymbol{v}_R$，其后按惯性飞行。当沿惯性飞行轨道飞行时，导弹只受地球引力作用，则有

$$\frac{\mathrm{d}\boldsymbol{v}_R}{\mathrm{d}t} = \boldsymbol{g} = \frac{\partial \boldsymbol{v}_R}{\partial \boldsymbol{r}^{\mathrm{T}}}\boldsymbol{v}_R + \frac{\partial \boldsymbol{v}_R}{\partial t} \tag{7-30}$$

再将式(7-30)代入式(7-29)，整理得

$$\frac{\mathrm{d}\boldsymbol{v}_{ga}}{\mathrm{d}t}=-\frac{\partial\boldsymbol{v}_R}{\partial\boldsymbol{r}^{\mathrm{T}}}\boldsymbol{v}_{ga}-\dot{\boldsymbol{w}} \tag{7-31}$$

记

$$\boldsymbol{Q}=\begin{bmatrix}\dfrac{\partial v_{Rx}}{\partial x} & \dfrac{\partial v_{Rx}}{\partial y} & \dfrac{\partial v_{Rx}}{\partial z}\\ \dfrac{\partial v_{Ry}}{\partial x} & \dfrac{\partial v_{Ry}}{\partial y} & \dfrac{\partial v_{Ry}}{\partial z}\\ \dfrac{\partial v_{Rz}}{\partial x} & \dfrac{\partial v_{Rz}}{\partial y} & \dfrac{\partial v_{Rz}}{\partial z}\end{bmatrix} \tag{7-32}$$

于是，方程式(7－31)可写成如下矩阵形式：

$$\frac{\mathrm{d}\boldsymbol{v}_{ga}}{\mathrm{d}t}=-\boldsymbol{Q}\boldsymbol{v}_{ga}-\dot{\boldsymbol{w}} \tag{7-33}$$

方程式(7－31)中消去了 $\boldsymbol{v},\boldsymbol{r},\boldsymbol{v}_{ga}$ 的变化仅与 $\dot{\boldsymbol{w}}$、$\partial\boldsymbol{v}_R/\partial\boldsymbol{r}^{\mathrm{T}}$ 有关；而 $\partial\boldsymbol{v}_R/\partial\boldsymbol{r}^{\mathrm{T}}$ 的元素变化缓慢，可以预先求出每个元素随时间变化的曲线并装定到弹上计算机中，弹上毋需导航计算，只解方程(7－33)便可，当 $\boldsymbol{v}_{ga_x},\boldsymbol{v}_{ga_y},\boldsymbol{v}_{ga_z}$ 中的大者小于允许值关机。对于中近程导弹 $\boldsymbol{Q}$ 的元素可取为常值，上述制导方法称为 Q－制导法。

7.2.4　不同加速度条件下制导指令的求解

对于具有推力终止功能的固体导弹，关机前推力产生的加速度均大于1$\boldsymbol{g}$，甚至是 $\boldsymbol{g}$ 的许多倍，即所谓高加速度推力。若已经知道任一时刻的 $\boldsymbol{v}_{ga}$，为尽快使 $\boldsymbol{v}_{ga}\rightarrow 0$，应该通过改变推力方向使 $\mathrm{d}\boldsymbol{v}_{ga}/\mathrm{d}t$ 与 $\boldsymbol{v}_{ga}$ 的作用线一致。因此导弹的姿态控制指令角速度为

$$\boldsymbol{\omega}_c=k\,\frac{\dot{\boldsymbol{v}}_{ga}\times\boldsymbol{v}_{ga}}{\|\dot{\boldsymbol{v}}_{ga}\boldsymbol{v}_{ga}\|} \tag{7-34}$$

式中，k 为常数。高加速度推力条件下，$|\dot{\boldsymbol{w}}|\gg|\boldsymbol{v}_{ga}\cdot(\partial\boldsymbol{v}_R/\partial\boldsymbol{r}^{\mathrm{T}})|$，故可取 $\dot{\boldsymbol{w}}$ 与 $\boldsymbol{v}_{ga}$ 方向一致作为导引的准则。那么，使 $\dot{\boldsymbol{w}}$ 与 $\boldsymbol{v}_{ga}$ 一致的俯仰、偏航导引信号分别为

$$\Delta\varphi_c=\frac{v_{gay}\Delta w_x-v_{gax}\Delta w_y}{v_{gax}\Delta w_x+v_{gay}\Delta w_y} \tag{7-35}$$

$$\Delta\psi_c=\frac{v_{gax}\Delta w_z-v_{gaz}\Delta w_x}{v_{gax}\Delta w_x+v_{gaz}\Delta w_z} \tag{7-36}$$

值得注意的是，在临近关机时，$\boldsymbol{v}_{ga}$ 接近于零，$\boldsymbol{v}_R$ 的微小变化就会使 $\boldsymbol{v}_{ga}$ 的方向变化很大，使导弹产生很大的转动角速度。为避免此现象发生，在临近关机的一段小的时间区间内取姿态为常值，即 $\Delta\varphi_c=\Delta\psi_c=0$。

此外，可以采用对关机点的 $\boldsymbol{v}_R(t_k)$ 进行预测的导引方法。若 $\boldsymbol{v}_R$ 不随 $\boldsymbol{r},t$ 的变化而变化，为使 $\boldsymbol{v}_{ga}$ 尽快达到零，则应该取“使导弹的加速度 $\dot{\boldsymbol{v}}$ 与 $\boldsymbol{v}_{ga}$ 一致”的准则，这将是“燃料消耗为最少”意义下的最优导引。实际上，在导引过程中，由于火箭的位置和时间的变化，其对应的 $\boldsymbol{v}_R$ 也在不断地变化着，故按照“使 $\dot{\boldsymbol{v}}$ 与 $\boldsymbol{v}_{ga}$ 一致”的准则进行导引便不是最优了。但由于 $\boldsymbol{v}_R$ 的变化比较缓慢，可以对关机点的 $\boldsymbol{v}_R$ 进行预测。记关机点处 $\boldsymbol{v}_R$ 为 $\boldsymbol{v}_{R,k}$，并将 $\boldsymbol{v}_R$ 在点 t_i 展开为泰勒级数，近似取

$$\boldsymbol{v}_{R,k}=\boldsymbol{v}_R(t_i)+\dot{\boldsymbol{v}}_R(t_i)(t_k-t_i) \tag{7-37}$$

式中

$$\dot{\boldsymbol{v}}_R(t_i) \approx \frac{\boldsymbol{v}_R(t_i) - \boldsymbol{v}_R(t_{i-1})}{t_i - t_{i-1}} \tag{7-38}$$

根据 $\boldsymbol{v}_{ga}(t_k)=0$ 确定由 t_i 至关机 t_k 的时间为(t_k-t_i)，并定义

$$\boldsymbol{v}_{ga} = \boldsymbol{v}_{R,k} - \boldsymbol{v} \tag{7-39}$$

假定 $\boldsymbol{v}_{gac}$ 是 $\boldsymbol{v}_{ga}$ 的较大分量，则由 $v_{gac}(t_k)=v_{gac}(t_i)+\dot{v}_{gac}(t_k-t_i)=0$，得

$$(t_k - t_i) = -v_{gac}(t_i)/\dot{v}_{gac}(t_i) \tag{7-40}$$

由于 $\dot{v}_c \gg \dot{v}_{Rc,k}$，存在

$$\dot{v}_{gac}(t_i) = \dot{v}_{Rc,k} - \dot{v}_c(t_i) \approx -\dot{v}_c(t_i) \approx -\frac{v_c(t_i) - v_c(t_{i-1})}{(t_i - t_{i-1})} \tag{7-41}$$

将式(7-41)代入式(7-40)，得

$$t_k - t_i = \frac{v_{gac}(t_i)}{v_c(t_i) - v_c(t_{i-1})}(t_i - t_{i-1}) \tag{7-42}$$

再分别将式(7-42)，式(7-38)两式代入式(7-37)，整理可得

$$\boldsymbol{v}_{R,k} = \boldsymbol{v}_{R,i} + \frac{\boldsymbol{v}_{R,i} - \boldsymbol{v}_{R,i-1}}{\nabla v_{c,i}} v_{gac,i} \tag{7-43}$$

式中

$$v_{gac,i} = v_{Rc,k,i-1} - v_{c,i} \tag{7-44}$$

由式(7-39)确定 $\boldsymbol{v}_{ga}$，再按照“使 $\dot{\boldsymbol{v}}$ 与 $\boldsymbol{v}_{ga}$ 一致”的准则进行导引，可以达到燃料消耗的准最优，而且保证关机点附近导弹姿态变化平稳。因此，为了 $\dot{\boldsymbol{v}}$ 与 $\boldsymbol{v}_{ga}$ 一致，必须确定这两个矢量间的夹角，即俯仰角 φ 和偏航角 ψ。若 $\boldsymbol{v}_{ga}$ 对应的欧拉角为 φ_g，ψ_g，$\dot{\boldsymbol{v}}$ 对应的欧拉角为 φ_a，ψ_a，则有

$$\left.\begin{aligned} \tan\varphi_g &= \frac{v_{gay}}{v_{gax}} \\ \tan\psi_g &= -\frac{v_{gaz}}{v'_{gx}} \end{aligned}\right\}; \quad \left.\begin{aligned} \tan\varphi_a &= \frac{\dot{v}_y}{\dot{v}_x} \approx \frac{\Delta v_y}{\Delta v_x} \\ \tan\psi_a &= -\frac{\dot{v}_z}{\dot{v}'_x} \approx -\frac{\Delta v_z}{\Delta v'_x} \end{aligned}\right\} \tag{7-45}$$

式中 $v'_{gx} = \sqrt{v_{gax}^2 + v_{gay}^2}$，$\Delta v'_x = \sqrt{\Delta v_x^2 + \Delta v_y^2}$

根据三角公式，有

$$\begin{cases} \tan(\varphi_g - \varphi_a) = \dfrac{\tan\varphi_g - \tan\varphi_a}{1 + \tan\varphi_g \tan\varphi_a} \\ \tan(\psi_g - \psi_a) = \dfrac{\tan\psi_g - \tan\psi_a}{1 + \tan\psi_g \tan\psi_a} \end{cases}$$

并考虑到$(\varphi_g-\varphi_a)$，$(\psi_g-\psi_a)$都比较小，近似可得

$$\varphi_g - \varphi_a = \frac{v_{gay}\Delta v_x - v_{gax}\Delta v_y}{v_{gax}\Delta v_x + v_{gay}\Delta v_y} \tag{7-46}$$

$$\psi_g - \psi_a = \frac{v'_{gx}\Delta v_z - v_{gaz}\Delta v'_x}{v'_{gx}\Delta v'_x + v_{gaz}\Delta v_z} \tag{7-47}$$

故俯仰、偏航的导引指令可以分别取

$$\left.\begin{aligned} \Delta\varphi_c &= \varphi_g - \varphi_a \\ \Delta\psi_c &= \psi_g - \psi_a \end{aligned}\right\} \tag{7-48}$$

当导弹采用末速修正系统时，其末修发动机的推力很低，往往只能产生零点几 $\boldsymbol{g}$ 的推力加速度，若仍然采用最小能量轨道的 θ_H 或给定的固定 θ_H 确定 $\boldsymbol{v}_R$，则会出现 $|\dot{\boldsymbol{w}}| < |\boldsymbol{v}_{ga} \cdot (\partial \boldsymbol{v}_R / \partial \boldsymbol{r})|$ 的情况，此时改变 $\dot{\boldsymbol{w}}$ 的方向不能有效地改变 $\dot{\boldsymbol{v}}_{ga}$ 的方向，因而不能使 $\boldsymbol{v}_{ga} \to 0$。

在此情况下，可根据速度矢量 $\boldsymbol{v}$ 的倾角 θ_H 作为需要速度的倾角来确定需要速度 $\boldsymbol{v}_R$，然后采取使 $\dot{\boldsymbol{w}}$ 与 $\boldsymbol{v}_{ga}$ 一致的导引方法，可以实现低加速度推力的末速修正导引。

7.2.5　仿真验证和分析

本节以两级固体运载火箭针对大小射程椭圆轨道任务为例，在参数偏差及不确定性条件下的验证闭路制导方法的制导精度及鲁棒性。仿真偏差配置见表 7－1。固体火箭发动机的性能特性受环境温度影响变化显著，在高低温条件下额定工作时间偏差达到 10%的程度，对制导方法的适应性及鲁棒性带来了一定的困难与挑战。

表 7－1　参数偏差及不确定性条件仿真配置

序　号	参数名称	第一子级数值	第二子级数值
1	起飞质量/kg	＋125/－95	＋20/－15
2	发动机工作时间/s	＋10.05/－6.16	＋2.0/－2.0
3	发动机平均推力/(%)	＋11.93/－16.08	＋5.5/－5.5
4	气动力系数/(%)	±15	—
5	大气密度/(%)	±15	—
6	风	高度变化表	—

固体运载火箭的起飞质量为 15 t、额定最大射程为 4 600 km，在第二子级采用闭路制导方法在大小射程范围内分别进行 1 500 km，2 500 km，3 500 km 和 4 500 km 4 种不同任务条件下落点射程的仿真。由于在上升段和下降段存在对称的需要速度矢量，为实现最大射程约束，闭路制导方法针对大射程范围时取椭圆轨道上升段的解，而对于小射程范围时取椭圆轨道下降段的解，仿真结果如图 7－5 所示。

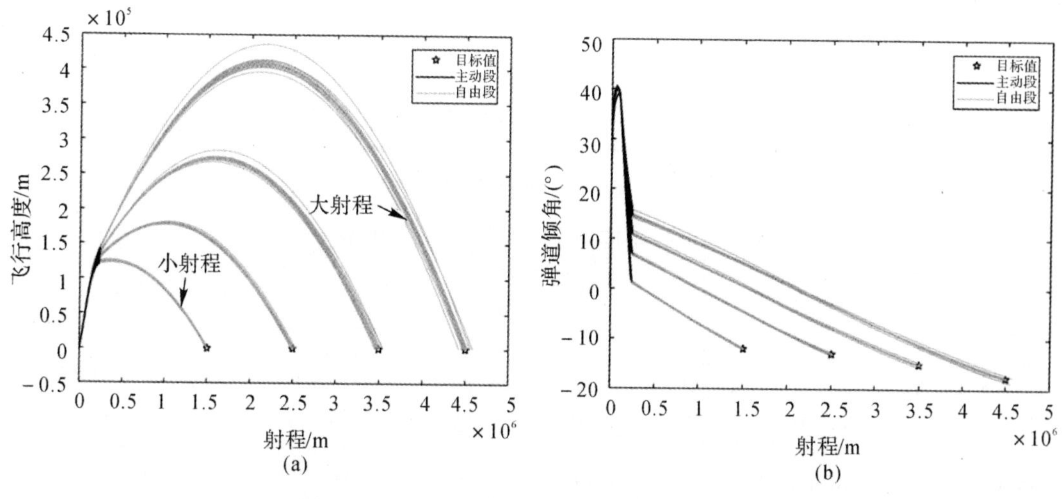

图 7－5　大小射程任务条件下仿真弹道曲线簇

(a)飞行高度随射程变化曲线；(b)当地弹道倾角变化曲线

闭路制导方法根据不同的射程约束解算出相应的俯仰角指令(火箭在射击平面内飞行偏航角保持在零附近)并导引火箭完成不同的惯性落点任务,对所设定的落点任务具有一定适应性。为实现小射程约束,闭路制导方法将约束点设计为椭圆轨道的下降段,一方面减少火箭跨越远地点带来的射程,另一方面下降段需要发动机提供的待增速度更大并以此来抵消火箭富裕的弹道能量。仿真实验终端约束参数变化及其制导精度如图 7-6 所示。

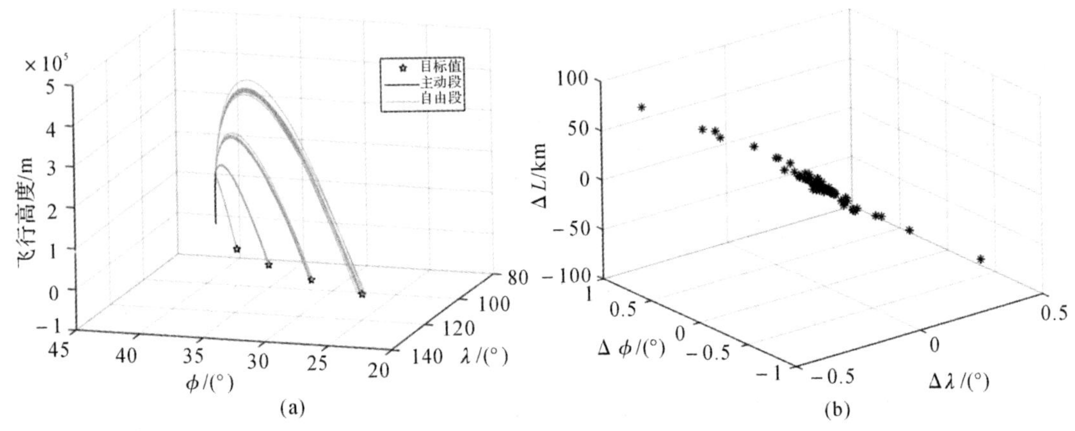

图 7-6 终端约束参数变化曲线簇及落点偏差散布

(a) 经纬高三维弹道曲线; (b)落点参数偏差散布

各射程任务要求下打靶仿真统计结果见表 7-2,在闭路制导方法的导引下固体运载火箭针对给定的射程约束,射程偏差的期望值均小于 5 km,但标准差随着目标射程的增大而增加,从 5.702 km 直到 29.334 km,而且在 4 500 km 射程任务条件下偏差最大值达到 85.829 km。存在较大偏差散布的主要原因是:固体火箭发动机在高低温燃烧环境下,推力变化及工作时间变化显著,特别是在采用耗尽关机方式下,发动机产生的总速度增量的变动无法得到限制,导致闭路制导方法无法精确计算待增速度矢量,从而产生关机点状态偏差;随着落点射程的增加,火箭自由飞行时间逐渐加长,关机点状态的偏差将沿着自由飞行段传播并呈现放大的趋势,导致落点射程偏差随目标射程约束的增大而增加。

表 7-2 不同任务要求下打靶仿真结果统计

类 别	落点射程偏差/km			
	任务一	任务二	任务三	任务四
目标值	1 500	2 500	3 500	4 500
期望值	−1.552	1.487	3.592	4.324
标准差	5.702	11.103	20.268	29.334
最大值	13.198	35.991	53.961	85.829

7.3 瞬时惯性落点及其导数的解析形式

固体运载火箭在没有推力或气动力等合外作用力的影响，开普勒轨道的瞬时惯性落点（定义为：当前时刻的飞行状态沿开普勒轨道映射至地面落点的经纬度）应保持不变。然而，一旦火箭受到外力的作用，瞬时惯性落点将会在地球表面移动，移动的方式将根据瞬时惯性落点纬度和经度的导数来确定。

7.3.1 瞬时惯性落点的解析函数

在落地之前的自由飞行阶段，根据当前速度矢量 $\boldsymbol{v}_0$ 和位置矢量 $\boldsymbol{r}_0$，火箭的角动量 h 保持不变，即

$$h = r^2\dot{\theta}_{ano} = r_0 v_0 \cos\vartheta_l = \text{constant} \tag{7-49}$$

此外，根据自由飞行阶段的特性及命中方程的解析解，则射程角 β_e 满足以下关系，即

$$\frac{r_0}{r(\beta_e)} = \frac{1-\cos\beta_e}{\lambda\cos^2\vartheta_l} + \frac{\cos\vartheta_l}{\cos(\beta_e+\vartheta_l)} \tag{7-50}$$

由于瞬时惯性落点在地球表面，则 $r(\beta_e) \equiv R_e$，当忽略地球表面的高度随经纬度的变化以及局部隆起时，将射程角 β_e 的等式(7-50) 表示为待定系数的形式为

$$A_1\sin\beta_e + A_2\cos\beta_e = A_3 \tag{7-51}$$

对比式(7-50) 和式(7-51)，并根据动量矩关系式(7-49) 得待定系数的表达式为

$$\left.\begin{aligned} A_1 &= -\frac{r_0 v_0^2}{\mu}\sin\vartheta_l\cos\vartheta_l = -\frac{h}{\mu r_0}(\boldsymbol{r}_0\boldsymbol{v}_0) \\ A_2 &= \frac{h}{\mu r_0} - 1 \\ A_3 &= \frac{h}{\mu R_e} - 1 \end{aligned}\right\} \tag{7-52}$$

通过求解等式(7-51)，求得射程角 β_e 的表达式为

$$\sin\beta_e = \frac{A_1A_3 + \sqrt{A_1^2A_3^2 - (A_1^2+A_2^2)(A_3^2-A_2^2)}}{A_1^2+A_2^2} \tag{7-53}$$

根据当前速度矢量 $\boldsymbol{v}_0$ 和位置矢量 $\boldsymbol{r}_0$ 得到瞬时惯性落点 $\boldsymbol{r}_p$ 的单位非正交坐标表达式

$$\mathbf{1}_{r_p} = \frac{\cos(\beta_e+\vartheta_l)}{\cos\vartheta_l}\mathbf{1}_{r_0} + \frac{\sin\beta_e}{\cos\vartheta_l}\mathbf{1}_{v_0} \tag{7-54}$$

式中，各矢量由单位矢量的表述为

$$\boldsymbol{r}_p = r_p \cdot \mathbf{1}_{r_p};\quad \boldsymbol{r}_0 = r_0 \cdot \mathbf{1}_{r_0};\quad \boldsymbol{v}_0 = v_0 \cdot \mathbf{1}_{v_0}$$

瞬时惯性落点的经度和纬度通过等式(7-54) 计算得到，为了便于理论的推导，这里给出了地心惯性系下瞬时惯性落点 r_p 的经度 ϕ_p 和纬度 λ_p，由单位矢量的分量，得

$$\left.\begin{aligned} \phi_p &= \arcsin(1_{pz}) \\ \lambda_p^{I} &= \arctan(1_{py}/1_{px}) \end{aligned}\right\} \tag{7-55}$$

加上地球的旋转补偿，地球固联坐标系中的经度，表达式为

$$\lambda_p = \lambda_p^{I} - \omega_e(t - t_{ref} + t_F) \tag{7-56}$$

式中，t 是当前时间；t_{ref} 是惯性系与地球固联坐标系对齐的时间；t_F 是火箭撞击前的飞行时间，

且由自由飞行段特性解析公式得

$$t_F = \frac{r_0}{v_0 \cos\vartheta_l}\left\{\frac{\tan\vartheta_l(1-\cos\beta_e)+(1-\lambda)\sin\beta_e}{(2-\lambda)\left[\frac{1-\cos\beta_e}{\lambda\cos^2\vartheta_l}+\frac{\cos(\vartheta_l+\beta_e)}{\cos\vartheta_l}\right]}+\right.$$

$$\left.\frac{2\cos\vartheta_l}{\lambda(2/\lambda-1)^{1.5}}\arctan\left[\frac{\sqrt{2/\lambda}-1}{\cos\vartheta_l\cot(\beta_e/2)-\sin\vartheta_l}\right]\right\} \tag{7-57}$$

至此，固体运载火箭由当前速度矢量 $\boldsymbol{v}_0$ 和位置矢量 $\boldsymbol{r}_0$ 解析推导得到瞬时惯性落点表达式，其中射程角、落点经度和落点纬度分别为等式(7-53)、等式(7-55)和等式(7-56)。为获得瞬时惯性落点关于合外力作用的理论关系，需要对其解析表达式的导数进一步推导(见图7-7)。

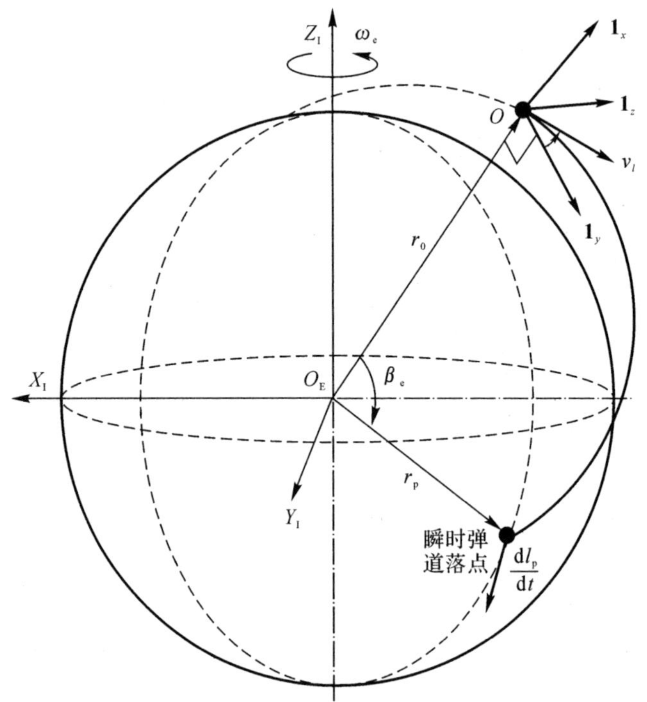

图 7-7 瞬时惯性落点及其导数原理示意图

7.3.2 落点时间及射程角的解析导数

在推导瞬时惯性落点的解析导数关系时，落点时间及射程角是两个重要的参数，是求解瞬时惯性落点经度和纬度对时间导数的关键。

1. 瞬时惯性落点射程角解析导数的理论推导

为了获得飞行射程角的时间导数的表达式，对等式(7-51)两边求导，得

$$\dot{A}_1\sin\beta_e+\dot{\beta}_e A_1\cos\beta_e+\dot{A}_2\cos\beta_e-\dot{\beta}_e A_2\sin\beta_e=\dot{A}_3 \tag{7-58}$$

根据待定系数的表达式，得到导数 $\dot{A}_1$ 的表达式为

$$\dot{A}_1=\frac{\dot{r}_0 h}{\mu r_0^2}(\boldsymbol{r}_0\cdot\boldsymbol{v}_0)-\frac{\dot{h}}{\mu r_0}(\boldsymbol{r}_0\cdot\boldsymbol{v}_0)-\frac{h}{\mu r_0}\left[\frac{\mathrm{d}}{\mathrm{d}t}(\boldsymbol{r}_0\cdot\boldsymbol{v}_0)\right] \tag{7-59}$$

为了推导导数关系式(7－58)的解析关系，由轨道根数及飞行状态关于时间的导数关系，角动量大小的时间导数为

$$\dot{h}=\frac{1}{h}\left[r_0^2(\boldsymbol{v}_0\cdot\boldsymbol{u})-(\boldsymbol{r}_0\cdot\boldsymbol{v}_0)(\boldsymbol{r}_0\cdot\boldsymbol{u})\right]=r_0\cdot u_y \tag{7-60}$$

位置和速度矢量点积的时间导数为

$$\frac{\mathrm{d}}{\mathrm{d}t}(\boldsymbol{r}_0\cdot\boldsymbol{v}_0)=(\boldsymbol{v}_0\cdot\boldsymbol{v}_0)+\left[\boldsymbol{r}_0\cdot(\boldsymbol{g}+\boldsymbol{u})\right]=v_0^2-\mu/r_0+r_0\cdot u_x \tag{7-61}$$

并且位置矢量大小的时间导数 $\dot{r}_0=\boldsymbol{1}_{r_0}\cdot\boldsymbol{v}_0=v_0\sin\vartheta_l$，根据固体运载火箭当前状态及加速度的线性组合将 $\dot{A}_1$ 整理为

$$\dot{A}_1=\left[\frac{v_0\cos\vartheta_l}{r_0}\left(1-\frac{h^2}{\mu r_0}\right)\right]+\left(-\frac{h}{\mu}\right)u_x+\left(-\frac{\boldsymbol{r}_0\cdot\boldsymbol{v}_0}{\mu}\right)u_y \tag{7-62}$$

类似地，$\dot{A}_2$ 和 $\dot{A}_3$ 进一步整理为

$$\left.\begin{aligned}\dot{A}_2&=-\frac{\dot{r}_0h^2}{\mu r_0^2}+\frac{2h\dot{h}}{\mu r_0}=\left(-\frac{v_0^3\sin\vartheta_l\cos^2\vartheta_l}{\mu}\right)+\left(\frac{2h}{\mu}\right)u_y\\ \dot{A}_3&=\frac{2h\dot{h}}{\mu r_{\mathrm{p}}}=\left(\frac{2r_0h}{\mu r_{\mathrm{p}}}\right)u_y\end{aligned}\right\} \tag{7-63}$$

根据待定系数及其导数的解析关系，等式(7－58)是关于射程角 β_{e} 及其导数 $\dot{\beta}_{\mathrm{e}}$ 的函数，故其导数的表达式为

$$\dot{\beta}_{\mathrm{e}}=\frac{\dot{A}_3-\dot{A}_1\sin\beta_{\mathrm{e}}-\dot{A}_2\cos\beta_{\mathrm{e}}}{-A_2\sin\beta_{\mathrm{e}}+A_1\cos\beta_{\mathrm{e}}} \tag{7-64}$$

将式(7－62)和式(7－63)代入式(7－64)中，得到由火箭当前状态及加速度分量的函数关系，将其导数 $\dot{\beta}_{\mathrm{e}}$ 简化并整理为

$$\dot{\beta}_{\mathrm{e}}=-\frac{h}{r_0^2}+D_{u_x}^{\dot{\beta}_{\mathrm{e}}}u_x+D_{u_y}^{\dot{\beta}_{\mathrm{e}}}u_y \tag{7-65}$$

式中

$$\begin{cases}D_{u_x}^{\dot{\beta}_{\mathrm{e}}}=\dfrac{\partial\dot{\beta}_{\mathrm{e}}}{\partial u_x}=\dfrac{h\sin\beta_{\mathrm{e}}}{\mu(-A_2\sin\beta_{\mathrm{e}}+A_1\cos\beta_{\mathrm{e}})}\\ D_{u_y}^{\dot{\beta}_{\mathrm{e}}}=\dfrac{\partial\dot{\beta}_{\mathrm{e}}}{\partial u_y}=\dfrac{2h(r_0/r_{\mathrm{p}}-\cos\beta_{\mathrm{e}})+(\boldsymbol{r}_0\cdot\boldsymbol{v}_0)\sin\beta_{\mathrm{e}}}{\mu(-A_2\sin\beta_{\mathrm{e}}+A_1\cos\beta_{\mathrm{e}})}\end{cases}$$

2.瞬时惯性落点飞行时间解析导数的理论推导

由于落点飞行时间等式(7－57)非常复杂，而且通过微分方程来求解飞行时间的时间导数 $\dot{t}_F$ 的表达式极其困难，故采用轨道根数计算飞行时间的替代公式来计算其时间导数，飞行时间、平均运动、当前和撞击时刻的平近点角 M_0、M_{p} 以及当前和落点时刻的偏近点角 E_0、E_{p} 之间的关系表示为

$$nt_F=M_{\mathrm{p}}-M_0=(E_{\mathrm{p}}-e\sin E_{\mathrm{p}})-(E_0-e\sin E_0) \tag{7-66}$$

式中，偏近点角 E_0 由等式 $r_0=a(1-e\cos E_0)$ 计算，E_{p} 由等式 $r_{\mathrm{p}}=a(1-e\cos E_{\mathrm{p}})$ 计算。对等式(7－66)两边求导，落点飞行时间的导数满足以下等式关系：

$$\dot{t}_F=\frac{1}{n}\left[\dot{E}_{\mathrm{p}}(1-e\cos E_{\mathrm{p}})-\dot{E}_0(1-e\cos E_0)-\dot{e}(\sin E_{\mathrm{p}}-\sin E_0)-\dot{n}t_F\right] \tag{7-67}$$

偏近点角的导数及位置大小的导数关系为

$$\left.\begin{aligned}
\dot{r}_0 &= v_0 \sin\vartheta_l = \dot{a}(1 - e\cos E_0) + a(-\dot{e}\cos E_0 + e\dot{E}_0 \sin E_0) \\
\dot{r}_p &= 0 = \dot{a}(1 - e\cos E_p) + a(-\dot{e}\cos E_p + e\dot{E}_p \sin E_p) \\
\dot{E}_0 &= \frac{v_0 \sin\vartheta_l - \dot{a}(1 - e\cos E_0) + a\dot{e}\cos E_0}{ae\sin E_0} \\
\dot{E}_p &= \frac{-\dot{a}(1 - e\cos E_p) + a\dot{e}\cos E_p}{ae\sin E_p}
\end{aligned}\right\} \tag{7-68}$$

此外，平均运动的时间导数 $\dot{n} = -1.5(n/a) \cdot \dot{a}$，半长轴的时间导数为

$$\dot{a} = \frac{2a^2}{\mu}(\boldsymbol{v}_0 \cdot \boldsymbol{a}) = \left(\frac{2a^2 v_0 \sin\vartheta_l}{\mu}\right) \cdot u_x + \left(\frac{2a^2 v_0 \cos\vartheta_l}{\mu}\right) \cdot u_y = D_{u_x}^{\dot{a}} \cdot u_x + D_{u_y}^{\dot{a}} \cdot u_y \tag{7-69}$$

偏心率的时间导数为

$$\begin{aligned}
\dot{e} &= \frac{1}{\mu a e}[(\boldsymbol{r}_0 \cdot \boldsymbol{v}_0)(\boldsymbol{r}_0 \cdot \boldsymbol{u}) + (pa - r_0^2)(\boldsymbol{v}_0 \cdot \boldsymbol{u})] = \\
&\left(\frac{p v_0 \sin\vartheta_l}{\mu e}\right) \cdot u_x + \left(\frac{(pa - r_0^2) v_0 \cos\vartheta_l}{\mu a e}\right) \cdot u_y = D_{u_x}^{\dot{e}} \cdot u_x + D_{u_y}^{\dot{e}} \cdot u_y
\end{aligned} \tag{7-70}$$

将导数关系式(7-68) ~ 式(7-70)代入等式(7-67)后，得到落点飞行时间导数的表达式

$$\dot{t}_F = -1 + D_{\dot{a}}^{\dot{t}_F} \dot{a} + D_{\dot{e}}^{\dot{t}_F} \dot{e} \tag{7-71}$$

式中

$$D_{\dot{a}}^{\dot{t}_F} = \frac{\partial \dot{t}_F}{\partial \dot{a}} = \frac{3t_F}{2a} - \frac{1}{a^2 e n}\left[\frac{r_p(1 - e\cos E_p)}{\sin E_p} - \frac{r_0(1 - e\cos E_0)}{\sin E_0}\right] \tag{7-72}$$

$$D_{\dot{e}}^{\dot{t}_F} = \frac{\partial \dot{t}_F}{\partial \dot{e}} = \frac{1}{n}\left\{\left[\frac{\cos E_p(1 - e\cos E_p)}{e\sin E_p} - \frac{\cos E_0(1 - e\cos E_0)}{e\sin E_0}\right] - (\sin E_p - \sin E_0)\right\} \tag{7-73}$$

为了得到统一的导数关系，将等式(7-71)展开为加速度分量的形式，则有

$$\begin{aligned}
\dot{t}_F &= -1 + D_{\dot{a}}^{\dot{t}_F}(D_{u_x}^{\dot{a}} u_x + D_{u_y}^{\dot{a}} u_y) + D_{\dot{e}}^{\dot{t}_F}(D_{u_x}^{\dot{e}} u_x + D_{u_y}^{\dot{e}} u_y) = \\
&-1 + (D_{\dot{a}}^{\dot{t}_F} D_{u_x}^{\dot{a}} + D_{\dot{e}}^{\dot{t}_F} D_{u_x}^{\dot{e}}) u_x + (D_{\dot{a}}^{\dot{t}_F} D_{u_y}^{\dot{a}} + D_{\dot{e}}^{\dot{t}_F} D_{u_y}^{\dot{e}}) u_y
\end{aligned} \tag{7-74}$$

式中

$$D_{u_x}^{\dot{t}_F} = \frac{\partial \dot{t}_F}{\partial u_x} = D_{\dot{a}}^{\dot{t}_F} D_{u_x}^{\dot{a}} + D_{\dot{e}}^{\dot{t}_F} D_{u_x}^{\dot{e}} \tag{7-75}$$

$$D_{u_y}^{\dot{t}_F} = \frac{\partial \dot{t}_F}{\partial u_y} = D_{\dot{a}}^{\dot{t}_F} D_{u_y}^{\dot{a}} + D_{\dot{e}}^{\dot{t}_F} D_{u_y}^{\dot{e}} \tag{7-76}$$

因此，由导数系数式(7-72)、式(7-73)、式(7-75)和式(7-76)，得到由当前状态及加速度分量表示的落点飞行时间导数的表达式为

$$\dot{t}_F = -1 + D_{u_x}^{\dot{t}_F} u_x + D_{u_y}^{\dot{t}_F} u_y \tag{7-77}$$

7.3.3 瞬时惯性落点单位矢量的时间导数

瞬时惯性落点单位矢量在非正交矢量中的表达式为(7-54)，是关于纬度和经度的函数。为求解其导数的函数关系，等式的两边乘以角动量 $\boldsymbol{h}$ 的大小，其表达式为

$$\begin{aligned}
h \cdot \boldsymbol{1}_p &= r_0 v_0 \cos(\vartheta_l + \beta_e) \cdot \boldsymbol{1}_{r_0} + r_0 v_0 \sin\beta_e \cdot \boldsymbol{1}_{v_0} = \\
&r_0 v_0 (\cos\vartheta_l \cos\beta_e - \sin\vartheta_l \sin\beta_e) \cdot \boldsymbol{1}_{r_0} + r_0 \sin\beta_e \cdot \boldsymbol{v}_0 = \\
&h\cos\beta_e \cdot \boldsymbol{1}_{r_0} - (\boldsymbol{r}_0 \cdot \boldsymbol{v}_0)\sin\beta_e \cdot \boldsymbol{1}_{r_0} + r_0 \sin\beta_e \cdot \boldsymbol{v}_0
\end{aligned} \tag{7-78}$$

同时对等式(7－78)两边求导,得

$$\dot{h}\cdot\mathbf{1}_{\mathrm{p}}+h\frac{\mathrm{d}\mathbf{1}_{\mathrm{p}}}{\mathrm{d}t}=\dot{h}\cos\beta_{\mathrm{e}}\cdot\mathbf{1}_{r_0}-(\dot{\beta}_{\mathrm{e}}h\sin\beta_{\mathrm{e}})\cdot\mathbf{1}_{r_0}-\frac{\mathrm{d}(\boldsymbol{r}_0\cdot \mathrm{v}_0)}{\mathrm{d}t}\cdot\sin\beta_{\mathrm{e}}\cdot\mathbf{1}_{r_0}+$$
$$(\dot{r}\sin\beta_{\mathrm{e}})\cdot\boldsymbol{v}_0-(\boldsymbol{r}_0\cdot\boldsymbol{v}_0)\cdot\dot{\beta}_{\mathrm{e}}\cdot\cos\beta_{\mathrm{e}}\cdot\mathbf{1}_{r_0}+[h\cos\beta_{\mathrm{e}}-(\boldsymbol{r}_0\cdot\boldsymbol{v}_0)\sin\beta_{\mathrm{e}}]\cdot\frac{\mathrm{d}\mathbf{1}_{r_0}}{\mathrm{d}t}+$$
$$(\dot{\beta}_{\mathrm{e}}r\cos\beta_{\mathrm{e}})\cdot\boldsymbol{v}_0+r\sin\beta_{\mathrm{e}}\left(-\frac{\mu}{r^2}\mathbf{1}_{r_0}+u_x\mathbf{1}_x+u_y\mathbf{1}_y+u_z\mathbf{1}_z\right)\tag{7-79}$$

式中,速度矢量大小的时间导数为

$$\dot{v}_0=\mathbf{1}_{v_0}\cdot(\boldsymbol{g}(\boldsymbol{r}_0)+\boldsymbol{u})=\left(\frac{-\mu\sin\vartheta_l}{r_0^2}\right)+\sin\vartheta_l\cdot u_x+\cos\vartheta_l\cdot u_y\tag{7-80}$$

单位位置矢量的时间导数为

$$\frac{\mathrm{d}}{\mathrm{d}t}\mathbf{1}_{r_0}=\frac{d}{\mathrm{d}t}\left(\frac{1}{r_0}\boldsymbol{r}_0\right)=\left(\frac{-v_0\sin\vartheta_l}{r_0}\right)\cdot\mathbf{1}_{r_0}+\left(\frac{v_0}{r_0}\right)\cdot\mathbf{1}_{v_0}\tag{7-81}$$

将瞬时惯性落点射程角式(7－65)代入导数关系式(7－79),整理得到瞬时惯性落点单位矢量的表达式为

$$\frac{\mathrm{d}}{\mathrm{d}t}\mathbf{1}_{\mathrm{p}}=\begin{pmatrix}\dfrac{\mathrm{d}\mathbf{1}_{\mathrm{p}x_{\mathrm{I}}}}{\mathrm{d}t}\\ \dfrac{\mathrm{d}\mathbf{1}_{\mathrm{p}y_{\mathrm{I}}}}{\mathrm{d}t}\\ \dfrac{\mathrm{d}\mathbf{1}_{\mathrm{p}z_{\mathrm{I}}}}{\mathrm{d}t}\end{pmatrix}=u_x\cdot\boldsymbol{d}_x+u_y\cdot\boldsymbol{d}_y+u_z\cdot\boldsymbol{d}_z\tag{7-82}$$

式中,矢量导数为

$$\left.\begin{aligned}\boldsymbol{d}_x&=\frac{\partial(\mathrm{d}\mathbf{1}_{\mathrm{p}}/\mathrm{d}t)}{\partial u_x}=\frac{1}{h}[-(h\sin\beta_{\mathrm{e}}+(\boldsymbol{r}_0\cdot\boldsymbol{v}_0)\cos\beta_{\mathrm{e}})D_{u_x}^{\dot{\beta}_{\mathrm{e}}}\mathbf{1}_{r_0}+(r_0v_0\cos\beta_{\mathrm{e}})D_{u_x}^{\dot{\beta}_{\mathrm{e}}}\mathbf{1}_{v_0}]\\ \boldsymbol{d}_y&=\frac{\partial(\mathrm{d}\mathbf{1}_{\mathrm{p}}/\mathrm{d}t)}{\partial u_y}=\frac{1}{h}\{[(r_0\cos\beta_{\mathrm{e}}-(h\sin\beta_{\mathrm{e}}+\boldsymbol{r}_0\cdot\boldsymbol{v}_0\cdot\cos\beta_{\mathrm{e}})D_{u_y}^{\dot{\beta}_{\mathrm{e}}})\cdot\mathbf{1}_{r_0}+\\ &\quad r_0v_0\cos\beta_{\mathrm{e}}\cdot D_{u_y}^{\dot{\beta}_{\mathrm{e}}}\cdot\mathbf{1}_{v_0}+r_0\sin\beta_{\mathrm{e}}\cdot\mathbf{1}_y-r_0\cdot\mathbf{1}_{\mathrm{p}}]\}\\ \boldsymbol{d}_z&=\frac{\partial(\mathrm{d}\mathbf{1}_{\mathrm{p}}/\mathrm{d}t)}{\partial u_z}=\frac{1}{h}(r_0\sin\beta_{\mathrm{e}})\cdot\mathbf{1}_z\end{aligned}\right\}\tag{7-83}$$

等式(7－82)中的下标 x、y 和 z 分别是入轨点坐标系中的分量。

固体运载火箭瞬时惯性落点在地心坐标系下的解析导数表示为

$$\frac{\mathrm{d}}{\mathrm{d}t}\mathbf{1}_{\mathrm{p}}^{E}=\boldsymbol{T}_{\mathrm{I}}^{E}\left(\frac{\mathrm{d}}{\mathrm{d}t}1_{\mathrm{p}}\right)-\dot{t}_F(\Omega_{\mathrm{e}}\times\mathbf{1}_{\mathrm{p}}^{E})\tag{7-84}$$

式中,$\mathbf{1}_{\mathrm{p}}^{E}$ 为在地心坐标系中瞬时惯性落点单位矢量,$\boldsymbol{T}_{\mathrm{I}}^{E}$ 为地心惯性坐标系到地心坐标系的转换矩阵,Ω_{e} 为表示地球自转的旋转矢量,其表达式为

$$\mathbf{1}_{\mathrm{p}}^{E}=[1_{\mathrm{p}x_{\mathrm{I}}}^{E}\quad 1_{\mathrm{p}y_{\mathrm{I}}}^{E}\quad 1_{\mathrm{p}z_{\mathrm{I}}}^{E}]^{\mathrm{T}}=[\cos(\varphi_{\mathrm{p}})\cos(\lambda_{\mathrm{p}})\quad\cos(\varphi_{\mathrm{p}})\sin(\lambda_{\mathrm{p}})\quad\sin(\varphi_{\mathrm{p}})]^{\mathrm{T}}\tag{7-85}$$

$$\boldsymbol{T}_{\mathrm{I}}^{E}=\begin{bmatrix}\cos(\omega_{\mathrm{e}}(t-t_{\mathrm{ref}}))&\sin(\omega_{\mathrm{e}}(t-t_{\mathrm{ref}}))&0\\-\sin(\omega_{\mathrm{e}}(t-t_{\mathrm{ref}}))&\cos(\omega_{\mathrm{e}}(t-t_{\mathrm{ref}}))&0\\0&0&1\end{bmatrix}\tag{7-86}$$

由此得到瞬时惯性落点单位矢量在地心坐标系下的解析导数矩阵形式为

$$\frac{\mathrm{d}}{\mathrm{d}t}\boldsymbol{1}_{\mathrm{p}}^{E}=u_x\boldsymbol{d}_x^E+u_y\boldsymbol{d}_y^E+u_z\boldsymbol{d}_z^E \tag{7-87}$$

式中

$$\boldsymbol{d}_x^E=\left(\omega_{\mathrm{e}}D_{u_x}^{t_F}\begin{bmatrix}1_{py_1}^E\\-1_{px_1}^E\\0\end{bmatrix}+\boldsymbol{T}_1^E\boldsymbol{d}_x\right) \tag{7-88}$$

$$\boldsymbol{d}_y^E=\left(\omega_{\mathrm{e}}D_{u_y}^{t_F}\begin{bmatrix}1_{py_1}^E\\-1_{px_1}^E\\0\end{bmatrix}+\boldsymbol{T}_1^E\boldsymbol{d}_y\right) \tag{7-89}$$

$$\boldsymbol{d}_z^E=\boldsymbol{T}_1^E\boldsymbol{d}_z \tag{7-90}$$

7.3.4　数值解与解析解的仿真校验

这一节将对所推导出来的瞬时惯性落点的相关导数进行仿真实验，以验证所提出的解析方法的正确性和有效性。当合外力为零即 $\boldsymbol{a}=0$ 时，瞬时惯性落点保持不变，落点开普勒轨道上的真近点角和落点时间是恒定的，即存在等式关系：

$$\left.\begin{aligned}f_{\mathrm{p}}&=f_0+\beta_{\mathrm{e}}=\mathrm{constant}\\t_{\mathrm{p}}&=t_0+t_F=\mathrm{constant}\end{aligned}\right\} \tag{7-91}$$

对式(7－91)两边微分求得 $\dot{\beta}_{\mathrm{e}}$，并根据轨道动量矩守恒得到：

$$\dot{\beta}_{\mathrm{e}}=-\dot{f}_0=-h/r_0^2 \tag{7-92}$$

类似的，得到落点时间的导数

$$\dot{t}_F=-1 \tag{7-93}$$

根据射程角导数的解析式(7－65)和落点时间导数的解析式(7－77)，当 $\boldsymbol{a}=0$ 时 $a_x^{\beta_{\mathrm{e}}}$，$a_y^{\beta_{\mathrm{e}}}$ 以及 a_x，a_y 均为零，故与等式(7－92)和式(7－93)的结果是一致的，表明解析解包含了特殊情况下火箭瞬时惯性落点的导数。

当固体运载火箭在推进过程中受到外力作用时，通过数值积分和解析解的对比验证瞬时惯性落点解析公式的正确性。火箭的初始质量为 2 100 kg，时间比冲为 210 s，秒流量为 19.572 5 kg/s，额定工作时间 32 s，初始飞行状态为：

$$\begin{cases}\boldsymbol{r}_0=[70\ 953.5\quad 78\ 658.4\quad 316.1]^{\mathrm{T}}\\\boldsymbol{v}_0=[2\ 620.7\quad 2\ 200.6\quad 15.5]^{\mathrm{T}}\end{cases} \tag{7-94}$$

在给定初始点 $\boldsymbol{r}_0$、$\boldsymbol{v}_0$，固体火箭箭体方向以俯仰角 10° 和偏航角 －5°，以及俯仰角 －10° 和偏航角 5° 两种条件，采用数值方法的计算结果和解析解法的计算对比结果见表 7－3，可以看出这两种方法获得的导数值匹配良好，验证了针对给定点处的解析导数。

表 7－3　瞬时惯性落点偏导数计算的结果验证

参数类别	俯仰角 10°和偏航角－5°		俯仰角－10°和偏航角 5°	
	解析导数	数值导数	解析导数	数值导数
射程角导数 $\dot{\beta}_{\mathrm{e}}$/(°/s)	0.108 983	0.108 984	0.062 425	0.062 425

续表

参数类别	俯仰角 10°和偏航角 −5°		俯仰角 −10°和偏航角 5°	
	解析导数	数值导数	解析导数	数值导数
落点时间导数 $\dot{t}_F$/(s/s)	3.640 05	3.640 06	3.195 22	3.195 23
落点纬度导数 $\dot{\varphi}_p$/(°/s)	−0.031 0274	−0.031 0276	−0.006 732 24	−0.006 732 25
落点经度导数 $\dot{\lambda}_p$/(°/s)	0.150 245	0.150 245	0.097 794 6	0.097 794 5

在持续推进过程中，火箭以常值姿态角俯仰角 10°和偏航角 −5°推进飞行，瞬时惯性落点的导数 $\dot{\beta}_e$，$\dot{t}_F$，$\dot{\varphi}_p$ 和 $\dot{\lambda}_p$ 的变化曲线如图 7-8 所示，两种不同状态下解析法计算结果与数值法计算结果变化趋势一致、计算精度吻合度高，验证了瞬时惯性落点导数计算的正确性。

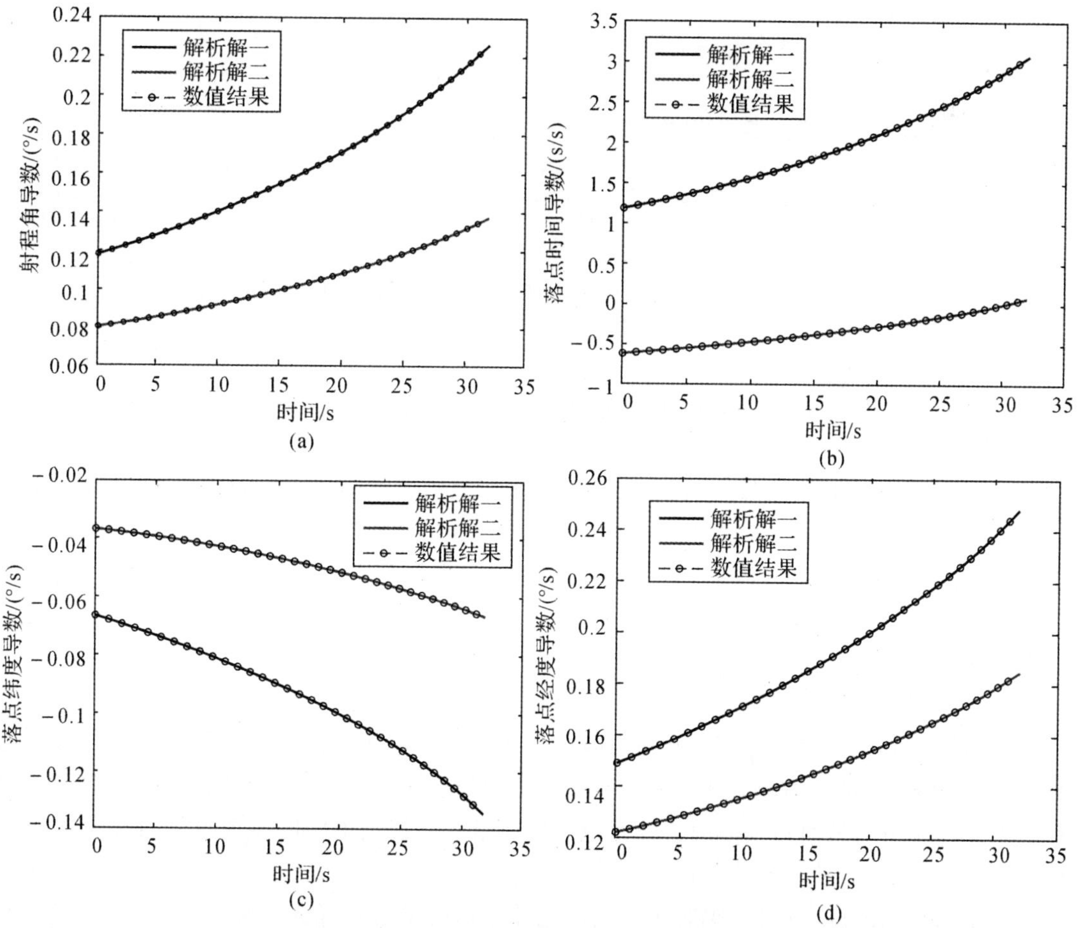

图 7-8　瞬时惯性落点的相关导数变化曲线

(a)瞬时落点射程角的导数变化；(b)瞬时落点飞行时间的导数变化；
(c)瞬时落点纬度的导数变化；(d)瞬时落点经度的导数变化

根据瞬时惯性落点导数的灵敏度 $\dot{\beta}_e$ 和 $\dot{t}_F$ 随着发动机剩余燃烧时间的减少，瞬时惯性落点经度导数和纬度导数的变化在飞行后期比初始阶段更快。数值方法的计算结果和解析解计算结果的偏差值如图 7－9 所示，解析导数成功地解释了开普勒瞬时惯性落点的运动及其趋势。因此，根据灵敏度信息及其变化趋势可以来确定应该施加到火箭上的合适的力的大小和方向，并以期望的方式改变其瞬时惯性落点。

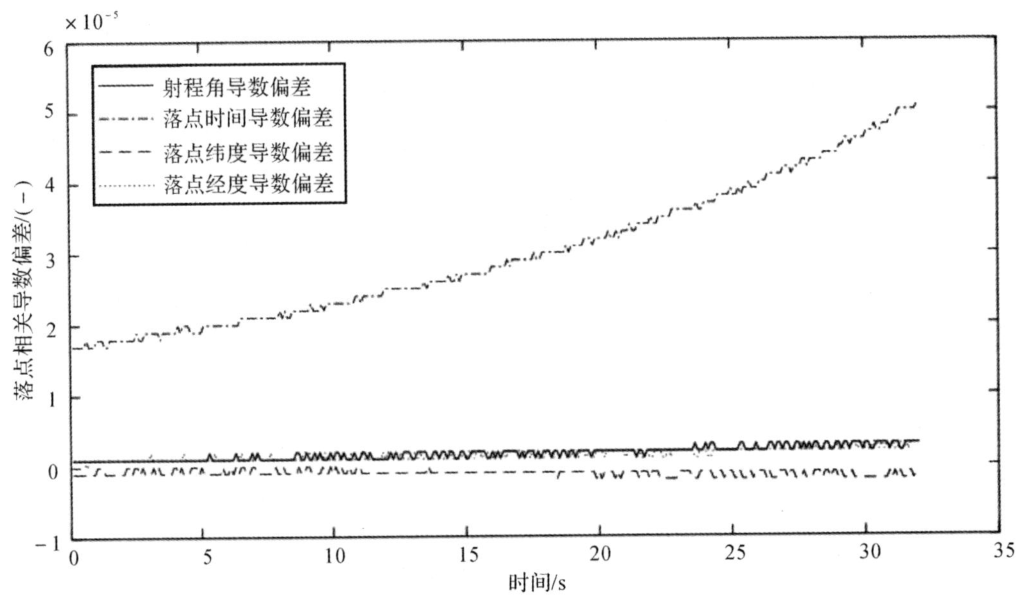

图 7－9　解析法和数值法所得瞬时惯性落点的相关导数偏差变化曲线

7.4　瞬时惯性落点的闭环制导方法

7.3 节引入了瞬时惯性落点的概念，并推导出了瞬时惯性落点经纬度及其导数由合外加速度表示的解析形式，建立了瞬时惯性落点经纬度及其运动趋势的函数关系。因此，本节由瞬时惯性落点纬度、经度及其导数的函数关系，通过瞬时惯性落点到达期望落点的矢量移动，来构成加速度矢量反馈的闭环制导方法。

7.4.1　瞬时惯性落点控制的问题描述

为了将当前瞬时惯性落点移动到目标位置，在由这两点以及地心构成的平面内，通过控制瞬时落点的移动矢量来确定运载火箭当前所需要的加速度矢量，各矢量的定义如图 7－10 所示。显然，该制导方法可以使瞬时惯性落点速度向量与连接当前瞬时碰撞点和目标位置的圆弧方向保持一致并且使落点速度最大。

从当前瞬时碰撞点到目标瞬时碰撞点沿地球表面的最短路径为连接两点的圆弧。$\mathbf{1}_p^*$ 表示地心地固坐标系中的目标瞬时碰撞点矢量，$\boldsymbol{q}_z$ 定义为 $\mathbf{1}_p^*$ 和$(\mathbf{1}_p^*-\mathbf{1}_p)$所决定平面的法向量，$\mathbf{1}_{q_z}$ 为其单位向量，表示为

$$\boldsymbol{q}_z \equiv \mathbf{1}_p \times (\mathbf{1}_p^* - \mathbf{1}_p); \quad \mathbf{1}_{q_z} = \boldsymbol{q}_z / \| \boldsymbol{q}_z \| \tag{7-95}$$

连接当前和目标瞬时落点的球面在最短路径方向上的单位向量 $\mathbf{1}_u^m$ 表示为

$$\mathbf{1}_u^m = \mathbf{1}_{q_z} \times \mathbf{1}_p \tag{7-96}$$

而保持瞬时落点在球面上不动的单位向量 $\mathbf{1}_u^0$ 表示为

$$\mathbf{1}_u^0 \times \mathbf{1}_p^* = 0 \tag{7-97}$$

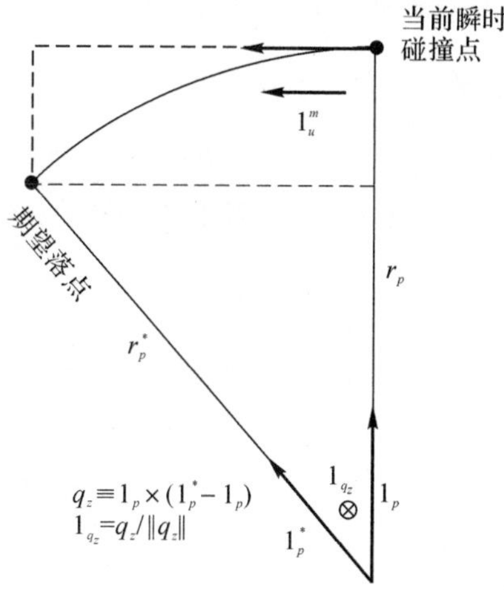

图 7-10　瞬时惯性落点制导过程各单位矢量的定义

耗尽关机的固体运载火箭在推进过程中需要在最短路径方向上控制落点移动，而且还需要在能量过剩的条件下保持落点在球面上不动（零射程线），故控制落点移动的单位矢量 $\mathbf{1}_g$ 定义为

$$\mathbf{1}_g = f(\mathbf{1}_u^m, \mathbf{1}_u^0) \tag{7-98}$$

根据瞬时惯性落点关于加速度的单位矢量关系式(7-82)，在合外力产生的加速度 $\boldsymbol{a}$ 作用下的瞬时碰撞点的导数应沿着落点移动控制矢量 $\mathbf{1}_g$。由最优化理论，为了使落点移动过程最大化，$(\mathrm{d}\mathbf{1}_p/\mathrm{d}t) \cdot \mathbf{1}_g$ 需要满足的必要条件为

$$\boldsymbol{a} \cdot \boldsymbol{a} - a_m^2 = 0;\quad (\mathrm{d}\mathbf{1}_p/\mathrm{d}t) \cdot \mathbf{1}_{q_z} = 0 \tag{7-99}$$

因此，根据等式(7-98)和等式(7-99)构成了个带约束的最优化问题，则瞬时落点制导加速度指令的最优化问题描述形式为

$$\max_{x} J(\boldsymbol{x}) = (\boldsymbol{c}^{\mathrm{T}} \boldsymbol{x}) = c_1 x_1 + c_2 x_2 + c_3 x_3 \tag{7-100}$$

式中的等式约束方程为

$$\boldsymbol{x}^{\mathrm{T}} \boldsymbol{x} - a_m^2 = x_1^2 + x_2^2 + x_3^2 - a_m^2 = 0 \tag{7-101}$$

$$\boldsymbol{f}^{\mathrm{T}} \boldsymbol{x} = f_1 x_1 + f_2 x_2 + f_3 x_3 = 0 \tag{7-102}$$

式中，$\boldsymbol{x}$ 为落点移动路径的控制向量；$\boldsymbol{c}^{\mathrm{T}}$ 和 $\boldsymbol{f}^{\mathrm{T}}$ 分别为定义目标函数和约束的参数，其表达式为

$$\boldsymbol{x} = [a_x \quad a_y \quad a_z]^{\mathrm{T}} \tag{7-103}$$

$$\boldsymbol{c}^{\mathrm{T}} = [\mathbf{1}_g \cdot \mathbf{1}_x \quad \mathbf{1}_g \cdot \mathbf{1}_y \quad \mathbf{1}_g \cdot \mathbf{1}_z] = [c_1,\quad c_2,\quad c_3] \tag{7-104}$$

$$\boldsymbol{f}^{\mathrm{T}} = [\mathbf{1}_{q_z} \cdot \mathbf{1}_x \quad \mathbf{1}_{q_z} \cdot \mathbf{1}_y \quad \mathbf{1}_{q_z} \cdot \mathbf{1}_z] = [f_1 \quad f_2 \quad f_3] \tag{7-105}$$

综上所述，固体运载火箭由于推力大小不可控制，根据等式(7-101)约束了落点移动过程中加速度矢量的大小；为了使实际的瞬时落点单位矢量与期望的瞬时落点单位矢量（沿着连接当前和目标瞬时碰撞点的最佳路径）方向一致，等式(7-102)通过约束瞬时落点单位矢量位于当前和目标落点单位矢量所决定的平面内，并根据控制落点移动的单位矢量式(7-98)来决定

最优的加速度分量，最优化指标式(7-100)使得瞬时落点能够尽快移动到目标位置。因此，根据最优化理论的问题描述，将固体运载火箭落点的最优控制问题转化为了控制落点移动的单位矢量式(7-98)问题，并以此来解决耗尽关机方式下轨道落点的控制问题。

7.4.2 落点控制最优反馈制导方法

由式(7-100)～式(7-102)构成的等式约束优化问题可通过引入与式(7-101)和式(7-102)相关的拉格朗日乘子 $\boldsymbol{\lambda}(\equiv[\lambda_1 \quad \lambda_2]^{\mathrm{T}})$ 来求解。性能指标函数的增广形式 $J_a(\boldsymbol{x},\lambda)$ 可定义为

$$J_a(\boldsymbol{x},\boldsymbol{\lambda})=\boldsymbol{c}^{\mathrm{T}}\boldsymbol{x}+\lambda_1(\boldsymbol{x}^{\mathrm{T}}\boldsymbol{x}-a_m^2)+\lambda_2(\boldsymbol{f}^{\mathrm{T}}\boldsymbol{x})= (c_1x_1+c_2x_2+c_3x_3)+\lambda_1(x_1^2+x_2^2+x_3^2-a_m^2)+\lambda_2(f_1x_1+f_2x_2+f_3x_3) \tag{7-106}$$

根据最优化的必要条件，代入 $\partial J_a/\partial x_i=0(i=1,2,3)$，可得等式方程为

$$\frac{\partial J_a}{\partial x_1}=c_1+2x_1\lambda_1+f_1\lambda_2=0,\quad x_1=\frac{(-f_1\lambda_2-c_1)}{2\lambda_1} \tag{7-107}$$

$$\frac{\partial J_a}{\partial x_2}=c_2+2x_2\lambda_1+f_2\lambda_2=0,\quad x_2=\frac{(-f_2\lambda_2-c_2)}{2\lambda_1} \tag{7-108}$$

$$\frac{\partial J_a}{\partial x_3}=c_3+2x_3\lambda_1+f_3\lambda_2=0,\quad x_3=\frac{(-f_3\lambda_2-c_3)}{2\lambda_1} \tag{7-109}$$

将式(7-107)～式(7-109)代入式(7-102)，求解得到拉格朗日乘子 λ_2 的表达式为

$$\lambda_2=\frac{-\boldsymbol{c}^{\mathrm{T}}\boldsymbol{f}}{\boldsymbol{f}^{\mathrm{T}}\boldsymbol{f}}=\frac{-(c_1f_1+c_2f_2+c_3f_3)}{f_1^2+f_2^2+f_3^2} \tag{7-110}$$

再将式(7-107)～式(7-109)代入式(7-101)，求解得到拉格朗日乘子 λ_1 的表达式为

$$\lambda_1=\begin{cases}\dfrac{\sqrt{(-f_1\lambda_2-c_1)^2+(-f_2\lambda_2-c_2)^2+(-f_3\lambda_2-c_3)^2}}{2a_m}, & [-\boldsymbol{c}^{\mathrm{T}}(\lambda_2\boldsymbol{f}+\boldsymbol{c})>0] \\ \dfrac{-\sqrt{(-f_1\lambda_2-c_1)^2+(-f_2\lambda_2-c_2)^2+(-f_3\lambda_2-c_3)^2}}{2a_m}, & [-\boldsymbol{c}^{\mathrm{T}}(\lambda_2\boldsymbol{f}+c)\leqslant 0]\end{cases} \tag{7-111}$$

因此，计算得到加速度各分量的表达式为

$$u_x=x_1=\frac{-f_1\lambda_2-c_1}{2\lambda_1};\quad u_y=x_2=\frac{-f_2\lambda_2-c_2}{2\lambda_1};\quad u_z=x_3=\frac{-f_3\lambda_2-c_3}{2\lambda_1} \tag{7-112}$$

此外，固体火箭由发动机产生的总视速度模量为 W_M，在耗尽关机方式下多余的速度增量需要通过控制单位矢量 $\mathbf{1}_g$ 来消除对瞬时惯性落点的影响。显然，为了实现耗尽关机落点控制，控制落点移动单位矢量 $\mathbf{1}_g$ 需要在最短路径方向 $\mathbf{1}_u^m$ 和零射程线方向 $\mathbf{1}_u^0$ 相互转换，其表达式为

$$\mathbf{1}_g=k(W)\cdot\mathbf{1}_u^m+[1-k(W)]\cdot\mathbf{1}_u^0 \tag{7-113}$$

式中，W 为火箭当前的视速度模量，$k(W)$ 为矢量切换函数。根据指令连续性和平滑性要求并考虑实际发动机特性，设计函数的表达式为

$$k(W)=\begin{cases}1 & W\leqslant 85\%\cdot W_M \\ e^{-a_s\cdot Z} & W>85\%\cdot W_M\end{cases} \tag{7-114}$$

式中，a_s 为放大调节系数，变量 $Z=(W-85\%\cdot W_M)/(15\%\cdot W_M)$。根据固体运载火箭的动

力学方程加速度大小为 $a_m = T/m$ 以及箭体矢量方向为 $\boldsymbol{x}'_b = \boldsymbol{a}/a_m$，故在发射惯性系内火箭的姿态角指令为

$$\varphi_c = \arctan\frac{a_y}{a_x};\quad \psi_c = -\arcsin\frac{a_z}{a_m} \tag{7-115}$$

瞬时惯性落点控制方法的实际输入条件是由惯性导航提供的前位置矢量 $\boldsymbol{r}_0$、速度矢量 $\boldsymbol{v}_0$ 以及当前度模量 a_m，计算当前瞬时碰撞点和瞬时碰撞点导数的方向 $\mathrm{d}(\mathbf{1}_p)/\mathrm{d}t$，并根据最优化理论由落点移动的单位矢量式(7-98)，输出满足落点约束的制导加速度矢量的分量(以此计算姿态角指令)。在解算过程中，根据解析函数及其导数关系并不涉及迭代循环运算，同时由期望落点解算姿态角指令构成闭环格式，具有实际飞行过程中可靠性、可实现性的重要特性。

7.4.3　瞬时惯性落点的闭环制导实施逻辑

瞬时惯性落点闭环制导理论当前位置矢量 $\boldsymbol{r}_0$、速度矢量 $\boldsymbol{v}_0$ 以及当前度模量 a_m 便可实时计算火箭的姿态角指令，在制导过程中根据期望落点与当前瞬时落点构成闭环格式，而且在解算过程中不涉及迭代运算。瞬时惯性落点控制的计算流程如图 7-11 所示。

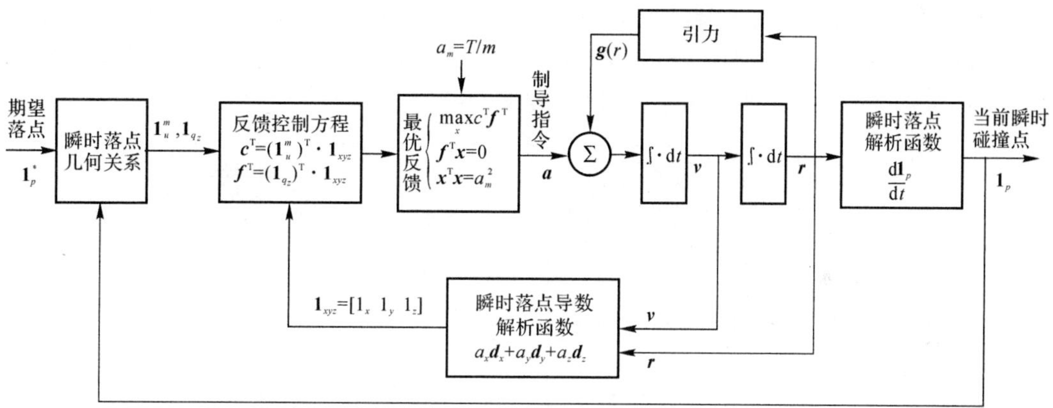

图 7-11　瞬时惯性落点闭环最优反馈制导实施逻辑

详细计算过程如下：

(1)确定落点移动的单位矢量 $\mathbf{1}_g$：根据当前位置矢量 $\boldsymbol{r}_0$、速度矢量 $\boldsymbol{v}_0$，通过式(7-54)得到当前瞬时惯性落点的矢量 $\mathbf{1}_{r_p}$，并根据式(7-98)得到落点移动的单位矢量 $\mathbf{1}_g$。

(2)确定瞬时碰撞点导数的方向 $\boldsymbol{d}_x$,$\boldsymbol{d}_y$ 和 $\boldsymbol{d}_z$：计算得到落点射程角 β_e 后，根据式(7-83)计算地心惯性系下瞬时惯性落点导数的方向。

(3)计算目标函数及约束的参数 $\boldsymbol{c}^T$ 和 $\boldsymbol{f}^T$：通过计算得到的落点移动的单位矢量 $\mathbf{1}_g$、当前瞬时惯性落点的矢量 $\mathbf{1}_{q_z}$ 及瞬时惯性落点导数的方向 $\mathrm{d}\mathbf{1}_p/\mathrm{d}t$，根据式(7-104)、式(7-108)计算得到相应参数。

(4)确定制导加速度矢量的分量 a_x、a_y 和 a_z：引入拉格朗日乘子求解等式约束最优化问题，通过式(7-111)计算得到拉格朗日乘子 λ_1、λ_2，同时根据当前加速度模量 a_m，得到加速度矢量的分量。

(5)计算发射惯性系火箭的姿态角指令并确定箭体方向 $\boldsymbol{x}'_b$。计算得到加速度矢量的分量后，根据式(7-115)即可得到火箭的俯仰角指令和偏航角指令。

综上所述，固体运载火箭在实际飞行过程中针对目标射程约束，由瞬时惯性落点闭环制导方法实时计算制导指令来提高终端落点的精度及鲁棒性。在制导过程中，若火箭为制导关机方式，最短射程移动矢量 $\mathbf{1}_u^m$ 确定的制导指令对燃料消耗具有一定的最优性；若火箭为耗尽关机方式，落点射程移动需要结合零射程线矢量 $\mathbf{1}_u^0$ 来控制落点经纬度的改变。因此，由瞬时惯性落点偏导数构成的闭环制导方法，在制导方案设计时需要结合具体飞行器的特点来选择落点移动矢量 $\mathbf{1}_g$ 的变化函数。

7.4.4 仿真验证和分析

瞬时惯性落点闭环制导方法根据落点移动单位矢量方向，反馈不同条件下的制导指令：对于制导关机方式，由最短路径方向确定出快速达到目标落点的制导指令；对于耗尽关机方式，由零射程线方向确定出发动机多余能量耗散的制导指令。

1. 制导关机方式下大小射程任务适应性仿真和分析

在 7.3.4 节仿真实验条件及初始状态式(7 - 94)，按照给定的初始速度矢量、位置矢量以及火箭的总体参数，并配置不同的期望目标落点进行仿真实验，目标落点任务分别为：沿射向将射程缩短 200 km，沿射向将射程增加 150 km/300 km 以及沿横向将横程增加 200 km。根据当前瞬时惯性落点及目标期望落点，采用瞬时惯性落点闭环制导方法沿着最短落点移动路径，火箭的落点经纬度变化仿真结果如图 7 - 12 所示。

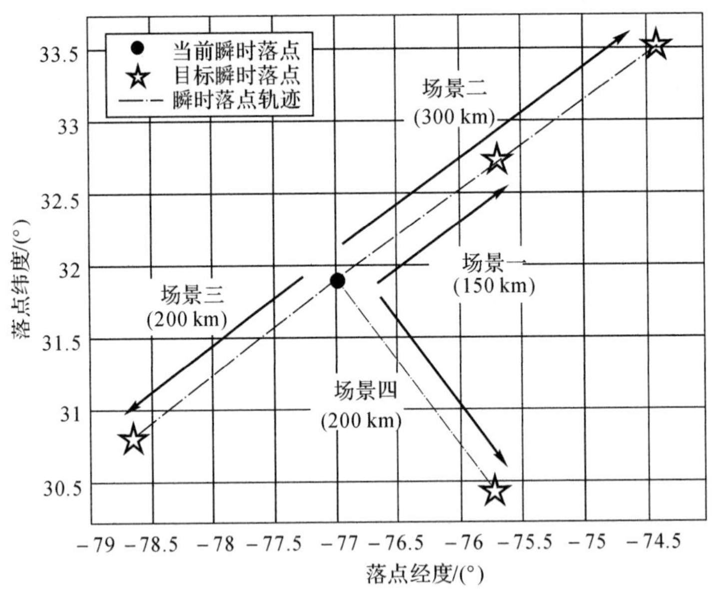

图 7 - 12　大小射程任务瞬时惯性落点制导过程经纬度变化曲线

闭环最优反馈制导方法通过瞬时惯性落点及其时间导数的解析表达式，对于制导关机模式求解约束优化问题，来产生使其瞬时碰撞点导数矢量与期望方向一致并且数值最大的加速度指令，将火箭的瞬时惯性落点移动到目标期望位置上。火箭瞬时惯性落点的解析时间导数，描述了合外加速度对落点在地球表面上运动的影响。同时，为了验证方法的最优性，将本章方法的仿真结果与基于高斯伪谱法的优化软件(GPOPS)仿真结果进行比较，在大小射程任务中经度和纬度的解析时间导数以及俯仰角指令、偏航角指令变化如图 7 - 13 所示。

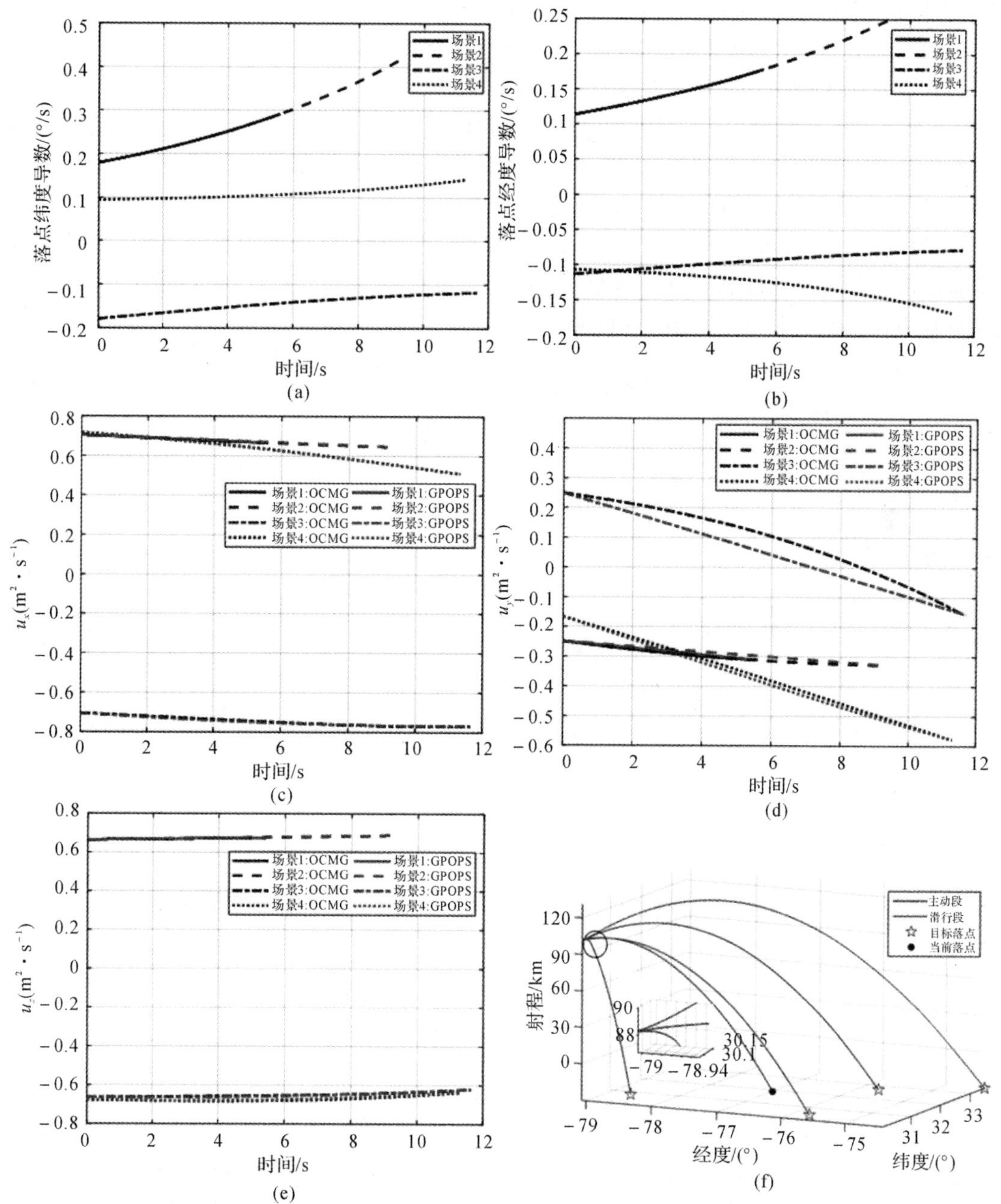

图 7 - 13　制导过程中落点经纬度解析时间导数变化曲线

(a)瞬时惯性落点纬度的导数变化；(b)瞬时惯性落点经度的导数变化；(c)大小射程任务下 u_x 指令变化；(d)大小射程任务下 u_y 指令变化；(e)大小射程任务下 u_z 指令变化；(f)大小射程任务下经纬高变化

根据任务配置的射面内的大小射程以及射面外的横程，用瞬时惯性落点闭环制导方法实时解算出瞬时惯性落点经纬度的解析时间导数。在计算过程中，由于火箭质量的不断减少，末端加速度逐渐增大，相应的解析时间导数也发生明显的变化。在射面内的射程增大或者减小过程，经纬度的解析时间导数变化接近在同一方向上的制导指令有重叠；在射面外的横程移动过程，由解析时间导数矢量计算得到的俯仰角指令和偏航角指令产生了很大的改变，来实现三维空间中变射向制导，并通过关机方程将火箭落点控制在期望目标点处。

2. 耗尽关机方式下制导精度及鲁棒性仿真和分析

7.2 节介绍了闭路制导方法，从速度矢量变化的角度进行了制导方法的设计。本节采用瞬时惯性落点闭环制导方法，从加速度矢量变化的角度设计了耗尽关机方式下的最优反馈制导模式，根据惯导器件输出的火箭三轴加速度信息来实时闭环计算制导指令。采用与 7.2.5 节同样的固体运载火箭研究对象，以 4 500 km 射程任务为例，在参数偏差及不确定性条件下的验证瞬时惯性落点闭环制导方法的制导精度及鲁棒性。瞬时惯性落点闭环制导方法与经典闭路制导方法过程打靶仿真如图 7-14 所示。

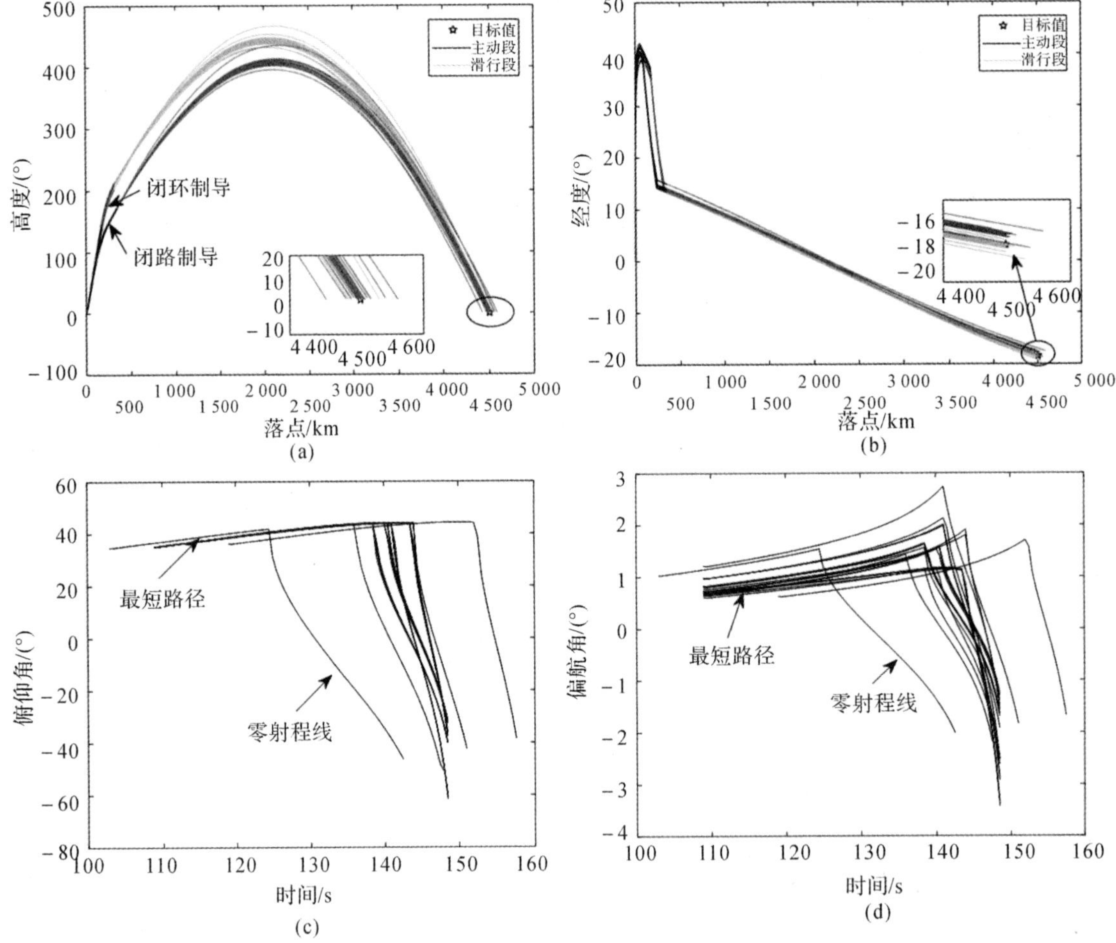

图 7-14 闭路制导与闭环制导过程状态量变化曲线

(a)瞬时惯性落点纬度的导数变化；(b)瞬时惯性落点经度的导数变化

(c)闭环制导俯仰角指令变化；(d)闭环制导偏航角指令变化

固体运载火箭在耗尽关机方式下，分别通过这两种制导方法法导引，将轨道惯性落点控制在目标射程附近。虽然这两种制导方法导引进入的自由飞行轨迹不同，但是对目标落点的射程控制具有均约束能力，其中经典闭路制导方法射程偏差的最大值达到 85.829 km，而闭环制导方法的最大值缩小至 43.156 km，详细打靶统计结果的对比见表 7－4。

表 7－4　闭路制导与闭环制导方法打靶仿真结果统计

类　别	落点射程偏差/km			
	目标值	期望值	标准差	最大值
经度闭路制导	4 500	4.324	29.334	85.829
落点闭环制导	4 500	1.573	12.762	43.156

综上所述，瞬时惯性落点闭环制导方法描述了合外加速度对落点在地球表面上运动的影响，根据火箭所受的合外加速度建立了瞬时惯性落点及其时间导数的解析关系式，针对不同的关机方式由落点移动单位矢量方向，计算闭环反馈指令：对于制导关机方式，由最短路径方向确定出快速达到目标落点的制导指令；对于耗尽关机方式，由零射程线方向确定出发动机多余能量耗散的制导指令。虽然瞬时惯性落点闭环制导方法在 4 500 km 射程约束下仿真的制导精度和鲁棒性相较于闭路制导方法更高，但是由于最短路径方向与零射程线方向之间存在较大的角度变化，耗尽关机方式下由等式进行矢量切换后末端姿态角变化剧烈。因此，在耗尽关机方式下，经典的闭路制导或者瞬时惯性落点闭环制导，仍需要进一步研究主动段发动机多余能量的耗散问题。

7.5　综合威胁态势与燃料消耗的突防策略

固体运载火箭根据时变威胁信息，结合打击目标要求，根据探测系统给出的拦截态势和基于当前能力的落点可达域范围，在线自主生成最优机动突防策略。根据固体运载火箭所受威胁程度将其分为两个模式（模式Ⅰ：远程突防阶段，威胁程度较低；模式Ⅱ：近程格斗阶段，威胁程度较高），并分别设计两种突防模式。当在模式Ⅰ情况下时，固体运载火箭所受威胁程度较低，可通过基于零射程线的突防模式改变当前飞行弹道，从而增加空间拦截器的零控脱靶量。当在模式Ⅱ情况下时，固体运载火箭所受威胁程度较高，采用最优垂向突防策略，最大程度地增加空间拦截器需用过载的同时减小对当前瞬时惯性落点的影响，降低落点修正过程中燃料消耗，有效提高固体运载火箭的突防能力。

7.5.1　基于剩余飞行能力的落点可达域计算方法

1. 基于最大速度增量的落点可达域计算方法

依据当前剩余燃料 m_{fuel} 以及结构质量 m_{st}，再依据变质量力学原理可以推导得出当前发动机配置条件下，固体运载火箭能够修正造成的最大速度增量为

$$\Delta v=\frac{P}{\dot{m}}\ln\left(\frac{m_{\text{fuel}}+m_{\text{st}}}{m_{\text{st}}}\right) \tag{7-116}$$

式中，P 代表发动机推力大小，$\dot{m}$ 代表秒流量大小。为得出固体运载火箭所有可行的落点包络边界，假设固体运载火箭的机动速度增量是在瞬时获得的，则通过在固体运载火箭的当前速度矢量各个方向上增加前面计算得到的最大速度增量，再以当前固体运载火箭位置及加入增量后的速度矢量作为落点预测算法的输入条件。如在地心坐标系下取 $2N$ 个可能的速度增量，

则有

$$\left.\begin{aligned}v'_{ij}&=\begin{bmatrix}v_x+\cos\theta_{1i}\cos\theta_{2j}\Delta v\\v_y+\cos\theta_{1i}\sin\theta_{2j}\Delta v\\v_z+\sin\theta_{1i}\Delta v\end{bmatrix}\\\theta_{1i}&=\frac{2\pi i}{N},\quad\theta_{2j}=\frac{2\pi j}{N}\quad(i=0,\cdots,N-1,j=0,\cdots,N-1)\end{aligned}\right\}\tag{7-117}$$

结合当前固体运载火箭位置输入至落点预测算法即可得到 N^2 个可能的落点经纬度 Lat_{ij}，Lon_{ij}。通过二维平面的凸包算法实现落点经纬度集合的边界搜索。

2.基于最短移动矢量的落点可达域计算方法

依据当前固体运载火箭的位置矢量 $\boldsymbol{r}_0$ 和速度矢量 $\boldsymbol{v}_0$ 即可确定固体运载火箭当前的射向平面，同时利用当前瞬时弹道落点单位矢量 $\mathbf{1}_p$ 即可得到沿射程方向和沿横程方向瞬时弹道落点在球面的最短移动路径方向上的单位向量 $\mathbf{1}_u^L$ 和 $\mathbf{1}_u^R$，即

$$\mathbf{1}_u^L=\frac{\boldsymbol{r}_0\times\boldsymbol{v}_0\times\mathbf{1}_p}{\|\boldsymbol{r}_0\times\boldsymbol{v}_0\|},\quad\mathbf{1}_u^R=\frac{\boldsymbol{r}_0\times\boldsymbol{v}_0}{\|\boldsymbol{r}_0\times\boldsymbol{v}_0\|}\tag{7-118}$$

根据矢量叠加原则即可确定当前瞬时弹道落点在球面上沿各个方向的最短移动路径矢量 $\mathbf{1}_u^m$，其表达式为

$$\left.\begin{aligned}\mathbf{1}_u^m&=\mathbf{1}_u^L\cdot\cos\theta_i+\mathbf{1}_u^R\cdot\sin\theta_i\\\theta_i&=\pi i/N\quad(i=0,1,\cdots,N)\end{aligned}\right\}\tag{7-119}$$

将最短移动路径矢量 $\mathbf{1}_u^m$ 代入式(7-96)，根据瞬时弹道落点闭环制导方法积分至固体运载火箭燃料耗尽，确定此时固体运载火箭的瞬时弹道落点经纬度即为固体运载火箭沿当前方向的落点可达域边界。同时，由于固体运载火箭落点可达域为沿射向方向的对称平面，因此另一半可沿射向方向对称计算得到。图 7-15 为固体运载火箭落点可达域计算示意图。

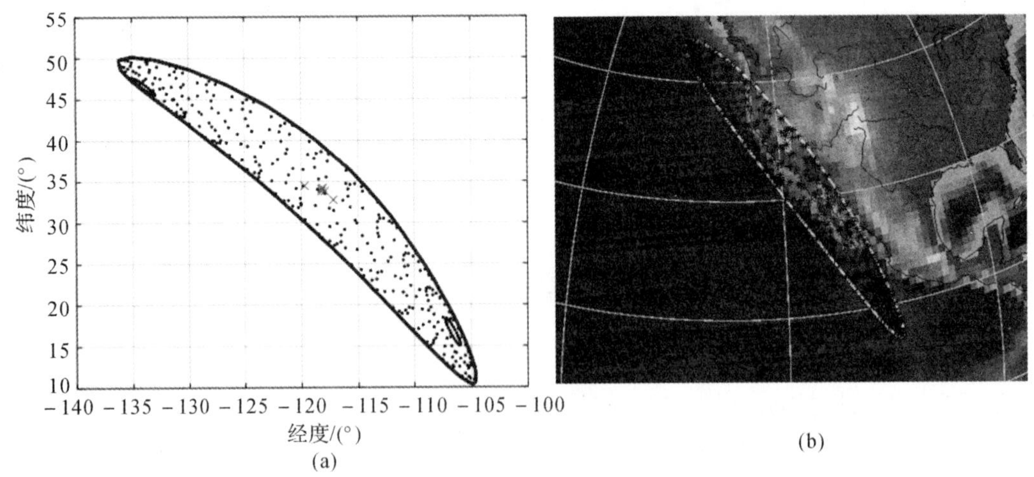

图 7-15　固体运载火箭落点可达区域计算示意图

基于最短移动矢量的落点可达域计算方法有效降低了落点可达域计算的搜索维度，根据当前瞬时弹道落点的移动方向可以更加准确地确定固体运载火箭的落点可达域范围。同时，由于固体运载火箭的推力较小，剩余速度增量可瞬时获得的假设会增大落点可达域的计算误差，而本方法通过解算加速度指令并引入动力学积分可有效解决该问题。

7.5.2　基于零射程线的低威胁态势最优突防策略

由于固体运载火箭在满足突防指标条件下要尽量减小对落点偏差的影响，避免在弹道修正时消耗过多的燃料。因此，基于零射程线的在线突防策略便显得尤为重要，在满足固体运载火箭成功突防的条件下，减小了对目标打击精度的影响。同时，由于固体运载火箭在弹道修正阶段燃料消耗减少，故可将更多的燃料用于突防，增加了固体运载火箭的突防能力和生存概率。其原理如图 7-16 所示。

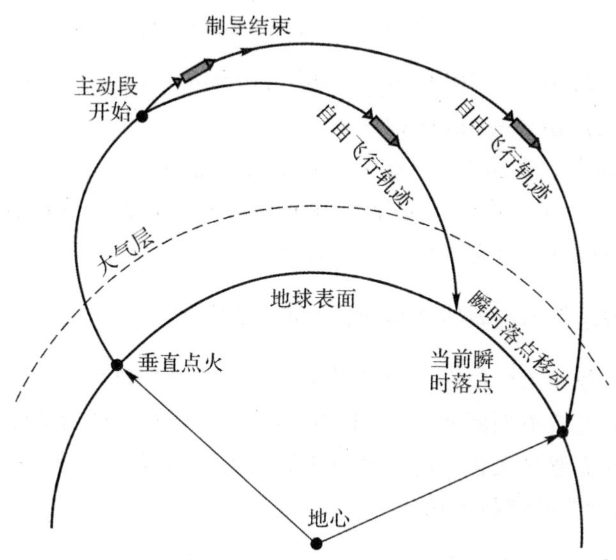

图 7-16　固体运载火箭瞬时弹道落点保持原理示意图

前面引入了固体运载火箭瞬时惯性落点的概念，并推导出了瞬时惯性落点单位矢量及其时间导数由合外力加速度表示的解析形式。瞬时惯性落点纬度的时间导数通过对式(7-55)微分后，可得

$$\frac{\mathrm{d}(\phi_p)}{\mathrm{d}t}=\left[\frac{1}{\cos(\varphi_p)}\right]\frac{\mathrm{d}\mathbf{1}_{pz_1}}{\mathrm{d}t} \tag{7-120}$$

地心惯性坐标系中瞬时惯性落点经度的时间导数可以通过对式(7-55)微分后计算，可得

$$\frac{\mathrm{d}(\lambda_p^{\mathrm{I}})}{\mathrm{d}t}=\frac{[\cos(\lambda_p^{\mathrm{I}})]\frac{\mathrm{d}\mathbf{1}_{py_1}}{\mathrm{d}t}-[\sin(\lambda_p^{\mathrm{I}})]\frac{\mathrm{d}\mathbf{1}_{px_1}}{\mathrm{d}t}}{\cos(\lambda_p^{\mathrm{I}})\mathbf{1}_{px_1}+\sin(\lambda_p^{\mathrm{I}})\mathbf{1}_{py_1}} \tag{7-121}$$

对式(7-56)微分后得到地心坐标系中瞬时惯性落点经度的时间导数为

$$\frac{\mathrm{d}(\lambda_p)}{\mathrm{d}t}=\frac{\mathrm{d}(\lambda_p^{\mathrm{I}})}{\mathrm{d}t}-\omega_e(1+\dot{t}_F) \tag{7-122}$$

固体运载火箭的加速度矢量会对固体运载火箭的瞬时惯性落点经纬度产生影响。因此，令式(7-120)和式(7-122)为零，并且联立求解 $\|\boldsymbol{a}\|=\sqrt{u_x^2+u_y^2+u_z^2}=a_m(t)$ 构成的方程组，得到加速度矢量指令($u^H=u_x^H\mathbf{1}_x+u_y^H\mathbf{1}_y+u_z^H\mathbf{1}_z$)为

$$\left.\begin{aligned}
u_x^H &= \pm a_m \frac{(p_2 d_{zz_1} - p_3 d_{yz_1})}{\sqrt{(p_2 d_{zz_1} - p_3 d_{yz_1})^2 + (p_1 d_{zz_1} - p_3 d_{xz_1})^2 + (p_1 d_{yz_1} - p_2 d_{xz_1})^2}} \\
u_y^H &= -\frac{p_1 d_{zz_1} - p_3 d_{xz_1}}{p_2 d_{zz_1} - p_3 d_{yz_1}} u_x^H \\
u_z^H &= \frac{p_1 d_{yz_1} - p_2 d_{xz_1}}{p_2 d_{zz_1} - p_3 d_{yz_1}} u_x^H
\end{aligned}\right\} \tag{7-123}$$

式中

$$\left.\begin{aligned}
p_1 &= \cos(\lambda_p^{\mathrm{I}}) d_{xy_1} - \sin(\lambda_p^{\mathrm{I}}) d_{xx_1} - \omega_e D_{u_x}^{i_F} (\cos(\lambda_p^{\mathrm{I}}) 1_{px_1} + \sin(\lambda_p^{\mathrm{I}}) 1_{py_1}) \\
p_2 &= \cos(\lambda_p^{\mathrm{I}}) d_{yy_1} - \sin(\lambda_p^{\mathrm{I}}) d_{yx_1} - \omega_e D_{u_y}^{i_F} (\cos(\lambda_p^{\mathrm{I}}) 1_{px_1} + \sin(\lambda_p^{\mathrm{I}}) 1_{py_1}) \\
p_3 &= \cos(\lambda_p^{\mathrm{I}}) d_{zy_1} - \sin(\lambda_p^{\mathrm{I}}) d_{zx_1}
\end{aligned}\right\} \tag{7-124}$$

该算法仅依靠当前位置矢量 $\boldsymbol{r}_0$、速度矢量 $\boldsymbol{v}_0$ 以及当前加速度模量 a_m 便可实时计算固体运载火箭的加速度矢量指令。在解算过程中，解析函数及其导数关系并不涉及迭代循环运算，具有实际飞行过程中可靠性、可实现性的重要特性。

7.5.3 基于拦截态势的高威胁态势最优垂向突防策略

目前，大气层外拦截器主要以真比例导引法（TPN）或其扩展形式（APN）对固体运载火箭进行精确碰撞拦截，典型轨道剖面如图 7－17 所示。为了应对拦截器的碰撞打击，机动突防过程的制导指令，一方面需要最大化突防脱靶量来提高突防的有效性，另一方面需要最小化终端约束的偏差来降低飞行器的燃料消耗。

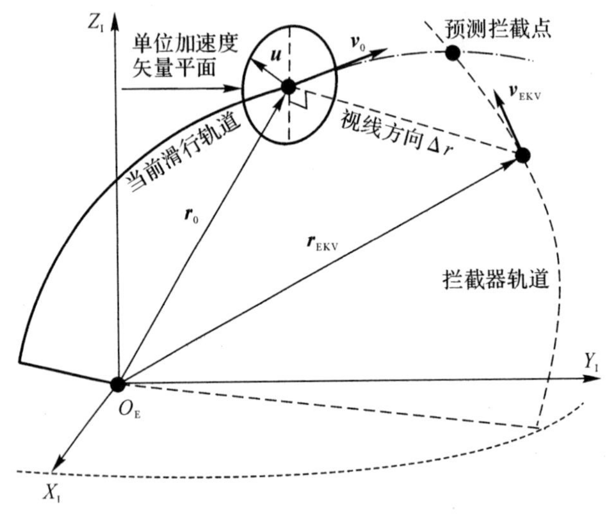

图 7－17　固体运载火箭与拦截器轨道剖面示意图

比例导引法依赖固体运载火箭与拦截器间的惯性视线角速率 $\dot{q}$ 产生制导指令，当惯性视线角速率 $\dot{q}$ 突然剧烈增大时，拦截器会产生极大的需用过载。而且由于拦截器的红外导引头视场很小，视线角速率的突然增大将不利于拦截器的跟踪，增加固体运载火箭的突防概率。因此，当向惯性视线角速率增大的方向（即与视线垂直方向）机动时，拦截器的需用过载将会迅速增加，固体运载火箭容易超出拦截器的视场。因此，为了最大化突防机动的脱靶量，控制量受到的过程约束为：

$$\Delta \boldsymbol{r} \cdot \boldsymbol{u}=0 \tag{7-125}$$

式中，$\Delta \boldsymbol{r}$ 为地心惯性坐标系下固体运载火箭与拦截器的相对位置矢量。

固体运载火箭的单位加速度矢量集合定义为一个球面，其中使瞬时弹道落点在射面内移动的集合定义为一个圆。以参考线为基准，一部分加速度矢量将瞬时弹道落点移动至目标点，而另一部分将其移动至相反的方向，如图 7－18(a)所示。

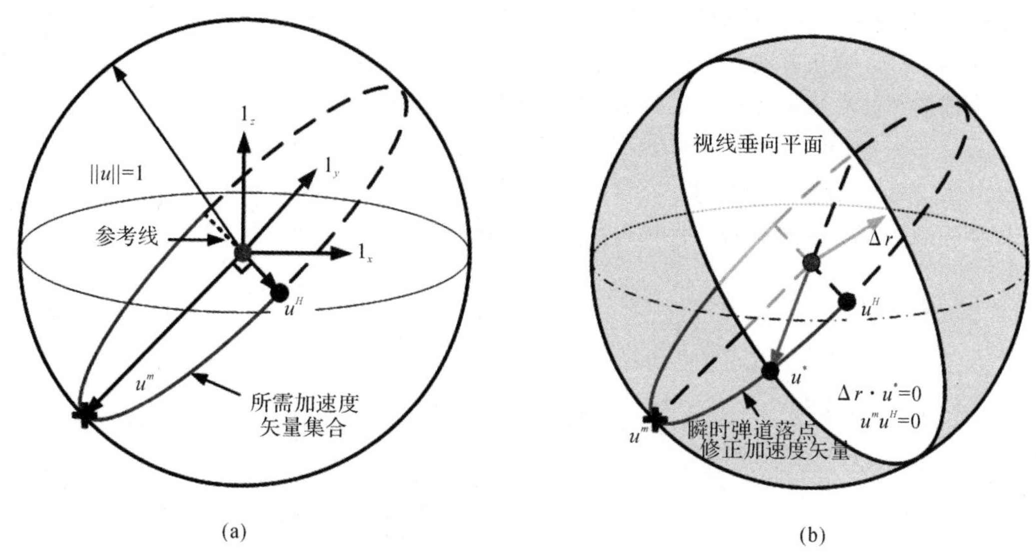

图 7－18　加速度矢量几何关系示意图

(a)单位加速度矢量几何关系示意图；（b）基底制导矢量几何关系示意图

图 7－18 中，$\boldsymbol{u}^m$ 为瞬时弹道落点移动模式下的单位加速度矢量，$\boldsymbol{u}^H$ 为瞬时弹道落点保持模式下的单位加速度矢量。因此，根据 $\boldsymbol{u}^m$ 和 $\boldsymbol{u}^H$ 即可确定将瞬时弹道落点移动至目标点的加速度矢量集合。

当固体运载火箭与拦截器进行机动博弈时，需根据探测到的拦截器状态参数实施有效的机动以达到突防目的。为保证规避拦截器的有效性，固体运载火箭的单位加速度矢量应位于垂直于弹目视线的平面内，即需满足式(7－125)的过程约束。同时，为使固体运载火箭在突防过程中对弹道落点与目标点的偏差影响最小，需加入对瞬时弹道落点的修正，从而保证全过程的能量最优。在满足式(7－125)的约束条件下，确定可以将瞬时弹道落点移动至目标点的单位加速度矢量 $\boldsymbol{u}^*$，即垂直于弹目视线的单位加速度矢量和瞬时弹道落点修正单位加速度矢量的交集，如图 7－18 (b)所示。

根据图 7－18(b)中的几何关系确定基于能量最优的基底制导矢量 $\boldsymbol{u}^*$ 的表达式为

$$\boldsymbol{u}^*=\begin{cases} \boldsymbol{u}^S/\|\boldsymbol{u}^S\| & (\boldsymbol{u}^S \cdot \boldsymbol{u}^m \geqslant 0) \\ -\boldsymbol{u}^S/\|\boldsymbol{u}^S\| & (\boldsymbol{u}^S \cdot \boldsymbol{u}^m < 0) \end{cases} \tag{7-126}$$

式中，$\boldsymbol{u}^S$ 为视线垂向平面与瞬时弹道落点修正加速度矢量平面的交线矢量，即

$$\boldsymbol{u}^S=\Delta \boldsymbol{r} \times (\boldsymbol{u}^m \times \boldsymbol{u}^H) \tag{7-127}$$

至此，基于能量最优的基底制导矢量 $\boldsymbol{u}^*$ 由式(7－112)、式(7－123)和式(7－126)求得。基于能量最优的机动突防制导方法不仅加强了固体运载火箭的突防能力，且考虑了对打击精

度的影响，使其对落点修正阶段的影响降到最小。此外，在垂直视线平面机动可以最大程度地逃离拦截器的视场，增加突防概率。

7.5.4 基于拦截态势的突防策略仿真验证与分析

1. 基于零射程线的机动突防策略仿真验证

假设在固体运载火箭所受威胁程度较低时，拦截器针对预测拦截点对固体运载火箭进行无机动拦截，分析当固体运载火箭采取基于零射程线最优突防策略后的躲避情况及打击精度情况。根据 7.3.4 节仿真实验条件及初始状态式(7-94)，按照给定的初始速度矢量、位置矢量以及火箭的总体参数进行仿真实验，拦截器的初始飞行状态为

$$\begin{cases}\boldsymbol{r}_0=[-2\ 675\ 786.3 \quad -1\ 393\ 077.7 \quad 6\ 122\ 460.2]^{\mathrm{T}}\\ \boldsymbol{v}_0=[-4\ 132.0 \quad 4\ 060.0 \quad 2\ 953.8]^{\mathrm{T}}\end{cases}$$

固体运载火箭与拦截器的飞行状态及突防效果如图 7-19 所示。

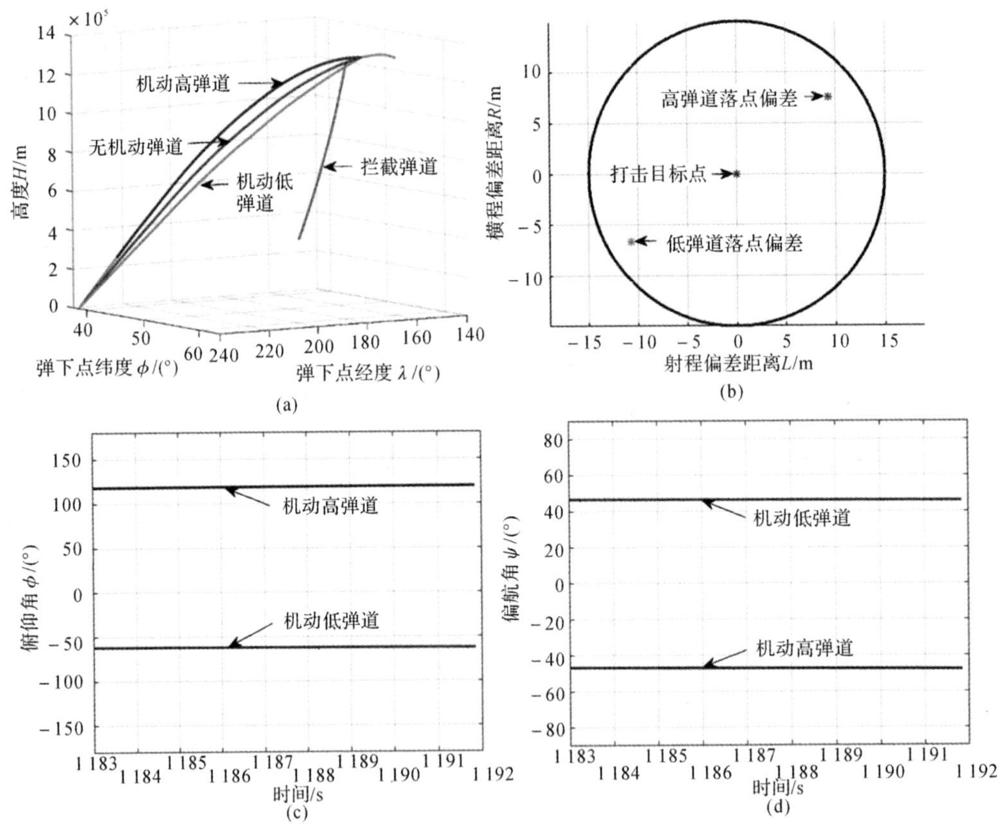

图 7-19 基于零射程线突防的固体运载火箭飞行状态及突防效果

(a)固体运载火箭与拦截器相对距离；(b)固体运载火箭落点偏差；

(c) 固体运载火箭俯仰角变化曲线；(d)固体运载火箭偏航角变化曲线

根据仿真实验结果分析以及更短的飞行时间或更大的落点弹道倾角，基于零射程线的机动突防策略可选择低弹道和高弹道两种模式。两种模式的最小躲避距离均在 20 km 左右，满足固体运载火箭与拦截器的最小安全躲避距离的约束条件。同时，在不考虑再入大气和引力

摄动的影响下，基于零射程线的机动突防策略对打击目标具有很高的命中精度。姿态角指令平滑，且模型中不涉及任何迭代过程，满足在线弹道规划的要求，具有很高的鲁棒性。

2. 基于最优垂向的机动突防策略仿真验证

假设在固体运载火箭所受威胁程度较高时，拦截器开启红外导引头对固体运载火箭进行精确拦截，分析当固体运载火箭采取最优垂向机动突防策略后的躲避情况及打击精度情况。根据 7.5.4 节仿真实验条件，按照给定的固体运载火箭和拦截器的初始位置矢量、速度矢量以及火箭的总体参数进行仿真实验，拦截器的机动过载为 4 g～5 g。固体运载火箭的飞行状态及突防效果如图 7－20 所示。

当对拦截器施加 4 g～5 g 的机动过载约束时，拦截器的总过载在中后期达到饱和，说明了最优垂向突防策略的有效性。为能成功拦截固体运载火箭，拦截器需提供不小于 18 g 左右的需用过载，而此时固体运载火箭的机动过载为 12 g 左右，说明了最优垂向突防策略的良好性能。突防过程中，固体运载火箭的姿态角指令平滑且过程中不涉及任何迭代计算，满足在线突防策略的应用需求，具有较强的鲁棒性。

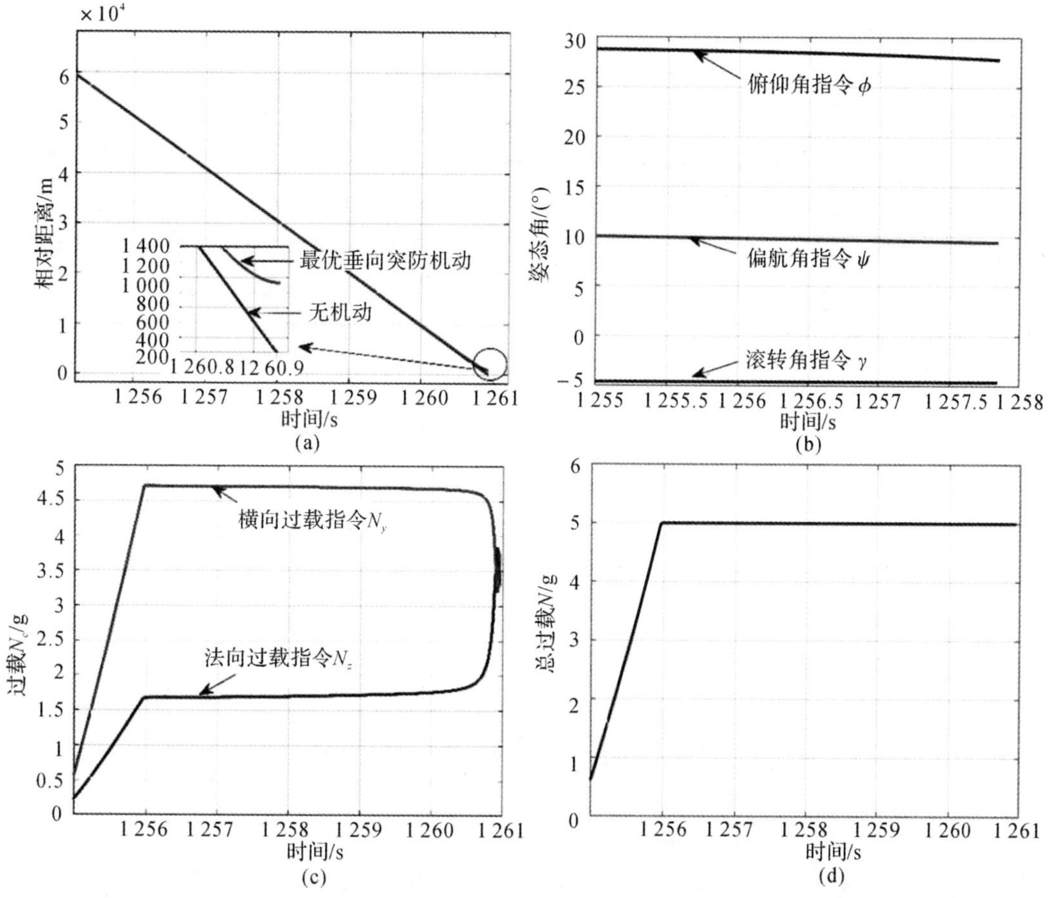

图 7－20　基于最优垂向突防的固体运载火箭飞行状态及突防效果

(a)固体运载火箭与拦截器相对距离；(b)固体运载火箭姿态角指令；

(c)拦截器指令过载变化曲线；(d)拦截器总过载变化曲线

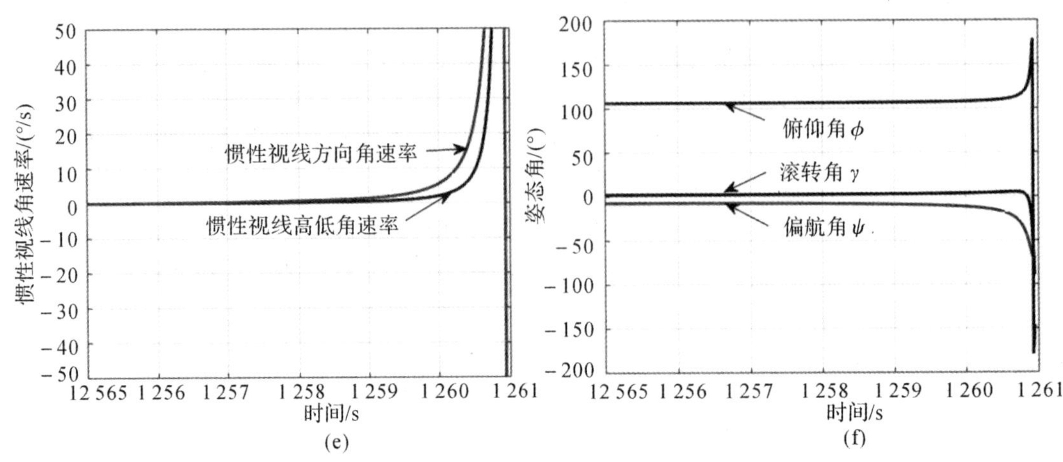

续图 7－20　基于最优垂向突防的固体运载火箭飞行状态及突防效果

(g)拦截器惯性视线角速率变化曲线；(h)拦截器姿态角变化曲线

本章小结

固体运载火箭在对地载荷的制导过程中自由飞行段超过全程的 90%，导致主动段关机点的飞行状态需要达到一定的速度、位置，并具有较高的精度要求。本章针对固体运载火箭惯性落点的控制问题，分别开展了闭路制导和闭环制导方法的研究，提出了瞬时惯性落点移动矢量导数的理论方法，并通过数值仿真验证了算法的有效性及适用性，主要工作和总结如下：

(1)解释了闭路制导的基础理论，给出了闭路制导方法需要速度矢量的计算过程，并针对高低温环境下发射大小射程任务，对闭路制导方法的适应性和鲁棒性进行了仿真验证和分析。

(2)根据瞬时惯性落点的微分导数关系来描述合外加速度对落点在地球表面上运动的影响，推导出自由飞行过程瞬时惯性落点相关导数的解析解，建立了瞬时惯性落点经纬度及其运动趋势的函数关系，并通过数值积分和解析解的对比来验证瞬时惯性落点解析公式的正确性。

(3)考虑固体运载火箭的特点结合瞬时惯性落点的微分导数关系，通过最优反馈原理设计出瞬时惯性落点闭环制导方法，针对不同的关机方式由落点移动单位矢量方向计算闭环反馈指令，通过打靶仿真对比和分析了闭环制导方法的制导精度和鲁棒性，并分析了在耗尽关机方式下该方法存在的工程应用问题。

参考文献

[1]　李连仲. 远程弹道导弹闭路制导方法研究[J]. 系统工程与电子技术，1980(4):1－17.

[2]　王宗强，吴燕生，张兵. 被动段扰动引力对闭路制导的影响及补偿方法研究[J]. 导弹与航天运载技术，2017,5:49－53.

[3]　陈世年，李连仲，王京武. 控制系统设计[M]，北京：中国宇航出版社，1996.

[4]　陈克俊. 耗尽关机制导方法研究[J]. 国防科技大学学报，1996(3):35－39.

[5]　AHN J，ROH W R. Analytic time derivatives of instantaneous impact point[J].

Journal of Guidance Control and Dynamics，2014，37(2)：383 - 390.

[6] JO B U，AHN J. Near time-optimal feedback instantaneous impact point（IIP）guidance law for rocket[J]. Aerospace Science and Technology，2018，76：523 - 529.

[7] 马瑞萍，肖凡，许化龙. 一种基于零射程线的闭路制导方法[J]. 弹箭与制导学报，2010,30(5):43 - 46.

第 8 章　运载火箭的迭代制导方法

轨迹设计与优化可简单表述为:在满足一定初始、过程和终端约束的基础上,寻求一条或一簇火箭飞行轨迹曲线,使得给出的性能指标达到极值。轨道优化理论在其几十年的发展期间,主体仍是变分原理、庞特里亚金极大极小值原理、Bellman 原理等。古典变分法是以寻求满足必要的最优特征解(即满足欧拉-拉格朗日方程)为基础的,古典变分法应用于弹道优化有一定局限性。20 世纪 60 年代初,极大值原理的建立对解决最优化问题提供了一种新的数学工具,用它解决弹道优化问题比古典变分法更为有效。一般而言,间接优化法适合于求近似最优解,直接优化法适合于求解精确最优解。

8.1　最优控制的变分法

8.1.1　变分法的基本原理

变分法是寻求函数 $\boldsymbol{x}(t)$ 使某个目标泛函取得极值的一种数学方法。所谓泛函是一个依赖于函数整体的变量,这里考虑的目标泛函为

$$J(\boldsymbol{x})=\int_{t_0}^{t_f} L(\boldsymbol{x},\dot{\boldsymbol{x}},t)\mathrm{d}t \tag{8-1}$$

则极值的必要条件是:最优解满足欧拉-拉格朗日方程,即

$$\frac{\partial L}{\partial \boldsymbol{x}}-\frac{\mathrm{d}}{\mathrm{d}t}\left(\frac{\partial L}{\partial \dot{\boldsymbol{x}}}\right)=0 \tag{8-2}$$

且满足边界条件

$$\boldsymbol{x}(t_0)=\boldsymbol{x}_0;\quad \boldsymbol{x}(t_f)=\boldsymbol{x}_f$$

对于 t_f 给定,而 $\boldsymbol{x}(t_f)$ 没有限定的情况,那么相应的变分问题称为自由端点问题。自由端点问题的极值必要条件为

$$\left.\begin{aligned}&\frac{\partial L}{\partial \boldsymbol{x}}-\frac{\mathrm{d}}{\mathrm{d}t}\left(\frac{\partial L}{\partial \dot{\boldsymbol{x}}}\right)=\boldsymbol{0}\\&\boldsymbol{x}(t_0)=\boldsymbol{x}_0\\&\left.\frac{\partial L}{\partial \dot{\boldsymbol{x}}}\right|_{t_f}=\boldsymbol{0}\end{aligned}\right\} \tag{8-3}$$

对于 t_f 和 $\boldsymbol{x}(t_f)$ 均为自由的情况,称为可动边界问题,则可动边界问题的极值必要条件为

$$\left.\begin{aligned}&\frac{\partial L}{\partial \boldsymbol{x}}-\frac{\mathrm{d}}{\mathrm{d}t}\left(\frac{\partial L}{\partial \dot{\boldsymbol{x}}}\right)=\boldsymbol{0}\\&\boldsymbol{x}(t_0)=\boldsymbol{x}_0\\&\left.\frac{\partial L}{\partial \dot{\boldsymbol{x}}}\right|_{t_f}=\boldsymbol{0}\\&L(\boldsymbol{x},\dot{\boldsymbol{x}},t)\,|_{t_f}=0\end{aligned}\right\} \tag{8-4}$$

若 $\delta \boldsymbol{x}_f$ 与 δt_f 不互相独立，它们要满足 $\boldsymbol{x}_f=\boldsymbol{\varphi}(t_f)$，这时的边界条件为

$$\left[L(x,\dot{x},t)+(\dot{\boldsymbol{\varphi}}-\dot{\boldsymbol{x}})\frac{\partial L}{\partial \dot{\boldsymbol{x}}}\right]_{t_f}=0$$

对于更一般的泛函，有

$$J(\boldsymbol{x})=\Theta[\boldsymbol{x}(t_f),t_f]+\int_{t_0}^{t_f}L(\boldsymbol{x},\dot{\boldsymbol{x}},t)\mathrm{d}t \tag{8-5}$$

t_f 给定，$\boldsymbol{x}(t_f)$ 自由。此时，极值的必要条件为

$$\left.\begin{aligned}&\frac{\partial L}{\partial x}-\frac{\mathrm{d}}{\mathrm{d}t}\left(\frac{\partial L}{\partial \dot{\boldsymbol{x}}}\right)=0\\&\left.\frac{\partial L}{\partial \dot{\boldsymbol{x}}}\right|_{t_f}=-\frac{\partial \Theta}{\partial x_f}\\&x(t_0)=x_0\end{aligned}\right\} \tag{8-6}$$

当 t_f 自由时，增加条件：

$$L(\boldsymbol{x},\dot{\boldsymbol{x}},t)\mid_{t_f}+\frac{\partial \Theta}{\partial t_f}=0 \tag{8-7}$$

8.1.2　自由端点的最优化问题

状态方程

$$\left.\begin{aligned}&\frac{\mathrm{d}\boldsymbol{x}}{\mathrm{d}t}=\boldsymbol{f}(\boldsymbol{x},\boldsymbol{u},t)\\&\boldsymbol{x}(t_0)=\boldsymbol{x}_0\end{aligned}\right\} \tag{8-8}$$

目标函数

$$J(\boldsymbol{u})=\int_{t_0}^{t_f}L(\boldsymbol{x},\boldsymbol{u},t)\mathrm{d}t \tag{8-9}$$

无约束的最优控制问题是要寻求控制变量 $\boldsymbol{u}$ 使 $J(\boldsymbol{u})$ 取极值。构造新的泛函，则有

$$\overline{J}(\boldsymbol{u})=\int_{t_0}^{t_f}\{L(\boldsymbol{x},\boldsymbol{u},t)+\boldsymbol{\lambda}^{\mathrm{T}}[f(\boldsymbol{x},\boldsymbol{u},t)-\dot{\boldsymbol{x}}]\}\mathrm{d}t \tag{8-10}$$

记

$$H=L(\boldsymbol{x},\boldsymbol{u},t)+\boldsymbol{\lambda}^{\mathrm{T}}[\boldsymbol{f}(\boldsymbol{x},\boldsymbol{u},t)-\dot{\boldsymbol{x}}] \tag{8-11}$$

式中，H 称为哈密尔顿函数；$\boldsymbol{\lambda}$ 为共轭变量。这时欧拉-拉格朗日方程为

$$\begin{cases}\dfrac{\partial H}{\partial \boldsymbol{x}}-\dfrac{\mathrm{d}}{\mathrm{d}t}\left(\dfrac{\partial H}{\partial \dot{\boldsymbol{x}}}\right)=\boldsymbol{0}\\\dfrac{\partial H}{\partial \boldsymbol{\lambda}}-\dfrac{\mathrm{d}}{\mathrm{d}t}\left(\dfrac{\partial H}{\partial \dot{\boldsymbol{\lambda}}}\right)=\boldsymbol{0}\\\dfrac{\partial H}{\partial \boldsymbol{u}}-\dfrac{\mathrm{d}}{\mathrm{d}t}\left(\dfrac{\partial H}{\partial \dot{\boldsymbol{u}}}\right)=\boldsymbol{0}\end{cases}$$

即

$$\begin{cases}\dfrac{\mathrm{d}\boldsymbol{\lambda}}{\mathrm{d}t}=-\dfrac{\partial H}{\partial \boldsymbol{x}}\\\dfrac{\mathrm{d}\boldsymbol{x}}{\mathrm{d}t}=\boldsymbol{f}(\boldsymbol{x},\boldsymbol{u},t)\\\dfrac{\partial H}{\partial \boldsymbol{u}}=\boldsymbol{0}\end{cases}$$

边界条件为

$$\boldsymbol{x}(t_0)=\boldsymbol{x}_0;\quad \boldsymbol{\lambda}(t_f)=\boldsymbol{0}$$

这样，$\boldsymbol{u}$ 是最优控制变量的必要条件，存在 $\boldsymbol{\lambda}(t)$ 和 $\boldsymbol{x}(t)$ 满足共轭方程：

$$\left.\begin{aligned}\frac{\mathrm{d}\boldsymbol{\lambda}}{\mathrm{d}t}&=-\frac{\partial H}{\partial \boldsymbol{x}}\\ \frac{\mathrm{d}\boldsymbol{x}}{\mathrm{d}t}&=\boldsymbol{f}(\boldsymbol{x},\boldsymbol{u},t)\end{aligned}\right\}\tag{8-12}$$

则控制变量 $\boldsymbol{u}$ 满足

$$\frac{\partial H}{\partial \boldsymbol{u}}=\boldsymbol{0}\tag{8-13}$$

综上，求解最优控制 $\boldsymbol{u}^*$ 的计算步骤：第一步：由 $\partial H/\partial\boldsymbol{u}=\boldsymbol{0}$ 导出 $\boldsymbol{u}^*=\boldsymbol{u}(\boldsymbol{x},\boldsymbol{\lambda})$；第二步：将 $\boldsymbol{u}^*=\boldsymbol{u}(\boldsymbol{x},\boldsymbol{\lambda})$ 代入共轭方程，求解二点边值问题，得到 $\boldsymbol{x}^*(t)$，$\boldsymbol{\lambda}^*(t)$；第三步：将 $\boldsymbol{x}^*(t)$，$\boldsymbol{\lambda}^*(t)$ 代入最优控制方程中，得到最优控制。

8.1.3 端点约束的最优化问题

当泛函 $J(\boldsymbol{u})=\Theta[\boldsymbol{x}(t_f),t_f]+\int_{t_0}^{t_f}L(\boldsymbol{x},\boldsymbol{u},t)\mathrm{d}t$ 时，则边界条件为

$$\left.\begin{aligned}&\boldsymbol{x}(t_0)=\boldsymbol{x}_0\\ &\boldsymbol{\lambda}(t_f)=\frac{\partial\Theta[\boldsymbol{x}(t_f),t_f]}{\partial\boldsymbol{x}(t_f)}\end{aligned}\right\}\tag{8-14}$$

当 $\boldsymbol{x}(t_f)=\boldsymbol{x}_f$ 给定时，则边界条件为

$$\boldsymbol{x}(t_0)=\boldsymbol{x}_0;\quad \boldsymbol{x}(t_f)=\boldsymbol{x}_f\tag{8-15}$$

当 $\boldsymbol{x}(t_f)$ 满足

$$\left.\begin{aligned}&N_1[\boldsymbol{x}(t_f),t_f]=0\\ &N_2[\boldsymbol{x}(t_f),t_f]=0\\ &\cdots\\ &N_r[\boldsymbol{x}(t_f),t_f]=0\end{aligned}\right\}\tag{8-16}$$

且 t_f 固定时，则有

$$\left.\begin{aligned}&\boldsymbol{x}(t_0)=\boldsymbol{x}_0\\ &\boldsymbol{\lambda}(t_f)=\frac{\partial\Theta[\boldsymbol{x}(t_f),t_f]}{\partial\boldsymbol{x}(t_f)}+\left[\frac{\partial\boldsymbol{N}[\boldsymbol{x}(t_f),t_f]}{\partial\boldsymbol{x}(t_f)}\right]^{\mathrm{T}}\boldsymbol{\nu}\\ &\boldsymbol{N}(\boldsymbol{x}(t_f),t_f)=\boldsymbol{0}\end{aligned}\right\}\tag{8-17}$$

其中矢量 $\boldsymbol{N}$ 对 x 的雅克比矩阵 $\dfrac{\partial\boldsymbol{N}(\boldsymbol{x},t)}{\partial\boldsymbol{x}}$ 为：

$$\begin{bmatrix}\dfrac{\partial N_1}{\partial x_1} & \dfrac{\partial N_1}{\partial x_2} & \cdots & \dfrac{\partial N_1}{\partial x_n}\\ \dfrac{\partial N_2}{\partial x_1} & \dfrac{\partial N_2}{\partial x_2} & \cdots & \dfrac{\partial N_2}{\partial x_n}\\ \vdots & \vdots & & \vdots\\ \dfrac{\partial N_r}{\partial x_1} & \dfrac{\partial N_r}{\partial x_2} & \cdots & \dfrac{\partial N_r}{\partial x_n}\end{bmatrix}_{r\times n}\tag{8-18}$$

$\boldsymbol{\nu}=[\nu_1 \quad \nu_2 \quad \cdots \quad \nu_r]^{\mathrm{T}}$ 为待定因子，由 r 个方程 $N_j=0, j=1,2,\cdots,r$ 决定。当 t_f 自由时，增加条件：

$$H[\boldsymbol{x}(t_f),\boldsymbol{\lambda}(t_f),\boldsymbol{u}(t_f),t_f]+\frac{\partial \boldsymbol{N}^{\mathrm{T}}[\boldsymbol{x}(t_f),t_f]}{\partial t_f}\boldsymbol{\nu}+\frac{\partial \Theta[\boldsymbol{x}(t_f),t_f]}{\partial t_f}=0 \qquad (8-19)$$

8.1.4　哈密尔顿函数的特征

$H(\boldsymbol{x},\boldsymbol{\lambda},\boldsymbol{u},t)$ 沿最优轨线满足等式关系：$\partial H/\partial \boldsymbol{u}=\boldsymbol{0}$；$\dot{\boldsymbol{\lambda}}=-\partial H/\partial \boldsymbol{x}$；$\dot{\boldsymbol{x}}=\partial H/\partial \boldsymbol{\lambda}$，并将代入等式方程，则有

$$\frac{\mathrm{d}H}{\mathrm{d}t}=\left(\frac{\partial H}{\partial \boldsymbol{x}}\right)^{\mathrm{T}}\dot{\boldsymbol{x}}+\left(\frac{\partial H}{\partial \boldsymbol{\lambda}}\right)^{\mathrm{T}}\dot{\boldsymbol{\lambda}}+\left(\frac{\partial H}{\partial \boldsymbol{u}}\right)^{\mathrm{T}}\dot{\boldsymbol{u}}$$

可得

$$\frac{\mathrm{d}H}{\mathrm{d}t}=0$$

则

$$H(\boldsymbol{x},\boldsymbol{\lambda},\boldsymbol{u})=\text{常数} \qquad (8-20)$$

若 t_f 自由，且 Θ、$\boldsymbol{N}$ 不依赖于 t 时，则

$$H(\boldsymbol{x},\boldsymbol{\lambda},\boldsymbol{u})=0 \qquad (8-21)$$

8.2　极大值原理的一般形式

上述用变分法讨论了控制变量 $\boldsymbol{u}$ 无约束时的最优控制问题。对控制变量有约束的情况，将采用极大值原理来处理，最后得到与前面变分法类似的结果。考虑系统的状态方程为

$$\frac{\mathrm{d}\boldsymbol{x}}{\mathrm{d}t}=\boldsymbol{f}(\boldsymbol{x},\boldsymbol{u},t), \quad \boldsymbol{u}\in U$$

式中，U 是允许控制变量的集合，例如它可以是满足不等式约束 $\alpha_i \leqslant u_i \leqslant \beta_i$ 的 $\boldsymbol{u}$ 的全体。目标函数为

$$J(\boldsymbol{u})=\int_{t_0}^{t_f} L(\boldsymbol{x}(t),\boldsymbol{u},t)\mathrm{d}t$$

问题是在允许控制集合 U 中寻求一个控制 $\boldsymbol{u}$，使 $J(\boldsymbol{u})$ 取极值。共轭矢量和哈密尔顿函数的定义同前。假设

$$\boldsymbol{f}(\boldsymbol{x},\boldsymbol{u},t)=[f_1(\boldsymbol{x},\boldsymbol{u},t),\cdots,f_n(\boldsymbol{x},\boldsymbol{u},t)]^{\mathrm{T}}$$

且 $f_i(\boldsymbol{x},\boldsymbol{u},t)$，$\dfrac{\partial f_i(\boldsymbol{x},\boldsymbol{u},t)}{\partial t}$，$\dfrac{\partial f_i(\boldsymbol{x},\boldsymbol{u},t)}{\partial x_j}$，$L(\boldsymbol{x},\boldsymbol{u},t)$，$\dfrac{\partial L(\boldsymbol{x},\boldsymbol{u},t)}{\partial t}$，$\dfrac{\partial L(\boldsymbol{x},\boldsymbol{u},t)}{\partial x_j}$ 是关于其自变量的连续函数，$\boldsymbol{u}=\boldsymbol{u}(t)$ 是逐段连续函数。极大值原理：$\boldsymbol{u}^*(t)$ 为最优控制的必要条件是，存在共轭向量 $\boldsymbol{\lambda}^*(t)$，它和 $\boldsymbol{x}^*(t)$ 满足的共轭方程为

$$\left.\begin{aligned}\frac{\mathrm{d}\boldsymbol{\lambda}}{\mathrm{d}t}&=-\frac{\partial H}{\partial \boldsymbol{x}}\\ \frac{\mathrm{d}\boldsymbol{x}}{\mathrm{d}t}&=f(\boldsymbol{x},\boldsymbol{u},t)\end{aligned}\right\} \qquad (8-22)$$

哈密尔顿函数为

$$H(\boldsymbol{x}^*,\boldsymbol{\lambda}^*,\boldsymbol{u},t)=L(\boldsymbol{x}^*,\boldsymbol{u},t)+\boldsymbol{\lambda}^{*\mathrm{T}}\boldsymbol{f}(\boldsymbol{x}^*,\boldsymbol{u},t)$$

作为 $\boldsymbol{u}$ 的函数，在 $\boldsymbol{u}=\boldsymbol{u}^*(t)$ 时达到极值，即

$$H(\boldsymbol{x}^*,\boldsymbol{\lambda}^*,\boldsymbol{u}^*,t)=\min_{\boldsymbol{u}\in U}H(\boldsymbol{x}^*,\boldsymbol{\lambda}^*,\boldsymbol{u},t) \tag{8-23}$$

边界条件:若已知 $\boldsymbol{x}(t_0)=\boldsymbol{x}_0,\boldsymbol{x}(t_f)=\boldsymbol{x}_f$,即为固定端点控制问题,这时共轭方程(8-22)的边界条件为

$$\boldsymbol{x}(t_0)=\boldsymbol{x}_0;\boldsymbol{x}(t_f)=\boldsymbol{x}_f \tag{8-24}$$

若已知 $\boldsymbol{x}(t_0)=\boldsymbol{x}_0$,而 $\boldsymbol{x}(t_f)$ 是自由的,即为自由端点控制问题,这时共轭方程(8-22)的边界条件为

$$\boldsymbol{x}(t_0)=\boldsymbol{x}_0;\lambda(t_f)=0$$

如果 t_f 是自由的,即自由端点问题,则在边界条件上还需附加一个条件:

$$H[\boldsymbol{x}(t_f),\boldsymbol{\lambda}(t_f),\boldsymbol{u}(t_f),t_f]=0$$

以确定 t_f。值得注意的是:上述边界条件与 $\boldsymbol{u}$ 无约束情况导出的结果完全相同。在自由端点问题中,如果对端点的要求也反映在目标函数中,即

$$J(\boldsymbol{u})=\Theta[\boldsymbol{x}(t_f),t_f]+\int_{t_0}^{t_f}L(\boldsymbol{x},\boldsymbol{u},t)\mathrm{d}t \tag{8-25}$$

与前面的结果相同,边界条件应相应地改为

$$\boldsymbol{x}(t_0)=\boldsymbol{x}_0;\quad \boldsymbol{\lambda}(t_f)=\frac{\partial\Theta[\boldsymbol{x}(t_f),t_f]}{\partial\boldsymbol{x}(t_f)} \tag{8-26}$$

当 t_f 自由时,再增加条件

$$H[\boldsymbol{x}(t_f),\boldsymbol{\lambda}(t_f),\boldsymbol{u}(t_f),t_f]+\frac{\partial\Theta[\boldsymbol{x}(t_f),t_f]}{\partial t_f}=0$$

假设初始状态已给定,终止时刻的状态 $\boldsymbol{x}(t_f)$ 要求落在 m 维曲面上,有

$$\begin{cases}N_1[\boldsymbol{x}(t_f),t_f]=0\\N_2[\boldsymbol{x}(t_f),t_f]=0\\\cdots\\N_r[\boldsymbol{x}(t_f),t_f]=0\end{cases}$$

则边界条件与前面变分法的结果相同,即

$$\left.\begin{aligned}&\boldsymbol{x}(t_0)=\boldsymbol{x}_0\\&\boldsymbol{\lambda}(t_f)=\frac{\partial\Theta[\boldsymbol{x}(t_f),t_f]}{\partial\boldsymbol{x}_f}+\frac{\partial\boldsymbol{N}^T[\boldsymbol{x}(t_f),t_f]}{\partial\boldsymbol{x}(t_f)}\boldsymbol{v}\\&\boldsymbol{N}[\boldsymbol{x}(t_f),t_f]=\boldsymbol{0}\end{aligned}\right\} \tag{8-27}$$

如果 t_f 是自由的,可再增加条件:

$$H[\boldsymbol{x}(t_f),\boldsymbol{\lambda}(t_f),\boldsymbol{u}(t_f),t_f]+\frac{\partial\boldsymbol{N}^T[\boldsymbol{x}(t_f),t_f]}{\partial t_f}\boldsymbol{v}+\frac{\partial\Theta[\boldsymbol{x}(t_f),t_f]}{\partial t_f}=0 \tag{8-28}$$

当 $\boldsymbol{f},L,\Theta$ 都不显含 t 和 t_f 时,这时 H 不显含 t,则与上面变分法的结果相同。当 t_f 固定时,有

$$H[\boldsymbol{x}^*(t),\boldsymbol{\lambda}^*(t),\boldsymbol{u}^*(t)]=H[\boldsymbol{x}^*(t_f),\boldsymbol{\lambda}^*(t_f),\boldsymbol{u}^*(t_f)]\equiv\text{常数} \tag{8-29}$$

当 t_f 自由时,存在

$$H[\boldsymbol{x}^*(t),\boldsymbol{\lambda}^*(t),\boldsymbol{u}^*(t)]=H[\boldsymbol{x}^*(t_f),\boldsymbol{\lambda}^*(t_f),\boldsymbol{u}^*(t_f)]\equiv 0 \tag{8-30}$$

8.3　火箭入轨的最优控制问题

迭代制导方法是把火箭的质心运动方程通过引进状态矢量转换成状态方程来描述火箭的运动，并以火箭的瞬时状态为初值，目标点状态为终端约束，火箭的一组姿态角为控制矢量，火箭由瞬时点至目标点的最短飞行时间为性能指标，提出一个非线性时变系统的最优控制问题。

8.3.1　火箭最优控制问题的描述

制导指令的输入输出通常是在发射惯性系，而最优控制问题在入轨点坐标系进行求解将更为简易，故需要建立发惯系与入轨点坐标系之间的转换关系。如图 8-1 所示，建立入轨点坐标系：坐标原点取地球质心，OY 轴指向目标入轨点，OX 轴在轨道平面内，垂直于 OY 轴，指向卫星运行方向，OZ 轴与 OX 轴和 OY 轴组成右手坐标系。

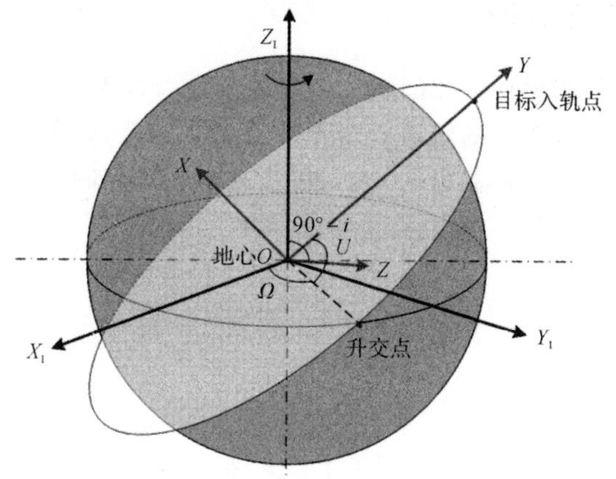

图 8-1　入轨点坐标系示意图

首先将发射惯性系转换到地心惯性系，其转换矩阵为 $\boldsymbol{E}_G$；然后将地心惯性系绕其 Z 轴旋转 $\Omega-\pi/2$，再将得到的新坐标系绕其 Y 轴旋转 $i-\pi$；最后将新得到的坐标系绕其 Z 轴旋转 $-U$ 即可得到入轨点轨道坐标系，其中 U 是入轨点纬度幅角。于是，由发射惯性系到入轨点坐标系的坐标转换矩阵为

$$\boldsymbol{O}_G=\mathbf{TZ}_2\cdot\mathbf{TY}\cdot\mathbf{TZ}_1\cdot\boldsymbol{E}_G \tag{8-31}$$

式中

$$\mathbf{TZ}_1=\begin{bmatrix}\cos(\Omega-\pi/2) & \sin(\Omega-\pi/2) & 0\\ -\sin(\Omega-\pi/2) & \cos(\Omega-\pi/2) & 0\\ 0 & 0 & 1\end{bmatrix} \tag{8-32}$$

$$\mathbf{TY}=\begin{bmatrix}\cos(i-\pi) & 0 & -\sin(i-\pi)\\ 0 & 1 & 0\\ \sin(i-\pi) & 0 & \cos(i-\pi)\end{bmatrix} \tag{8-33}$$

$$\mathbf{TZ}_2=\begin{bmatrix}\cos(-U) & \sin(-U) & 0\\ -\sin(-U) & \cos(-U) & 0\\ 0 & 0 & 1\end{bmatrix} \tag{8-34}$$

令发射惯性系下的地心到发射点的矢径为 $\boldsymbol{R}_G$，火箭在发射惯性系下的位置矢量为 $\boldsymbol{r}_G$，速度矢量为 $\boldsymbol{v}_G$，火箭在入轨点坐标系下的位置矢量为 $\boldsymbol{r}$，速度矢量为 $\boldsymbol{v}$，则有

$$\left.\begin{aligned}\boldsymbol{r}&=\boldsymbol{O}_G\cdot(\boldsymbol{r}_G+\boldsymbol{R}_0)\\ \boldsymbol{v}&=\boldsymbol{O}_G\cdot\boldsymbol{v}_G\end{aligned}\right\}\tag{8-35}$$

式中，$\boldsymbol{R}_0$ 是地心到发射点矢径在发射惯性系下的投影。以入轨点坐标系为参考坐标系，火箭在大气层外飞行动力学方程为

$$\left.\begin{aligned}\dot{\boldsymbol{r}}&=\boldsymbol{v}\\ \dot{\boldsymbol{v}}&=\boldsymbol{g}+\frac{T}{m}\boldsymbol{u}\end{aligned}\right\}\tag{8-36}$$

式中，$\boldsymbol{u}$ 代表单位推力矢量；T 代表推力大小；$\boldsymbol{g}$ 表示引力加速度并采用平均引力场假设，即认为在一个制导周期内引力加速度是一常值矢量：

$$\boldsymbol{g}=\boldsymbol{g}_0\tag{8-37}$$

8.3.2 两点边值问题的最优解

火箭入轨最优控制问题描述为：寻找 $\boldsymbol{u}(t)$，使火箭沿着该推力方向可以在满足一定约束条件下以最小燃料消耗量进入指定的轨道。由于推力大小一定，性能指标最小燃料消耗可以等效为最短入轨时间。于是选定控制量为 $\boldsymbol{u}(t)$，火箭入轨最优控制问题的标准数学模型如下：

(1) 状态变量微分方程为

$$\left.\begin{aligned}\dot{\boldsymbol{r}}&=\boldsymbol{v}\\ \dot{\boldsymbol{v}}&=\boldsymbol{g}_0+\frac{T}{m}\cdot\boldsymbol{u}\end{aligned}\right\}\tag{8-38}$$

(2) 性能指标为

$$J=\int_0^{t_{go}}-1\mathrm{d}t\tag{8-39}$$

式中，t_{go} 是剩余飞行时间。

(3) 终端约束为

$$N_i(\boldsymbol{v}_f,\boldsymbol{r}_f)=0,\quad i=1,2,\cdots,n(n<6)\tag{8-40}$$

式中，与下文中的下标 f 均表示终端值。

(4) 控制约束为

$$\boldsymbol{u}^{\mathrm{T}}\boldsymbol{u}=1\tag{8-41}$$

对于该最优控制问题，可以利用变分法相关理论，将其转化为终端时间自由的两点边值问题。选择哈密尔顿函数为

$$H=-1+\boldsymbol{\lambda}_r^{\mathrm{T}}\boldsymbol{v}+\boldsymbol{\lambda}_v^{\mathrm{T}}\left(\boldsymbol{g}_0+\frac{T}{m}\cdot\boldsymbol{u}\right)\tag{8-42}$$

式中，$\boldsymbol{\lambda}_r^{\mathrm{T}}$，$\boldsymbol{\lambda}_v^{\mathrm{T}}$ 是共轭变量。根据极大值原理，最优控制量应在满足式(8-41)的情况下使 H 取极小值，于是可得

$$\boldsymbol{u}=\frac{\boldsymbol{\lambda}_v}{\|\boldsymbol{\lambda}_v\|}\tag{8-43}$$

共轭变量微分方程组为

$$\dot{\boldsymbol{\lambda}}_v=-\frac{\partial H}{\partial \boldsymbol{v}};\quad \dot{\boldsymbol{\lambda}}_r=-\frac{\partial H}{\partial \boldsymbol{r}}\tag{8-44}$$

把式(8－42)代入式(8－44)，可得

$$\dot{\boldsymbol{\lambda}}_v = -\boldsymbol{\lambda}_r;\quad \dot{\boldsymbol{\lambda}}_r = 0 \tag{8-45}$$

协态变量微分方程的解为

$$\boldsymbol{\lambda}_v = \boldsymbol{\lambda}_{v0} - \boldsymbol{\lambda}_r t \tag{8-46}$$

式中，$\boldsymbol{\lambda}_r$ 为一常值矢量。此外，为了表示火箭的剩余时间，引入时间参数 K 并令 $\boldsymbol{\lambda}_K$ 表示 $\boldsymbol{\lambda}$ 在 K 时刻的值，式(8－46)转化为

$$\boldsymbol{\lambda} = \boldsymbol{\lambda}_K + \dot{\boldsymbol{\lambda}}(t-K) \tag{8-47}$$

式中，省去下标号，即定义 $\boldsymbol{\lambda} = \boldsymbol{\lambda}_v$，$\dot{\boldsymbol{\lambda}} = -\boldsymbol{\lambda}_r$，则最优控制方程式(8－43)的表达式为

$$\boldsymbol{u} = \boldsymbol{\lambda} / \|\boldsymbol{\lambda}\| \tag{8-48}$$

因此，根据式(8－38)～式(8－48)可知，迭代制导需要求解的控制变量和相关参数为 $\boldsymbol{\lambda}_K$，$\dot{\boldsymbol{\lambda}}$，$K$。由于火箭最优入轨问题是终端时间自由的两点边值问题，未知量包含 6 个状态变量、6 个共轭变量和一个终端时间 t_f，所以总共需要 13 个约束条件才能求唯一解，于是除 6 个状态变量初值约束外，还需要增加 7 个约束。火箭入轨一般需要满足 5 个轨道根数形式(即半长轴 a，偏心率 e，轨道倾角 i，升交点赤经 Ω 以及近地点幅角 ω)的终端约束式(8－40)。剩余的两个约束为横截条件。由式(8－27)中第二个方程组，则有

$$\left.\begin{aligned}\boldsymbol{\lambda}_f &= -\sum_{i=1}^{5}\nu_i \frac{\partial N_i}{\partial \boldsymbol{v}_f}\\ \dot{\boldsymbol{\lambda}} &= \sum_{i=1}^{5}\nu_i \frac{\partial N_i}{\partial \boldsymbol{r}_f}\end{aligned}\right\} \tag{8-49}$$

由式(8－30)可得

$$H_f = 0 \tag{8-50}$$

对于约束式(8－49)，迭代制导通常采用近似假设进行简化。由于入轨点坐标系的 OX 轴指向卫星运行方向，所以可以把入轨点真近点角自由的终端约束近似等效为入轨点位置的 X 坐标自由，而其它五个状态变量终端值给定，即

$$\left.\begin{aligned}N_1 &= v_X - v_X^*\\ N_2 &= v_Y - v_Y^*\\ N_3 &= v_Z - v_Z^*\\ N_4 &= r_Y - r_Y^*\\ N_5 &= r_Z - r_Z^*\end{aligned}\right\} \tag{8-51}$$

将式(8－51)代入式(8－49)，可得

$$\dot{\lambda}_X = 0 \tag{8-52}$$

式中，下标 X，Y，Z 分别表示矢量沿入轨点坐标系 OX，OY，OZ 轴的分量。对于约束式(8－50)，可以进行以下分析。假设 $\boldsymbol{\lambda} = \tilde{\boldsymbol{\lambda}}$ 是该最优控制问题的解析解(此时 $\dot{\boldsymbol{\lambda}} = \dot{\tilde{\boldsymbol{\lambda}}}$)，由于控制量 $\boldsymbol{u}$ 与 $\tilde{\boldsymbol{\lambda}}$ 的大小无关，且共轭变量微分方程组(8－44)是齐次线性的，所以对于任意 $\alpha > 0$，$\boldsymbol{\lambda} = \alpha\tilde{\boldsymbol{\lambda}}$ 和 $\dot{\boldsymbol{\lambda}} = \alpha\dot{\tilde{\boldsymbol{\lambda}}}$ 也可以同时满足控制方程、共轭变量微分方程组与横截条件式(8－52)，因此 $\alpha\tilde{\lambda}$ 也可以作为该最优控制问题的解。于是在不违背所有上述约束的前提下增加一个约束：

$$\|\boldsymbol{\lambda}_K\| = 1 \tag{8-53}$$

以此来约束 $\boldsymbol{\lambda}$ 的模值。由于边界条件只需要 13 个，所以消除了约束式(8－50)。

8.4 迭代制导方法的计算流程

迭代制导方法的输入参数主要有：惯性导航提供的加速度测量值、速度和位置状态参数，火箭总体参数包括比冲 V_{ex} 及时间常数 τ，发射点参数包括地理纬度、经度、射向等。迭代制导方法一般选取的迭代变量为入轨点纬度幅角 U，输出是当前时刻发射惯性系下的程序角指令，迭代计算流程如图 8-2 所示。入轨点坐标系和计算入轨点坐标系下当前状态的方法在 8.3 节中已经给出，下面对其计算步骤进行推导和展开。

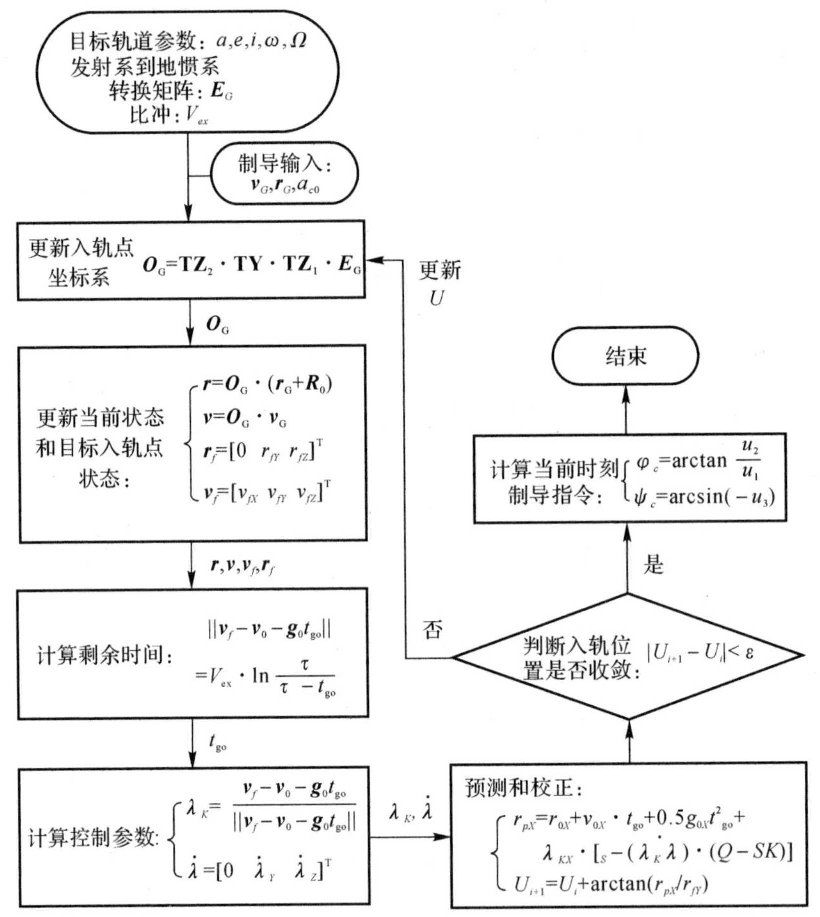

图 8-2 迭代制导计算流程图

8.4.1 入轨点状态量的求解

制导任务的终端约束一般以轨道根数的形式给出，而迭代制导需要的是目标入轨点的状态，所以需要把轨道根数约束转化为状态量约束。由于迭代制导采用了入轨点坐标系，所以可以很容易地将轨道平面约束(即轨道倾角和升交点赤经)转化为 Z 向速度和位置约束，令

$$v_{fZ}=0;\quad r_{fZ}=0 \tag{8-54}$$

即可使入轨点满足轨道倾角和升交点赤经约束。轨道半通径 P 的表达式为

$$P = a \cdot (1 - e^2) \tag{8-55}$$

由此可计算入轨点地心距 r_f 以及垂直速度 v_v 和水平速度 v_h。而根据入轨点坐标系的定义，这里入轨点地心距即为 Y 向坐标约束 r_{fY}，垂直速度即为 Y 向速度约束 v_{fY}，水平速度即为 X 向速度约束 v_{fX}，则有

$$r_{fY} = P/(1 + e \cdot \cos f) \tag{8-56}$$

$$v_{fX} = \sqrt{\mu P}/r_{fY} \tag{8-57}$$

$$v_{fY} = e \cdot \sin f \cdot \sqrt{\mu/P} \tag{8-58}$$

式中，入轨点真近点角 f，根据目标入轨点纬度幅角 U，并减去近地点幅角 ω 即可得到。那么，得到目标入轨点位置矢量和速度矢量分别为

$$\boldsymbol{r}_f = [0 \quad r_{fY} \quad r_{fZ}]^{\mathrm{T}}; \quad \boldsymbol{v}_f = [v_{fX} \quad v_{fY} \quad v_{fZ}]^{\mathrm{T}} \tag{8-59}$$

8.4.2　剩余飞行时间的计算

首先对式(8-38)中的第二式在 $[0, t_{go}]$ 区间内进行一次积分，可得

$$\boldsymbol{v}_f - \boldsymbol{v}_0 = \boldsymbol{g}_0 t_{go} + \int_0^{t_{go}} \frac{T}{m} \cdot \boldsymbol{u}\mathrm{d}t \tag{8-60}$$

定义推力积分为

$$\boldsymbol{v}_{\mathrm{thrust}} = \int_0^{t_{go}} \frac{T}{m} \cdot \boldsymbol{u}\mathrm{d}t \tag{8-61}$$

根据等式(8-60)和等式(8-61)，存在

$$\boldsymbol{v}_{\mathrm{thrust}} = \boldsymbol{v}_f - \boldsymbol{v}_0 - \boldsymbol{g}_0 t_{go} \tag{8-62}$$

视加速度可以表示为

$$a_c = \frac{T}{m} = \frac{V_{\mathrm{ex}} \cdot \dot{m}}{m} = \frac{V_{\mathrm{ex}}}{m_0/\dot{m} - t} \tag{8-63}$$

式中，m_0 是火箭初始质量，定义燃尽时间常数为

$$\tau = m_0/\dot{m} = V_{\mathrm{ex}}/a_{c0} \tag{8-64}$$

式中，a_{c0} 是当前时刻视加速度，于是可得

$$\frac{T}{m} = \frac{V_{\mathrm{ex}}}{\tau - t} \tag{8-65}$$

由式(8-47)和式(8-48)，可得

$$\boldsymbol{u} = \frac{\boldsymbol{\lambda}_K + \dot{\boldsymbol{\lambda}}(t-K)}{\| \boldsymbol{\lambda}_K + \dot{\boldsymbol{\lambda}}(t-K) \|} \tag{8-66}$$

在迭代制导推导过程中，认为 $\dot{\boldsymbol{\lambda}}(t-K)$ 是小量。对式(8-66)的分母进行泰勒展开，忽略二阶以上小量，并考虑约束式(8-53)，可得

$$\frac{1}{\| \boldsymbol{\lambda}_K + \dot{\boldsymbol{\lambda}}(t-K) \|} \approx \frac{1}{\sqrt{1 + 2\boldsymbol{\lambda}_K \dot{\boldsymbol{\lambda}}(t-K)}} \approx 1 - \boldsymbol{\lambda}_K \dot{\boldsymbol{\lambda}}(t-K) \tag{8-67}$$

将式(8-67)代入式(8-66)中，依然忽略二阶以上小量，得

$$\boldsymbol{u} \approx \boldsymbol{\lambda}_K - (\boldsymbol{\lambda}_K \dot{\boldsymbol{\lambda}})(t-K)\boldsymbol{\lambda}_K + \dot{\boldsymbol{\lambda}}(t-K) \tag{8-68}$$

把式(8-65)和式(8-68)代入(8-61)，得

$$\boldsymbol{v}_{\mathrm{thrust}} = \boldsymbol{\lambda}_K L - (\boldsymbol{\lambda}_K \dot{\boldsymbol{\lambda}})(J - KL)\boldsymbol{\lambda}_K + (J - KL)\dot{\boldsymbol{\lambda}} \tag{8-69}$$

式中

$$L=\int_0^{t_{go}}\frac{V_{ex}}{\tau-t}\mathrm{d}t=V_{ex}\cdot\ln\frac{\tau}{\tau-t_{go}} \tag{8-70}$$

$$J=\int_0^{t_{go}}\frac{V_{ex}t}{\tau-t}\mathrm{d}t=\tau L-V_{ex}t_{go} \tag{8-71}$$

从式(8-69)中可以看出，当 $K=J/L$ 时，则推力产生的速度矢量为

$$\boldsymbol{v}_{\text{thrust}}=\boldsymbol{\lambda}_K L \tag{8-72}$$

显然，$\boldsymbol{v}_{\text{thrust}}$ 与 $\dot{\boldsymbol{\lambda}}$ 无关。由于$\|\boldsymbol{\lambda}_K\|=1$，所以由式(8-62)和式(8-72)，可得

$$\|\boldsymbol{v}_f-\boldsymbol{v}_0-\boldsymbol{g}_0t_{go}\|=V_{ex}\cdot\ln\frac{\tau}{\tau-t_{go}} \tag{8-73}$$

由式(8-73)可以解得剩余时间 t_{go} 的值。

8.4.3 协态变量的降维求解

由式(8-62)和式(8-72)，可得

$$\boldsymbol{\lambda}_K=\frac{\boldsymbol{v}_f-\boldsymbol{v}_0-\boldsymbol{g}_0t_{go}}{\|\boldsymbol{v}_f-\boldsymbol{v}_0-\boldsymbol{g}_0t_{go}\|} \tag{8-74}$$

为了求解 $\dot{\boldsymbol{\lambda}}$，需要对式(8-38)中的第二式在$[0,t_{go}]$区间内进行两次积分，即

$$\boldsymbol{r}_f-\boldsymbol{r}_0-\boldsymbol{v}_0t_{go}=0.5\boldsymbol{g}_0t_{go}^2+\int_s^{t_{go}}\int_0^s\frac{T}{m}\cdot\boldsymbol{u}\mathrm{d}s\mathrm{d}t \tag{8-75}$$

定义推力积分

$$\boldsymbol{r}_{\text{thrust}}=\int_s^{t_{go}}\int_0^s\frac{T}{m}\cdot\boldsymbol{u}\mathrm{d}s\mathrm{d}t \tag{8-76}$$

有

$$\boldsymbol{r}_{\text{thrust}}=\boldsymbol{r}_f-\boldsymbol{r}_0-\boldsymbol{v}_0t_{go}-0.5\boldsymbol{g}_0t_{go}^2 \tag{8-77}$$

把式(8-65)和式(8-68)代入式(8-76)得

$$\boldsymbol{r}_{\text{thrust}}=\boldsymbol{\lambda}_KS-\boldsymbol{\lambda}_K\dot{\boldsymbol{\lambda}}(Q-KS)\boldsymbol{\lambda}_K+\dot{\boldsymbol{\lambda}}(Q-KS) \tag{8-78}$$

由式(8-77)和式(8-78)，得

$$\boldsymbol{\lambda}_KS-\boldsymbol{\lambda}_K\dot{\boldsymbol{\lambda}}(Q-KS)\boldsymbol{\lambda}_K+\dot{\boldsymbol{\lambda}}(Q-KS)=\boldsymbol{r}_f-\boldsymbol{r}_0-\boldsymbol{v}_0t_{go}-0.5\boldsymbol{g}_0t_{go}^2 \tag{8-79}$$

整理后可得

$$-(\boldsymbol{\lambda}_K\cdot\dot{\boldsymbol{\lambda}})\boldsymbol{\lambda}_K+\dot{\boldsymbol{\lambda}}=\frac{\boldsymbol{r}_f-\boldsymbol{r}_0-\boldsymbol{v}_0t_{go}-0.5\boldsymbol{g}_0t_{go}^2-\boldsymbol{\lambda}_KS}{Q-KS}\equiv\boldsymbol{D} \tag{8-80}$$

由于式(8-52)已经约束了$\dot{\lambda}_X=0$，三维方程组(8-80)中只有两个未知数，所以求解 $\dot{\boldsymbol{\lambda}}$ 的其它两个方向分量时只需要用到方程组(8-80)中的后两式，展开之后，可得

$$\begin{bmatrix}1-\lambda_{KY}\cdot\lambda_{KY} & -\lambda_{KY}\cdot\lambda_{KZ}\\ -\lambda_{KY}\cdot\lambda_{KZ} & 1-\lambda_{KZ}\cdot\lambda_{KZ}\end{bmatrix}\begin{bmatrix}\dot{\lambda}_Y\\ \dot{\lambda}_Z\end{bmatrix}=\begin{bmatrix}D_Y\\ D_Z\end{bmatrix} \tag{8-81}$$

解得

$$\begin{bmatrix}\dot{\lambda}_Y\\ \dot{\lambda}_Z\end{bmatrix}=\begin{bmatrix}1-\lambda_{KY}\cdot\lambda_{KY} & -\lambda_{KY}\cdot\lambda_{KZ}\\ -\lambda_{KY}\cdot\lambda_{KZ} & 1-\lambda_{KZ}\cdot\lambda_{KZ}\end{bmatrix}^{-1}\begin{bmatrix}D_Y\\ D_Z\end{bmatrix} \tag{8-82}$$

最终得到

$$\dot{\boldsymbol{\lambda}}=[0\quad\dot{\lambda}_Y\quad\dot{\lambda}_Z]^{\mathrm{T}} \tag{8-83}$$

8.4.4　最优制导指令的迭代求解

积分式(8-38)可以得到终端速度和位置的预测值,其表达式分别为

$$\left.\begin{aligned} \boldsymbol{v}_p &= \boldsymbol{v}_0 + \boldsymbol{g}_0 t_{go} + \boldsymbol{v}_{thrust} \\ \boldsymbol{r}_p &= \boldsymbol{r}_0 + \boldsymbol{v}_0 t_{go} + 0.5\boldsymbol{g}_0 t_{go}^2 + \boldsymbol{r}_{thrust} \end{aligned}\right\} \tag{8-84}$$

实际上,在求解控制变量 $\boldsymbol{\lambda}_K$ 和 $\dot{\boldsymbol{\lambda}}$ 的过程中已经对速度矢量和位置矢量的 Y 和 Z 方向分量进行了约束,即使把求出的控制变量 $\boldsymbol{\lambda}_K$ 和 $\dot{\boldsymbol{\lambda}}$ 代入式(8-84),也只会得到与上一步迭代相同的预测值。唯一改变的预测值是位置矢量的 X 方向分量,所以我们也只需要计算出它的预测值 r_{pX},有

$$r_{pX} = r_{0X} + v_{0X} \cdot t_{go} + 0.5 g_{0X} t_{go}^2 + \lambda_{KX} \cdot [S - (\boldsymbol{\lambda}_K \dot{\boldsymbol{\lambda}}) \cdot (Q - SK)] \tag{8-85}$$

接下来需要对入轨点位置进行校正,即计算出下一步迭代的入轨点纬度幅角的更新值:

$$U_{i+1} = U_i + \arctan(r_{pX}/r_{fY}) \tag{8-86}$$

当 $|r_{pX}|$ 或 $|U_{i+1} - U_i|$ 的值小于指定精度时,说明本制导周期迭代收敛,否则进行下一轮迭代。当判断迭代制导收敛之后,即可计算当前制导周期的制导指令。在式(8-66)中,令 $t=0$,即可得到当前时刻在入轨点坐标系下的单位推力矢量为

$$\boldsymbol{u}_0 = \frac{\boldsymbol{\lambda}_K - \dot{\boldsymbol{\lambda}} K}{\|\boldsymbol{\lambda}_K - \dot{\boldsymbol{\lambda}} K\|} \tag{8-87}$$

转换到发射惯性系下为

$$\boldsymbol{u}_{0G} = \boldsymbol{O}_G^{\mathrm{T}} \boldsymbol{u}_0 \tag{8-88}$$

令 $\boldsymbol{u}_{0G}$ 的三个分量为 u_1, u_2, u_3,由火箭推力是沿体轴方向,则有

$$\left.\begin{aligned} u_1 &= \cos\varphi_c \cdot \cos\psi_c \\ u_2 &= \sin\varphi_c \cdot \cos\psi_c \\ u_3 &= -\sin\psi_c \end{aligned}\right\} \tag{8-89}$$

从式(8-89)可以解出火箭相对于发射惯性系的俯仰角 φ_c 和偏航角 ψ_c,其表达式为

$$\varphi_c = \arctan(u_2/u_1);\quad \psi_c = \arcsin(-u_3) \tag{8-90}$$

8.4.5　多级飞行迭代制导问题

目前现有的运载火箭无法单级入轨,在一级飞行结束后火箭位于大气层外飞行,剩余飞行阶段包括多级多阶段过程。一般而言,在第二子级飞行阶段由主芯级推进加速,在第三子级由游机小推力发动机进行长时间推进。火箭的飞行轨迹飞行两段或者多段,并且各段的发动机参数也不相同,因而还涉及多级的问题,即当飞行轨迹分为两段或多段时,迭代制导也需要分成两段或多段进行。

在多段迭代制导中,主要采用两种技术途径:一种是与前面介绍的迭代制导方法相同,但是需要确定每段的交班参数$[v_x^*, v_y^*, v_z^*, x^*, y^*, z^*]_{n.\,stage}$;另一种是将每段的推力积分、剩余时间等变量进行等效全段求解,入轨参数仍与原条件 $v_x^*, v_y^*, v_z^*, x^*, y^*, z^*$ 一致。原则上,本段及本段之前的火箭运动参数的误差,应由本段的迭代制导加以消除,因此本段终点火箭运动参数约束 $v_x^*, v_y^*, v_z^*, x^*, y^*, z^*$ 应由本段终点火箭发射惯性坐标系中理论运动参数转换而得,不过由于火箭推力无法在飞行中调整,无法满足 x 向坐标约束,因而火箭飞行时间和航程与工况入轨点存在一定的偏差。

8.5 迭代制导的仿真验证分析

仿真模型为考虑至 J_2 项的自旋椭球模型，并采用“瞬时平衡”假设，仅考虑运载火箭质心运动过程。在蒙特卡洛仿真中，各项偏差概率区间取 97.3%(δ)或是 99.7 %(3δ)(见表 8-1)，随机取值随机组合进行 1 000 次仿真实验，并以仿真结果的数学期望及标准差衡量制导算法的制导精度及鲁棒性。在制导方法精度评估中，考虑火箭质量、发动机以及飞行环境等参数的散布及不确定性的影响，偏差散布及不确定性对飞行轨迹的影响以导航输入的方式提供给制导算法，且制导周期取 100ms。

表 8-1 3δ 参数偏差及不确定性干扰

参数类型	一 级	二 级	游 机
起飞质量偏差/(‰)	±5.5	±5.5	——
加注质量偏差/(‰)	±5	±5	——
平均流量偏差/(%)	±3	±3	±3
比冲偏差/(‰)	±5	±5	±5
推力线偏斜/(′)	25	23	26
气动系数偏差/(%)	±10	±10	——
大气密度	参考国内大气密度数据		
风场	平稳风、切变风及风向		

与上述介绍的摄动制导方法相比，从多约束制导的角度考虑，迭代制导能够同时满足速度、位置等五个状态量，而摄动制导主要以“倾角”进行反馈修正，无法兼顾位置量，如图 8-3 所示。

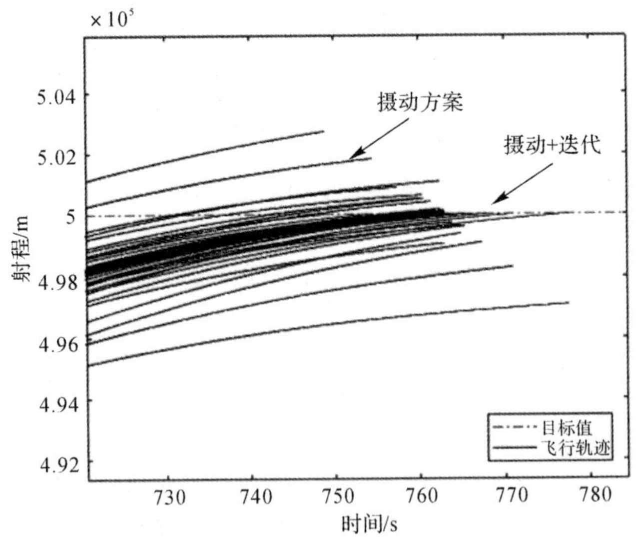

图 8-3 迭代制导与摄动制导方法的对比

8.5.1　迭代制导方法在液体上面级的仿真

以主芯级配备小推力游机的液体运载火箭为例，主芯级阶段采用摄动制导方法，第一子级关机条件为按射程关机方程制导关机，并采用小过载关机的备保方案，横法向导引修正，施加在大动压区之后(参考动压小于 10 kPa)，并对修正角以及修正角速率进行限幅。迭代制导方法实施在小推力游机推进阶段，轨道根数仿真结果如图 8－4 所示，蒙特卡洛仿真统计结果见表 8－2。

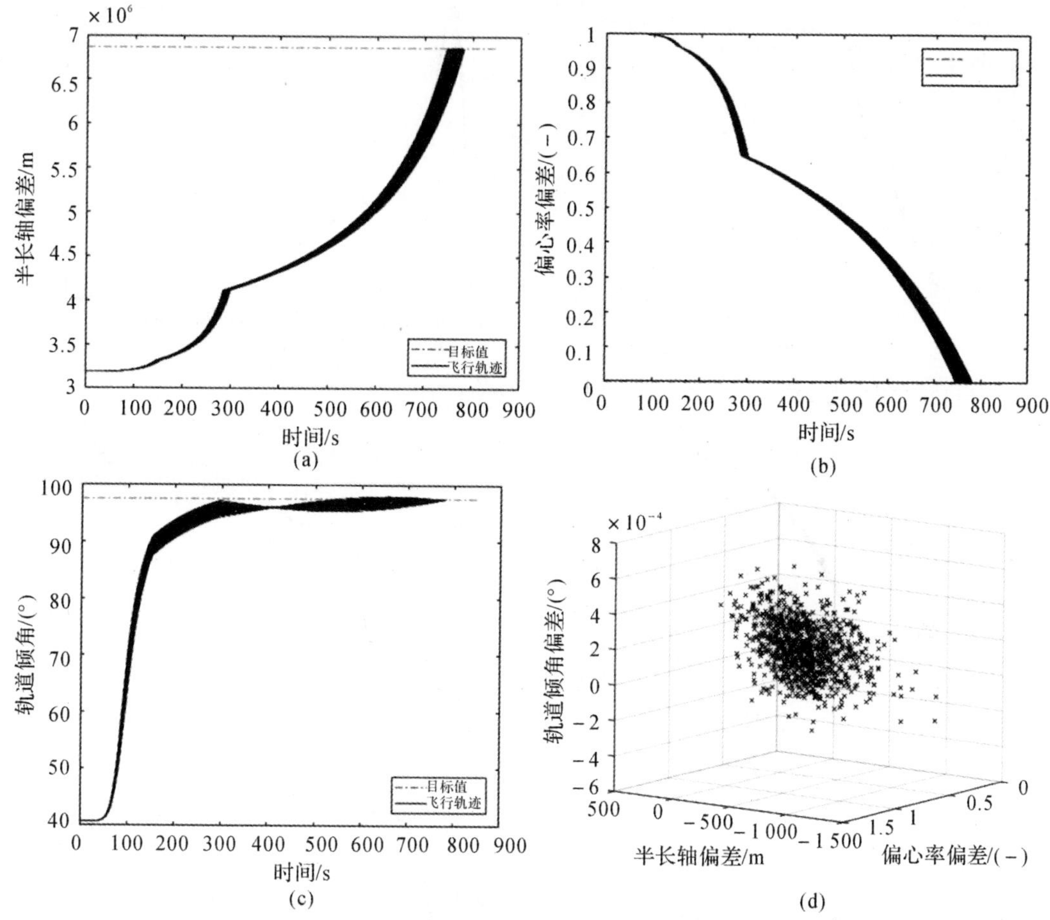

图 8－4　蒙特卡洛仿真状态参数曲线簇

(a)轨道半长轴变化曲线；(b)轨道偏心率变化曲线；(c) 轨道倾角变化曲线；(d)轨道根数偏差散布

表 8－2　蒙特卡洛仿真统计结果

项目类别	期望值	标准差	最大值 Ⅰ	最大值 Ⅱ
半长轴偏差/m	－134.1	207.7	1 118.2	1 046.5
偏心率偏差/($\times e^{-4}$)	4.25	1.97	10.57	10.37
轨道倾角偏差/($°/e^{-3}$)	5.78	9.53	34.6	33.1
剩余燃料/kg	951.1	126.1	517.4	534.5

8.5.2 助推－滑行－助推飞行模式上的验证

以三级固体携带液体上面级的火箭发射 700 km 太阳同步轨道为例，液体上面级推力为 5 kN、比冲为 3 000 m/s，为了进入较高的太阳同步轨道液体上面级，采用"助推－滑行－助推"的飞行模式，并且迭代制导方法应用于该飞行阶段。在多阶段飞行过程中，按照预先装订的飞行任务诸元进行制导飞行并分别进入预定的滑行过渡轨道以及目标太阳同步轨道，仿真结果如图 8－5 所示。

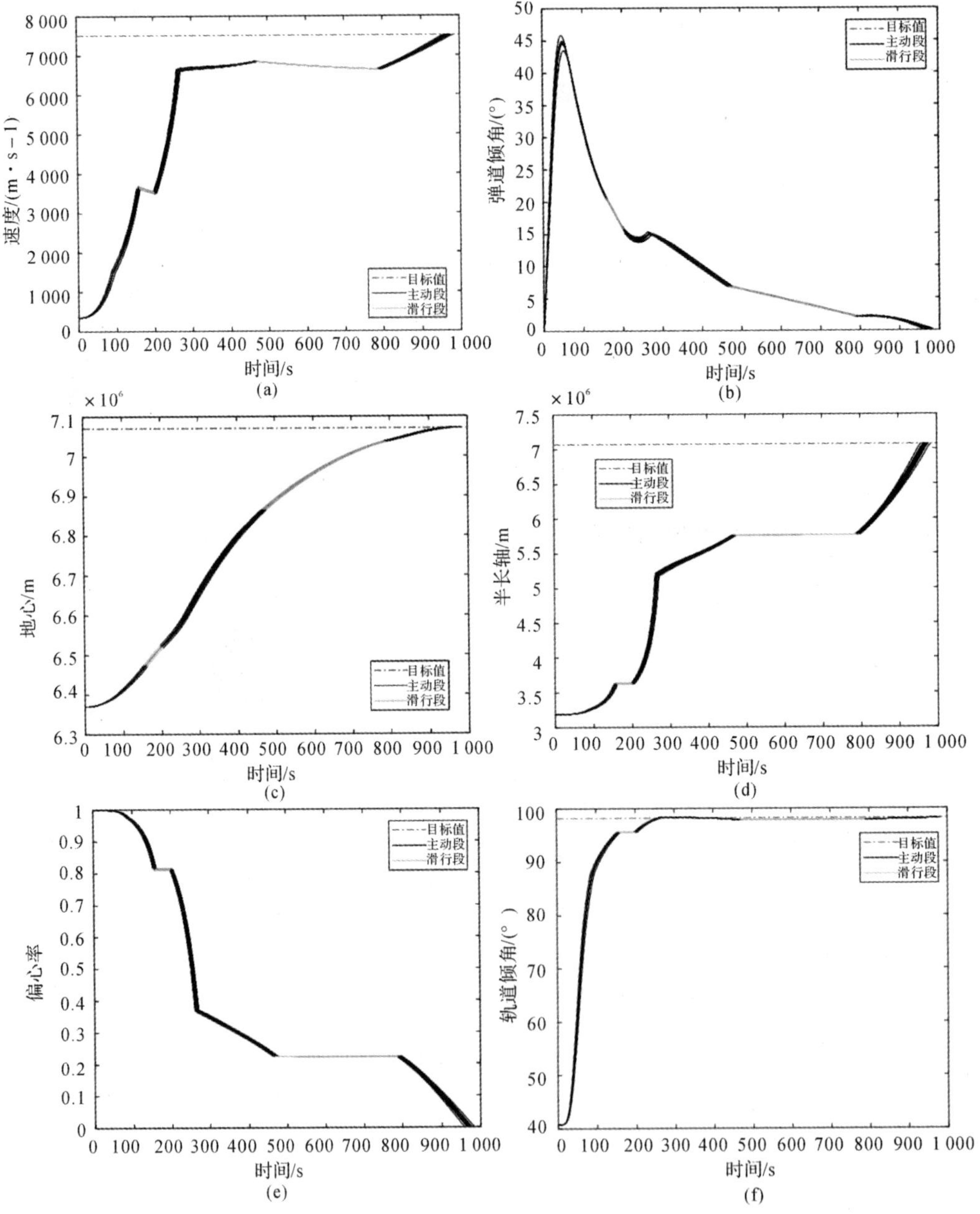

图 8－5 迭代制导打靶仿真状态参数曲线簇

(a)绝对速度变化曲线；(b)当地弹道倾角变化曲线；(c)地心距变化曲线；
(d)半长轴变化曲线；(e)偏心率变化曲线；(f)轨道倾角变化曲线

本章小结

迭代制导方法实施在大气层外且具有长时间推进过程的飞行器上，本章梳理了最优化原理以及火箭入轨的最优控制问题，阐述了迭代制导方法的计算原理及其求解流程。以"三级固体＋液体上面级"运载火箭为研究对象进行蒙特卡洛仿真验证，表明了迭代制导方法不仅具有高精度的终端约束能力，对配置的偏差干扰具有强鲁棒性，而且迭代制导是按最短飞行时间（即燃料最省）为指标来控制推力方向，提高了火箭的运载能力。但是，迭代制导的计算量比摄动制导要大，初始迭代次数约为 5～10 次，后续闭环迭代过程一般在两次左右，计算速度可以满足工程要求。

参考文献

[1] BRYSON A. Applied optimal control：optimization，estimation，and control[M]. New York：IEEE，1975.

[2] LU P，PAN B F. Highly constrained optimal launch ascent guidance[J]. Journal of Guidance Control and Dynamics，2010，33(2)：404 - 414.

[3] CALISE A J，MELAMED N，LEE S J. Design and evaluation of a three - dimensional optimal ascent guidance algorithm[J]. Journal of Guidance Control and Dynamics，1998，21(6)：867 - 875.

[4] DUKEMAN G A，CALISE A J. Enhancements to an atmospheric ascent guidance algorithm[C]，2003.

[5] 陈新民，余梦伦. 迭代制导在运载火箭上的应用研究[J]. 宇航学报，2003(5)：484 -489.

[6] 茹家欣. 液体运载火箭的一种迭代制导方法[J]. 中国科学(E 辑:技术科学)，2009，39(4)：696 - 706.

[7] 吕新广，宋征宇. 载人运载火箭迭代制导方法应用研究[J]. 载人航天，2009，15(1)：9 -14.

[8] 宋征宇. 从准确、精确到精益求精:载人航天推动运载火箭制导方法的发展[J]. 航天控制，2013，31(1)：4 - 10.

[9] 吕新广，宋征宇. 长征运载火箭制导方法[J]. 宇航学报，2017，38(9)：895 - 902.

第9章　轨道转移飞行器系统仿真

运载火箭可以较容易地直接将卫星送入低地球轨道(Low Earth Orbit,LEO)太阳同步轨道(Sun - Synchronous Orbit,SSO)等,但对于高度在10 000 km以上的中高轨道,受运载火箭末级多起启动能力的限制,一般无法采用直接入轨的方式进行发射。以往进行中高轨道卫星发射时,一般采用间接入轨的方式,由卫星在远地点开展一次或数次变轨机动进入最终轨道。轨道转移飞行器的出现进一步提升中高轨道卫星的发射能力,可以将卫星直接送入中地球轨道(Medium Earth Orbit,MEO)和地球静止轨道等中高轨道(见图9-1)。

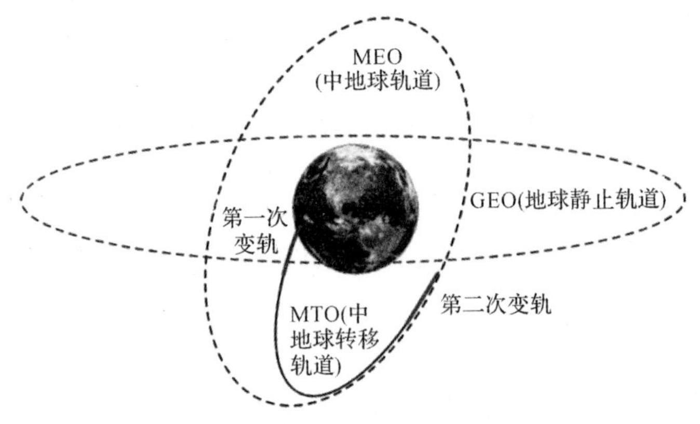

图9-1　轨道转移飞行器轨道示意图

本章针对轨道转移飞行器的多级点火轨道转移任务,建立其动力学、制导、控制、导航、轨道递推及其时序管理等综合仿真模型,实现轨道转移飞行器的全状态仿真。针对飞行器的RCS喷管,9.2节建立了控制模型,并基于四元数设计了离散控制器;针对轨道转移飞行器的长时间转移过程中惯组不能长时间使用这一特点,9.3节设计了轨道递推算法,能够实现长时间较高精度轨道递推。

9.1　轨道转移飞行器仿真

9.1.1　诸元参数

轨道转移飞行器仿真初始时刻(UTC时间)为2008年8月8日20:00。仿真初始位置为J2000坐标系下$[4.8\times10^7 \quad -1.9\times10^7 \quad -0.95\times10^5]$m,目标轨道半长轴为$3.35\times10^7$ m,初始速度为$[8\ 000 \quad -6\ 000 \quad 400]$m/s,偏心率为0,轨道倾角为75°,近地点幅角为151.6°,升交点赤经为287.1°。

9.1.2　总体参数

轨道转移飞行器初始质量为 7 000 kg，有主发动机一台，推力为 6 000 N，秒流量为 2 kg/s。其轨控发动机配置如图 9 - 2 所示，在飞行器外侧安装有 8 个姿控喷管，其中 1～3 号发动机为 50 N 发动机，1～3 号负责控制俯仰通道，2 号和 4 号负责控制偏航通道，5～8 号为 20 N 发动机，负责控制滚转通道。

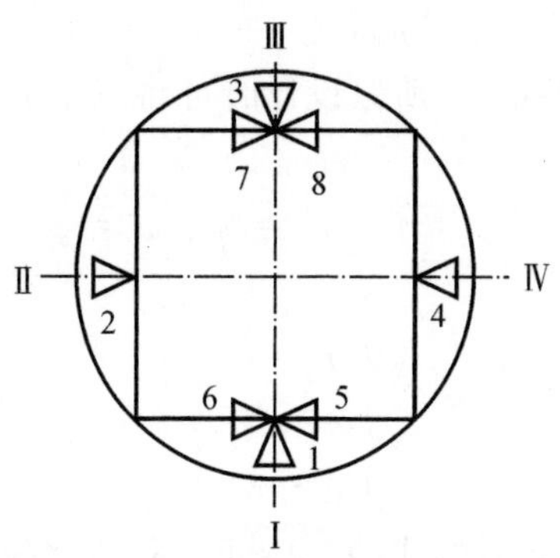

图 9-2　轨道转移飞行器姿控发动机配置

9.2　离散控制模型仿真

姿态控制系统由脉冲发动机(执行机构)、校正网络、测量回路、姿态动力学模块构成，如图 9 - 3 所示。

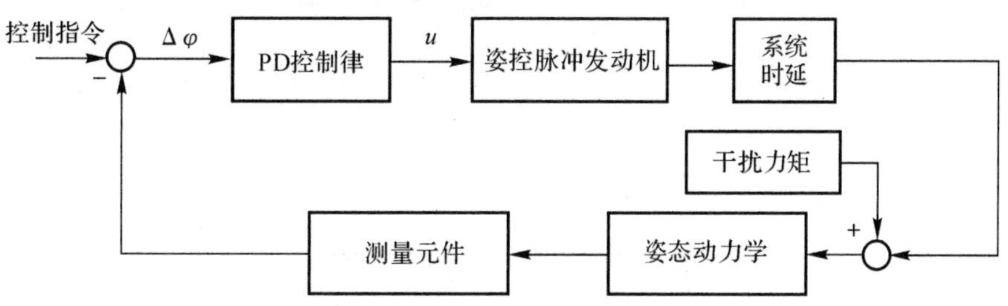

图 9 - 3　控制系统的工作回路

由测量元件实时测量角度，与控制指令角度进行比对，形成偏差信号 $\Delta\varphi$，通过偏差信号 $\Delta\varphi$ 与角速度信号反馈得到控制信号 u，从而启动 / 关闭姿控发动机进行姿态控制，出现了控制力矩后，与干扰力矩一同作用于箭体环节，形成循环的反馈回路。

9.2.1　姿控系统模型

1. 姿态动力学模型

根据理论力学的相关知识，当本体轴与惯性主轴重合时，可得到通用的刚体旋转动力学模型，即

$$\left.\begin{array}{l}J_x\dot{\omega}_x+\omega_y\omega_z(J_z-J_y)=M_x\\J_y\dot{\omega}_y+\omega_x\omega_z(J_x-J_z)=M_y\\J_z\dot{\omega}_z+\omega_x\omega_y(J_y-J_z)=M_z\end{array}\right\}\tag{9-1}$$

俯仰与偏航通道的转动惯量几乎相同，式(9-1)简化为

$$\left.\begin{array}{l}J_x\dot{\omega}_x=M_x\\J_y\dot{\omega}_y+\omega_x\omega_z(J_x-J_z)=M_y\\J_z\dot{\omega}_z+\omega_x\omega_y(J_y-J_z)=M_z\end{array}\right\}\tag{9-2}$$

考虑三轴稳定的姿态角偏差很小，所以设计时可将三个通道的姿态运动视为独立无耦合的，有

$$\omega_x=\dot{\gamma}\quad,\omega_y=\dot{\psi},\quad\omega_z=\dot{\varphi}\tag{9-3}$$

因此动力学方程可简化为

$$\left.\begin{array}{l}J_x\ddot{\gamma}=M_x\\J_y\ddot{\psi}=M_y\\J_z\ddot{\varphi}=M_z\end{array}\right\}\tag{9-4}$$

经过以上的线性化处理，简化后的式(9-4)可进行拉普拉斯变换得到控制系统中的姿态动力学模型。

2. 校正网络的传递函数

校正网络采用一个 PD 环节，则控制信号 u 可表示为

$$u=(\varphi_c-\varphi)(\mathrm{d}s+1)\tag{9-5}$$

式中，φ_c 是控制指令；φ 是测量元件测得的实际姿态角；d 是微分算子。

3. 脉冲发动机模型

脉冲发动机可视为一个具有滞环的三位置施密特触发器(输出情况已被归一化)，如图 9-4 所示。

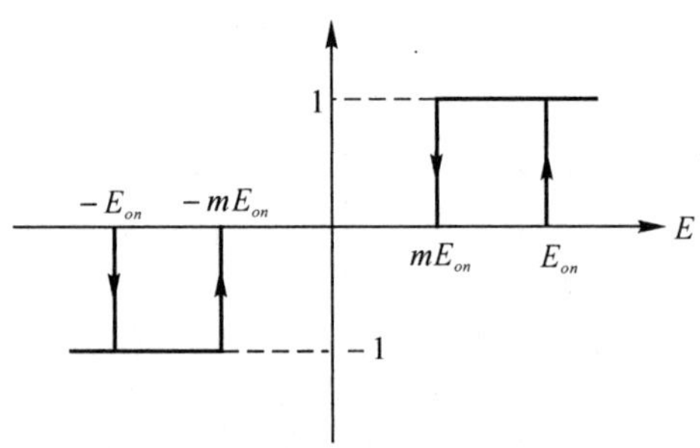

图 9-4　施密特触发器示意图

其中，m 是回环系数，E_{on} 是门限值。这是个典型的非线性环节，在分析控制系统的稳定性时，需要使用该非线性环节的描述函数，即

$$N(A)=\frac{2}{\pi A}\left[\sqrt{1-\left(\frac{mE_{on}}{A}\right)^2}+\sqrt{1-\left(\frac{E_{on}}{A}\right)^2}\right]+\mathrm{j}\,\frac{2E_{on}}{\pi A^2}(m-1)\tag{9-6}$$

式中，A 是幅值，j 是虚数单位。

4. 系统的时延特性

系统的时延包括两方面，一方面是姿控发动机的开/关机的延迟，另一方面是姿控发动机

推力的上升 / 下降曲线。

(1) 开 / 关机延迟。根据自动控制原理的知识，延迟环节的传递函数为

$$G(s)=e^{-\tau s} \tag{9-7}$$

该环节出现在系统的传递函数中不便于进行频率特性分析。当延迟时间 τ 为小量时，可用下式方法近似，将指数函数 e^x 进行泰勒展开，则有

$$e^x=1+x+\frac{x^2}{2!}+\cdots \tag{9-8}$$

由此可见，当 x 为小量时，可利用线性部分代替 e^x，并将 $x=\tau s$ 代入，同时将两边取倒数，得

$$e^{-\tau s}=\frac{1}{\tau s+1} \tag{9-9}$$

所以，延迟环节可用一个时间常数与之相同的惯性环节代替，从而可用于进行频域分析。

(2) 推力的上升与下降。根据所给的启动加速性 t_{80}，也可用一个惯性环节替代。惯性环节的单位阶跃响应方程为

$$h(t)=1-e^{-\frac{t}{T}} \tag{9-10}$$

由于已知的是 t_{80}，将 t_{80} 代入式(9-10) 中，并令 $h(t)=0.8$，解得

$$T=\frac{t_{80}}{\ln 5} \tag{9-11}$$

由此可得到惯性环节时间常数。由于上升时间与下降时间相差不大，所以控制系统设计与仿真时可采用上升与下降较大的时间常数，从而无需改动惯性环节参数。综上所述，系统时延特性可用两个惯性环节串联，如图 9-5 所示。

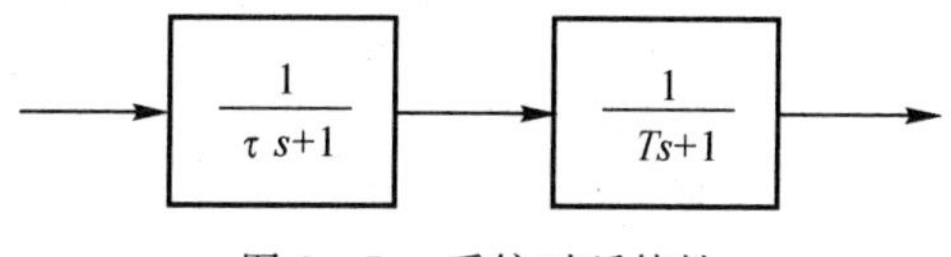

图 9-5　系统时延特性

9.2.2　控制系统的设计

1. 控制系统的稳定性分析

图 9-6 所示的系统是一个五阶的非线性系统，因此需要使用描述函数法分析系统的稳定性。根据非线性控制系统的描述函数理论，图 9-6 中的开关放大器环节需要用到以下描述函数：

$$N(A)=\frac{2}{\pi A}\left[\sqrt{1-\left(\frac{mE_{on}}{A}\right)^2}+\sqrt{1-\left(\frac{E_{on}}{A}\right)^2}\right]+j\,\frac{2E_{on}}{\pi A^2}(m-1) \tag{9-12}$$

式中，A 是幅值，j 是虚数单位。描述函数是非线性环节的等效复变放大器，可近似看为一个线性环节。为便于分析系统的稳定性，等效为 $N(A)$ 与 $G(s)$ 相串联的结构，系统化简结果如图 9-6 所示，

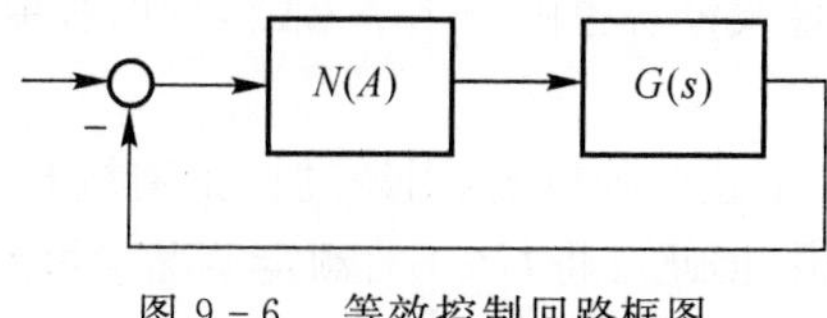

图 9-6　等效控制回路框图

其中，$G(s)$ 是等效开环传递函数，则有

$$G(s)=\frac{b_3(K_d s+1)\mathrm{e}^{-\tau s}}{s^2(Ts+1)} \tag{9-13}$$

式(9-12)与式(9-13)中，需要设计的参数有 m，E_{on}，K_d。飞行过程中 3 个通道的稳定性分析，均通过分析开关放大器以外部分的等效开环传递函数 $G(s)$ 的 Nyquist 曲线是否包含相应的姿控喷管三态开关描述函数的负倒描述函数曲线 $-1/N(A)$ 来判断。对 $G(s)$ 进行频域分析可知

$$\begin{cases}|G(\mathrm{j}0)|=\infty\\ \angle G(\mathrm{j}0)=0\end{cases},\quad \begin{cases}|G(\mathrm{j}0^+)|=\infty\\ \angle G(\mathrm{j}0^+)=-180^\circ\end{cases} \tag{9-14}$$

对于图 9-6 的等效系统，针对非线性环节的负倒描述函数曲线，系统的不稳定域是由 $G(s)$ 与实轴正半轴围成的区域(见图 9-7)。

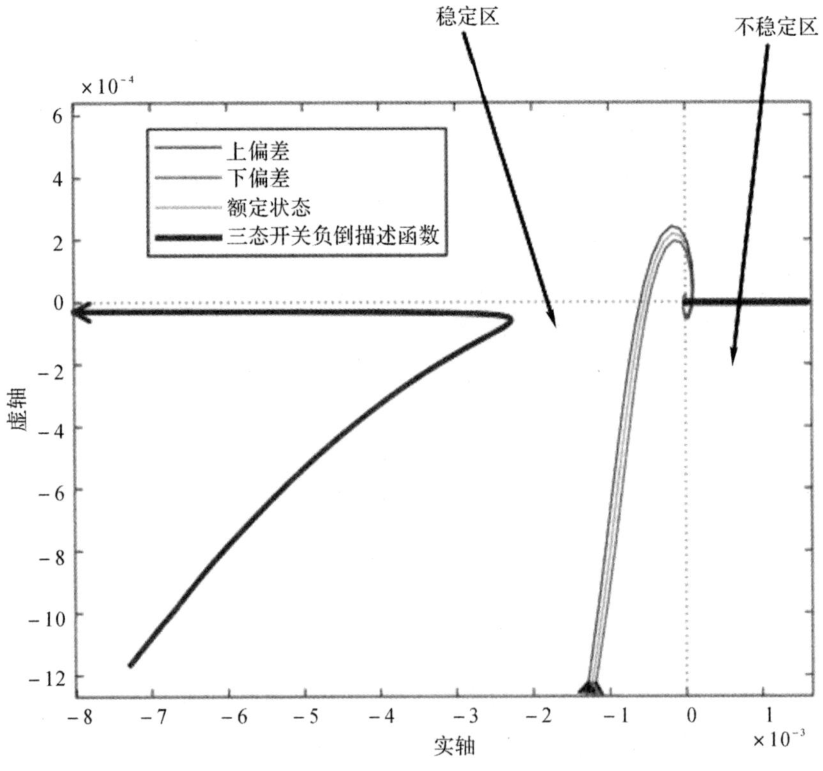

图 9-7　奈奎斯特曲线与不稳定域

图 9-7 中，$-1/N(A)$ 的箭头方向是幅值 A 增大的方向。虚线与 $G(s)$ 曲线围成的区域是不稳定区域，其余是稳定区域。通过选择不同 K_d 的大小，结合已知的 E_{on} 和 m 的值使得 $G(s)$ 与 $-1/N(A)$ 曲线有两种相交情况：第一种是两条曲线交于 P 点，结合 A 增大的方向可以得知，控制系统在 P 点处发生稳定的自持振荡，此时控制系统是稳定的。第二种是两条曲线没有交点，即选择的参数值使得 $G(s)$ 与虚线没有包围 $-1/N(A)$，此时控制系统也是稳定的，但是不发生自持振荡。

姿态控制系统设计若满足上述两种情况，则经过校正网络和非线性环节后是稳定的。式(9-13)中，b_3 可能存在上下限，据此可将 $G(s)$ 的额定情况与边界曲线均画在同一个 G 平面，

一并分析系统的稳定性。

2. 稳态误差分析

当系统发生自持振荡时，说明控制系统在相空间上存在极限环，极限环的大小衡量了控制系统的精度。为进行稳态误差的分析，需要对系统进行简化，化为二阶环节才能进行相平面分析。在式中，略去响应速率较快且增益为 1 的环节，如 $G_p(s)$ 与 $G_m(s)$ 。$G_\tau(s)$ 虽然是个延迟环节，但是它对系统的影响在 τ 是小量的情况下，可以作以下近似

$$G_\tau(s) = \mathrm{e}^{-\tau s} \approx \frac{1}{\tau s + 1} \tag{9-15}$$

显然该环节也符合省略的条件。取系统的零输入条件，系统简化结果为如图 9－8 所示。

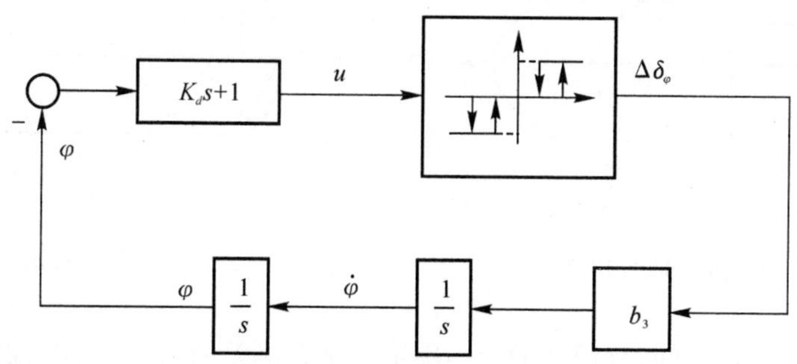

图 9－8　简化后的系统框图

图 9－8 中，φ 作为相平面横轴，$\dot{\varphi}$ 作为相平面纵轴。控制信号 u 为

$$u = -\varphi(K_d s + 1) = -K_d\dot{\varphi} - \varphi \tag{9-16}$$

式中，u 的取值决定了开关放大器的输出 $\Delta\delta_\varphi$。由于开关放大器存在 4 个分界点，当 u 的取值变化跨过 E_{on}，mE_{on}，$-E_{on}$，$-mE_{on}$ 时，系统相轨迹的解析表达式会发生变化。由此可令 u 分别取 E_{on}，mE_{on}，$-E_{on}$，$-mE_{on}$ 可求出系统的开关线方程为

$$\left.\begin{aligned} \dot{\varphi} &= -\frac{\varphi}{K_d} \pm \frac{E_{on}}{K_d} \\ \dot{\varphi} &= -\frac{\varphi}{K_d} \pm \frac{mE_{on}}{K_d} \end{aligned}\right\} \tag{9-17}$$

开关线将相平面划分几块区域。下面推导相轨迹在开线外侧（$|u| > E_{on}$）时的相轨迹方程。根据式(9－4) 中的二阶微分方程，解得

$$\left.\begin{aligned} \dot{\varphi} &= \dot{\varphi}_0 \pm b_3 t \\ \varphi &= \varphi_0 + \dot{\varphi}_0 t \pm \frac{b_3}{2} t^2 \end{aligned}\right\} \tag{9-18}$$

式(9－18) 两式消掉 t 可整理出 $\dot{\varphi}$ 与 φ 的关系式为

$$\varphi = \pm\frac{1}{2b_3}(\dot{\varphi}^2 - \dot{\varphi}_0^2) + \varphi_0 \tag{9-19}$$

根据式(9-19) 可知，当 $|u| > E_{on}$ 时，发动机处于开启状态时，由于 b_3 是定值，所以相轨迹是一组形状相同但位置不同的抛物线，所有抛物线关于 φ 轴对称，抛物线的位置取决于相轨迹在开线上的起点(φ_0，$\dot{\varphi}_0$)。当发动机正向开启（$|u| > E_{on}$）时，抛物线开口朝 φ 轴负向，否则反之。当发动机关机（$-E_{on} < u < E_{on}$）时，相轨迹落在关线之间，此时由于不产生控制力矩，所以 $\dot{\varphi}$ 是一个定值，相轨迹则表现为平行于 φ 轴的直线。非零初状态、零输入条件下的相轨迹与开关

线如图 9－9 所示。

此时可以非常容易找出极限环的位置。如图 9－10 所示，相轨迹在相平面是顺时针转动，结合各个区域相轨迹的形状可以发现，如果相轨迹从线段 A_1B_1 的垂直平分线与正开线的交点出发，由于抛物线的对称性，所以相轨迹一定会经过这条垂直平分线与正关线的交点，然后相轨迹一直保持直线，再运动到线段 A_2B_2 的垂直平分线与负开线的交点，越过负开线后，和正开区域一样，运动到对称点，然后构成循环，此条相轨迹即为极限环。

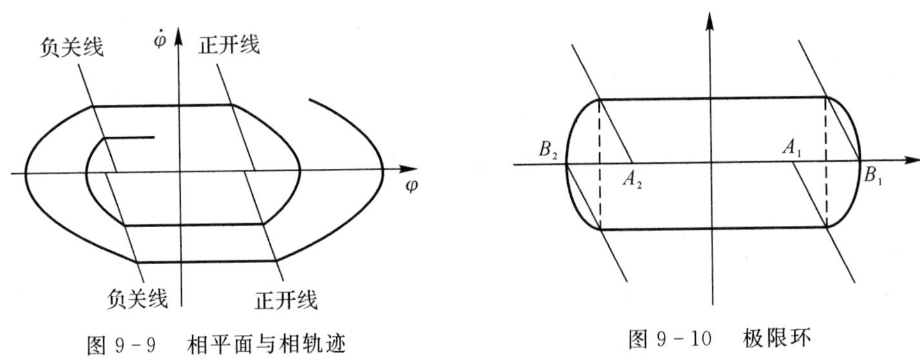

图 9－9　相平面与相轨迹　　　　图 9－10　极限环

通过以上分析可以得知，极限环的大小决定了稳态误差的大小，其中，极限环的角度 φ 轴向宽度由回环系数 m 和门限值 E_{on} 决定，当这两个值确定以后，极限环的角速度 $\dot{\varphi}$ 轴向宽度由开关线斜率 $-1/K_d$ 决定。

9.2.3　四元数控制方案

为防止大角度姿态出现的动力学方程奇异与大角度指令出现的控制系统震荡，动力学计算采用四元数计算，并且上述的控制指令 φ_c 采用四元数计算给出。

1. 四元数与角度的转换关系

对四元数与欧拉角，可以建立一一对应的关系，并且，箭体坐标系对惯性坐标系的旋转角速度也可以用四元数进行积分。欧拉角与四元数由方向余弦阵建立关系，方向余弦阵简化表示为

$$\boldsymbol{C}_{\mathrm{b}}^{\mathrm{I}}=\begin{bmatrix}T_{11} & T_{12} & T_{13}\\ T_{21} & T_{22} & T_{23}\\ T_{31} & T_{32} & T_{33}\end{bmatrix} \tag{9-20}$$

用四元数表示的方向余弦阵为

$$\boldsymbol{C}_{\mathrm{b}}^{\mathrm{I}}=\begin{bmatrix}q_0^2+q_1^2-q_2^2-q_3^2 & 2(q_1q_2-q_0q_3) & 2(q_1q_3+q_0q_2)\\ 2(q_1q_2+q_0q_3) & q_0^2-q_1^2+q_2^2-q_3^2 & 2(q_2q_3-q_0q_1)\\ 2(q_1q_3-q_0q_2) & 2(q_2q_3+q_0q_1) & q_0^2-q_1^2-q_2^2+q_3^2\end{bmatrix} \tag{9-21}$$

用欧拉角表示的方向余弦阵为

$$\boldsymbol{C}_{\mathrm{b}}^{\mathrm{I}}=\begin{bmatrix}\cos\varphi\cos\psi & \cos\varphi\sin\psi\sin\gamma-\sin\varphi\cos\gamma & \cos\varphi\sin\psi\cos\gamma+\sin\varphi\sin\gamma\\ \sin\varphi\cos\psi & \sin\varphi\sin\psi\sin\gamma+\cos\varphi\cos\gamma & \sin\varphi\sin\psi\cos\gamma-\cos\varphi\sin\gamma\\ -\sin\psi & \cos\psi\sin\gamma & \cos\psi\cos\gamma\end{bmatrix} \tag{9-22}$$

联立式(9－21) 和式(9－22)，易得到由欧拉角到四元数的转换公式为

$$\left.\begin{aligned}|q_1| &= \frac{1}{2}\sqrt{1+T_{11}-T_{22}-T_{33}}\\|q_2| &= \frac{1}{2}\sqrt{1-T_{11}+T_{22}-T_{33}}\\|q_3| &= \frac{1}{2}\sqrt{1-T_{11}-T_{22}+T_{33}}\\|q_0| &= \frac{1}{2}\sqrt{1+T_{11}+T_{22}+T_{33}}\end{aligned}\right\} \tag{9-23}$$

各项符号判断为

$$\left.\begin{aligned}\mathrm{sgn}(q_1) &= \mathrm{sgn}(q_0)[\mathrm{sgn}(T_{32}-T_{23})]\\\mathrm{sgn}(q_2) &= \mathrm{sgn}(q_0)[\mathrm{sgn}(T_{13}-T_{31})]\\\mathrm{sgn}(q_3) &= \mathrm{sgn}(q_0)[\mathrm{sgn}(T_{21}-T_{12})]\end{aligned}\right\} \tag{9-24}$$

联立式(9-21) 和式(9-22),也易得到由四元数到欧拉角的转换公式为

$$\left.\begin{aligned}\gamma &= \arctan2\left(\frac{T_{32}}{T_{33}}\right)\\\psi &= -\arcsin(T_{31})\\\varphi &= \arctan2\left(\frac{T_{21}}{T_{11}}\right)\end{aligned}\right\} \tag{9-25}$$

在进行动力学积分时,需要用到如下的四元数微分方程:

$$\begin{bmatrix}\dot{q}_0\\\dot{q}_1\\\dot{q}_2\\\dot{q}_3\end{bmatrix} = \frac{1}{2}\begin{bmatrix}0 & -\omega_x & -\omega_y & -\omega_z\\\omega_x & 0 & \omega_z & -\omega_y\\\omega_y & -\omega_z & 0 & \omega_x\\\omega_z & \omega_y & -\omega_x & 0\end{bmatrix}\begin{bmatrix}q_0\\q_1\\q_2\\q_3\end{bmatrix} \tag{9-26}$$

2. 由偏差四元数计算指令角

根据四元数的定义,飞行器每处在一个姿态都可用一个四元数来描述,所以指令姿态跟实际姿态存在一个偏差四元数,而控制系统的输入 —— 偏差角就可以用这个偏差四元数计算出来。设当前姿态四元数为 $\boldsymbol{Q}_0$,指令姿态为 $\boldsymbol{Q}_f$,所以偏差四元数为

$$\boldsymbol{Q}_r = \boldsymbol{Q}_0^* \circ \boldsymbol{Q}_f \tag{9-27}$$

式中,$\boldsymbol{Q}_0^*$ 是 $\boldsymbol{Q}_0$ 的共轭四元数。为保证实际控制系统的动态特性在飞行器的承受范围内,需要时刻保证四元数提供小角度指令。有以下两种得到四元数偏差角指令的方式,三个欧拉角的指令计算公式为

$$\begin{aligned}u_x &= -2\boldsymbol{Q}_r[0]\boldsymbol{Q}_r[1]\\u_y &= -2\boldsymbol{Q}_r[0]\boldsymbol{Q}_r[2]\\u_z &= -2\boldsymbol{Q}_r[0]\boldsymbol{Q}_r[3]\end{aligned} \tag{9-28}$$

式中,u_x、u_y、u_z 分别是滚转、偏航、俯仰三通道的指令角。

9.3　轨道递推模型仿真

轨道转移飞行器存在一个长时间滑行段,在飞行过程中惯性器件的漂移量较大,不能完全使用惯组的导航结果进行导航定位。另外在高轨飞行中,没有卫星导航信号,也不能使用卫星

导航结果进行组合导航。因此,在此情形下轨道递推算法成为滑行段主要的导航方法,并在滑行结束之后对惯组参数进行重新装订。

为了使轨道递推结果尽可能符合实际,在考虑地球重力场模型中的带谐项和田谐项,日月引力摄动,太阳光压摄动,高层大气阻力摄动以及地球固体潮、地球海潮摄动的情况下,根据航天器初始时刻的位置和速度矢量,通过八阶龙格-库塔积分计算得到一定时刻后航天器的状态值位置与速度矢量。

9.3.1 地球引力场摄动

为了使计算结果更加趋近于实际,将地球的重力场描述为一个包含引力势梯度的模型。则引力势为

$$U=G\int\frac{\rho(\boldsymbol{s})d^3\boldsymbol{s}}{|\boldsymbol{r}-\boldsymbol{s}|} \tag{9-29}$$

通过对地球模型中各个质元对引力的贡献进行求和,引力势表达式可以很容易地应用于任意质量分布。为了计算上述积分,对距离的倒数进行勒让德多项式展开,表示为球谐函数形式为

$$P_n(u)=\frac{1}{2^n n!}\frac{d^n}{du^n}(u^2-1)^n \tag{9-30}$$

则扰动引力势为

$$T=\frac{\mathrm{GM}}{r^2}\sum_{n=2}^{N}\left(\frac{a}{r}\right)^n\sum_{m=0}^{n}(C_{nm}^*\cos m\lambda+S_{nm}^*\sin m\lambda)\bar{P}_{nm}(\sin\varphi) \tag{9-31}$$

式中,GM 为地球引力常数;a 为地球正常赤道半径;r 为计算点至地心的距离;φ 为计算点地心纬度;λ 为计算点地理经度;$\bar{P}_{nm}$ 为规格化的勒让德球谐函数;N 为球谐函数的最高阶。扰动引力加速度为

$$\left.\begin{aligned}
\delta g_r&=-\frac{\mathrm{GM}}{r^2}\sum_{n=2}^{N}(n+1)\left(\frac{a}{r}\right)^n\sum_{m=0}^{n}(C_{nm}^*\cos m\lambda+S_{nm}^*\sin m\lambda)\bar{P}_{nm}(\sin\varphi)\\
\delta g_\lambda&=-\frac{\mathrm{GM}}{r^2\cos\varphi}\sum_{n=2}^{N}\left(\frac{a}{r}\right)^n\sum_{m=1}^{n}m(C_{nm}^*\sin m\lambda+S_{nm}^*\cos m\lambda)\bar{P}_{nm}(\sin\varphi)\\
\delta g_\varphi&=-\frac{\mathrm{GM}}{r^2}\sum_{n=2}^{N}\left(\frac{a}{r}\right)^n\sum_{m=0}^{n}(C_{nm}^*\cos m\lambda+S_{nm}^*\sin m\lambda)\frac{\mathrm{d}\bar{P}_{nm}(\sin\varphi)}{\mathrm{d}\varphi}
\end{aligned}\right\} \tag{9-32}$$

本书地球重力场计算使用的地球模型为 GGM03S 模型。GGM03S 全球重力模型的完整阶数为 180 阶,使用 2003 年 1 月至 2006 年 12 月之间 47 个月的测量数据,由 GRACE K 波段卫星测距数据、GPS 跟踪数据和 GRACE 重力卫星加速度计测量数据确定。实际计算中,使用地球重力场模型需要首先确定地球自身相对于惯性坐标系的状态,既确定国际天球参考坐标系至国际地球参考坐标系的转换矩阵。由于地球的自转轴在惯性空间中不是固定的,而是在不断摆动的同时还在做微小的抖动,即岁差和章动运动。此外,由于地球表面的海洋,大气运动以及地核内部液体的运动造成地球自转轴并不是相对地球不动的,地轴相对地球北极点来说存在一个小范围的运动,此种现象成为极移。从地心惯性系(GCRS)到地固坐标系(ITRS)的坐标转换矩阵由极移、自转和岁差章动组成,其转换关系为

$$\boldsymbol{r}_{\mathrm{GCRS}}=\boldsymbol{W}(t)\boldsymbol{R}(t)\boldsymbol{Q}(t)\boldsymbol{r}_{\mathrm{ITRS}} \tag{9-33}$$

式中,$\boldsymbol{Q}(t)$ 为岁差章动矩阵,根据国际天文学联合会给出的 IAU2000A/B 岁差章动模型计算

得到

$$Q(t)=\begin{bmatrix}1-aX^2 & -aXY & -X\\ -aXY & 1-aY^2 & -Y\\ X & Y & 1-a(X^2+Y^2)\end{bmatrix}R_z^{\mathrm{T}}(s) \tag{9-34}$$

式中

$$a=\frac{1}{2}+\frac{1}{8}(X^2+Y^2) \tag{9-35}$$

式中，s 和 (X,Y) 一项由国际地球自转服务 EOP 给出的模型求解得到。$\boldsymbol{R}(t)$ 为地球自转矩阵，其值为

$$\boldsymbol{R}(t)=\boldsymbol{R}_z(-\theta)=\begin{bmatrix}\cos(-\theta) & \sin(-\theta) & 0\\ -\sin(-\theta) & \cos(-\theta) & 0\\ 0 & 0 & 1\end{bmatrix} \tag{9-36}$$

式中，θ 为格林尼治视恒星时角，由当前时刻儒略日时间计算得到。$\boldsymbol{W}(t)$ 为地轴的极移矩阵

$$\boldsymbol{W}(t)=\boldsymbol{R}_z(-s')\boldsymbol{R}_y(x_p)\boldsymbol{R}_z(y_p) \tag{9-37}$$

式中

$$\left.\begin{aligned}&s'=-0.047\,\mathrm{mas}\cdot t\\&(x_p,y_p)=(x,y)_{\mathrm{IERS}}+(\Delta x,\Delta y)_{\mathrm{tidal}}+(\Delta x,\Delta y)_{\mathrm{mutation}}\end{aligned}\right\} \tag{9-38}$$

极移数据由 IERS 根据天文观测得到，并根据地球潮汐和章动进行修正。选取地球重力场模型阶数为 8×8 阶。

为了验证本节算法公式的准确性，设置如下仿真条件与 STK 软件结果进行对比。仿真初始时刻轨道参数为：半长轴 42 166 km，偏心率 0.000 4，轨道倾角 0.02°，升交点赤经 0°，近地点角 0°，平近点角 0°。仿真开始时间为北京时间 2000 年 3 月 1 日 8 时整，结束时间为 2000 年 3 月 2 日 8 时整。计算后与 STK 程序中 HPOP 模型对比的结果见表 9－1。

表 9－1　地球重力场项仿真结果对比

分　项	轨道递推仿真结果	STK 仿真结果
x/km	42 142.710 024	42 142.710 023
y/km	728.682 335	728.682 329
z/km	0.257 592	0.257 628
v_x/(km·s^{-1})	−0.053 157	−0.053 157
v_y/(km·s^{-1})	3.075 368	3.075 368
v_z/(km·s^{-1})	0.001 074	0.001 074

9.3.2　日月引力摄动

根据牛顿万有引力定律，太阳、月亮等点质量引起的卫星加速度由下式给出，即

$$\ddot{r}=\mathrm{GM}\frac{\boldsymbol{s}-\boldsymbol{r}}{|\boldsymbol{s}-\boldsymbol{r}|^3} \tag{9-39}$$

式中，$\boldsymbol{r}$ 和 $\boldsymbol{s}$ 分别代表航天器和天体中心点相对于地球质心的位置。假设地球围绕太阳作无摄动运动，可以简单获得太阳地心的粗略坐标。用下述的轨道根数能近似描述太阳相对地球和黄道在 2000 年附近数十年的椭圆轨道，即

$$\left.\begin{aligned}&a=149\ 600\ 000\ \text{km}\\&e=0.016\ 709\\&i=0^{\circ}.000\\&\Omega+\omega=282^{\circ}.940\ 0\\&M=357^{\circ}.525\ 6+35\ 999^{\circ}.049\end{aligned}\right\}\tag{9-40}$$

可得太阳的黄经和距离为

$$\left.\begin{aligned}&\lambda_{\odot}=\Omega+\omega+M+6\ 892''\sin M+72''\sin 2M\\&r_{\odot}=(149.619-2.499\cos M-0.021\cos 2M)\cdot 10^{6}\ \text{km}\end{aligned}\right\}\tag{9-41}$$

通过合适的坐标系旋转，即可转换至赤道坐标系的笛卡儿坐标。

月球坐标的级数展开类似于太阳，但由于太阳和地球对其的摄动较强，需要大量的项将月球运动描述成月球和太阳轨道的平均辐角的形式。摄动计算基于 5 个基础角，即月球平黄经 L_0、月球平近点角 l、太阳平近点角 l'、月球平升交距角 F、太阳平黄经和月球平黄经之间的差 D。利用这些值可以给出相对于 2000 年黄道和春分点的月球黄经 λ_M、月球纬度 β_M、月球的地心距 r_M，并最终转换为赤道系的笛卡儿坐标。

由于考虑精度要求，本次计算不采用上述近似的日月坐标位置，选择通过切比雪夫多项式近似来计算 JPL 星历获得日月以及地球在以太阳质心为远点的国际天文参考系下的坐标，再转换至各天体相对于地球的位置矢量。切比雪夫多项式定义为

$$T_n(\tau)=\cos(n\cdot\arccos\tau)\tag{9-42}$$

由于该多项式可由下式递归计算，即

$$\left.\begin{aligned}&T_0(\tau)=1\\&T_1(\tau)=1\\&T_{n+1}(\tau)=2\tau T_n(\tau)-T_{n-1}(\tau)\quad(n\geqslant 1)\end{aligned}\right\}\tag{9-43}$$

对于 $-1\leqslant\tau\leqslant 1$，每个多项式的绝对值总是小于或等于 1。因此假定某函数在有限的时间间隔内的近似值为

$$f(t)\approx\sum_{i=0}^{n-1}a_iT_i(\tau)\tag{9-44}$$

通过下面的转换，区间$[t_1,t_2]$可以映射为区间$[-1,1]$，则有

$$\tau=2\,\frac{t-t_1}{t_2-t_1}-1\tag{9-45}$$

美国喷气推进实验室采用切比雪夫多项式近似的形式提供了一系列的太阳系星历，本书计算采用其 DE436 星历数据。在 DE400 系列星历中，所有数据均参照国际天球参考系进行定义。完整的星历为分块的数据记录，每个记录覆盖固定的时间间隔，一般为 32 天，包含太阳系中十一个星体位置的切比雪夫多项式近似系数。通过切比雪夫多项式可以计算行星、地月系统和太阳相对于太阳系质心的笛卡儿坐标，以及月球相对于地心的坐标。因此日月引力计算中所需的太阳位置 $\boldsymbol{r}_{\odot}$ 不能直接由星历给出，其计算公式为

$$\boldsymbol{r}_{\odot}=\hat{\boldsymbol{r}}_{\odot}-\boldsymbol{r}_{EMB}+\frac{1}{1+\mu^{*}}\boldsymbol{r}_M\tag{9-46}$$

式中，$\hat{\boldsymbol{r}}_{\odot}$ 为日心相对于太阳系质心的位置；$\boldsymbol{r}_{EMB}$ 为地月系统质心相对于太阳系质心的位置；$\boldsymbol{r}_M$ 为月球相对于地心的位置；μ 为地球和月球的质量比，其具体值根据计算所使用的星历版本而定，通常来说约等于 81.3。地球重力场模型仅考虑 J_2、J_3 和 J_4 项。

为了验证本节算法公式的准确性，设置如下仿真条件与 STK 软件结果进行对比。仿真初始时刻轨道参数为：半长轴 42 166 km，偏心率 0.000 4，轨道倾角 0.02°，升交点赤经 0°，近地点角 0°，平近点角 0°。仿真开始时间为北京时间 2000 年 3 月 1 日 8 时整，结束时间为 2000 年 3 月 2 日 8 时整。计算后与 STK 程序中 HPOP 模型对比的结果见表 9 - 2。

表 9 - 2　日月引力摄动仿真结果对比

分　项	轨道递推仿真结果	STK 仿真结果
x/km	42 142.967 877	42 142.967 800
y/km	720.660 484	720.661 528
z/km	−1.686 121	−1.686 177
v_x/(km · s^{-1})	−0.052 537	−0.052 537
v_y/(km · s^{-1})	3.075 381	3.075 381
v_z/(km · s^{-1})	0.001 004	0.001 004

9.3.3　太阳辐射压摄动

暴露在太阳辐射坐标下的航天器会受到光子吸收或反射所产生的微小力的作用，这一摄动加速度的计算依赖于航天器的质量和表面积参数。在距离太阳 1AU 处，即地球附近，太阳的流量值为

$$\Phi \approx 1\ 367\ \mathrm{W \cdot m^{-2}}$$

定义法向矢量 $\boldsymbol{n}$ 代表表面 A 的方向，其与航天器指向太阳方向的矢量的倾角为 θ，因此 $A\cos\theta$ 即为光束照在面元上的有效截面。考虑到太阳流量与航天器到太阳距离的平方成反比，太阳光压每年会变化 ±3.3%。参照这个因素，最终得到反射系数为 ε 的物体因太阳光压摄动引起的加速度为

$$\ddot{\boldsymbol{r}} = -P_{\odot}\frac{1\mathrm{AU}^2}{r_{\odot}^2}\frac{A}{m}\cos(\theta)[(1-\varepsilon)\boldsymbol{e}_{\odot} + 2\varepsilon\cos(\theta)\boldsymbol{n}] \tag{9-47}$$

式中，m 为航天器质量，A 为航天器受到太阳光照射的横截面积。对于大多数地球轨道上运行的航天器，在卫星穿过地球的阴影区时，会出现日偏食或全食。而且除了地球的遮挡，月球也可能对卫星产生月影。若忽略遮挡物的大气和球体扁率，卫星受照射的蚀条件可以通过锥形地影模型计算得到。

如果航天器在遮挡物的本影中，阴影函数 $v=0$；如果航天器在太阳光照中，$v=1$；如果航天器在半影中，$0 < v < 1$。根据各天体的分离角和直径可以计算不同遮挡物对太阳的遮掩程度。令被遮挡物太阳的视半径为

$$a = \arcsin\frac{R_{\odot}}{|\boldsymbol{r}_e - \boldsymbol{r}|} \tag{9-48}$$

遮挡体的视半径为

$$b=\arcsin\frac{R_{\mathrm{B}}}{s} \tag{9-49}$$

因此两个中心天体的视距离为

$$c=\arcsin\frac{-\boldsymbol{s}^{\mathrm{T}}(\boldsymbol{r}_{\odot}-\boldsymbol{r})}{s\,|\boldsymbol{r}_{\odot}-\boldsymbol{r}|} \tag{9-50}$$

假定

$$|a-b|<c<a+b$$

可知当上式条件不能满足时，若 $a+b\leqslant c$，则不会发生掩蚀；若 $c<b-a$，则全部被掩蚀；若 $c<a-b$，则表明虽然发生部分掩蚀，但掩蚀的程度达到了最大，阴影函数值为 $(a^2-b^2)/c^2$。得到穿过阴影区的航天器摄动加速度为

$$\ddot{\boldsymbol{r}}=-\upsilon P_{\odot}\frac{1\mathrm{AU}^2}{r_{\odot}^2}\frac{A}{m}\cos(\theta)[(1-\varepsilon)\boldsymbol{e}_{\odot}+2\varepsilon\cos(\theta)\boldsymbol{n}] \tag{9-51}$$

为了验证本节算法公式的准确性，设置如下仿真条件与 STK 软件结果进行对比。地球重力场模型仅考虑 J_2、J_3 和 J_4 项。航天器质量为 1 000 kg，受光照横截面积为 10 m^2，光压系数 1.3，假设航天器表面垂直于太阳方向。仿真初始时刻轨道参数为：半长轴为 42 166 km，偏心率为 0.000 4，轨道倾角为 0.02°，升交点赤经为 0°，近地点角为 0°，平近点角为 0°。仿真开始时间为北京时间 2000 年 3 月 1 日 8 时整，结束时间为 2000 年 3 月 2 日 8 时整。计算后与 STK 程序中 HPOP 模型对比的结果见表 9－3。

表 9－3　太阳辐射压摄动仿真结果对比

分　项	轨道递推仿真结果	STK 仿真结果
x/km	42 142.823 850	42 142.821 961
y/km	727.653 958	727.625 549
z/km	0.257 434	0.257 250
v_x/(km·s^{-1})	−0.053 088	−0.053 087
v_y/(km·s^{-1})	3.075 367	3.075 367
v_z/(km·s^{-1})	0.001 074	0.001 074

9.3.4　高层大气摄动

大气摄动对航天器的主要作用力为阻力，方向与航天器飞行方向相反，次要影响是升力和侧力，大多数情况下，后两种力的影响可以忽略不计。对于横截面积为 A 的航天器，大气阻力产生的加速度为

$$\ddot{\boldsymbol{r}}=-\frac{1}{2}C_{\mathrm{D}}\frac{A}{m}\rho v_r^2\boldsymbol{e}_v \tag{9-52}$$

式中，m 为航天器质量，ρ 为大气密度。无量纲量 C_D 为阻尼系数，用来描述大气与卫星表面材料的相互作用。对于高层大气密度模型，其密度值强烈依赖于外大气层温度。外大气层温度

变化范围为 400 ～ 2 000 K，其值决定了热层大气的温度分层。影响因素中，太阳辐射对高层大气的影响主要有三种效应，既日照时间分布引起的昼夜效应、微粒太阳风的效应以及太阳极紫外辐射效应。通过 10.7 cm 辐射指数 $F_{10.7}$ 表示太阳极紫外辐射活动变化。除此以外，地球磁场风暴也会引起高层大气温度升高，提高大气的总密度，并在一天至两天内改变其化学成分。太阳风和地磁场的相互作用也是地磁场扰动的重要原因之一，引入 3 h 行星地磁指数 K_P 描述在三小时内全球测量值的变化。

大气密度计算采用 110 ～ 2 000 km 高度的雅里奇・鲍曼热层模型(Jacchia - Bowman 2008)。该模型由 Jacchia1971 密度模型修改而来，广泛地用于轨道确定和轨道预报计算中。该密度计算主要包括三个部分：基于太阳活动和地磁指数数据计算外大气层温度；将温度数据作为数值积分的输入值，计算气压方程；对密度结果进行时间相关的修正计算。考虑太阳辐射效应后的外大气层温度由下式给出，即

$$T_C = 379.0^\circ + 3.24^\circ \bar{F}_{10.7} + 1.3^\circ (F_{10.7} - \bar{F}_{10.7}) \tag{9-53}$$

式中，$F_{10.7}$ 表示 10.7 cm 的太阳辐射指数，$\bar{F}_{10.7}$ 表示此波长下的平均太阳辐射流量。由于当前外大气层温度是一个地方时的函数，取决于相对航天器的太阳地方时角、太阳赤纬和航天器的地理纬度。因此考虑日变化的当前外大气层温度 T_1 为

$$T_1 = T_C \left[1 + 0.3 (\sin^{2.2}|\theta| + (\cos^{2.2}|\eta| - \sin^{2.2}|\theta|)\cos^{3.0}(\frac{\tau}{2})) \right] \tag{9-54}$$

式中，τ，θ，η 由下式计算得到：

$$\left.\begin{aligned} \tau &= H - 37.0^\circ + 6.0^\circ \sin(H + 43.0^\circ) \\ \theta &= 0.5(\varphi + \delta_\odot) \\ \eta &= 0.5(\varphi - \delta_\odot) \end{aligned}\right\} \tag{9-55}$$

式中，τ、θ、η 分别由太阳赤经、航天器地理纬度和太阳地方时角计算得到。地磁活动导致的温度修正项为

$$\Delta T_\infty = f \Delta T_\infty^H + (1 - f) \Delta T_\infty^L \tag{9-56}$$

最后，包括太阳和地磁项的外大气层温度的完整表达式为

$$T_\infty = T_1 + \Delta T_\infty \tag{9-57}$$

根据预先准备的系数表格进行计算，得到标准密度作为高度和外大气层温度函数的二次多项式，适用于高度为 90 ～ 2 500 km，温度为 500 ～ 1 900 K 的范围，即

$$\log\rho = \sum_{i=0}^{5} \sum_{j=0}^{4} c_{ij} Z T_\infty \tag{9-58}$$

由此得到对应位置的大气密度，用于摄动加速度计算。

为了验证本节算法公式的准确性，设置如下仿真条件与 STK 软件结果进行对比。地球重力场模型仅考虑 J_2、J_3 和 J_4 项。航天器质量为 1 000 kg，横截面积为 10 m^2，阻尼系数为 2.3。仿真初始时刻轨道参数为：半长轴 7 178 km，偏心率 0.001，轨道倾角 98.57°，升交点赤经 0°，近地点角 0°，平近点角 0°。仿真开始时间为北京时间 2000 年 3 月 1 日 8 时整，结束时间为 2000 年 3 月 1 日 14 时整。计算后与 STK 程序中 HPOP 模型对比的结果见表 9 - 4。

表 9-4 高层大气阻力摄动

分项	轨道递推仿真结果	STK 仿真结果
x/km	−6 468.918 535	−6 468.952 801
y/km	436.862 349	436.857 417
z/km	−3 079.136 437	−3 079.078 551
v_x/(km·s^{-1})	3.074 670	3.231 778
v_y/(km·s^{-1})	1.013 932	1.013 932
v_z/(km·s^{-1})	−6.636 027	−6.636 053

9.3.5 地球固体潮与海潮摄动

太阳和月球的引力对地球产生一个直接的作用力，使地球产生一个随时间变化的形变，固体地球的这一小周期形变称为地球固体潮，这一形变也直接影响了航天器在轨道中的运动。在联合旋转坐标系中，太阳和月球引力场在地球表面某点 P 的势能为

$$U=\frac{\mathrm{GM}}{|\boldsymbol{s}-\boldsymbol{R}|}+\frac{1}{2}n^2d^2 \tag{9-59}$$

式中$\boldsymbol{R}$和$\boldsymbol{s}$，分别指代P点和导致潮汐产生的天体的地心坐标。采用和静态地球引力场类似的球谐函数对潮汐引力势进行展开，计算日月固体潮引起的航天器轨道摄动。未规则化地球重力势系数的时间相关修正可以通过下式分别对太阳和月亮进行计算，则有

$$\begin{Bmatrix}\Delta C_{nm}\\ \Delta S_{nm}\end{Bmatrix}=4k_n\left(\frac{\mathrm{GM}}{\mathrm{GM}_{\oplus}}\right)\left(\frac{R_{\oplus}}{s}\right)^{n+1}\sqrt{\frac{(n+2)(n-m)!}{(n+m)!}}P_{nm}(\sin\varphi)\begin{Bmatrix}\cos(m\lambda)\\ \sin(m\lambda)\end{Bmatrix} \tag{9-60}$$

式中，k_n 为 n 阶勒夫数，由于这一系数随阶数 n 增长而迅速减小，实际计算时采用标称勒夫数(IERS2003)。φ 和 λ 分别为摄动天体的地理纬度和经度。海潮在卫星轨道摄动中也发挥着重要的作用，它的贡献可以由球谐形式展开的海潮势表示，对应随时间变化的重力势系数为

$$\begin{bmatrix}\Delta C_{nm}\\ \Delta S_{nm}\end{bmatrix}=\frac{4\pi\mathrm{GR}_{\oplus}^2\rho_{\omega}}{\mathrm{GM}_{\oplus}}\frac{1+k'_n}{2n+1}\begin{bmatrix}\sum\limits_{s(n,m)}(C_{snm}^{+}+C_{snm}^{-})\cos\theta_s+(S_{snm}^{+}+S_{snm}^{-})\sin\theta_s\\ \sum\limits_{s(n,m)}(S_{snm}^{+}-S_{snm}^{-})\cos\theta_s-(C_{snm}^{+}-C_{snm}^{-})\sin\theta_s\end{bmatrix} \tag{9-61}$$

式中，ρ_{ω} 为海水密度；k' 为负荷变形系数；$C_{snm}^{\pm}$ 和 $S_{snm}^{\pm}$ 为潮汐成分 s 的海潮系数。

当天体的引潮力作用于地球时，其一是引起地球的形变，导致地球转动惯量距的变化，从而引起地球自转速率的变化；其二是引起地球表面上的海洋和大气运动，它们与地壳之间会产生动量交换进而引起地球极移和自转速率的变化。考虑到勒夫数高度依赖于频率变化，需要根据国际地球自转服务提供的时间公报中不同天文幅度引数对地球重力场模型的 sin、cos 项系数进行修正。为估计勒夫数的频率响应，将部分潮波的二阶项固体潮作进一步修正：

$$\Delta C_{nm}-i\Delta S_{nm}=\eta_{nm}\sum_{\beta_{nm}}(A_{nm}\delta k_{\beta}H_{\beta})\mathrm{e}^{i\theta_{\beta}} \tag{9-62}$$

式中，k_{β} 为潮波的k_{2m}^{0}；H_{β} 为引潮位展开式的振幅；θ_{β} 为分潮波的杜德森幅角。式(9-62)的固体潮勒夫数修正项为

$$\delta k_{\beta}=(k_{21(\sigma)}^{0}-k_{21})+\delta k_{21(\sigma)}^{OT} \tag{9-63}$$

还需对永久潮汐和极潮的影响作出修正。

为了验证本节算法公式的准确性，设置如下仿真条件与 STK 软件结果进行对比。选取地球重力场模型阶数为 8×8 阶。仿真初始时刻轨道参数为：半长轴 42 166 km，偏心率0.000 4，轨道倾角 0.02°，升交点赤经 0°，近地点角 0°，平近点角 0°。仿真开始时间为北京时间 2000 年 3 月 1 日 8 时整，结束时间为 2000 年 3 月 2 日 8 时整。计算后与 STK 程序中 HPOP 模型对比的结果见表 9 - 5 和图 9 - 11、图 9 - 12。

表 9 - 5　地球固体潮与海潮摄动仿真结果对比

分　项	轨道递推仿真结果	STK 仿真结果
x/km	42 142.710 030	42 142.684 058
y/km	728.286 822	728.284 164
z/km	0.257 558	0.257 446
v_x/(km·s^{-1})	−0.053 156	−0.053 135
v_y/(km·s^{-1})	3.075 368	3.075 371
v_z/(km·s^{-1})	0.001 074	0.001 074

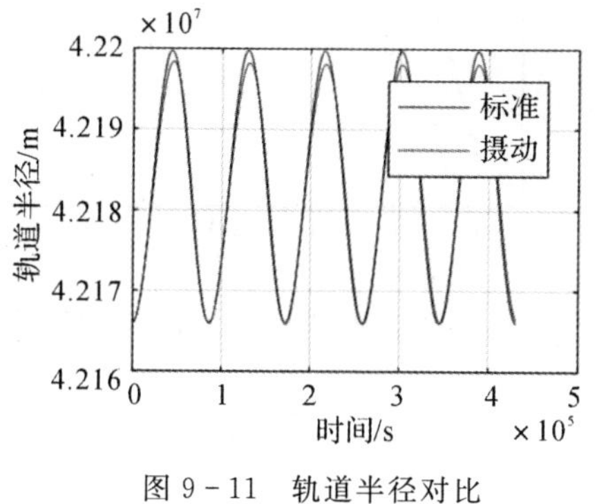

图 9 - 11　轨道半径对比

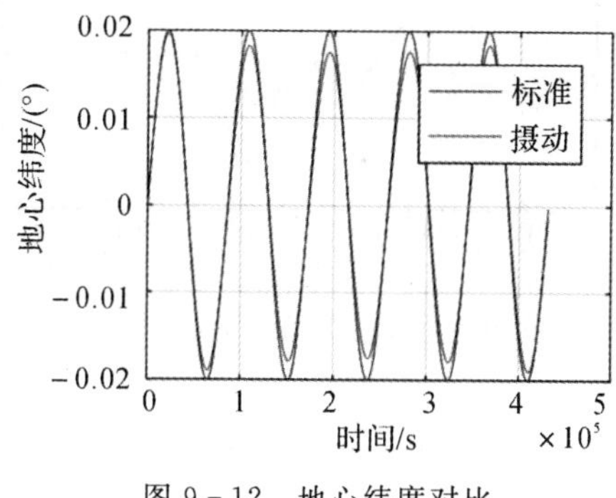

图 9 - 12　地心纬度对比

9.4　仿真结果与分析

按照 9.1 节中的题设条件，采用在龙格-库塔 4 阶方法的数值积分算法，分别对动力学、制导、控制和导航等环节进行仿真，获得仿真结果如图 9 - 13～图 9 - 28 所示。轨道转移飞行器存在两次变轨，与运载火箭分离之后首先进行第一次变轨，到达滑行轨道。再经过长时间的轨道滑行之后实施第二次变轨，达到目标轨道。全程质量变化如图 9 - 13 所示，有非常明显的两次质量消耗。飞行器在第一主动段及第二主动段采用迭代制导方法，制导算法的结果通过动力学积分得以体现，飞行器在 J2000 坐标系下的位置与速度变化如图 9 - 14～图 9 - 19 所示。

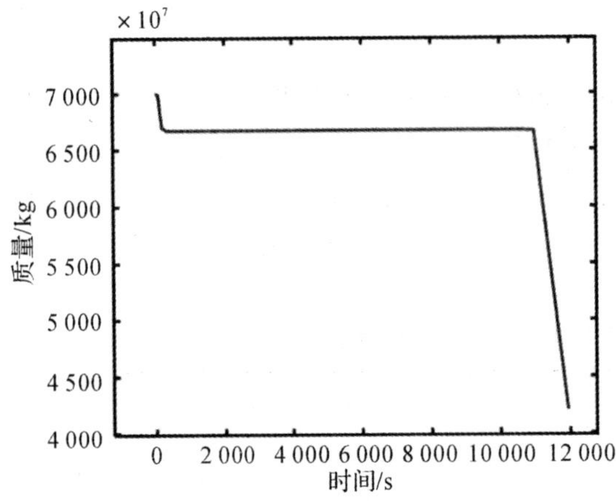

图 9-13 轨道转移飞行器飞行总质量变化图

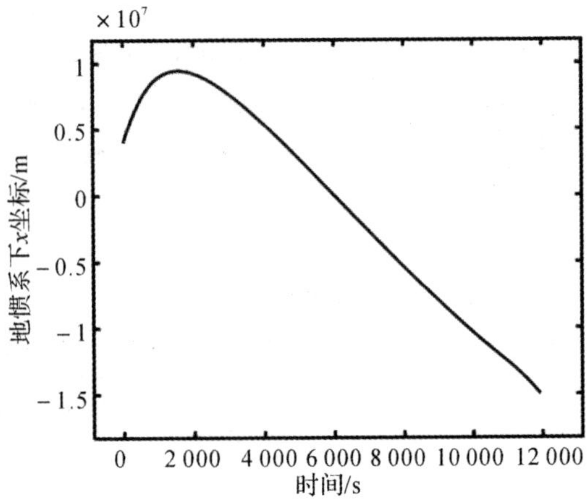

图 9-14 轨道转移飞行器飞行 x 位移变化图

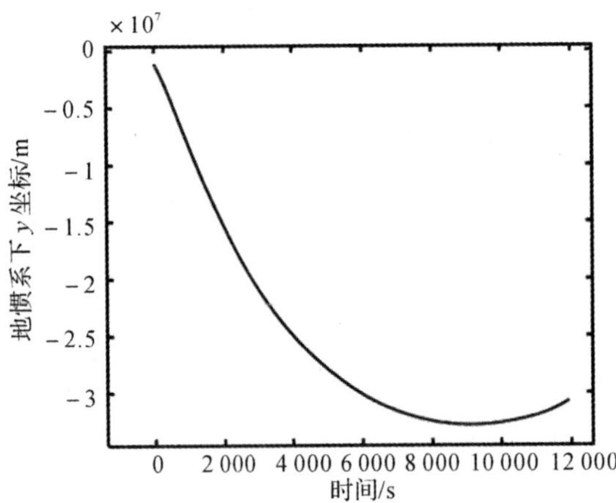

图 9-15 轨道转移飞行器飞行 y 方向位移变化图

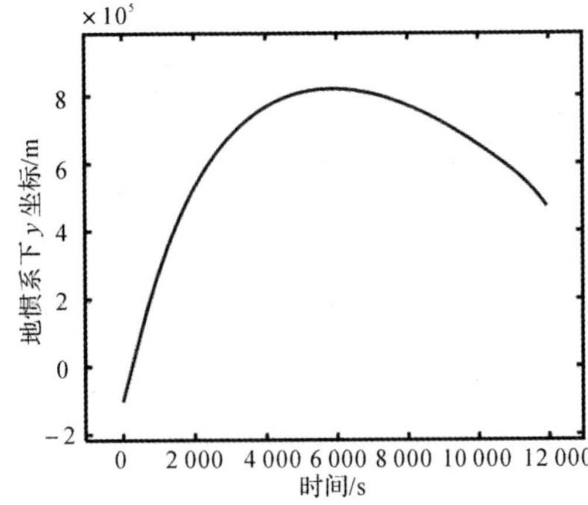

图 9-16 轨道转移飞行器飞行 z 方向位移变化图

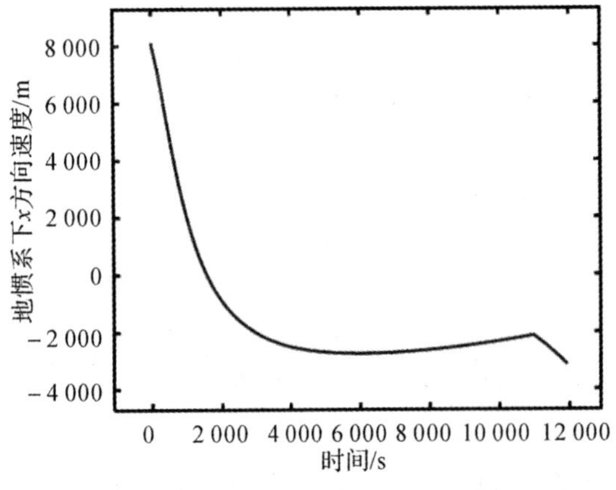

图 9-17 轨道转移飞行器飞行 x 方向速度变化图

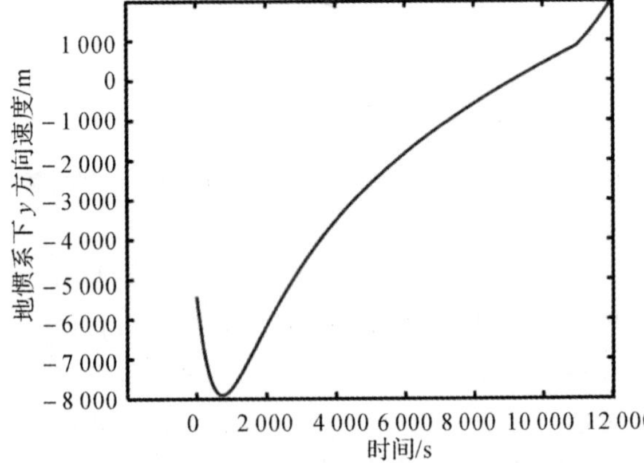

图 9-18 轨道转移飞行器飞行 y 方向速度变化图

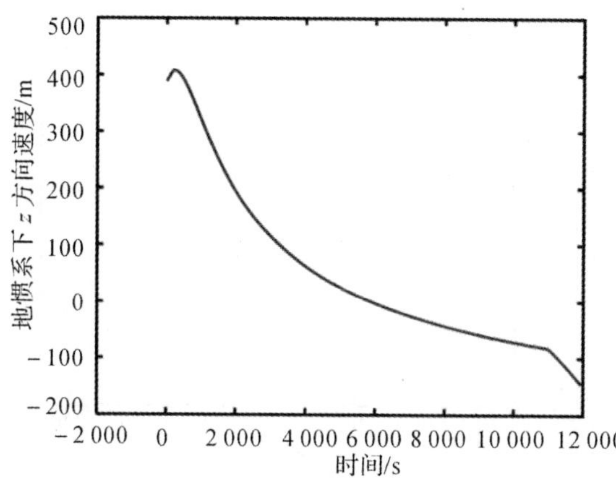

图 9-19　轨道转移飞行器飞行 z 方向速度变化图

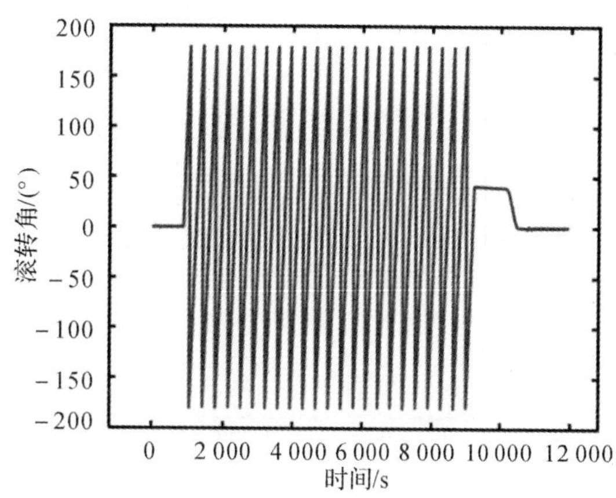

图 9-20　轨道转移飞行器飞行滚转角变化图

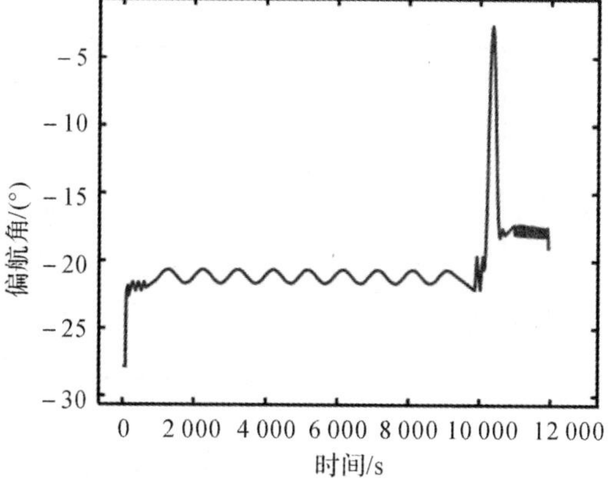

图 9-21　轨道转移飞行器飞行偏航角变化图

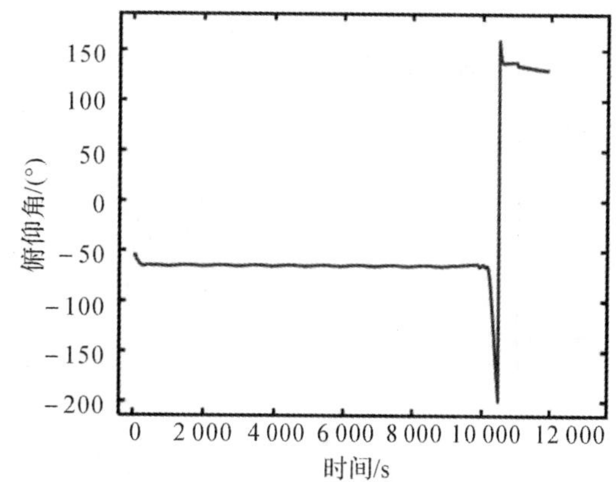

图 9-22　轨道转移飞行器飞行俯仰角变化图

飞行器相对于发射系的姿态变化情况如图 9-20～图 9-22 所示，在滑行段飞行器进行了长时间绕体轴的慢旋，该过程可以有效地增加飞行器的飞行稳定性，抑制一定的干扰，节省一定的燃料。姿态控制方案采用 9.2 节所述的控制方案，结果显示该方案能够较好地实现姿态跟踪。

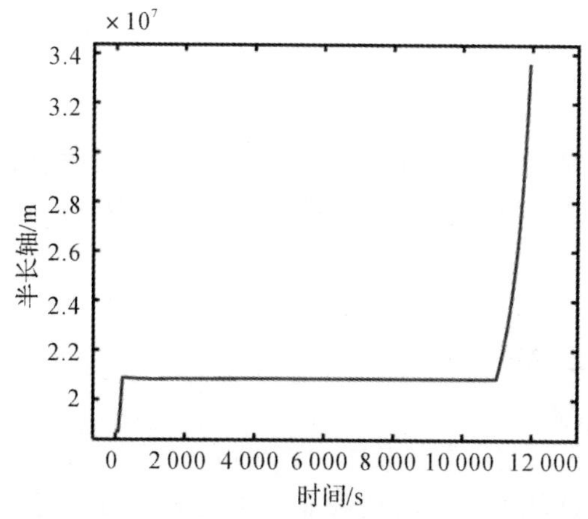

图 9-23　轨道转移飞行器半长轴变化图

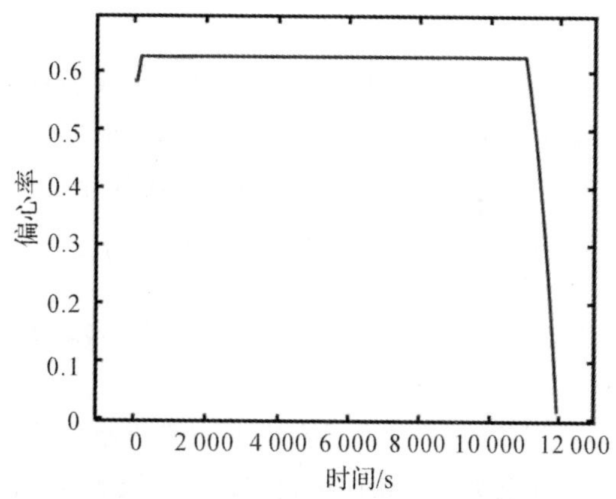

图 9-24　轨道转移飞行器偏心率变化图

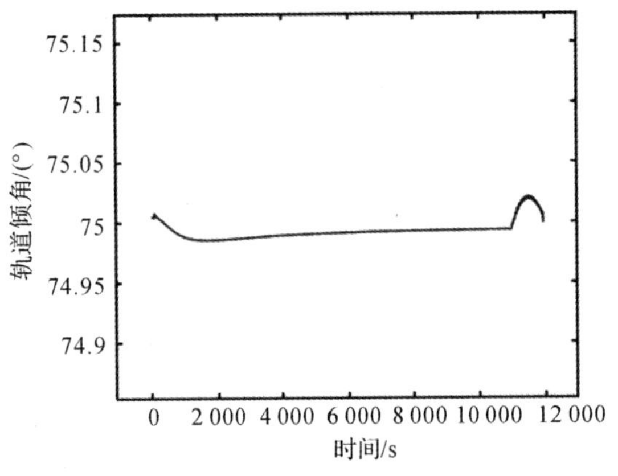

图 9-25 轨道转移飞行器轨道倾角变化图

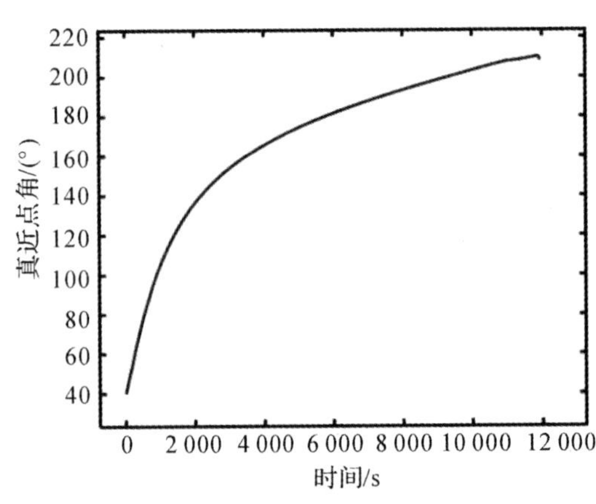

图 9-26 轨道转移飞行器真进点角变化图

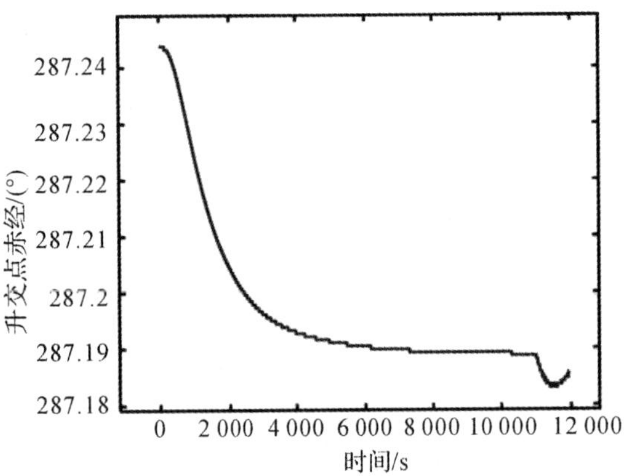

图 9-27 轨道转移飞行器升交点赤经变化图

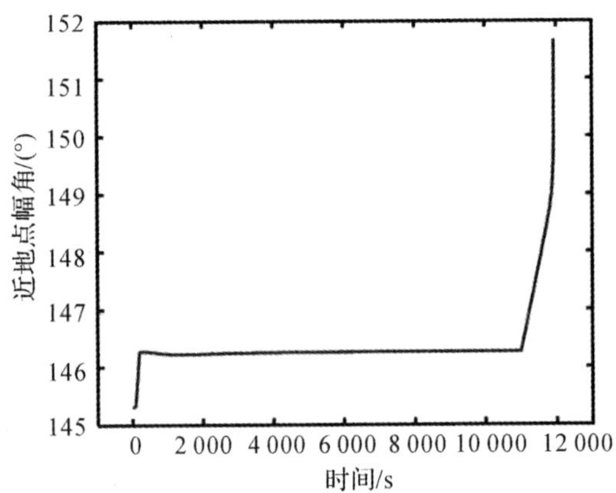

图 9-28 轨道转移飞行器近地点幅角变化图

飞行器轨道六要素如图 9-23～图 9-28 所示，从轨道 6 种要素结果来看，飞行器通过两次变轨，轨道高度逐渐抬升，并逐渐变为圆轨道，实现了轨道转移任务的目标。

本 章 小 结

本章针对轨道转移飞行器全时序飞行任务，建立了一套涵盖动力学、制导、控制、导航、动力等方面的全量仿真模型，并针对空间飞行器的离散控制原理和长时间在轨飞行使用的轨道递推算法进行了详细说明，最终在题设条件件下完成了六自由度仿真，并对仿真结果中的位置、速度、姿态及轨道六要素进行了分析。

参 考 文 献

[1] 周佑君，叶成敏. 远征上面级研制技术发展[J]. 宇航总体技术，2020，4(6)：9-15.
[2] 王传魁，焉彬，张利宾，等. 上面级发射 MEO 轨道设计及运载能力优化研究[J]. 宇航

总体技术，2020，4(06):44-49.

[3]　龙乐豪.总体设计[M].北京:中国宇航出版社，2001.

[4]　徐延万.控制系统[M].北京:中国宇航出版社，1989.

[5]　周军，刘莹莹.航天器控制与轨道控制原理[M].西安:西北工业大学出版社，2016.

[6]　MON TENBRUCK， EBERHARD O. Satellite Orbits: Models, Methods, Applications[M]. Springer Verlag,2012.

第10章　临近空间拦截飞行器仿真

近年来，随着临近空间高超声速飞行器的大力发展，已逐渐从理论研究、飞行试验向武器化跨越，成为各国研究的重点。目前已有美国、俄罗斯、法国、日本等国家对临近空间高超声速飞行器设计、试验并向实战化推进，已有多款飞行器开展了地面试验或飞行试验，并针对几类典型高超声速飞行器开展作战效果评估。现有研究常根据有无动力将临近空间高超声速飞行器分为两类：高超声速滑翔导弹与高超声速巡航导弹。高超声速滑翔导弹是一种高升阻比导弹，飞行马赫数达到5～15，滑翔高度为30～100 km，导弹依靠空气动力机动转弯，其侧向机动可达数百公里，典型的有美国的HTV－2、AHW，俄罗斯的匕首、先锋，日本的HVGP项目等；高超声速巡航导弹依靠冲压式或组合式等新型发动机在大气层内飞行，巡航高度为20～40 km，飞行马赫数在5～8之间，受超燃冲压发动机对攻角的限制，其机动能力有限，典型的有美国的X－51A、俄罗斯的锆石、法国的LEA、印度的布拉莫斯Ⅱ等。现有来袭目标的典型弹道如图10－1所示，这些临近空间高超声速武器给拦截中制导带来了极大的挑战。

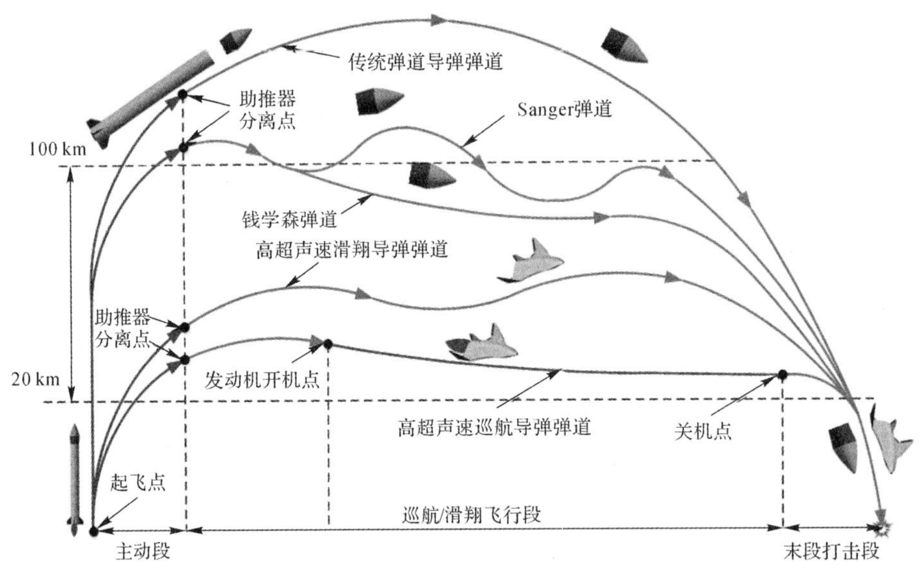

图10－1　目标典型飞行弹道

10.1　临近空间拦截飞行器仿真技术

为验证算法对多约束中制导任务的适应性，根据中-末制导交班点是否给定，配置下述两种拦截场景。

(1)当给定中-末制导交班条件时可视中制导定点飞行任务。设计典型交班条件：交班点位置为(70 km,30 km,0 km),交班速度方向为(0°,0°),全段飞行时间按照具体任务设置,验证本章所提中制导方法对多约束中-末制导交班任务的适应性。

(2)当对机动目标的拦截时,需要根据目标轨迹跟踪、预示结果,动态生成中-末制导交班点,拦截弹的飞行任务转化为机动目标拦截飞行任务。设计飞行时间与航迹角按照具体任务设置,验证算法动态选取预测交班点的能力,分析对轨迹跟踪预示算法的适应性(见表10-1)。

表10-1　防空导弹参数偏差配置表

<table>
<tr><th>偏差类型</th><th colspan="2">偏差参数</th><th>偏差大小</th><th>标　号</th></tr>
<tr><td rowspan="7">总体参数偏差</td><td colspan="2">起飞质量偏差/(‰)</td><td>±1</td><td>1</td></tr>
<tr><td rowspan="2">燃料质量偏差/(‰)</td><td>Ⅰ脉冲发动机</td><td>±5</td><td>2</td></tr>
<tr><td>Ⅱ脉冲发动机</td><td>±5</td><td>3</td></tr>
<tr><td rowspan="2">发动机比冲偏差/(%)</td><td>Ⅰ脉冲发动机</td><td>±1.3</td><td>4</td></tr>
<tr><td>Ⅱ脉冲发动机</td><td>±1.3</td><td>5</td></tr>
<tr><td rowspan="2">发动机秒流量偏差/(%)</td><td>Ⅰ脉冲发动机</td><td>±5</td><td>6</td></tr>
<tr><td>Ⅱ脉冲发动机</td><td>±5</td><td>7</td></tr>
<tr><td rowspan="3">气动参数偏差</td><td rowspan="3">气动参数偏差/(%)</td><td>阻力系数</td><td>±15</td><td>8</td></tr>
<tr><td>升力系数</td><td>±15</td><td>9</td></tr>
<tr><td>侧向力系数</td><td>±15</td><td>10</td></tr>
<tr><td>大气参数偏差</td><td>大气密度偏差</td><td colspan="2">参考标准大气模型</td><td>11</td></tr>
<tr><td rowspan="2">风场</td><td>水平切边风速度</td><td colspan="2">参考全球风场模型</td><td rowspan="2">12</td></tr>
<tr><td>水平切边风方向/(°)</td><td colspan="2">±180</td></tr>
<tr><td rowspan="3">探测偏差</td><td rowspan="3">雷达跟踪偏差</td><td>测距</td><td rowspan="3">高斯白噪声</td><td rowspan="3">13</td></tr>
<tr><td>测角</td></tr>
<tr><td>测速</td></tr>
</table>

考虑到一般临近空间巡航飞行器在巡航阶段攻角较小且其攻角与倾侧角变化并不剧烈,因此将目标机动简化为保持常值攻角和倾侧角,在临近空间的进行"C"形机动,同时其巡航段采用超燃冲压发动机提供动力,进一步简化其作定速飞行,用以模拟一般高超声速巡航飞行器在巡航段的飞行方式。

同时,由于防空导弹的实际飞行过程中,存在各种偏差参数散布,因此需要在完成标称条件的飞行任务的同时,对本章所提算法的鲁棒性提出要求。配置参数散差分布见表10-1,根据偏差类型可将其分为总体参数偏差、气动参数偏差、大气参数偏差、风场、雷达跟踪偏差共5种13项偏差参数,以验证拦截弹对参数偏差与不确定性的制导精度与鲁棒性。

只考虑水平切变风对弹道的影响以简化风场对制导系统的干扰,且其风向在制导过程中保持恒定。风场造成的影响表现在拦截弹所受气动力上:风场导致来流的速度与方向发生改变,引起附加攻角与附加侧滑角,影响制导算法的收敛性,因此有必要采用仿真验证算法对水平切边风的适应性进行验证。

10.2 临近空间拦截飞行器仿真模型

逆轨拦截，是拦截弹与目标的航迹夹角保持在较小的范围内。在中制导阶段形成逆轨拦截态势，保证末制导初始阶段的视线角速率在一个较小的范围，有效降低末制导段的需用过载，获得良好的作战效能。

在分析了基于逆轨拦截态势的中-末制导交班需求机理后，发现有必要开展数值仿真分析与验证。典型末制导弹-目飞行状态，设置目标机动条件下的末制导弹-目飞行轨迹，目标机动过载为 $1g$，拦截弹的机动过载为 $4g$。末制导段采用比例系数为 4 的比例导引法，设置初始时刻拦截弹满足零控拦截条件，验证航迹夹角对拦截的影响。

表 10-2 不同航迹夹角拦截弹的仿真结果

目标机动能力	飞行参数	0°	5°	10°	15°	20°	25°	30°
$+1g$	总过载/g	6.40	6.40	6.42	6.46	6.52	6.59	6.69
	脱靶量/m	5.08	5.22	5.17	5.29	5.41	5.63	5.91
	飞行时间/s	3.65	3.65	3.66	3.68	3.70	3.73	3.76
$-1g$	总过载/g	6.40	6.42	6.45	6.50	6.57	6.66	6.77
	脱靶量/m	5.08	5.25	5.32	5.33	5.57	5.92	6.17
	飞行时间/s	3.65	3.66	3.67	3.69	3.71	3.75	3.79

表 10-2 中总控制能量、脱靶量、飞行时间的结果表明：对不同航迹夹角的结果对比可知，相较航迹夹角 30°，航迹夹角 0°的总过载减少 5%、脱靶量降低 16%。因此随着航迹夹角不断增大，拦截弹付出更多过载实现对机动目标的拦截，验证小航迹夹角对拦截有利。

不同航迹夹角下的末制导拦截飞行轨迹如图 10-2 所示，拦截弹与目标的相对飞行状态满足不同航迹夹角的零控拦截条件，因此其初始过载为零，保证平稳交班；由于弹-目的距离不断缩小，目标机动造成的视线角速率不断增大，存在某一时刻拦截弹的过载饱和，但飞行初期阶段的过载利用不足，对拦截目标不利；由于极快的弹——相对速度，极大缩小了末制导段的飞行时间，对交班状态要求严苛，因此交班条件的优劣是影响拦截效果的关键因素之一。

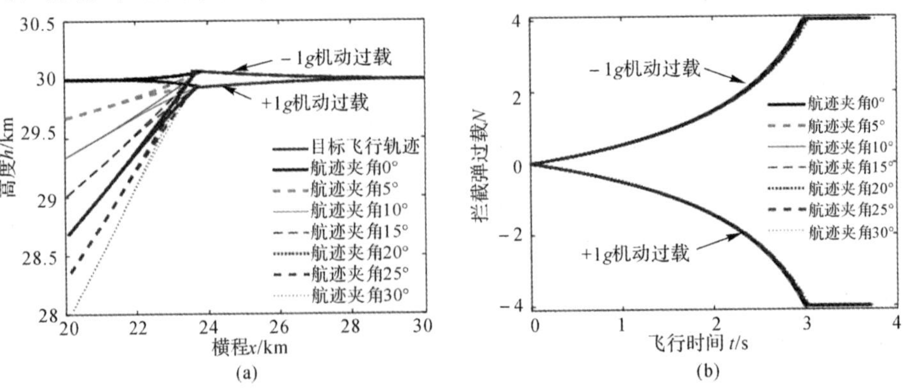

图 10-2 不同航迹夹角的末制导拦截飞行轨迹

(a) 弹-目飞行轨迹曲线；(b) 拦截弹机动过载曲线

10.3 临近空间拦截飞行器制导算法设计

10.3.1 基于中-末制导交班约束的 ZEM/ZEV 制导律

零控脱靶量(Zero - Effort - Miss，ZEM)定义为零过载条件下飞行器飞行至终端时的位置偏差，零控速度偏量(Zero - Effort - Velocity，ZEV)定义为零过载条件下飞行器飞行至终端时的速度偏差。基于中-末制导交班约束的 ZEM/ZEV 算法研究制导指令与零控脱靶量、零控速度偏量的关系，具体推导如下。

简化考虑 J_2 项摄动地球自转模型的拦截弹质心运动方程，可得发射坐标系下的拦截弹质心运动方程为：

$$\left.\begin{aligned}\dot{\boldsymbol{r}} &= \boldsymbol{v}\\ \dot{\boldsymbol{V}} &= \boldsymbol{g}+\boldsymbol{a}\end{aligned}\right\}\tag{10-1}$$

式中，$\boldsymbol{r}$ 和 $\boldsymbol{V}$ 分别为是拦截弹的位置矢量和速度矢量；$\boldsymbol{a}$ 是除重力外的合外力 $\boldsymbol{T}$(推力及气动力)产生的加速度，本节将其视为控制量。因此，质心运动学方程可简化为时变系统的状态方程，即

$$\dot{\boldsymbol{x}}(t)=\boldsymbol{F}[\boldsymbol{x}(t),\boldsymbol{u}(t),t]\tag{10-2}$$

式中，$\boldsymbol{x}$ 表示系统状态量，包含导弹的位置矢量 $\boldsymbol{r}$ 与速度矢量 $\boldsymbol{V}$；$\boldsymbol{u}$ 表示系统控制量。将重力加速度简化为随时间变化的函数，即 $\boldsymbol{g}=\boldsymbol{g}(t)$。式(10 - 2) 表征了时变系统的状态量与控制量之间的关系。

在中-末制导交班的位置与速度方向约束的基础上附加终端速度大小约束，引入当前位置速度，组成典型的两点边值问题，则有

$$\left.\begin{aligned}\boldsymbol{r}(t_0)=\boldsymbol{r}_0,\quad \boldsymbol{V}(t_0)=\boldsymbol{V}_0\\ \boldsymbol{r}(t_f)=\boldsymbol{r}_f,\quad \boldsymbol{V}(t_f)=\boldsymbol{V}_f\end{aligned}\right\}\tag{10-3}$$

设计带时变权重的全程控制能量最小为性能指标，可有效降低全程过载，即

$$J=\int_{t_0}^{t_f}\frac{1}{2}\cdot\frac{\boldsymbol{a}^{\mathrm{T}}\boldsymbol{a}}{(t_f-t)^{\mathrm{n}}}\mathrm{d}t\tag{10-4}$$

式中，n 为时变权重系数，常取值为 0，1。当 $n=0$ 时，以全程控制能量最小为性能指标，保证拦截弹以小过载实现飞行任务；当 $n=1$ 时，以时变权重的全程控制能量最小为性能指标，在有效降低需用过载的同时兼顾过载的收敛性。因而可以根据 n 的取值不同，将两种方法称为常权重 ZEM/ZEV 制导律(Constant Weight Coefficient Zero - Effort - Miss/Zero - Effort - Velocity Guidance Law，CWC - ZEM/ZEV)与变权重 ZEM/ZEV 制导律(Variable Weight Coefficient Zero - Effort - Miss/Zero - Effort - Velocity Guidance Law，VWC - ZEM/ZEV)。

1. CWC - ZEM/ZEV 制导律

$n=0$ 时以全程过载最小为性能指标，即式(10 - 4) 可表示为

$$J=\int_{t_0}^{t_f}\frac{1}{2}\cdot\boldsymbol{a}^{\mathrm{T}}\boldsymbol{a}\mathrm{d}t\tag{10-5}$$

通过求解式(10 - 3) 的两点边值问题可得制导律，引入拉格朗日乘子将终端约束与性能指标结合，有

$$\bar{J}=\int_{t_0}^{t_f}\left\{\frac{1}{2}\cdot\frac{\boldsymbol{a}^{\mathrm{T}}\boldsymbol{a}}{t_f-t}+\boldsymbol{\lambda}_x\left[\boldsymbol{F}(\boldsymbol{x},\boldsymbol{u},t)-\dot{\boldsymbol{x}}\right]\right\}\mathrm{d}t \tag{10-6}$$

由式(10-6)可得，该性能指标对应的哈密尔顿函数为

$$H=\frac{1}{2}\boldsymbol{a}^{\mathrm{T}}\boldsymbol{a}+\boldsymbol{\lambda}_r^{\mathrm{T}}\boldsymbol{V}+\boldsymbol{\lambda}_V^{\mathrm{T}}\left[\boldsymbol{g}(t)+\boldsymbol{a}\right] \tag{10-7}$$

式中，$\boldsymbol{\lambda}_r$，$\boldsymbol{\lambda}_V$ 分别为位置、速度矢量对应的协态向量。由变分法求解最优控制问题，可得控制方程与伴随方程为

$$\left.\begin{aligned}&\frac{\partial H}{\partial \boldsymbol{a}}=\boldsymbol{a}+\boldsymbol{\lambda}_V=\boldsymbol{0}\\&\dot{\boldsymbol{\lambda}}_r=-\frac{\partial H}{\partial \boldsymbol{r}}=\boldsymbol{0}\\&\dot{\boldsymbol{\lambda}}_V=-\frac{\partial H}{\partial \boldsymbol{V}}=-\boldsymbol{\lambda}_r\end{aligned}\right\} \tag{10-8}$$

由式(10-8)可得，任意时刻 t 的控制量与协态向量的关系为

$$\left.\begin{aligned}&\boldsymbol{\lambda}_r=\boldsymbol{\lambda}_{rf}\\&\boldsymbol{\lambda}_V=\boldsymbol{\lambda}_{Vf}+t_{go}\boldsymbol{\lambda}_{rf}\\&\boldsymbol{a}=-\boldsymbol{\lambda}_V\end{aligned}\right\} \tag{10-9}$$

式中，$t_{go}=t_f-t$，表示当前剩余飞行时间。基于控制量、协态向量的解析形式与当前飞行状态，可得任意时刻 T 防空导弹的位置与速度为

$$\left.\begin{aligned}\boldsymbol{V}(T)&=\int_t^T(\boldsymbol{g}(t)+\boldsymbol{a})\,\mathrm{d}t+\boldsymbol{V}(t)=\int_t^T\boldsymbol{g}(\tau)\,\mathrm{d}\tau+\frac{(t_f-T)^2-t_{go}^2}{2}\boldsymbol{\lambda}_{rf}-(T-t)\boldsymbol{\lambda}_{Vf}+\boldsymbol{V}(t)\\\boldsymbol{r}(T)&=\int_t^T\boldsymbol{V}(\tau)\,\mathrm{d}\tau+\boldsymbol{r}(t)=\int_t^{t_f}\int_t^s\boldsymbol{g}(\tau)\,\mathrm{d}\tau\mathrm{d}s-\frac{(t_f-T)^3-t_{go}^3+3t_{go}^2(T-t)}{6}\boldsymbol{\lambda}_{rf}-\\&\quad\frac{(T-t)^2}{2}\boldsymbol{\lambda}_{rf}+(T-t)\boldsymbol{V}(t)+\boldsymbol{r}(t)\end{aligned}\right\} \tag{10-10}$$

通过式(10-3)的终端约束解算 $\boldsymbol{\lambda}_r$ 与 $\boldsymbol{\lambda}_V$，需要满足

$$\left.\begin{aligned}&\boldsymbol{V}(t_f)=\int_t^{t_f}\boldsymbol{g}(\tau)\,\mathrm{d}\tau-\frac{t_{go}^2}{2}\boldsymbol{\lambda}_{rf}-t_{go}\boldsymbol{\lambda}_{Vf}+\boldsymbol{V}(t)=\boldsymbol{V}_f\\&\boldsymbol{r}(t_f)=\int\int_t^{t_f}\boldsymbol{g}(\tau)\,\mathrm{d}\tau^2-\frac{t_{go}^3}{3}\boldsymbol{\lambda}_{rf}-\frac{t_{go}^2}{2}\boldsymbol{\lambda}_{Vf}+t_{go}\boldsymbol{V}(t)+\boldsymbol{r}(t)=\boldsymbol{r}_f\end{aligned}\right\} \tag{10-11}$$

通过求解式(10-11)，可得满足性能指标与终端约束的拉格朗日乘子为

$$\left.\begin{aligned}\boldsymbol{\lambda}_{rf}&=-\frac{12}{t_{go}^3}\left\{\boldsymbol{r}_f-\left[\boldsymbol{r}+t_{go}\boldsymbol{V}+\int_t^{t_f}\int_t^s\boldsymbol{g}(\tau)\,\mathrm{d}\tau\mathrm{d}s\right]\right\}+\frac{6}{t_{go}^2}\left\{\boldsymbol{V}_f-\left[\boldsymbol{V}+\int_t^{t_f}\boldsymbol{g}(\tau)\,\mathrm{d}\tau\right]\right\}\\\boldsymbol{\lambda}_{Vf}&=\frac{6}{t_{go}^2}\left\{\boldsymbol{r}_f-\left[\boldsymbol{r}+t_{go}\boldsymbol{V}+\int_t^{t_f}\int_t^s\boldsymbol{g}(\tau)\,\mathrm{d}\tau\mathrm{d}s\right]\right\}-\frac{4}{t_{go}}\left\{\boldsymbol{V}_f-\left[\boldsymbol{V}+\int_t^{t_f}\boldsymbol{g}(\tau)\,\mathrm{d}\tau\right]\right\}\end{aligned}\right\} \tag{10-12}$$

将式(10-12)代入式(10-9)，可得最优控制的解为

$$\boldsymbol{a}=\frac{6\left[\boldsymbol{r}_f-(\boldsymbol{r}+t_{go}\boldsymbol{V})\right]}{t_{go}^2}-\frac{2(\boldsymbol{V}_f-\boldsymbol{V})}{t_{go}}-\frac{6\int_t^{t_f}\int_t^s\boldsymbol{g}(\tau)\,\mathrm{d}\tau\mathrm{d}s}{t_{go}^2}+\frac{2\int_t^{t_f}\boldsymbol{g}(t)\mathrm{d}t}{t_{go}} \tag{10-13}$$

进一步将重力加速度简化为常值，则有

$$\boldsymbol{a}=\frac{6[\boldsymbol{r}_f-(\boldsymbol{r}+t_{go}\boldsymbol{V})]}{t_{go}^2}-\frac{2(\boldsymbol{V}_f-\boldsymbol{V})}{t_{go}}-\boldsymbol{g} \tag{10-14}$$

引入考虑重力加速度的零控脱靶量 **ZEM** 与零控速度偏量 **ZEV**，则

$$\left.\begin{aligned}\boldsymbol{ZEM}&=\boldsymbol{r}_f-(\boldsymbol{r}+t_{go}\boldsymbol{V}+0.5\boldsymbol{g}t_{go}^2)\\\boldsymbol{ZEV}&=\boldsymbol{V}_f-(\boldsymbol{V}+\boldsymbol{g}t_{go})\end{aligned}\right\} \tag{10-15}$$

可得 $n=0$ 时 CWC－ZEM/ZEV 制导律为

$$\boldsymbol{a}=\frac{6}{t_{go}^2}\mathrm{ZEM}-\frac{2}{t_{go}}\mathrm{ZEV} \tag{10-16}$$

式(10－16)即基于中-末制导交班约束的 CWC－ZEM/ZEV 制导算法，该方法只考虑全程过载最小，忽略了终端过载的收敛性，不利于中-末制导交班与动能拦截器的释放，在理论分析的角度是不完美的。

2. VWC－ZEM/ZEV 制导律

拦截弹随着高度增加可用过载逐渐变小，同时为避免大过载交班与释放动能拦截器，需要确保制导算法收敛以保证中-末制导平稳交班。当 $n=1$ 时，性能指标中剩余时间发挥作用，其权重随剩余时间的减小而不断增大，提高性能指标对终端过载的敏感性。在这种条件下，算法在满足全段控制能量较小的基础上，保证过载的收敛性。

当 $n=1$ 时，最优控制问题以时变权重的控制能量最小为性能指标，以降低全段过载并保证过载收敛性。式(10－4) 可表示为

$$J=\int_{t_0}^{t_f}\frac{1}{2}\cdot\frac{\boldsymbol{a}^{\mathrm{T}}\boldsymbol{a}}{t_f-t}\mathrm{d}t \tag{10-17}$$

引入拉格朗日乘子将终端约束与性能指标结合，则有

$$\begin{aligned}\bar{J}&=\int_{t_0}^{t_f}\frac{1}{2}\frac{\boldsymbol{a}^{\mathrm{T}}\boldsymbol{a}}{t_f-t}+\boldsymbol{\lambda}_x(f[\boldsymbol{x}(t),\boldsymbol{u}(t),t]-\dot{\boldsymbol{x}})\,\mathrm{d}t=\\&\int_{t_0}^{t_f}-\boldsymbol{\lambda}_x\dot{\boldsymbol{x}}+\frac{1}{2}\frac{\boldsymbol{a}^{\mathrm{T}}\boldsymbol{a}}{t_f-t}+\boldsymbol{\lambda}_x f[\boldsymbol{x}(t),\boldsymbol{u}(t),t]\,\mathrm{d}t\end{aligned} \tag{10-18}$$

由式(10－18) 可得，该性能指标对应的哈密尔顿函数为

$$H=\frac{1}{2}\frac{\boldsymbol{a}^{\mathrm{T}}\boldsymbol{a}}{t_f-t}+\boldsymbol{\lambda}_r^{\mathrm{T}}\boldsymbol{V}+\boldsymbol{\lambda}_V^{\mathrm{T}}[\boldsymbol{g}(t)+\boldsymbol{a}] \tag{10-19}$$

由变分法求解最优控制问题，可得控制方程与伴随方程分别为

$$\left.\begin{aligned}&\frac{\partial H}{\partial \boldsymbol{a}}=\frac{\boldsymbol{a}}{t_f-t}+\boldsymbol{\lambda}_V=\boldsymbol{0}\\&\dot{\boldsymbol{\lambda}}_r=-\frac{\partial H}{\partial \boldsymbol{r}}=\boldsymbol{0}\\&\dot{\boldsymbol{\lambda}}_V=-\frac{\partial H}{\partial \boldsymbol{V}}=-\boldsymbol{\lambda}_r\end{aligned}\right\} \tag{10-20}$$

由式(10－20) 可得，控制量与协态向量的关系为

$$\left.\begin{aligned}\boldsymbol{\lambda}_r&=\boldsymbol{\lambda}_{rf}\\\boldsymbol{\lambda}_V&=\boldsymbol{\lambda}_{Vf}+t_{go}\boldsymbol{\lambda}_{rf}\\\boldsymbol{a}&=-t_{go}\boldsymbol{\lambda}_V\end{aligned}\right\} \tag{10-21}$$

式中，$t_{go}=t_f-t$。基于控制量、协态向量的解析形式与当前飞行状态，可得任意时刻 T 防空导弹的位置与速度，即

$$\left.\begin{aligned}
\boldsymbol{V}(T) &= \int_t^T (\boldsymbol{g}(\tau) + \boldsymbol{a})\,\mathrm{d}\tau + \boldsymbol{V}(t) = \\
&\int_t^T \boldsymbol{g}(\tau)\,\mathrm{d}\tau + \frac{(t_f - T)^3 - t_{\mathrm{go}}^3}{3}\boldsymbol{\lambda}_{rf} + \frac{(t_f - T)^2 - t_{\mathrm{go}}^2}{2}\boldsymbol{\lambda}_{Vf} + \boldsymbol{V}(t) \\
\boldsymbol{r}(T) &= \int_t^T \boldsymbol{V}(\tau_1)\,\mathrm{d}t_1 + \boldsymbol{r}(t) = \\
&\int_t^{t_f}\int_t^s \boldsymbol{g}(\tau)\,\mathrm{d}\tau\mathrm{d}s - \frac{(t_f - T)^4 - t_{\mathrm{go}}^4 + 4t_{\mathrm{go}}^3(T-t)}{12}\boldsymbol{\lambda}_{rf} - \\
&\frac{(t_f - T)^3 - t_{\mathrm{go}}^3 + 3t_{\mathrm{go}}^2(T-t)}{6}\boldsymbol{\lambda}_{rf} + (T-t)\boldsymbol{V}(t) + \boldsymbol{r}(t)
\end{aligned}\right\} \tag{10-22}$$

基于终端位置与速度约束式(10－3)，解算 $\boldsymbol{\lambda}_r$ 与 $\boldsymbol{\lambda}_V$，即需要满足：

$$\left.\begin{aligned}
\boldsymbol{V}(t_f) &= \int_t^{t_f} \boldsymbol{g}(\tau)\,\mathrm{d}\tau - \frac{t_{\mathrm{go}}^3}{3}\boldsymbol{\lambda}_{rf} - \frac{t_{\mathrm{go}}^2}{2}\boldsymbol{\lambda}_{Vf} + \boldsymbol{V}(t) = \boldsymbol{V}_f \\
\boldsymbol{r}(t_f) &= \int_t^{t_f}\int_t^s \boldsymbol{g}(\tau)\,\mathrm{d}\tau\mathrm{d}s - \frac{t_{\mathrm{go}}^4}{4}\lambda_{rf} - \frac{t_{\mathrm{go}}^3}{3}\boldsymbol{\lambda}_{Vf} + t_{\mathrm{go}}\boldsymbol{V}(t) + \boldsymbol{r}(t) = \boldsymbol{r}_f
\end{aligned}\right\} \tag{10-23}$$

通过求解式(10－23)，可得满足性能指标与终端约束的拉格朗日乘子

$$\left.\begin{aligned}
\boldsymbol{\lambda}_{rf} &= -\frac{36}{t_{\mathrm{go}}^4}\left\{\boldsymbol{r}_f - \left[\boldsymbol{r} + t_{\mathrm{go}}\boldsymbol{V} + \int_t^{t_f}\int_t^s \boldsymbol{g}(\tau)\,\mathrm{d}\tau\mathrm{d}s\right]\right\} + \frac{24}{t_{\mathrm{go}}^3}\left\{\boldsymbol{V}_f - \left[\boldsymbol{V} + \int_t^{t_f}\boldsymbol{g}(\tau)\,\mathrm{d}\tau\right]\right\} \\
\boldsymbol{\lambda}_{Vf} &= \frac{24}{t_{\mathrm{go}}^3}\left\{\boldsymbol{r}_f - \left[\boldsymbol{r} + t_{\mathrm{go}}\boldsymbol{V} + \int_t^{t_f}\int_t^s \boldsymbol{g}(\tau)\,\mathrm{d}\tau\mathrm{d}s\right]\right\} - \frac{18}{t_{\mathrm{go}}^2}\left\{\boldsymbol{V}_f - \left[\boldsymbol{V} + \int_t^{t_f}\boldsymbol{g}(\tau)\,\mathrm{d}\tau\right]\right\}
\end{aligned}\right\} \tag{10-24}$$

将式(10－24)代入式(10－21)，可得最优控制的解为

$$\boldsymbol{a} = \frac{12[\boldsymbol{r}_f - (\boldsymbol{r} + t_{\mathrm{go}}\boldsymbol{V})]}{t_{\mathrm{go}}^2} - \frac{6(\boldsymbol{V}_f - \boldsymbol{V})}{t_{\mathrm{go}}} - \frac{12\int_t^{t_f}\int_t^s \boldsymbol{g}(\tau)\,\mathrm{d}\tau\mathrm{d}s}{t_{\mathrm{go}}^2} + \frac{6\int_t^{t_f}\boldsymbol{g}(\tau)\,\mathrm{d}\tau}{t_{\mathrm{go}}} \tag{10-25}$$

进一步将重力加速度简化为常值，有

$$\boldsymbol{a} = \frac{12[\boldsymbol{r}_f - (\boldsymbol{r} + t_{\mathrm{go}}\boldsymbol{V})]}{t_{\mathrm{go}}^2} - \frac{6(\boldsymbol{V}_f - \boldsymbol{V})}{t_{\mathrm{go}}} \tag{10-26}$$

将式(10－15)考虑重力加速度的零控脱靶量与零控速度偏量代入式(10－26)，可得

$$\boldsymbol{a} = \frac{12}{t_{\mathrm{go}}^2}\boldsymbol{ZEM} - \frac{6}{t_{\mathrm{go}}}\boldsymbol{ZEV} \tag{10-27}$$

式(10－27)即为基于中-末制导交班约束的 ***VWC－ZEM/ZEV*** 制导算法，该方法以带时变权重的全程过载最小为性能指标，在有效降低全程过载的同时，保证算法具备过载的收敛性，在理论分析的角度是比较完美的。

对比基于不同性能指标的 ***CWC－ZEM/ZEV*** 制导律式(10－16)与 ***VWC－ZEM/ZEV*** 制导律式(10－27)，其核心思想是修正预测位置、速度偏差来适应终端约束，是基于预测-校正的制导律，区别在于 ***VWC－ZEM/ZEV*** 制导律能在前期利用大过载更快地修正当前的飞行状态，有效降低全程过载并兼顾过载的收敛性，即性能指标中加入时变权重的目的。

10.3.2 带航迹角约束的零控拦截流形

零控拦截流形定义为拦截弹在零控条件下能够拦截目标的飞行状态，将拦截弹送入零控拦截流形中可有效降低末制导段过载。当弹-目距离较近时，采用零引力加速度对零控拦截流

形影响较小，可忽略弹-目所受重力加速度与气动力的影响。

弹-目相对运动关系如图 10－3 所示。采用目标弹道系 $Tx_{T2}y_{T2}z_{T2}$ 描述防空导弹与目标的三维航迹角关系，其定义与拦截弹弹道系相同。设弹、目速度大小分别为 V_M,V_T，弹-目相对距离为 R。

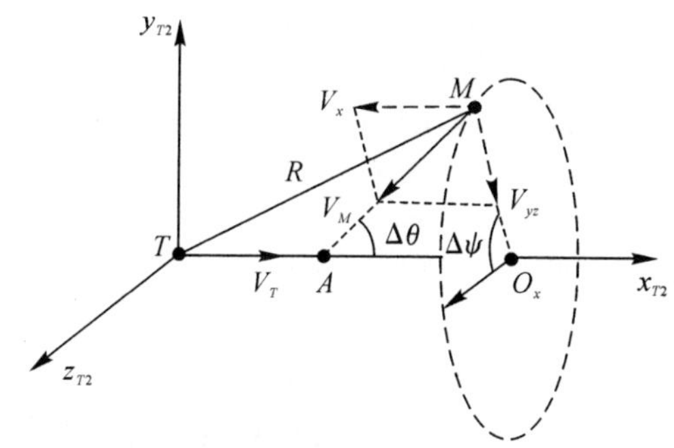

图 10－3　目标弹道坐标系下的弹-目相对运动关系

引入航迹角来描述中-末制导交班时弹-目相对关系：航迹夹角 $\Delta\theta$ 定义为拦截弹速度矢量反向与目标速度矢量的夹角；航迹偏角 $\Delta\psi$ 定义为拦截弹速度矢量反向在目标垂直速度平面的投影与目标弹道坐标系中 Tz_{T2} 轴的夹角，若拦截弹从 Tz_{T2} 轴下方飞向目标，则对应的航迹偏角为正。将弹-目三维相对运动分解为两个平面的运动：$Tx_{T2}M$ 组成的等效纵向平面，对应航迹夹角的关系；$Ty_{T2}z_{T2}$ 等效侧向平面，对应航迹偏角的关系。

10.3.3　等效纵向平面运动关系

等效纵向平面运动如图 10－4(a) 所示，引入总视线角 q 与总弹道倾角 θ_n 描述 $Tx_{T2}M$ 组成的平面运动关系。总视线角定义为弹-目相对位置矢量 $\overrightarrow{MT}$ 与 Tx_{T2} 轴夹角，总弹道倾角定义为拦截弹速度矢量与 Tx_{T2} 轴之间的夹角。建立等效纵向相对运动方程，则有

$$\left.\begin{aligned}\dot{q}&=\frac{V_M}{R}\cdot[C\sin q-\sin(\Delta\theta-q)]\\\dot{R}&=-V_M\cdot[C\cos q+\cos(\Delta\theta-q)]\end{aligned}\right\}\tag{10-28}$$

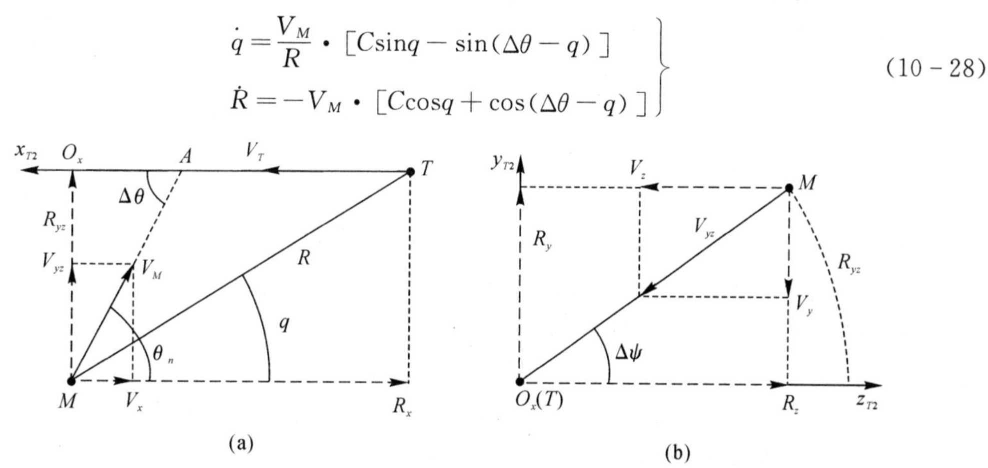

图 10－4　不同平面的弹－目运动关系

(a) 等效纵向平面的弹-目运动关系；(b) $Ty_{T2}z_{T2}$ 面下的弹-目运动关系

由式(10－28) 可知，假设弹-目匀速运动时需要保证视线角速率为零以实现对目标的碰撞

拦截，因此需要求解定航迹夹角 $\Delta\theta$ 对应的纵向平面零控拦截流形。

根据弹-目航迹夹角关系，可得拦截弹在交班时的总弹道倾角为

$$\theta_n = \Delta\theta \tag{10-29}$$

在三角形 MAT 中，由三角函数可得弹-目位置关系为

$$\frac{\overline{AM}}{\sin q} = \frac{\overline{AT}}{\sin(\theta_n - q)} \tag{10-30}$$

保证弹-目同时到达拦截点是实现碰撞拦截任务的充要条件，即

$$\frac{\overline{OM}}{V_{\mathrm{M}}} = \frac{\overline{OT}}{V_{\mathrm{T}}} \tag{10-31}$$

联立式(10-30)、式(10-31)，可得弹-目碰撞三角形约束为

$$\frac{V_{\mathrm{M}}}{\sin q} = \frac{V_{\mathrm{T}}}{\sin(\theta_n - q)} \tag{10-32}$$

利用三角函数将式(10-32)展开，可得弹-目相对运动关系为

$$(V_{\mathrm{M}}\cos\theta_n + V_{\mathrm{T}})\sin q - (V_{\mathrm{M}}\sin\theta_n)\cos q = 0 \tag{10-33}$$

解算式(10-33)，可得总视线角为

$$q = \arctan\frac{V_{\mathrm{M}}\sin\theta_n}{V_{\mathrm{M}}\cos\theta_n + V_{\mathrm{T}}} \tag{10-34}$$

保证零控拦截条件的弹-目相对位置矢量满足以下关系：

$$\left.\begin{aligned} R_x &= R\cos q \\ R_{yz} &= R\sin q \end{aligned}\right\} \tag{10-35}$$

保证零控拦截条件的拦截弹速度矢量满足如下关系：

$$\left.\begin{aligned} V_x &= V_{\mathrm{M}}\cos\theta_n \\ V_{yz} &= V_{\mathrm{M}}\sin\theta_n \end{aligned}\right\} \tag{10-36}$$

式中：R_x，V_x 分别表示弹-目位置矢量与拦截弹速度矢量沿 Tx_{T2} 轴上的分量，R_{yz}、V_{yz} 分别表示弹-目位置矢量与拦截弹速度矢量垂直于 Tx_{T2} 轴上的分量。式(10-35)、式(10-36)是等效纵向平面弹-目相对运动关系，保证带航迹夹角约束下的零控拦截分布圆条件，同时，需要引入等效侧向平面 $Ty_{T2}z_{T2}$ 来描述分布圆上点的关系。

10.3.4 等效侧向平面运动关系

带航迹夹角约束的等效纵向平面零控拦截流形如式(10-35)、式(10-36)所示，是拦截弹需要满足的相对距离、速度矢量关系。$Ty_{T2}z_{T2}$ 面的弹-目相对运动关系如图10-4(b)所示。在 $Ty_{T2}z_{T2}$ 面的零控拦截流形需要保证垂直分量 R_{yz}，V_{yz} 分别指向原点 T。

保证 R_{yz} 指向原点 T 有以下关系：

$$\left.\begin{aligned} R_y &= -R_{yz}\sin\Delta\psi \\ R_z &= R_{yz}\cos\Delta\psi \end{aligned}\right\} \tag{10-37}$$

保证 V_{yz} 指向原点 T 有以下关系：

$$\left.\begin{aligned} V_y &= V_{yz}\sin\Delta\psi \\ V_z &= -V_{yz}\cos\Delta\psi \end{aligned}\right\} \tag{10-38}$$

联立式(10-35)～式(10-38)，可得在目标弹道坐标系下带航迹角约束的零控拦截流形，即零控拦截流形中的防空导弹位置 $\boldsymbol{R}$ 为

$$\left.\begin{aligned} R_x &= R\cos q \\ R_y &= -R\sin q\sin\Delta\psi \\ R_z &= R\sin q\cos\Delta\psi \end{aligned}\right\} \tag{10-39}$$

零控拦截流形中的防空导弹速度 V 为

$$\left.\begin{aligned} V_x &= V_{\rm M}\cos\Delta\theta \\ V_y &= V_{\rm M}\sin\Delta\theta\sin\Delta\psi \\ V_z &= -V_{\rm M}\sin\Delta\theta\cos\Delta\psi \end{aligned}\right\} \tag{10-40}$$

式(10-39)和式(10-40)是目标弹道系下带航迹角约束的零控拦截流形。建立目标弹道系与发射系的转置关系来得到发射系下零控拦截流形，引入目标弹道倾角、偏角求解方法，即

$$\left.\begin{aligned} \theta_{\rm T} &= \arcsin\frac{V_{\rm Ty}}{V_{\rm T}} \\ \psi_{VT} &= -\arctan\frac{V_{\rm Tz}}{V_{Tx}} \end{aligned}\right\} \tag{10-41}$$

式中，V_{Tx}，$V_{\rm Ty}$，$V_{\rm Tz}$ 分别为发射系下的目标速度分量，$\theta_{\rm T}$，ψ_{VT} 分别表示目标弹道倾角、弹道偏角。引入发射系与目标弹道系的转换矩阵 $\boldsymbol{L}(\psi_{VT},\theta_{\rm T})$，可将其转化在发射系下，即

$$\left.\begin{aligned} \boldsymbol{R}'(\Delta\theta,\Delta\psi) &= \boldsymbol{L}\,(\psi_{VT},\theta_{\rm T})^{\rm T}\boldsymbol{R} \\ \boldsymbol{V}'(\Delta\theta,\Delta\psi) &= \boldsymbol{L}\,(\psi_{VT},\theta_{\rm T})^{\rm T}\boldsymbol{V} \end{aligned}\right\} \tag{10-42}$$

式(10-42)为发射系下带航迹角约束的零控拦截流形，是防空导弹在中-末制导交班时需要满足的条件，包含发射系下的终端相对位置约束与相对速度约束。

10.3.5　制导参数迭代算法

以带航迹角约束的零控拦截流形作为中制导终端约束，依靠当前飞行状态预测终端位置、速度偏差，生成制导指令，是本章所提多约束中制导的核心思想，因此需要解算三项内容：剩余时间 $t_{\rm go}$、零控脱靶量 $\boldsymbol{ZEM}$、零控速度偏量 $\boldsymbol{ZEV}$。

1. 机动目标拦截任务

在研究机动目标拦截任务时，需要迭代中-末制导交班点，引入目标预示轨迹并设计拦截弹预示轨迹，根据预测相对运动关系自主求解中-末制导交班点与交班约束作为终端约束，并通过预测方法迭代求解制导参数。

机动目标拦截任务的制导参数的矢量关系如图 10-5(a) 所示，将式(10-1) 简化为关于法向过载 n 的拦截弹状态微分表达式，并引入轨迹预示的目标状态微分表达式：

$$\left.\begin{aligned} \dot{\boldsymbol{X}}_{\rm M} &= \boldsymbol{F}(\boldsymbol{X}_{\rm M},\boldsymbol{n},\boldsymbol{t}) \\ \dot{\boldsymbol{X}}_{\rm T} &= \boldsymbol{H}(\boldsymbol{X}_{\rm T},t) \end{aligned}\right\} \tag{10-43}$$

式中，$\boldsymbol{X}_{\rm M}$，$\boldsymbol{X}_{\rm T}$ 分别为拦截弹与目标的运动学参量。将零控条件下的状态微分方程积分来预测未来拦截弹的飞行状态，有

$$\left.\begin{aligned} \dot{\boldsymbol{r}}_{\rm M} &= \boldsymbol{V}_{\rm M} \\ \dot{\boldsymbol{V}}_{\rm M} &= \frac{(P-X_0)}{m}\,\frac{\boldsymbol{V}_{\rm M}}{\|\boldsymbol{V}_{\rm M}\|_2} + \boldsymbol{g}(\boldsymbol{r}_{\rm M}) \\ \dot{\boldsymbol{m}} &= -m_s(t) \end{aligned}\right\} \tag{10-44}$$

引入拦截弹参数并积分式(10-44) 生成零控飞行轨迹，避免繁琐的迭代过程，提升算法的

精度与速度。引入导引头探测距离 R，当弹-目距离小于 R 时，视为-末制导交班完成。在目标预示信息中附加带航迹角约束的零控拦截流形[式(10-42)]作为时变中制导终端约束，则有

$$\left.\begin{aligned}\boldsymbol{r}_f(t)&=\boldsymbol{r}_{\mathrm{T}}(t)+\boldsymbol{R}'(\Delta\theta,\Delta\psi,t)\\\theta_f(t)&=\arcsin\frac{V'_y(\Delta\theta,\Delta\psi,t)}{\|\boldsymbol{V}'(\Delta\theta,\Delta\psi,t)\|_2}\\\psi_f(t)&=-\arctan\frac{V'_z(\Delta\theta,\Delta\psi,t)}{V'_x(\Delta\theta,\Delta\psi,t)}\end{aligned}\right\}\tag{10-45}$$

联立式(10-45)时变中制导终端约束与式(10-43)弹-目预示飞行状态，积分至拦截弹距时变中制导终端位置最近时，作为迭代结束标志，即

$$(\boldsymbol{V}_{\mathrm{T}f}-\boldsymbol{V}_{\mathrm{M}f})\cdot(\boldsymbol{r}_{\mathrm{T}f}+\boldsymbol{R}'-\boldsymbol{r}_{\mathrm{M}f})=0\tag{10-46}$$

式中，$\boldsymbol{r}_{\mathrm{M}f}$，$\boldsymbol{r}_{\mathrm{T}f}$ 分别是弹、目终端位置矢量，$\boldsymbol{V}_{\mathrm{M}f}$，$\boldsymbol{V}_{\mathrm{T}f}$ 分别是弹、目终端速度矢量，$\boldsymbol{R}'$ 是带航迹角约束的零控拦截流形中距离矢量。由式(10-46)迭代终端时刻 t_f 与当前飞行时刻 t，可以得到中制导剩余时间高精度估算结果，即

$$t_{\mathrm{go}}=t_f-t\tag{10-47}$$

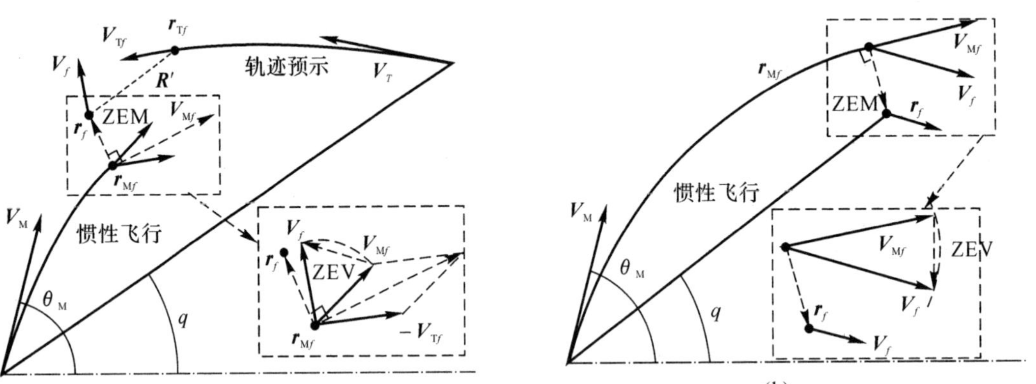

图 10-5 ZEM/ZEV 制导算法思想

(a) 机动目标拦截任务制导原理； (b) 定点飞行任务制导原理

飞行任务对拦截弹速度大小不作约束，但由式(10-42)可知速度大小隐含在带航迹角约束的零控拦截流形中，将无控飞行的终端速度大小附加进终端约束式(10-45)，以保证零控拦截流形的计算精度，可得 ZEM/ZEV 制导算法中的终端约束为

$$\left.\begin{aligned}\boldsymbol{r}(t_f)&=\boldsymbol{r}_{\mathrm{T}f}+\boldsymbol{R}'(\Delta\theta,\Delta\psi)\\\boldsymbol{V}(t_f)&=\boldsymbol{V}'(\Delta\theta,\Delta\psi)\end{aligned}\right\}\tag{10-48}$$

因此，制导算法中的 ZEM 与 ZEV 项为

$$\left.\begin{aligned}\boldsymbol{ZEM}&=\boldsymbol{r}(t_f)-\boldsymbol{r}_{\mathrm{M}f}\\\boldsymbol{ZEV}&=\boldsymbol{V}(t_f)-\boldsymbol{V}_{\mathrm{M}f}\end{aligned}\right\}\tag{10-49}$$

联立式(10-47)、式(10-49)，可得制导算法中的剩余时间 t_{go}、零控脱靶量 ZEM、零控速度偏量 ZEV。通过引入标称零控导弹运动模型与目标预示模型，利用数值预测方法解算的制导参数，提高中制导剩余时间估计精度。

通过这种方法输出三维的制导指令，实际制导为二维的法向过载指令，即 ZEM，ZEV 与当

前防空导弹速度的夹角不等于 90°，这种偏差是由依靠重力转弯的过载指令解算方式引起的，但其影响较小且随弹-目相对距离的减小而收敛为 0。

2. 定点飞行任务

当地面指控系统提供了防空导弹中-末交班点时，拦截任务变成附加速度方向与飞行时间约束的定点飞行任务，因此需要研究定点飞行任务制导参数迭代方法。这种条件下根据拦截弹未来飞行轨迹与中-末交班点的位置 $\boldsymbol{r}_f$ 与速度方向约束 (θ_f, ψ_{Vf}) 的相对关系引入至 ZEM/ZEV 算法。

定点飞行任务制导原理如图 10-5(b) 所示，拦截弹的终端位置、速度方向约束为

$$\left.\begin{aligned} \boldsymbol{r}(t_f) &= \boldsymbol{r}_f \\ \theta(t_f) &= \theta_f \\ \psi_V(t_f) &= \psi_{Vf} \end{aligned}\right\} \tag{10-50}$$

同理引入拦截弹保持零控飞行的运动方程式(10-44)，积分至距离终端位置最近时作为终端飞行状态，即

$$\boldsymbol{V}_{Mf} \cdot [\boldsymbol{r}(t_f) - \boldsymbol{r}_{Mf}] = 0 \tag{10-51}$$

拦截弹预测至终端的所需飞行时间即剩余时间 $t_{go} = t_f - t$。将拦截弹的终端速度大小附加至式(10-50)，以降低附加约束对算法解算的影响，可得扩维的终端约束为

$$\left.\begin{aligned} \boldsymbol{r}(t_f) &= \boldsymbol{r}_f \\ \boldsymbol{V}(t_f) &= V_{Mf} \cdot \frac{\boldsymbol{V}_{M\_aim}}{\| \boldsymbol{V}_{M\_aim} \|_2} \end{aligned}\right\} \tag{10-52}$$

因此，制导算法中的 ZEM 与 ZEV 项为

$$\left.\begin{aligned} \boldsymbol{ZEM} &= \boldsymbol{r}(t_f) - \boldsymbol{r}_{Mf} \\ \boldsymbol{ZEV} &= \boldsymbol{V}(t_f) - \boldsymbol{V}_{Mf} \end{aligned}\right\} \tag{10-53}$$

式(10-53)即为算法应用在定点飞行任务的制导原理，得到算法中的剩余时间 t_{go}、零控脱靶量 ZEM、零控速度偏量 ZEV。

相较于机动目标拦截任务，算法应用到定点飞行任务时按照给定终端约束飞行，简化中制导的问题。通过引入定点飞行任务，分析算法对中-末制导交班约束的适应性，验证制导算法的性能；通过引入机动目标拦截任务，分析算法对带航迹角约束的交班约束解算精度，验证算法对目标轨迹预示精度的适应性。

10.3.6　交班参数及点火时间的计算

设计了基于中-末制导交班约束的 ZEM/ZEV 制导算法，并以带航迹角约束的零控拦截流形作为中-末制导交班条件；设计了基于数值预测的剩余时间估算方法，以满足算法对剩余时间的精度要求。中制导段将初一中制导交班作为起始条件，其交班精度是影响中制导的需用过载的关键因素之一，并且在中制导段存在动力分配问题，因此有必要引入初-中制导一体化设计与Ⅱ脉冲发动机点火时刻迭代方法，以满足临近空间目标拦截中制导的多约束任务。

1. 初-中制导一体化设计

防空导弹将初-中制导交班作为中制导段起点，因此交班后中制导过载的起伏程度影响中制导段需用过载，通过初-中制导一体化设计降低中制导需用过载。不同初-中制导交班条件的中制导过载曲线表明，中制导段的需用过载与初-中制导交班瞬时过载呈正相关关系，将中

制导段的需用过载作为衡量初-中制导交班优劣的条件。

拦截弹垂直发射后姿控发动机工作迅速转向，将转弯后的初制导阶段简化为零控飞行。基于较小的初始速度可将初始空间指向转化为初始速度指向，将初-中制导交班任务简化为初始速度方向的求解：视探测系统发现目标时的方向为射向，以初-中制导交班过载为性能指标，设计量为初始弹道倾角与弹道偏角，因此可将初-中制导交班任务等效为两变量的优化问题。这样做的优势是可以离线计算各弹道倾角对应初-中交班飞行状态，在使用时只需要插值并旋转弹道偏角即可，保证了工程应用时的算法实时性。

本章根据研究对象的特点，采用了具备实现容易、精度高、收敛快等特点的粒子群算法，设计初中制导交班点速度方向迭代逻辑。本章设计的基于粒子群算法的初始速度方向迭代方法如图 10－6 所示。

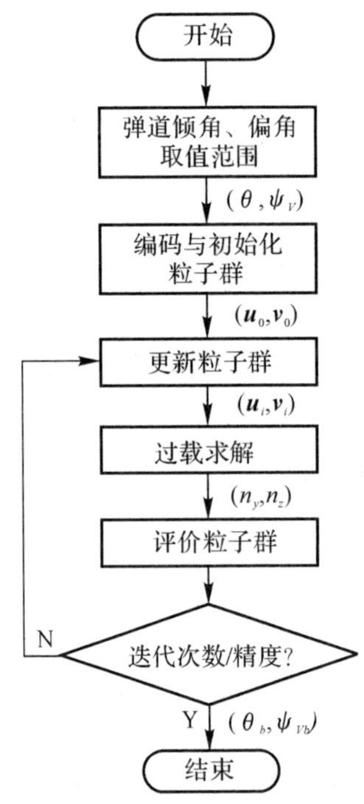

图 10－6　初始速度方向迭代算法

将初始弹道倾角与弹道偏角作为控制量，即

$$\boldsymbol{u}=(\theta,\psi_{\mathrm{V}}) \tag{10-54}$$

建立初始速度方向与交班处法向过载的关系，则有

$$\left.\begin{aligned}n_y&=f(\boldsymbol{u})\\n_z&=h(\boldsymbol{u})\end{aligned}\right\} \tag{10-55}$$

将初-中制导交班处的法向过载最小作为性能指标，以保证平缓交班，即

$$J(\boldsymbol{u})=\frac{1}{2}(n_y^2+n_z^2) \tag{10-56}$$

初-中制导交班前、后法向过载为零可保证交班平缓，但针对法向过载为零的初始速度指向设计问题存在多解现象。针对这一典型条件的中制导初始过载为零，存在 3 个解，但只有一

个解实现了降低中制导段需用过载的任务，因此需要附加指标实现最优解的选取。不同初始速度方向的仿真结果如图 10－7 所示。

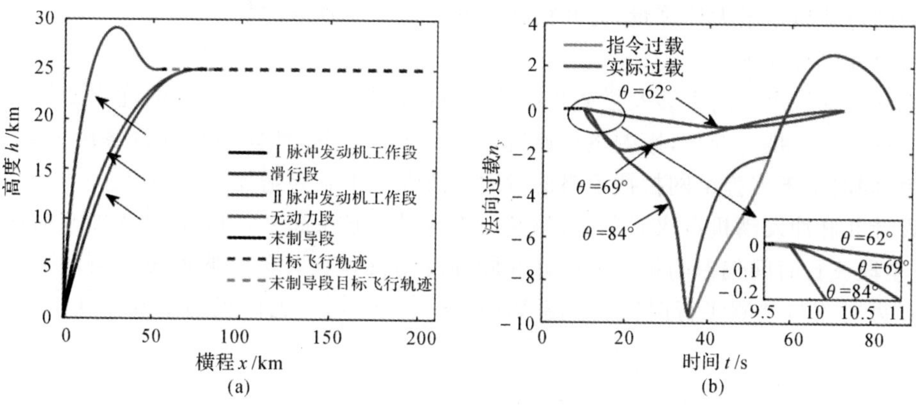

图 10－7　不同初始速度方向的仿真结果

(a) 弹-目飞行轨迹；(b) 法向过载曲线

分析初-中制导交班处附近的过载曲线，最优解所对应的过载曲线斜率较小，因此在性能指标中附加初-中制导交班处过载斜率，有

$$J'(\boldsymbol{u})=k_1(n_y^2+n_z^2)+k_2\left[\left(\frac{\mathrm{d}n_y}{\mathrm{d}t}\right)^2+\left(\frac{\mathrm{d}n_z}{\mathrm{d}t}\right)^2\right] \tag{10-57}$$

式中，k_1，k_2 分别为性能指标中的过载与过载斜率的权重系数。取一组典型权重系数配置为

$$\left.\begin{aligned}k_1&=1\\k_2&=10\end{aligned}\right\} \tag{10-58}$$

引入粒子群算法不断迭代至满足精度要求为止，求解过程不再赘述。通过降低解算精度的需求提高解算速度，设计精度要求为

$$(0<\|\boldsymbol{g}_j-\boldsymbol{g}_{j-1}\|_2\leqslant\|\Delta\boldsymbol{u}\|_2)\quad 或 \quad [J'(\boldsymbol{g}_j)<J_{\min}] \tag{10-59}$$

当全局最优的粒子与上一步所得最优粒子的差值满足精度要求，或者满足性能指标的精度要求时，停止粒子群算法的迭代。因此，可通过调节控制量与性能指标的精度要求提高算法的迭代速度。

针对改进前、后的性能指标进行仿真验证，采用 1 000 次打靶统计多解出现的频率与迭代次数，打靶统计结果见表 10－3。

表 10－3　初始速度方向打靶结果

性能指标	初始弹道倾角/(°)	出现频次	迭代次数均值	迭代次数方差
改进前	62±2	233	9.27	27.41
	69±2	181	9.08	24.64
	84±2	586	11.87	72.54
改进后	62±2	946	11.57	80.62
	69±2	27	48.33	509.62
	84±2	27	53.33	631.15

采用改进后的方法将最优解的概率由 23.3%提升至 94.6%。虽然本节所提方法无法完全避免出现错解的情况，但能够有效降低出现错解的频率，且改进后的算法需要解算初-中制导交班处的过载斜率增大计算量，为此牺牲了迭代速度与收敛次数。

2. 动力分配设计方法

Ⅱ脉冲发动机点火时刻涉及拦截弹的动力分配问题，作为一个重要的优化变量决定防空导弹的质量变化与推力变化，影响飞行速度与全段飞行时间，使防空导弹具备调整弹-目遭遇点的能力，同时由于多弹组网拦截策略的时间一致性给中制导增加时间约束。

在设计Ⅱ脉冲发动机点火时刻时，将其与飞行时间联系起来，引入高精度剩余时间估计算法，通过全段飞行时间偏差的指标来设计Ⅱ脉冲发动机点火时刻。典型飞行条件下的Ⅱ脉冲发动机点火时刻与预测飞行时间的关系如图 10－8 所示，可见曲线的单调性良好，线性程度较好。

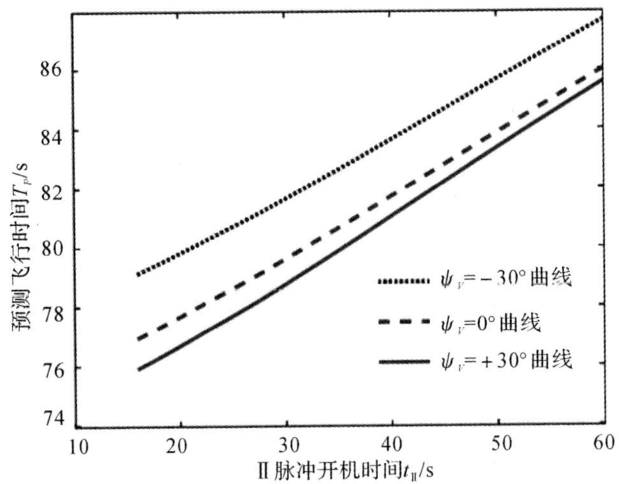

图 10－8　典型Ⅱ脉冲发动机点火时刻与预测飞行时间的关系

首先建立Ⅱ脉冲发动机开机时刻 $t_{\text{Ⅱ}}$ 与全段飞行时间 T_p 的关系，这需要计算当前飞行剩余时间 t_{go}。基于对剩余时间高精度估计方法，有

$$T_p = t_0 + t_{go}(t_{\text{Ⅱ}}) \tag{10-60}$$

引入全段飞行时间约束 T_{aim}，建立点火时刻与全段飞行时间偏差的关系，则有

$$\Delta T = T_{aim} - T_p = T_{aim} - t_0 - t_{go}(t_{\text{Ⅱ}}) \tag{10-61}$$

将Ⅱ脉冲发动机点火时刻求解简化为单变量方程根的数值求解问题：自变量为Ⅱ脉冲点火时刻 $t_{\text{Ⅱ}}$，因变量为飞行时间偏差 ΔT。因此式(10－61)即为时间偏差函数 $\eta(t_{\text{Ⅱ}})$，当 $\eta(t_{\text{Ⅱ}})=0$ 时即为所求Ⅱ脉冲发动机点火时刻。

针对这种单变量非线性方程根的数值求解方法有很多，包括牛顿迭代法、二分法、简单迭代法等。本章着重介绍前两种，并根据其特点设计Ⅱ脉冲发动机点火时刻迭代方法：

(1) 牛顿迭代法：基本思想是将非线性函数 $\eta(t_{\text{Ⅱ}})$ 逐步线性化，从而将非线性方程近似转化为一系列线性方程来求解。这种迭代方法的优势在于其收敛速度快，并且可以处理重根的问题，但其对初值的要求较高，其初值必须在靠近方程根时才可能收敛。

(2) 二分法：基本思想是将区间一分为二，使得区间端点不断逼近零点，迭代得到零点的近似值。这种迭代方法的优势在于计算简单，只需保证其连续性即可，但其只能求单实根和奇数重实根，且收敛速度较慢。

结合本章对象特点，在设计初始速度方向时，存在开机时刻区间内无解的现象，此时再使用牛顿迭代法无法得出需要的解。典型算例如图 10－9 所示，假设需要飞行时间为 78 s，拦截弹以－30°弹道偏角飞行时，在点火时刻区间内无解。当初始速度方向选取结束后，确定Ⅱ脉冲发动机的点火时间，之后的飞行过程中，动态生成的Ⅱ脉冲发动机点火时刻在这附近，因此可作为下一步迭代解的初值。

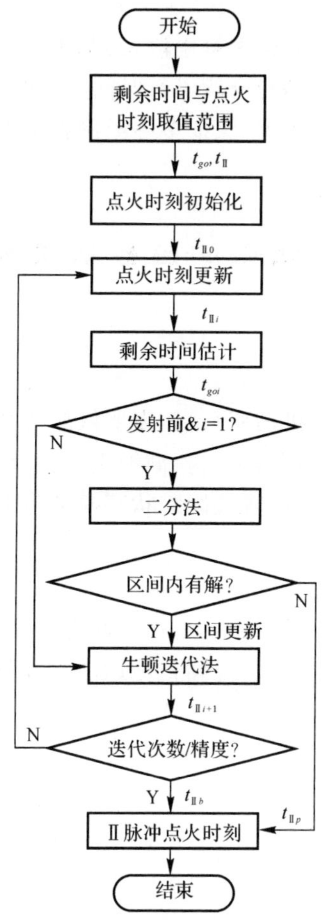

图 10－9　Ⅱ脉冲发动机点火时刻迭代逻辑

针对这一现象，二分法由于其对初值的不敏感，并且能够确定区间内是否有解的特点，能够很好地避免当本节所提的非线性方程根无解时的结果，同时为了兼顾飞行性能，设计了两层、两段迭代逻辑。图 10－9 所示为基于牛顿迭代法与二分法的Ⅱ脉冲发动机点火时刻迭代逻辑：

（1）第一段为指控系统装订参数的迭代求解，分为两层迭代逻辑：外层为二分法确定区间内是否有解，并进一步缩小飞行时间约束，只利用二分法迭代一次以保证速度；内层为牛顿迭代法，当确定区间内有解时，采用二分法迭代后的区间中值作为解的初值，进行牛顿迭代法的求解至满足精度要求为止。

在外层迭代时，对 Ⅱ 脉冲发动机点火时刻的精度要求不高，旨在降低精度提高解算速度，即求解精度设置为

$$|\Delta T_i| < J_1 \tag{10-62}$$

(2) 第二段为飞行过程中的 Ⅱ 脉冲点火时刻动态求解，只使用一层迭代逻辑：使用牛顿迭代法，将上一时刻的 Ⅱ 脉冲发动机点火时刻结果作为本次迭代的初值，可有效提高迭代速度与精度。在这个阶段，对 Ⅱ 脉冲发动机点火时刻精度要求进一步提高，因此可以提高迭代精度要求，即

$$|\Delta T_i| < J_2 \tag{10-63}$$

利用二分法与牛顿迭代法的非线性方程求解手段，其基本方法不再赘述。通过这种变尺度的迭代方法，将 Ⅱ 脉冲发动机点火时刻与全段飞行时间建立联系，通过动态调整 Ⅱ 脉冲发动机点火时刻来实现对全段飞行时间的约束，保证多弹组网拦截时的时间一致性，从而实现对中-末制导交班点的动态选取。

10.4 临近空间目标轨迹预示方法

10.4.1 目标轨迹跟踪方法

中制导段拦截弹导引头无法开机捕获目标，需要依靠地基雷达对目标跟踪观测，提取目标运动信息，交由制导系统生成制导指令，导引拦截弹飞行。卡尔曼滤波方法是目前针对信息提取最广泛应用的方法之一，本节从目标轨迹跟踪状态模型与雷达观测模型出发，使用扩展卡尔曼滤波实现对目标轨迹的跟踪。

1. 目标轨迹跟踪状态模型

建立地面发射坐标系下的目标动力学模型作为状态模型，但由于防守方无法获知目标的机动模式与运动参数，因此需要基于临近空间目标运动学方程，简化得到目标状态模型为

$$\left.\begin{aligned}
\dot{x}_{\mathrm{T}} &= V_{\mathrm{T}x} \\
\dot{y}_{\mathrm{T}} &= V_{\mathrm{T}y} \\
\dot{z}_{\mathrm{T}} &= V_{\mathrm{T}z} \\
\dot{V}_{\mathrm{T}x} &= a_{\mathrm{T}x} \\
\dot{V}_{\mathrm{T}y} &= a_{\mathrm{T}y} \\
\dot{V}_{\mathrm{T}z} &= a_{\mathrm{T}z}
\end{aligned}\right\} \tag{10-64}$$

式中：$(x_{\mathrm{T}}, y_{\mathrm{T}}, z_{\mathrm{T}}, V_{\mathrm{T}x}, V_{\mathrm{T}y}, V_{\mathrm{T}z})$ 为目标状态参量，分别表示目标位置矢量与速度矢量；$(a_{\mathrm{T}x}, a_{\mathrm{T}y}, a_{\mathrm{T}z})$ 表示目标三维加速度。将目标加速度作为干扰会带来较大的偏差，因此需要对加速度建模。常用的模型有 singer 模型、常值速度模型、常值加速度模型、当前统计模型等。singer 模型是将其建立为一阶马尔科夫模型，是本节选取的建模方法，即

$$\left.\begin{aligned}
\dot{a}_{\mathrm{T}x} &= \frac{1}{\tau}\cdot(a_{\mathrm{T}xc} - a_{\mathrm{T}x}) \\
\dot{a}_{\mathrm{T}y} &= \frac{1}{\tau}\cdot(a_{\mathrm{T}yc} - a_{\mathrm{T}y}) \\
\dot{a}_{\mathrm{T}z} &= \frac{1}{\tau}\cdot(a_{\mathrm{T}zc} - a_{\mathrm{T}z})
\end{aligned}\right\} \tag{10-65}$$

式中，τ 表示目标控制周期，取其倒数作为目标机动频率 α。联立式(10－64)，可得连续系统状态方程，有

$$\left.\begin{aligned} \dot{\boldsymbol{r}}_{\mathrm{T}} &= \boldsymbol{V}_{\mathrm{T}} \\ \dot{\boldsymbol{V}}_{\mathrm{T}} &= \boldsymbol{a}_{\mathrm{T}} \\ \dot{\boldsymbol{a}}_{\mathrm{T}} &= \frac{1}{\tau} \cdot (\boldsymbol{a}_{\mathrm{T}c} - \boldsymbol{a}_{\mathrm{T}}) \end{aligned}\right\} \tag{10-66}$$

因此，可将式(10－66)表示为状态方程，则有

$$\dot{\boldsymbol{x}} = \boldsymbol{A}\boldsymbol{x} + \boldsymbol{B}\boldsymbol{w} \tag{10-67}$$

式中，$\boldsymbol{x}_{\mathrm{T}}$ 表示目标运动状态参量，包含目标位置、速度与加速度信息；$\boldsymbol{w}$ 表示目标指令加速度，是滤波过程的干扰量；$\boldsymbol{A}$、$\boldsymbol{B}$ 分别表示系统状态转移矩阵与系统干扰矩阵，有

$$\left.\begin{aligned} \boldsymbol{A} &= \begin{bmatrix} 0_{3\times3} & \boldsymbol{I}_{3\times3} & 0_{3\times3} \\ 0_{3\times3} & 0_{3\times3} & \boldsymbol{I}_{3\times3} \\ 0_{3\times3} & 0_{3\times3} & -\alpha\boldsymbol{I}_{3\times3} \end{bmatrix} \\ \boldsymbol{B} &= \begin{bmatrix} 0_{3\times3} & 0_{3\times3} & 0_{3\times3} \\ 0_{3\times3} & 0_{3\times3} & 0_{3\times3} \\ 0_{3\times3} & 0_{3\times3} & \alpha\boldsymbol{I}_{3\times3} \end{bmatrix} \end{aligned}\right\} \tag{10-68}$$

当雷达采样周期为 T 时，对式(10－68)进行离散化，有

$$\boldsymbol{x}_k = \boldsymbol{\Phi}_{\mathrm{Singer}}\boldsymbol{x}_{k-1} + \boldsymbol{\Gamma}_{\mathrm{Singer}}\boldsymbol{w}_{k-1} \tag{10-69}$$

离散系统的状态转移矩阵与系统干扰矩阵为

$$\left.\begin{aligned} \boldsymbol{\Phi}_{\mathrm{Singer}} &= \begin{bmatrix} \boldsymbol{I}_{3\times3} & T\boldsymbol{I}_{3\times3} & (\alpha T - 1 + \mathrm{e}^{-\alpha T})/\alpha^2\boldsymbol{I}_{3\times3} \\ \boldsymbol{0}_{3\times3} & \boldsymbol{I}_{3\times3} & (1 - \mathrm{e}^{-\alpha T})/\alpha\boldsymbol{I}_{3\times3} \\ \boldsymbol{0}_{3\times3} & \boldsymbol{0}_{3\times3} & e^{-\alpha T}\boldsymbol{I}_{3\times3} \end{bmatrix} \\ \boldsymbol{\Gamma}_{\mathrm{Singer}} &= \begin{bmatrix} -(\alpha T - 1 + \mathrm{e}^{-\alpha T})/\alpha^2\boldsymbol{I}_{3\times3} \\ -(1 - \mathrm{e}^{-\alpha T})/\alpha\boldsymbol{I}_{3\times3} \\ -\mathrm{e}^{-\alpha T}\boldsymbol{I}_{3\times3} \end{bmatrix} \end{aligned}\right\} \tag{10-70}$$

式(10－69)即为目标轨迹跟踪的动力学状态模型，是地基雷达采用卡尔曼滤波对目标跟踪时的状态方程，由目标指令加速度作为噪声驱动目标状态变化。

2. 脉冲雷达观测模型

假设地基雷达布置在发射点处，且雷达站处于静止状态。中制导过程中采用地基雷达系统对目标进行跟踪探测，基于现有地基雷达敏感目标的视距信息、视线角信息与多普勒频移信息，忽略雷达对信号的接收实现过程，而将雷达跟踪系统简化为测量信息包含斜距 ρ、视线角 (u,v) 与接近速度 $\dot{\rho}$。

雷达坐标系 $Ax_ry_rz_r$ 如图 10－10 所示，其定义与传统方式相同，引入高低角 u 与方位角 v 描述目标位置在雷达坐标系下的方位信息。通过直接对目标信息处理的方式进行解算建立雷达观测模型，且忽略雷达信号回波延迟。目标与雷达站之间的斜距 ρ 是由雷达波束发出后经目标反射的回波脉冲到达时间所确定，则斜距 ρ 可表示为

$$\left.\begin{aligned} \boldsymbol{\rho}_k &= \boldsymbol{r}_{\mathrm{T}k} - \boldsymbol{r}_r \\ \rho_k &= |\boldsymbol{\rho}_k| \end{aligned}\right\} \tag{10-71}$$

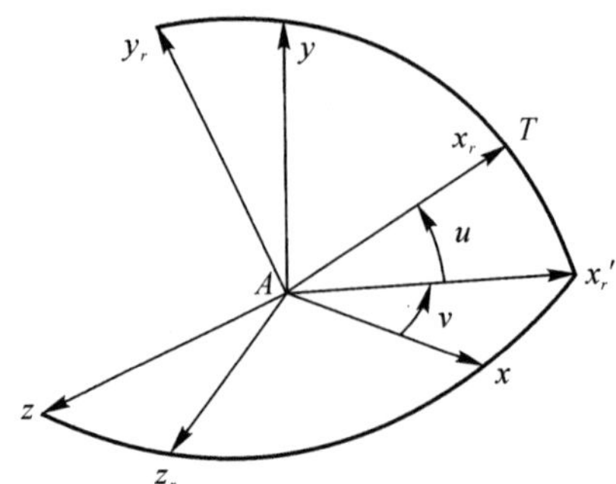

图 10-10　雷达坐标系 $Ax_ry_rz_r$ 与发射坐标系 $Axyz$ 的相对关系

接近速度 $\dot{\rho}$ 是由发射波束与回波波束之间的多普勒频移测量的，则接近速度 $\dot{\rho}$ 为

$$\dot{\rho}_k = \frac{\boldsymbol{V}_{\mathrm{T}k} \cdot \boldsymbol{\rho}_k}{\rho_k} \tag{10-72}$$

视线角 (u,v) 是由雷达回波波束相对于雷达的角度所测量的，则有

$$\left.\begin{aligned} u_k &= \arcsin \frac{y_{\mathrm{T}k}}{\rho_k} \\ v_k &= -\arctan \frac{z_{tk}}{x_{\mathrm{T}k}} \end{aligned}\right\} \tag{10-73}$$

联立式(10-71) ~ 式(10-73)，可得雷达观测模型的真实值为

$$\boldsymbol{h}(\boldsymbol{x}_k) = [\rho_k \quad u_k \quad v_k \quad \dot{\rho}_k]^{\mathrm{T}} \tag{10-74}$$

由于地基雷达对目标探测过程中存在偏差，引入雷达测量噪声作为附加项模拟雷达实测模型，即

$$\boldsymbol{y}_k = \boldsymbol{h}(\boldsymbol{x}_k) + \boldsymbol{v}_k \tag{10-75}$$

式中，$\boldsymbol{v}_n$ 表示雷达观测系统噪声，包含目标斜距观测噪声、高低角观测噪声、方位角观测噪声、目标接近速度观测噪声。

10.4.2　扩展卡尔曼滤波算法

根据目标轨迹跟踪时的状态模型与雷达观测模型，联立式(10-69)、式(10-75)，可得动态系统模型为

$$\left.\begin{aligned} \boldsymbol{x}_k &= \boldsymbol{\Phi}_{\mathrm{Singer}} \boldsymbol{x}_{k-1} + \boldsymbol{\Gamma}_{\mathrm{Singer}} \boldsymbol{w}_{k-1} \\ \boldsymbol{y}_k &= \boldsymbol{h}(\boldsymbol{x}_k) + \boldsymbol{v}_k \end{aligned}\right\} \tag{10-76}$$

假设 Singer 模型中的指令加速度为零均值的白噪声，即系统干扰 $\boldsymbol{w}_k$ 与量测噪声 $\boldsymbol{v}_n$ 为高斯白噪声。由量测方程提供的量测数据 $\boldsymbol{y}_1, \boldsymbol{y}_2, \cdots, \boldsymbol{y}_k$，利用扩展卡尔曼滤波，求解状态在 k 时刻的最佳估计 $\hat{\boldsymbol{x}}_k$：

（1）预测方程为

$$\boldsymbol{x}_{k|k-1} = \boldsymbol{\Phi}_{\mathrm{Singer}} \hat{\boldsymbol{x}}_{k-1} \tag{10-77}$$

（2）预测误差方差矩阵方程为

$$\boldsymbol{P}_{k|k-1} = \boldsymbol{\Phi}_{\mathrm{Singer}} \boldsymbol{P}_{k-1} \boldsymbol{\Phi}_{\mathrm{Singer}}^{T} + \boldsymbol{\Gamma}_{\mathrm{Singer}} \boldsymbol{Q}_{k-1} \boldsymbol{\Gamma}_{\mathrm{Singer}}^{T} \tag{10-78}$$

（3）增益方程为

$$\boldsymbol{K}_k = \boldsymbol{P}_{k|k-1} \boldsymbol{H}_{k|k-1}^{\mathrm{T}} (\boldsymbol{H}_{k|k-1} \boldsymbol{P}_{k|k-1} \boldsymbol{H}_{k|k-1}^{\mathrm{T}} + \boldsymbol{R}_k)^{-1} \tag{10-79}$$

(4) 估计误差方差矩阵方程为

$$\boldsymbol{P}_k=(\boldsymbol{I}-\boldsymbol{K}_k\boldsymbol{H}_{k\mid k-1})\boldsymbol{P}_{k\mid k-1} \tag{10-80}$$

(5) 滤波方程为

$$\hat{\boldsymbol{x}}_k=\boldsymbol{x}_{k\mid k-1}+\boldsymbol{K}_k(\boldsymbol{y}_k-\boldsymbol{h}(\boldsymbol{x}_{k\mid k-1})) \tag{10-81}$$

式中，$\boldsymbol{H}_k$ 是观测方程的 Jacobian 矩阵，其表达式为

$$\boldsymbol{H}_k=\frac{\partial h(x_k)}{\partial x_k}=\frac{\partial(\rho_k,u_k,v_k,\dot{\rho}_k)^{\mathrm{T}}}{\partial(x_{\mathrm{T}k},y_{\mathrm{T}k},z_{\mathrm{T}k},V_{\mathrm{T}xk},V_{\mathrm{T}yk},V_{\mathrm{T}zk},a_{\mathrm{T}xk},a_{\mathrm{T}yk},a_{\mathrm{T}zk})} \tag{10-82}$$

将式(10－82) 展开，Jacobian 矩阵中关于目标斜距与接近速度的参量，有

$$\left.\begin{aligned}
&\frac{\partial\rho_k}{\partial\boldsymbol{\rho}_k^{\mathrm{T}}}=\frac{\boldsymbol{\rho}_k^{\mathrm{T}}}{\rho_k}\\
&\frac{\partial\dot{\rho}_k}{\partial\boldsymbol{\rho}_k^{\mathrm{T}}}=\frac{1}{\rho_k}\boldsymbol{V}_k^{\mathrm{T}}(I_3-\boldsymbol{\rho}_k\boldsymbol{\rho}_k^{\mathrm{T}}/\rho_k^2)\\
&\frac{\partial\dot{\rho}_k}{\partial\boldsymbol{V}_k^{\mathrm{T}}}=\frac{\partial\rho_k}{\partial\boldsymbol{\rho}_k^{\mathrm{T}}}=\frac{\boldsymbol{\rho}_k^{\mathrm{T}}}{\rho_k}
\end{aligned}\right\} \tag{10-83}$$

同理，Jacobian 矩阵中关于视线角的参量为

$$\left.\begin{aligned}
&\frac{\partial u_k}{\partial\boldsymbol{\rho}_k^{\mathrm{T}}}=-\frac{y_{\mathrm{T}k}}{\rho_k^2\sqrt{x_{\mathrm{T}k}^2+z_{\mathrm{T}k}^2}}\cdot(x_{\mathrm{T}k},-y_{\mathrm{T}k},z_{\mathrm{T}k})\\
&\frac{\partial v_k}{\partial\boldsymbol{\rho}_k^{\mathrm{T}}}=\frac{1}{x_{\mathrm{T}k}^2+z_{\mathrm{T}k}^2}\cdot(z_{\mathrm{T}k},0,-x_{\mathrm{T}k})
\end{aligned}\right\} \tag{10-84}$$

因此，将式(10－83)、式(10－84) 代入式(10－82)，可得观测方程的 Jacobian 矩阵为

$$\boldsymbol{H}_k=\begin{bmatrix}
\dfrac{\boldsymbol{\rho}_k^{\mathrm{T}}}{\rho_k} & \boldsymbol{0}_{1\times3} & \boldsymbol{0}_{1\times3}\\
\dfrac{1}{\rho_k^2\sqrt{x_{\mathrm{T}k}^2+z_{\mathrm{T}k}^2}}(-x_{\mathrm{T}k}y_{\mathrm{T}k},x_{\mathrm{T}k}^2+z_{\mathrm{T}k}^2,-y_{\mathrm{T}k}z_{\mathrm{T}k}) & \boldsymbol{0}_{1\times3} & \boldsymbol{0}_{1\times3}\\
\dfrac{1}{x_{\mathrm{T}k}^2+z_{\mathrm{T}k}^2}(z_{\mathrm{T}k},0,-x_{\mathrm{T}k}) & \boldsymbol{0}_{1\times3} & \boldsymbol{0}_{1\times3}\\
\dfrac{1}{\rho_k}\boldsymbol{V}_k^{\mathrm{T}}(I_3-\boldsymbol{\rho}_k\boldsymbol{\rho}_k^{\mathrm{T}}/\rho_k^2) & \dfrac{\boldsymbol{\rho}_k^{\mathrm{T}}}{\rho_k} & \boldsymbol{0}_{1\times3}
\end{bmatrix} \tag{10-85}$$

状态向量的初值由第一次接收到的观测值确定，即当地基雷达首次将目标信息传回时，有 $\boldsymbol{y}_0=[y_{01}\quad y_{02}\quad y_{03}\quad y_{04}]=\boldsymbol{h}(\boldsymbol{x}_0)+\boldsymbol{v}_0$，将带偏差的观测值代入观测方程解算，可得雷达跟踪过程中的状态向量初值 $\boldsymbol{x}'_0$ 为

$$\left.\begin{aligned}
&\boldsymbol{r}_0=\boldsymbol{y}_0(1)\cdot[\cos\boldsymbol{y}_0(2)\cos\boldsymbol{y}_0(3)\quad \sin\boldsymbol{y}_0(2)\quad -\cos\boldsymbol{y}_0(2)\sin\boldsymbol{y}_0(3)]^{\mathrm{T}}\\
&\boldsymbol{V}_0=\frac{\boldsymbol{y}_0(4)\cdot\boldsymbol{r}_0}{y_0(1)}\\
&\boldsymbol{a}_0=(0,0,0)^{\mathrm{T}}
\end{aligned}\right\} \tag{10-86}$$

综上，通过推导状态方程与观测方程，引入扩展卡尔曼滤波算法，设计地基雷达观测系统对目标轨迹探测跟踪的初值与过程求解的方式，可实现对目标的实时跟踪滤波，生成拦截弹制导过程中的信号源。

10.4.3　基于曲率模型的预测方法

目标轨迹预测技术与防空导弹的预测命中点 / 预测中-末制导交班点相关，其精度直接决

定了制导过程中拦截弹机动能力。匀速预测模型是最常用的方法之一，由于忽略了目标运动信息的特点，存在极大的偏差导致脱靶。本节在轨迹跟踪的基础上，设计基于曲率模型的轨迹预测方法，引入地基雷达跟踪目标提取的运动信息，寻找目标飞行规律，实现对目标的轨迹预测。

1. 目标运动曲率模型

曲率用来描述空间曲线的切向量对于弧长的旋转速度，曲率越大曲线的弯曲程度就越大，因此它反映了曲线的弯曲程度。目标飞行轨迹是一类特殊的空间曲线，因此可以通过提取目标飞行轨迹的曲率实现轨迹预测。

典型空间曲率模型如图 10－11(a) 所示，定义空间曲线在 A 点的曲率为

$$k(s)=\lim_{\Delta s\to 0}\left|\frac{\Delta\varphi}{\Delta s}\right| \tag{10-87}$$

式中，$\Delta\varphi$ 表示曲线在 A、A' 间的切线夹角；Δs 表示曲线在 A、A' 间的弧长，A' 越接近于 A，就越接近在点 A 的弯曲程度，进一步令 $\Delta s\to 0$，其极限就可近似为曲率。

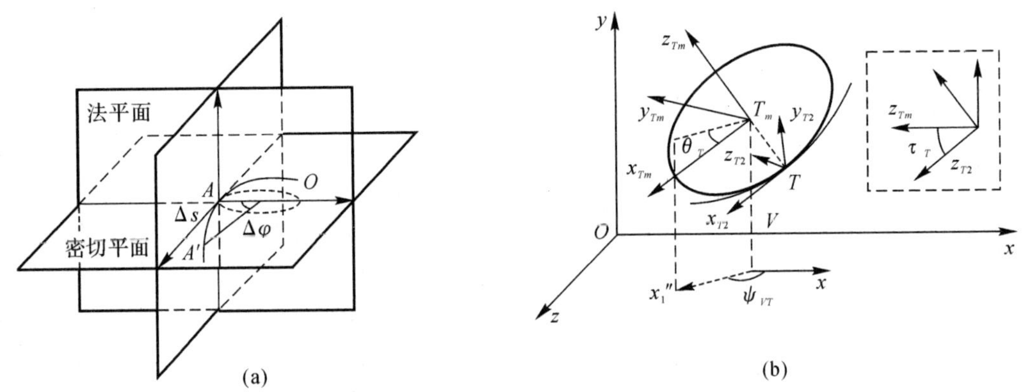

图 10－11　典型飞行条件下的曲率模型

(a) 典型空间曲率模型；(b) 目标运动曲率模型

建立目标密切圆坐标系 $T_m x_{T_m} y_{T_m} z_{T_m}$ 如图 10－11(b) 所示，该坐标系是由目标弹道坐标系绕 x_{T1} 轴旋转一个角度后平移至新原点所形成的。利用目标飞行曲率计算发射系下的圆心坐标与半径大小，有

$$k(s)=\left|\frac{\Delta\varphi}{\Delta s}\right|=\left|\frac{\omega\cdot\Delta t}{V\cdot\Delta t}\right|=\left|\frac{\omega}{V}\right| \tag{10-88}$$

式中：$\Delta\varphi$ 表示任意两点之间速度方向夹角；Δs 表示当前两点之间运动的距离，根据雷达观测系统的目标轨迹跟踪算法输出的任意两点之间的探测数据，有

$$\left.\begin{aligned}\Delta\varphi&=\arccos\frac{V'_{\mathrm{T}}\cdot V_{\mathrm{T}}}{\|V'_{\mathrm{T}}\|_2\cdot\|V_{\mathrm{T}}\|_2}\\ \Delta s&=\|r'_{\mathrm{T}}-r_{\mathrm{T}}\|_2\end{aligned}\right\} \tag{10-89}$$

假设飞行器按照当前曲率飞行，由式(10－88) 可得目标飞行的半径与角速度为

$$\left.\begin{aligned}R_{\mathrm{T}}&=\frac{1}{k(s)}\\ \omega_{\mathrm{T}}&=\frac{V_{\mathrm{T}}}{R_{\mathrm{T}}}\end{aligned}\right\} \tag{10-90}$$

圆心-位置矢量始终与速度矢量垂直，因此可得位置-圆心矢量的方向为

$$\boldsymbol{I}_R=\frac{(\boldsymbol{V}_{\mathrm{T}}\times\boldsymbol{V}'_{\mathrm{T}})\times\boldsymbol{V}'_{\mathrm{T}}}{\|(\boldsymbol{V}_{\mathrm{T}}\times\boldsymbol{V}'_{\mathrm{T}})\times\boldsymbol{V}'_{\mathrm{T}}\|_2} \tag{10-91}$$

联立式(10－90)、式(10－91)，可得圆心所在位置为

$$\boldsymbol{R}_{O_1}=\boldsymbol{R}'_{\mathrm{T}}+R_{\mathrm{T}}\cdot\boldsymbol{I}_R \tag{10-92}$$

引入目标弹道倾角 θ_{T}、弹道偏角 ψ_{VT}、圆俯角 τ_{T} 建立密切圆坐标系 $T_m x_{Tm} y_{Tm} z_{Tm}$ 与发射系 $Axyz$ 的转换关系，这需要根据提取的目标运动信息，解算目标弹道倾角 θ_{T}、弹道偏角 ψ_{VT}，其定义与求解与传统方法相同，不做赘述。目标圆俯角 τ_{T} 定义为 z_{Tm} 轴与 z_{T2} 的夹角，自 x_{T2} 反向看，当 z_{T2} 逆时针方向转到 z_{Tm} 上时，τ_t 为正，反之为负。目标密切圆系下的预测轨迹如图 10－12 所示。

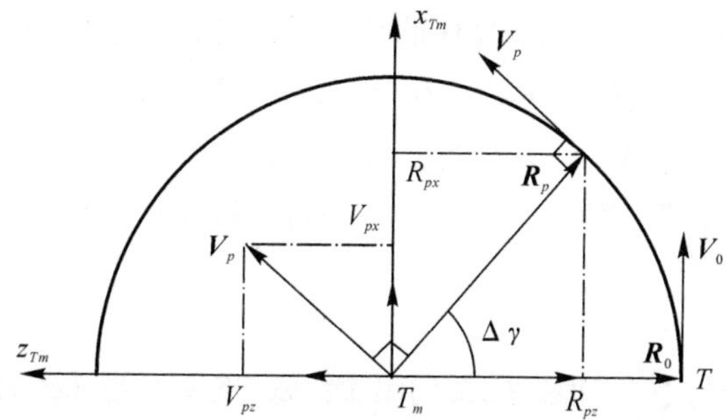

图 10－12　目标密切圆系下的预测轨迹

根据位置-圆心的矢量方向式(10－91)，可得目标弹道坐标系下的位置-圆心的矢量方向为

$$\boldsymbol{I}'_R=\boldsymbol{L}(\psi_{VT},\theta_{\mathrm{T}})\cdot\boldsymbol{I}_R \tag{10-93}$$

式中，$\boldsymbol{L}(\psi_{VT},\theta_{\mathrm{T}})$ 表示发射系 $Axyz$ 与目标弹道系 $O_1x_1y_1z_1$ 的变换矩阵。由式(10－93)可得目标圆俯角 τ_{T} 为

$$\tau_{\mathrm{T}}=-\arctan\frac{\boldsymbol{I}'_{Ry}}{\boldsymbol{I}'_{Rz}} \tag{10-94}$$

目标密切圆坐标系是目标弹道坐标系绕速度轴旋转目标圆俯角 τ_{T} 得到的，因此两个坐标系之间的转换关系为

$$\boldsymbol{L}_x(\tau_{\mathrm{T}})=\begin{bmatrix}1 & 0 & 0\\0 & \cos\tau_{\mathrm{T}} & \sin\tau_{\mathrm{T}}\\0 & -\sin\tau_{\mathrm{T}} & \cos\tau_{\mathrm{T}}\end{bmatrix} \tag{10-95}$$

发射系与目标密切圆坐标系之间的变换矩阵 $\boldsymbol{L}(\tau_{\mathrm{T}},\psi_{VT},\theta_{\mathrm{T}})$ 为

$$\boldsymbol{L}(\tau_{\mathrm{T}},\psi_{VT},\theta_{\mathrm{T}})=\boldsymbol{L}_x(\tau_{\mathrm{T}})\boldsymbol{L}(\psi_{VT},\theta_{\mathrm{T}}) \tag{10-96}$$

式(10－90)、式(10－92)、式(10－96)是根据目标飞行轨迹建立的曲率模型，包含圆心位置、旋转角速度、旋转半径、发射系与目标密切圆系转换关系，是目标轨迹预示的基础。

2. 基于曲率模型的预示方法

在 10.4.3 节中建立了目标曲率模型，并结合轨迹跟踪方法设计曲率、角速度、圆心位置等关键参数的求解过程。需要将上述目标曲率模型，向后预测目标未来飞行轨迹。

基于曲率模型的目标轨迹预示方法原理如图 10－12 所示。引入式(10－90)目标运动角速

度，假设目标按照当前曲率运动至 Δt 后，旋转的角度为

$$\Delta\gamma = \omega_T \cdot \Delta t \tag{10-97}$$

因此，将 Δt 后的目标位置矢量分解到目标密切圆坐标系，有

$$\left.\begin{aligned} R_{px} &= R\sin\Delta\gamma \\ R_{py} &= 0 \\ R_{pz} &= -R\cos\Delta\gamma \end{aligned}\right\} \tag{10-98}$$

同理，将 Δt 后的目标速度矢量分解到目标密切圆坐标系，有

$$\left.\begin{aligned} V_{px} &= V\cos(\Delta\gamma) \\ V_{py} &= 0 \\ V_{pz} &= V\sin(\Delta\gamma) \end{aligned}\right\} \tag{10-99}$$

将坐标系转至地面发射坐标系下，目标的预示位置与预示速度为

$$\left.\begin{aligned} \boldsymbol{R}'_p &= \boldsymbol{R}_{O_1} + \boldsymbol{L}(\tau_T, \psi_{VT}, \theta_T)^T \boldsymbol{R}_p \\ \boldsymbol{V}'_p &= \boldsymbol{L}(\tau_T, \psi_{VT}, \theta_T)^T \boldsymbol{V}_p \end{aligned}\right\} \tag{10-100}$$

式(10－100)即为本章设计的基于曲率模型的目标轨迹预测模型，制导参数迭代算法中目标轨迹预示的基本形式。

10.5 临近空间拦截飞行器仿真

10.5.1 定点飞行任务仿真

当已知目标在某一时间后的运动信息，可以反解出防空导弹中-末交班点的位置、速度方向与飞行时间约束，拦截任务转化为定时定点定速飞行任务。

10.5.2 标称条件下定点飞行任务

设置发射点的经纬度为(86°,41°)，选取 3 枚防空导弹相隔 5s 发射，并引入中制导段广泛研究与应用的预测比例导引法(Predictive PN guidance,PPN)与本章所提方法作对比。任务配置与仿真结果见表 10－4。

表 10－4 标称条件定点飞行任务与仿真结果

制导律	发射时刻/s	开机时刻/s	初始速度方向/(°)	终端速度方向/(°)	时间偏差/s	脱靶量/m	终端过载	全程过载
VWC－ZEM/ZEV	0	45.23	(70.8,0)	(0,0)	0.10	0.41	0.002	18.4
	5	36.38	(70.4,0)	(0,0)	−0.09	0.37	0.003	21.1
	10	27.49	(69.4,0)	(0,0)	−0.47	0.12	0.003	23.0
CWC－ZEM/ZEV	0	46.42	(67.6,0)	(0.01,0)	0.00	0.05	1.02	15.6
	5	37.33	(66.9,0)	(0.01,0)	−0.09	0.64	1.36	18.1
	10	27.66	(65.6,0)	(0.01,0)	−0.17	0.30	1.59	19.8

续表

制导律	发射时刻/s	开机时刻/s	初始速度方向/(°)	终端速度方向/(°)	时间偏差/s	脱靶量/m	终端过载	全程过载
PPN	0	47.23	(65.4,0)	(7,−0.1)	−0.01	0.10	0.004	3.2
	5	37.89	(64.3,0)	(9.3,−0.2)	0.01	0.24	0.004	3.9
	10	27.66	(62.6,0)	(11.1,−0.2)	0.07	0.21	0.004	3.7

根据表 10-4 标称条件定点飞行任务与仿真结果给出时间偏差、视线角速率、零控脱靶量等仿真结果可知，算法通过动态调整Ⅱ脉冲发动机开机时刻保证飞行时间约束，按照给定终端需求实现飞行任务，验证本章算法对多任务具有良好的适应性；同时，对原有制导律的改进大幅提高过载的收敛性，但为此损失了部分控制能量，且所提初-中制导交班条件迭代算法能够有效降低中制导的过载。因此本章所提方法对比预测比例导引法具有明显优势（见图 10-13）。

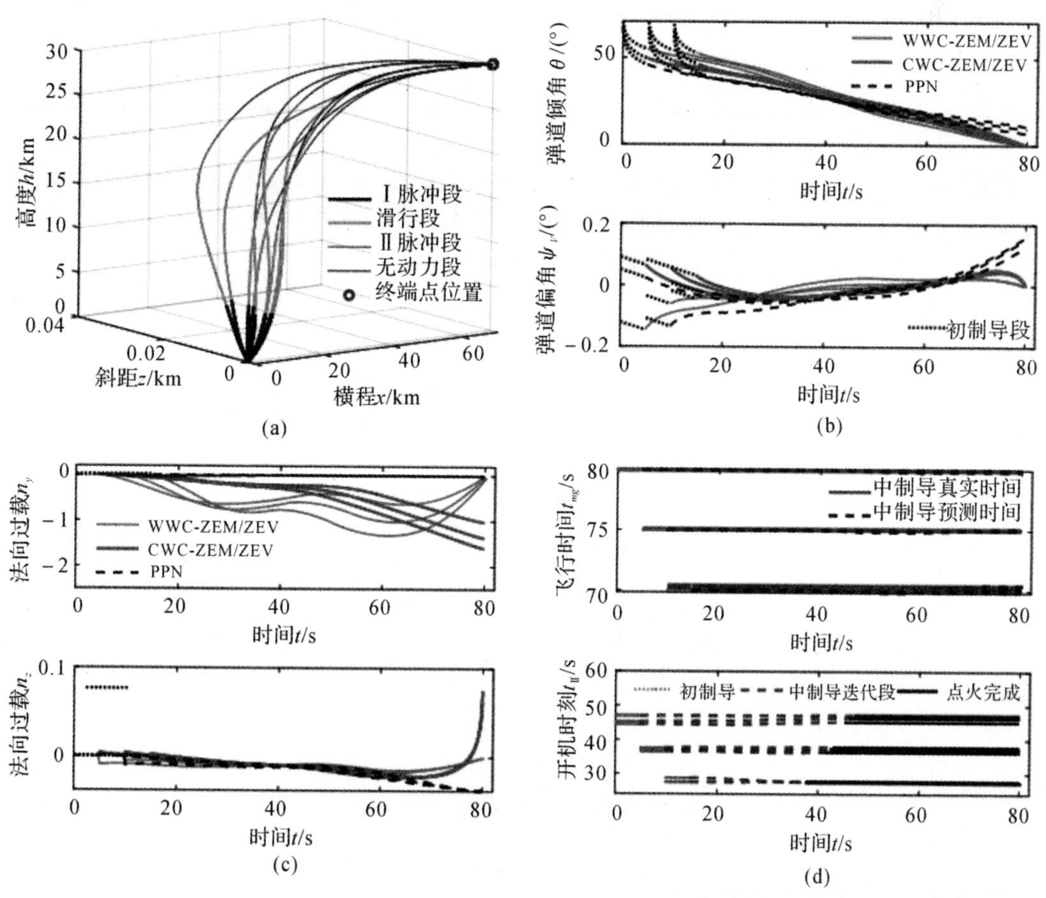

图 10-13　标称条件下定点飞行参数曲线图

(a) 弹-目飞行轨迹；(b) 弹道方向变化曲线；(c) 法向过载变化曲线；(d) 预测时间与开机时刻曲线

标称条件下定时定点定速飞行参数曲线如图 10－13 所示。由图 10－13(a)(b)可知，地球自转带来弹道偏角的变化，算法具备修正能力；由图 10－13(c)可知，VWC－ZEM/ZEV 制导律能够保证终端过载收敛，且初始速度方向对降低全段过载的作用；由图 10－13(d)可知，通过动态调整开机时刻实现飞行时间的自适应。

10.5.3 蒙特卡洛打靶仿真

由于参数偏差散布，对本章所提算法的鲁棒性提出要求。引入拦截弹参数偏差，设计拦截场景：全程飞行时间为 80 s，发射时刻 0 s，按照预定终端位置与速度方向的飞行任务，利用蒙特卡洛打靶法仿真 1 000 次统计结果。

根据表 10－5 给出时间偏差、脱靶量、终端速度方向等仿真结果可知，本章所提中制导算法能够适应多种参数偏差，对参数偏差具有强鲁棒性、高制导精度，在偏差条件下完成预定拦截任务。

表 10－5 偏差条件下定点飞行任务蒙特卡洛仿真统计结果

偏差类型	弹道倾角/(°)	弹道偏角/(°)	脱靶量/m	时间偏差/s	终端过载
均值	-1.46×10^{-4}	0	0.340	3.64×10^{-3}	1.55×10^{-2}
方差	1.58×10^{-8}	0	4.02×10^{-2}	0.117	1.35×10^{-5}

偏差条件下的飞行参数统计结果如图 10－14 所示。图 10－14 脱靶量与飞行时间偏差曲线表明，本章所提方法能够将导弹导引至终端点，其脱靶量、飞行时间偏差的散布较小，说明本章算法对于偏差具备强鲁棒性，具备较好的工程应用价值。

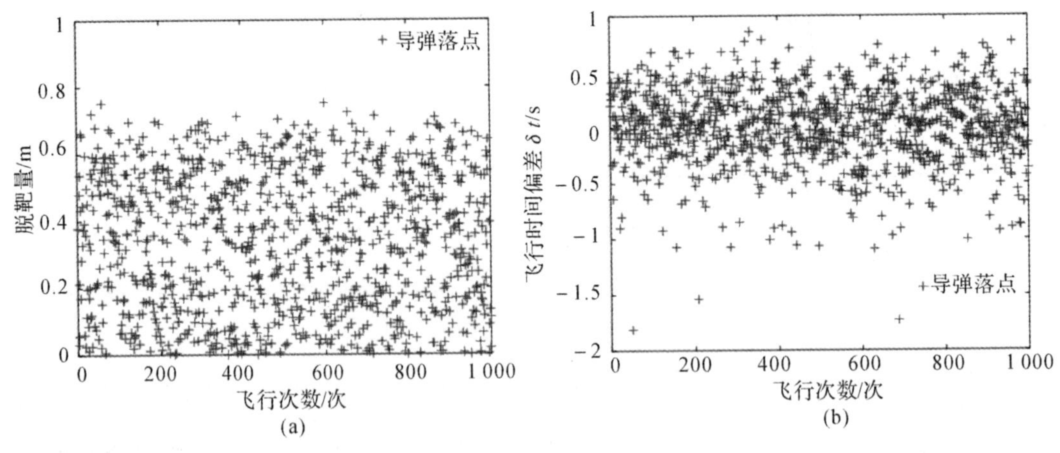

图 10－14 偏差条件下定点飞行任务参数曲线

(a) 脱靶量曲线； (b) 飞行时间偏差曲线

10.5.4 机动目标拦截仿真

引入机动目标拦截仿真，验证算法对动态求解交班点与目标轨迹预示方法的适应性。同时，假设目标以摧毁地基防空阵地为任务，因此朝向防空阵地机动。

10.5.5　标称条件下机动目标拦截仿真

设计标称条件下的多弹组网拦截场景：三枚拦截弹相隔 4 s 发射，全程飞行时间为 90 s，按照任务航迹角组网拦截。同时引入预测比例导引法(PPN)作对比。

由表 10－6 给出的时间偏差、零控脱靶量、终端航迹角等仿真结果可知，本章所提方法能够同时满足终端位置、速度方向与飞行时间约束，进而将导弹导引至带航迹角约束的零控拦截流形中。改进后的 VWC－ZEM/ZEV 制导律在有效降低中制导段需用过载的同时，保证了过载的收敛性，交班更具有合理性。对比预测比例导引法，由于无法引入速度方向约束，会引起较大的脱靶量。

表 10－6　标称条件下机动目标多弹拦截仿真结果

制导律	发射时刻	开机时刻	初始速度方向	终端航迹角	时间偏差	零控脱靶量	交班过载	全程过载
VWC－ZEM/ZEV	4	43.7	(58.5，−45.7)	(10.0，180.0)	−0.36	1.47	8.72×10^{-3}	90.65
	8	42.4	(68，−37.3)	(10.0，−60.0)	0.09	1.46	2.18×10^{-2}	59.19
	12	21.1	(52.9，−23.9)	(10.0，60.0)	0.21	1.04	2.50×10^{-2}	49.11
CWC－ZEM/ZEV	4	48.7	(60.5，−35.6)	(10.0，180.0)	−0.19	1.26	1.05	80.58
	8	44.9	(64.7，−25.9)	(10.1，−59.9)	0.06	4.75	1.30	45.52
	12	31.9	(56.7，−23.1)	(10.1，59.9)	−0.00	6.05	1.18	44.34
PPN	4	53.2	(63.1，−19.8)	(14.9，−14.9)	−0.00	1861	3.99×10^{-3}	1.22
	8	45.8	(62.2，−19.0)	(13.6，−4.9)	0.01	852	4.62×10^{-2}	1.37
	12	36.9	(60.3，−19.1)	(13.5，−2.7)	0.05	918	8.32×10^{-2}	1.62

注：4 s 发射的任务航迹角为(10°，180°)，8s 发射的任务航迹角为(10°，−60°)，12s 发射的任务航迹角为(10°，60°)。

标称条件下各项飞行参数的仿真曲线如图 10－15 所示。由图 10－15(a)(b)可知，本章所提算法能够将拦截弹导引至带航迹角约束的零控拦截流形中，动态解算的中-末制导预测交班点偏差较小并收敛至终端点，且 VWC－ZEM/ZEV 制导律的末段弹道更平稳，验证其收敛性更好；由图 10－15(c)(d)可知，设计的初始速度方向有效降低全程过载，且 VWC－ZEM/ZEV 制导律能够保证在中-末制导交班处过载收敛至 0，但也为此付出了额外的过载；由图 10－15(e)(f)可知，基于高精度的剩余时间估计方法，可根据拦截任务在线动态调整开机时刻。本章所提算法能够实现多约束的中制导任务，对比预测比例导引法具有明显优势。

10.5.6　单项极限偏差条件下机动目标拦截仿真

由于拦截弹在大气层内飞行，会存在各种偏差引起制导精度下降，因此有必要研究在单项极限偏差条件下的制导修正能力。引入偏差条件下的拦截场景：全程飞行时间为 90 s，发射时刻为 4 s，任务航迹角为(10°，−180°)。同时，配置表 10－7 中的参数偏差上下界，分别表示为 $n\pm$，并在引入风场时选取 4 种典型风速方向，以验证算法对多种参数偏差的适应性与敏感性分析。

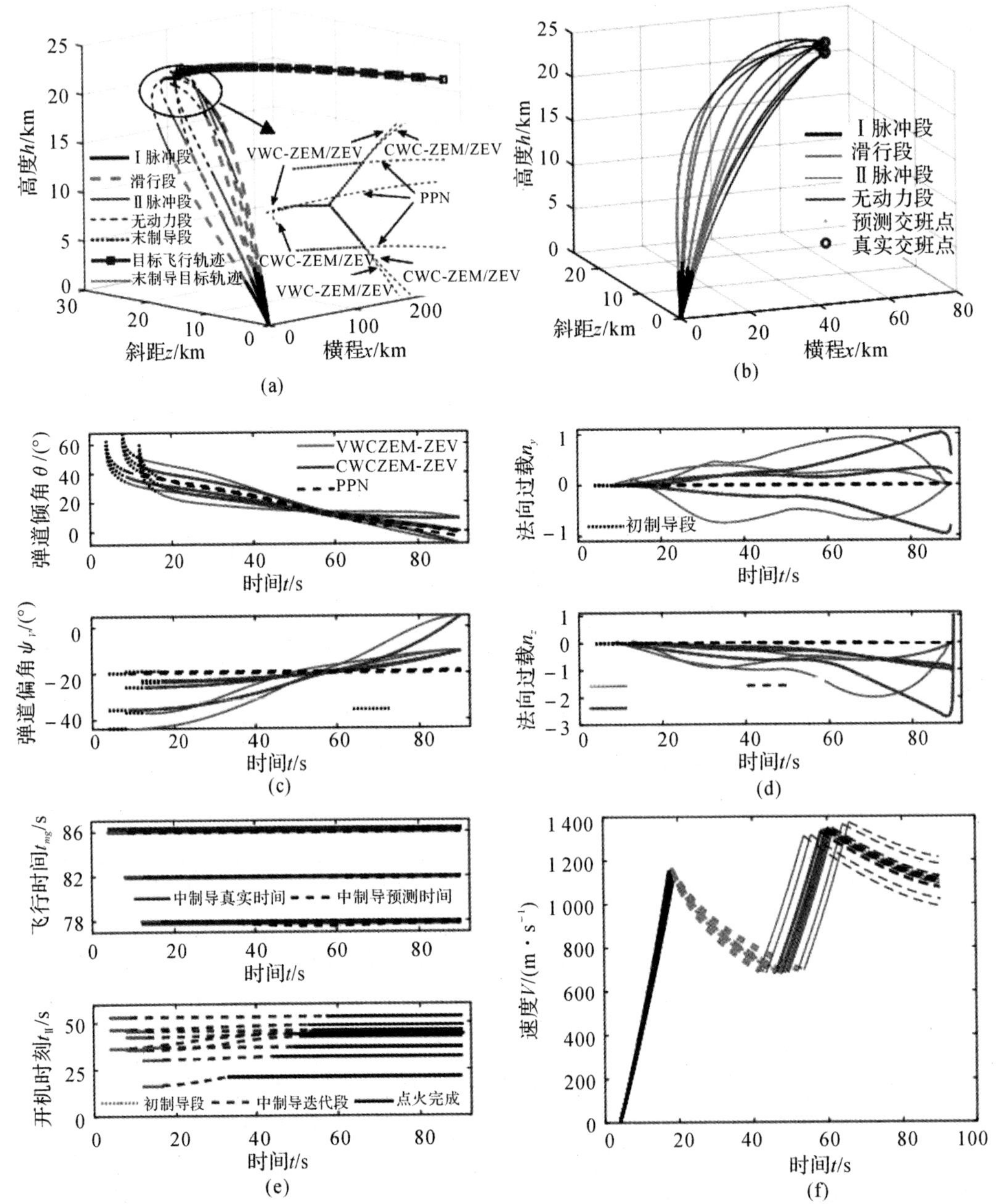

图 10-15　标称条件下不同算法的机动目标拦截飞行状态

(a)弹-目三维飞行轨迹；(b) 预测中-末交班点曲线；(c) 弹道方向变化曲线；

(d) 法向过载变化曲线；(e) 脉冲开机时刻曲线；(f) 速度大小变化曲线

根据表 10-7 给出时间偏差、零控脱靶量、航迹角偏差等仿真结果可知，本章所提算法能够完成预定的飞行任务，航迹角偏差与时间偏差均较小。总体参数偏差(1～7)、气动参数偏差(8～10)、气动参数偏差(11)、风场(12)对中制导性能影响较小，目标探测偏差(13)引起的零控脱靶量大幅提高。这是由于目标探测偏差导致预示偏差，且在剩余时间未收敛至零就切断目标轨迹预测，导致偏差不会收敛到零。因此说明了本章所提方法对多项参数偏差具备较强的适应性与强鲁棒性，但对于预示精度要求较高，对预示偏差具备一定的修偏能力。

表 10－7　单项极限偏差下的机动目标拦截仿真结果

次　序	标　称	1＋	1－	2＋	2－	3＋	3－
航迹偏差	0，－0.02	0，－0.02	0，－0.02	0，－0.02	0，－0.02	0，－0.02	0，－0.02
时间偏差	－0.36	－0.38	－0.35	－0.34	－0.39	－0.32	－0.41
ZEM	1.44	1.47	1.43	1.42	1.50	1.43	1.46
次序	4＋	4－	5＋	5－	6＋	6－	7＋
航迹偏差	0，－0.02	0，－0.02	0，－0.02	0，－0.02	0，－0.02	0，－0.02	0，－0.02
时间偏差	－0.38	－0.34	－0.25	－0.48	－0.38	－0.35	－0.31
ZEM	1.47	1.45	1.45	1.45	1.46	1.45	1.45
次序	7－	8＋	8－	9＋	9－	10＋	10－
航迹偏差	0，－0.02	0.02，－0.02	－0.02，－0.01	0，－0.02	0，－0.02	0，－0.02	0，－0.02
时间偏差	－0.42	－0.67	－0.23	－0.36	－0.36	－0.33	－0.41
ZEM	1.44	0.21	2.89	1.44	1.46	1.46	1.46
次序	11＋	11－	12(－90°)	12(0°)	12(90°)	12(180°)	13
航迹偏差	0.02，－0.02	－0.02，－0.02	0，－0.02	0，－0.02	0，－0.02	0，－0.02	0.04，0.08
时间偏差	－0.6	－0.24	－0.42	－0.33	－0.37	－0.43	－0.24
ZEM	0.22	2.85	1.34	1.67	1.36	1.33	41.22

单项极限偏差下的机动目标拦截飞行曲线如图 10－16 所示。由图 10－16(a)(b)可知，本章所提方法将拦截弹高精度地导引至零控拦截流形附近，预测交班点的小变化幅度说明制导参数解算方法精度高；由图 10－16(c)(d)可知，在初-中制导交班处存在较小的过载阶跃信号，本书所提算法有效降低全程需用过载且保证过载的收敛性；由图 10－16(e)可知，本章所提剩余时间估计方法精度较高，通过动态调整Ⅱ脉冲发动机开机时刻适应飞行时间约束；由图 10－16(f)可知，本章所提算法将拦截弹送入带航迹角约束的零控拦截流形附近，满足末制导捕获域的要求，证明算法具有高制导精度。

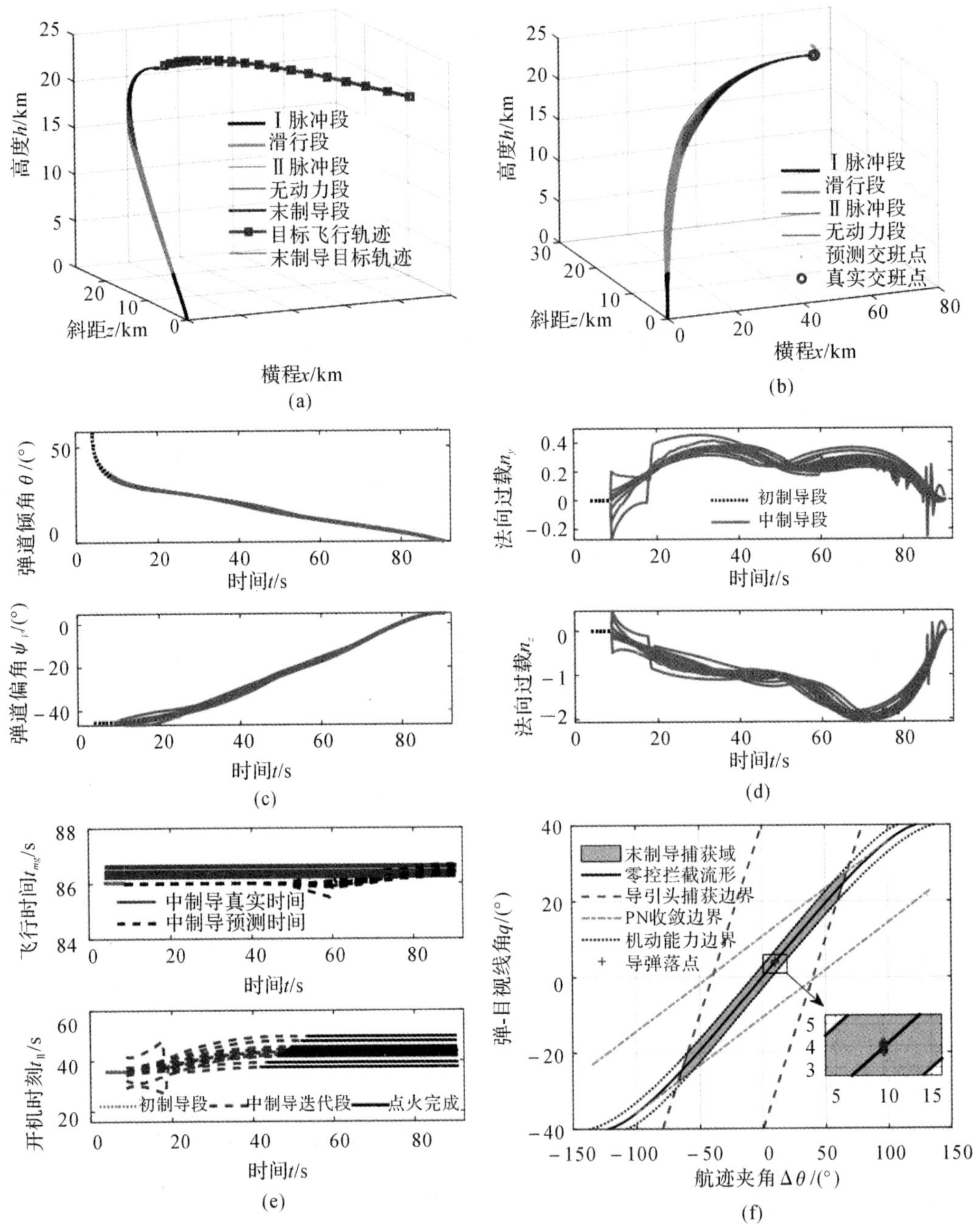

图 10-16 单项极限偏差下的机动目标拦截飞行曲线

(a) 弹-目三维飞行轨迹； (b) 交班点变化曲线； (c) 速度方向变化曲线；
(d) 法向过载变化曲线； (e) 脉冲开机时刻曲线； (f) 等效纵向平面飞行状态

本章小结

本章通过多种典型飞行条件与飞行任务开展仿真分析，用以验证本章所提中制导算法的性能，主要内容如下：

（1）设计定点飞行任务与机动目标拦截任务的两种典型拦截场景，引入拦截弹总体参数偏差、气动参数偏差、大气参数偏差、风场、雷达探测偏差等5类13种偏差参数验证算法的鲁棒性。

（2）针对“制导＋轨迹跟踪＋预示”的中制导闭合方案，引入航迹角、飞行时间偏差、视线角速率、零控脱靶量、中-末制导交班处过载作为交班评估指标，并将临近空间目标拦截的三维问题二维化，采取数值与捕获域相结合的分析方法评估中-末制导交班条件。

（3）针对定点飞行任务，开展标称条件下仿真分析验证本章所提制导算法在定时定点定速飞行任务的优势：能够在保证全程过载较小的同时，兼顾中制导终端过载收敛性；设置参数偏差散布条件下的仿真，验证算法的鲁棒性良好。

（4）针对机动目标拦截任务，开展标称条件下仿真分析验证本章所提制导算法在机动目标拦截任务的优势；设置参数极限偏差与偏差散布条件下的蒙特卡洛仿真分析，验证本章所提算法将拦截弹导引至带航迹角约束的零控拦截流形附近，对参数偏差与不确定性具有高制导精度与强鲁棒性，且目标轨迹跟踪预示偏差是影响本章中制导方法拦截效果的关键因素之一。

参考文献

[1] 喻晨龙，谭贤四，曲智国，等．临近空间高超声速滑翔弹双通道跟踪算法[J]．宇航学报，2019,40(6):636－645.

[2] 黄琳，段志生，杨剑影．近空间高超声速飞行器对控制科学的挑战[J]．控制理论与应用，2011,28(10):1496－1505.

[3] 李凡，熊家军，张凯，等．临近空间高超声速目标跟踪动力学模型[J]．宇航学报，2019,40(3):266－276.

[4] 叶友达．近空间高速飞行器气动特性研究与布局设计优化[J]．力学进展，2009,39(6):683－694.

[5] 李君龙，李阳，刘成红，等．临近空间防御高精度制导控制面临的技术挑战[J]．战术导弹技术，2016(3):7－11.

[6] 黄宛宁，张晓军，李智斌，等．临近空间科学技术的发展现状及应用前景[J]．科技导报，2019,37(21):46－62.

[7] 万明杰．国家空天防御面临的十大威胁[J]．国防科技，2019,40(5):1－5.

[8] 李智斌，黄宛宁，张钊．2018年临近空间科学热点回眸[J]．科技导报，2019,37(1):44－51.

[9] 王永海，张耀，李漫红，等．日本高超声速导弹发展计划分析与研究[J]．飞航导弹，2019(11):39－42.

[10] 王鹏飞，王光明，蒋坤，等．临近空间高超声速飞行器发展及关键技术研究[J]．飞航导弹，2019(08):22－28.